全国技工院校计算机类专业任务驱动型教材（中/高级技能层级）

中文版 Word 2010 基础与实训

人力资源社会保障部教材办公室　组织编写

中国劳动社会保障出版社

简 介

本书为全国技工院校计算机类专业任务驱动型教材（中/高级技能层级），主要内容包括认识 Word 2010，Word 2010 的文档操作，段落的格式化，文档表格的编辑，图形对象的编辑，文档的排版与打印，大纲、目录和索引，样式和模板，Word 2010 的其他常用功能，综合训练。

本书由要亚娟主编，史舒娅、李秀峰、欧玲声、王晓璐、郝岩冰、吴伟明、孙燕、陈敏智、张伯颉、王辰旸参加编写；尹友明审稿。

图书在版编目（CIP）数据

中文版Word 2010基础与实训/人力资源社会保障部教材办公室组织编写. -- 北京：中国劳动社会保障出版社，2019

全国技工院校计算机类专业任务驱动型教材：中/高级技能层级

ISBN 978-7-5167-3939-6

Ⅰ. ①中… Ⅱ. ①人… Ⅲ. ①文字处理系统－技工学校－教材 Ⅳ. ① TP391.12

中国版本图书馆 CIP 数据核字（2019）第 079798 号

中国劳动社会保障出版社出版发行

（北京市惠新东街 1 号　邮政编码：100029）

*

北京宏伟双华印刷有限公司印刷装订　　新华书店经销

787 毫米 × 1092 毫米　16 开本　19.25 印张　374 千字

2019 年 5 月第 1 版　　2021 年 8 月第 4 次印刷

定价：48.00 元

读者服务部电话：（010）64929211/84209101/64921644

营销中心电话：（010）64962347

出版社网址：http://www.class.com.cn

http://jg.class.com.cn

前　言

为了更好地满足技工院校计算机类专业的教学要求，适应计算机行业的发展现状，我们根据人力资源社会保障部颁发的《技工院校计算机类通用专业课教学大纲（2015）》《技工院校计算机应用与维修专业教学计划和教学大纲（2015）》《技工院校计算机网络应用专业教学计划和教学大纲（2015）》中对相关课程教学内容的要求，对2008年出版的计算机专业任务驱动型教材进行了修订，开发了《中文版Word 2010基础与实训》《中文版Excel 2010基础与实训》《中文版PowerPoint 2010基础与实训》《中文版Access 2010基础与实训》《中文版Office 2010基础与实训》《中文版AutoCAD 2018基础与实训》六种教材。

本次教材修订工作的重点主要有以下几个方面：

第一，在教材定位方面，坚持以能力为本位，重视实践能力的培养，突出职业技术教育特色。根据计算机专业毕业生所从事职业的实际需要，合理确定学生应具备的知识结构与能力结构，对教材内容的深度、难度做了调整。同时，进一步加强实践性教学内容，以满足社会对技能型人才的需要。

第二，在教材内容方面，根据计算机行业的发展，合理更新并拓展教材内容。一方面根据当前主流的计算机软件版本进行编写；另一方面，又不仅仅局限于某一计算机软件版本的具体功能，而是更注重计算机使用能力的拓展，使学生能够触类旁通，提升计算机使用的综合能力。

第三，在编写模式方面，采用任务驱动的编写理念，将软件功能分解到若干具体的工作任务中进行描述。每个任务按照教学目标、任务分析、相关知识、实践操作、巩固练习的思路进行编写，让学生在完成一项具体任务的过程中，不仅能掌握相关计算机软件功能，还能掌握该软件功能的具体应用环境，从而提高学生的岗位适应能力。

第四，在表现形式方面，结合计算机类专业教材的特点，全面采用四色印刷，图文并茂，增强了教材内容的表现效果，提高了教材的可读性。

第五，在教学服务方面，为方便教师教学和学生学习，配套提供了制作素材、电子课件、教案示例等教学资源，可通过中国技工教育网（http://jg.class.com.cn）下载使用。除此之外，还借助二维码技术，针对教材中的重点、难点内容，开发制作了操作演示微视频，可使用移动设备扫描书中二维码在线观看。

本次教材的改版工作得到了山西、江苏、山东、湖南、广东等省人力资源社会保障厅及有关学校的大力支持，在此我们表示诚挚的谢意。

人力资源社会保障部教材办公室

2018 年 12 月

目 录

项目一 认识 Word 2010

项目二 Word 2010 的文档操作

项目三 段落的格式化

项目四 文档表格的编辑

项目五 图形对象的编辑

项目六　文档的排版与打印

项目七　大纲、目录和索引

项目八　样式和模板

项目九　Word 2010 的其他常用功能

项目十　综合训练

项目一　认识 Word 2010

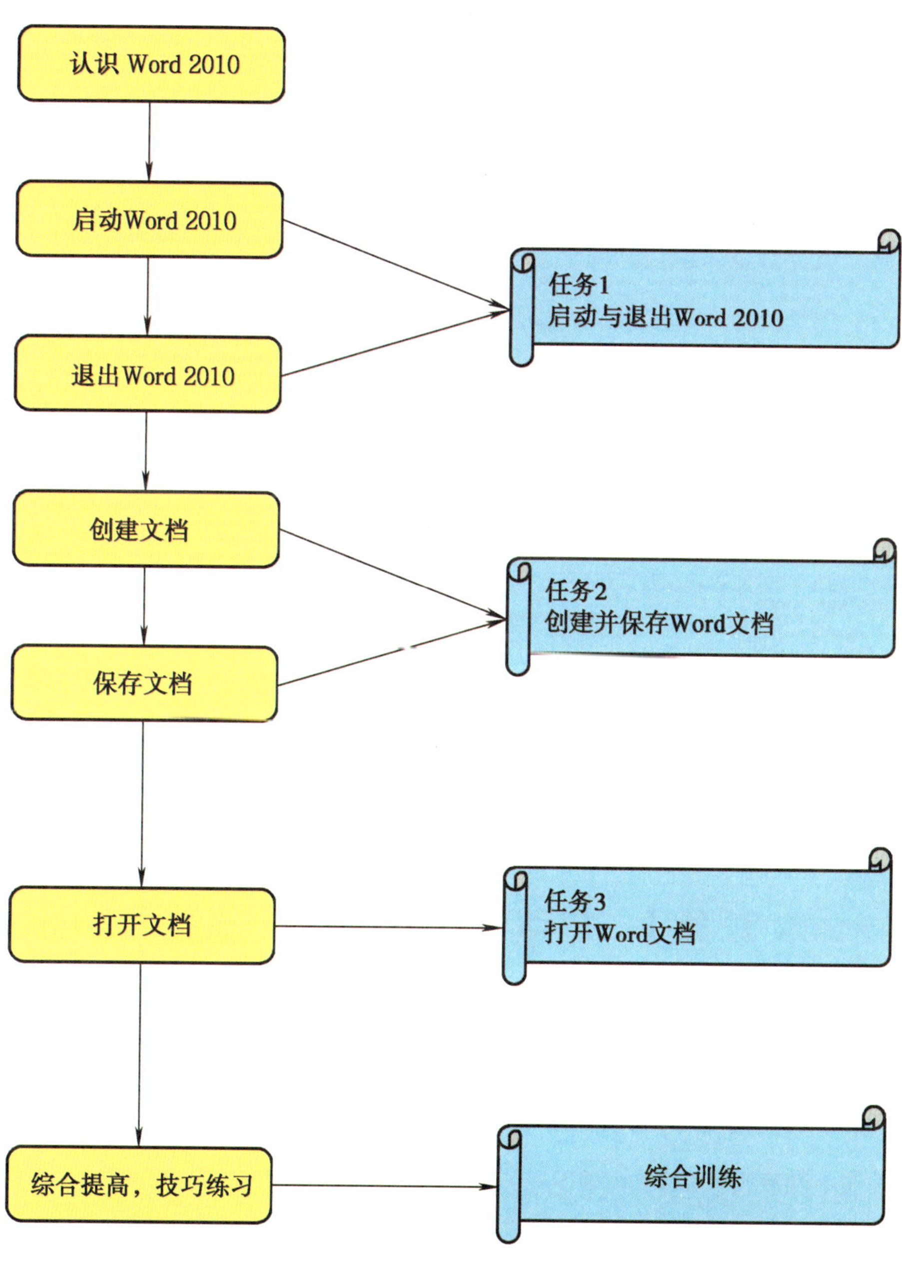

Word 2010 是 Office 2010 的一个重要组成部分，在保留 Word 以往版本功能的基础上，新增和改进了许多功能，使 Word 2010 更易于初学者学习和使用。

Word 2010 主要用于日常办公、文档处理等，比如制作求职者的个人简历、会议邀请函等。使用 Word 2010 可以令使用者比以往更简捷、更轻松地创建出所需要的文档，如图 1—1 所示就是使用 Word 2010 制作的个人简历。

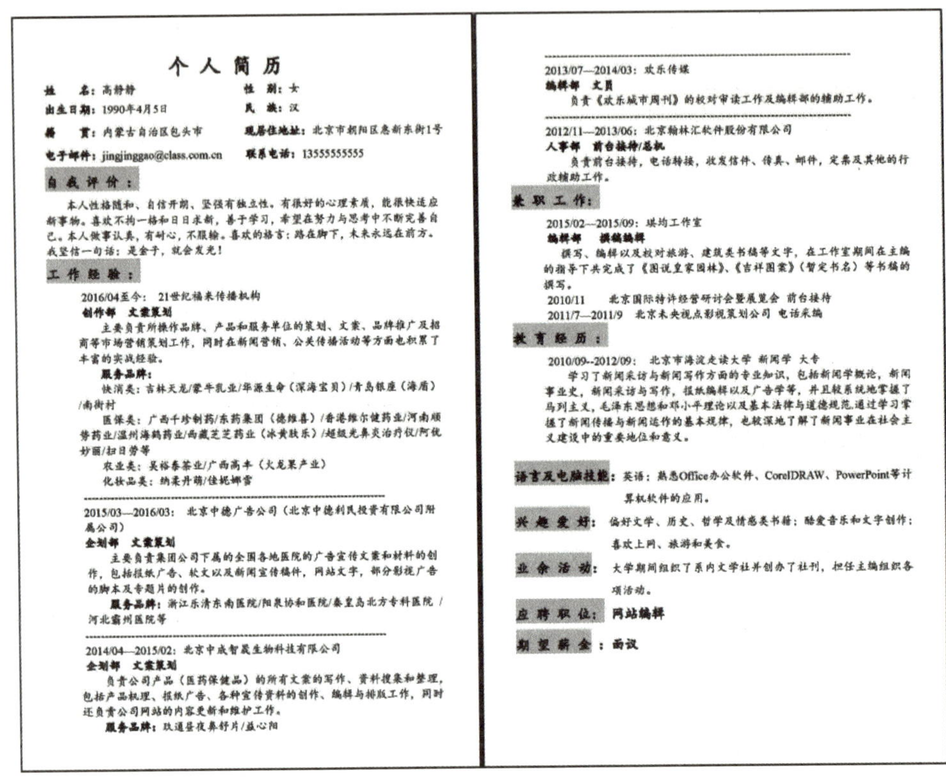

个 人 简 历

姓　　名：高静静　　性　别：女
出生日期：1990年4月5日　　民　族：汉
籍　　贯：内蒙古自治区包头市　　现居住地址：北京市朝阳区惠新东街1号
电子邮件：jingjinggao@class.com.cn　　联系电话：13555555555

自我评价：

本人性格随和、自信开朗、坚强有独立性。有很好的心理素质，能很快适应新事物。喜欢不拘一格和日日求新，善于学习，希望在努力与思考中不断完善自己。本人做事认真，有耐心，不服输。喜欢的格言：路在脚下，未来永远在前方。我坚信一句话：是金子，就会发光！

工作经验：

2016/04至今：21世纪福来传播机构
创作部　文案策划
主要负责所操作品牌、产品和服务单位的策划、文案、品牌推广及招商等市场营销策划工作，同时在新闻营销、公关传播活动等方面也积累了丰富的实战经验。
服务品牌：
快消类：吉林天龙/蒙牛乳业/华源生命（深海宝贝）/青岛银座（海盾）/南街村
医保类：广西千珍制药/东药集团（德维喜）/香港维尔健药业/河南顺势药业/温州海鹤药业/西藏芝芝药业（冰黄肤乐）/超级光鼻炎治疗仪/阿优妙丽/扫日劳等
农业类：吴裕泰茶业/广西高丰（火龙果产业）
化妆品类：纳柔丹萌/佳妮娜雪

2015/03—2016/03：北京中德广告公司（北京中德利民投资有限公司附属公司）
企划部　文案策划
主要负责集团公司下属的全国各地医院的广告宣传文案和材料的创作，包括报纸广告、软文以及新闻宣传稿件，网站文字，部分影视广告的脚本及专题片的创作。
服务品牌：浙江乐清东南医院/阳泉协和医院/秦皇岛北方专科医院/河北霸州医院等

2014/04—2015/02：北京中成智晟生物科技有限公司
企划部　文案策划
负责公司产品（医药保健品）的所有文案的写作、资料搜集和整理，包括产品梳理、报纸广告、各种宣传资料的创作、编辑与排版工作，同时还负责公司网站的内容更新和维护工作。
服务品牌：玖通昼夜鼻舒片/益心阳

2013/07—2014/03：欢乐传媒
编辑部　文员
负责《欢乐城市周刊》的校对审读工作及编辑部的辅助工作。

2012/11—2013/06：北京翰林汇软件股份有限公司
人事部　前台接待/总机
负责前台接待，电话转接，收发信件、传真、邮件，定票及其他的行政辅助工作。

兼职工作：

2015/02—2015/09：琪均工作室
编辑部　撰稿编辑
撰写、编辑以及校对旅游、建筑类书稿等文字，在工作室期间在主编的指导下共完成了《图说皇家园林》、《吉祥图案》（暂定书名）等书稿的撰写。
2010/11　北京国际特许经营研讨会暨展览会 前台接待
2011/7—2011/9　北京未央视点影视策划公司 电话采编

教育经历：

2010/09--2012/09：北京市海淀走读大学 新闻学 大专
学习了新闻采访与新闻写作方面的专业知识，包括新闻学概论，新闻事业史，新闻采访与写作，报纸编辑以及广告学等，并且较系统地掌握了马列主义，毛泽东思想和邓小平理论以及基本法律与道德规范.通过学习掌握了新闻传播与新闻运作的基本规律，也较深地了解了新闻事业在社会主义建设中的重要地位和意义。

语言及电脑技能：英语：熟悉Office办公软件、CorelDRAW、PowerPoint等计算机软件的应用。
兴趣爱好：偏好文学、历史、哲学及情感类书籍；酷爱音乐和文字创作；喜欢上网、旅游和美食。
业余活动：大学期间组织了系内文学社并创办了社刊，担任主编组织各项活动。
应聘职位：网站编辑
期望薪金：面议

图 1—1　个人简历

任务 1　启动与退出 Word 2010

1. 能用不同方法启动 Word 2010。
2. 能用不同方法退出 Word 2010。

任务描述

学习任何一种 Windows 环境下的应用软件，都要先掌握软件的启动和退出方法，熟悉软件的界面，然后再慢慢通过摸索、学习，了解并掌握软件各个方面的功能。

本任务的学习内容是启动与退出 Word 2010。Word 提供了多种启动与退出软件的方法，能更方便、快捷地帮助使用者完成所需要的操作。

相关知识

一般来说，启动一种软件最方便的方法就是双击它在桌面上的图标。此时可以看到，屏幕上跳出一个启动画面，上面通常有一些版权信息、版本号等。这个启动画面有别于一般的窗口，它没有标题栏、系统菜单，也没有边框，只有一张位图显示在屏幕上。与此同时，程序后台会做一些程序的加载或初始化工作。启动画面消失后，可以看到需要启动的软件出现在任务栏上，这代表该软件已经正式启动。

当使用者不再需要使用该软件时，最好选择退出。这是因为软件在运行过程中会占用内存，内存在计算机中的作用很大，计算机中所有运行的程序都需要通过内存来执行，如果执行的程序分配的内存总量超过了内存大小，就会导致内存消耗殆尽。所以，将不需要再使用的软件及时退出，能提高系统的运行速度，更好地发挥计算机的效能。

实践操作

1. Word 的启动方法

（1）Word 的常规启动方法

“常规启动”是 Microsoft Windows 系列操作系统中最常用的启动方式，即在“开始”菜单中启动，如图 1—2 所示。

（2）建立快捷方式快速启动 Word 2010 程序

经常使用 Word 2010 的用户可以通过启动快捷方式，快速启动 Word 2010 程序。

建立快捷方式的方法是选择“开始→所有程序→Microsoft Office→Microsoft Office Word 2010”，如图 1—3 所示。然后，单击鼠标右键并在菜单中选择“发送到→桌面快捷方式”。此时可以看到桌面上出现了相应的图标，在需要使用 Word 2010 的时候，双击该图标就可以启动 Word 2010。

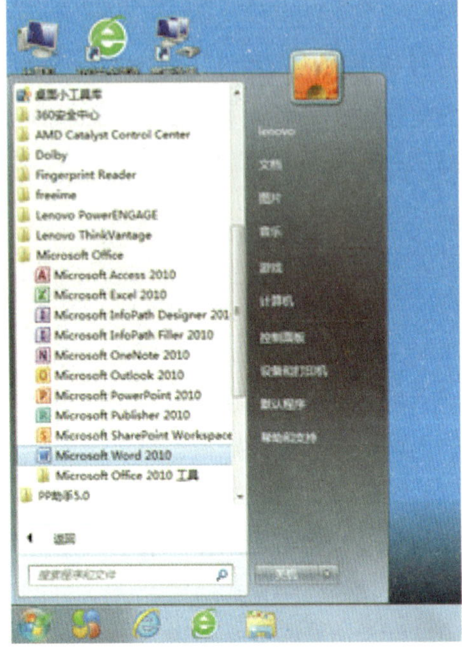

图 1—2　启动 Word 2010

图 1—3　建立桌面快捷方式

（3）通过“开始”菜单中的选项快速启动 Word 2010 程序

选择“开始→所有程序→ Microsoft Office → Microsoft Office Word 2010”，单击鼠标右键并在菜单中选择“附到［开始］菜单”，如图 1—4 所示，可以看到在“开始”菜单的快速启动项中添加了“Microsoft Office Word 2010”选项，直接单击该选项就可以快速启动 Word 2010 了。

最常用的 6 个软件会自动附加到“开始”菜单的快速启动项中，下一次启动就不需要再到“所有程序”中查找了。

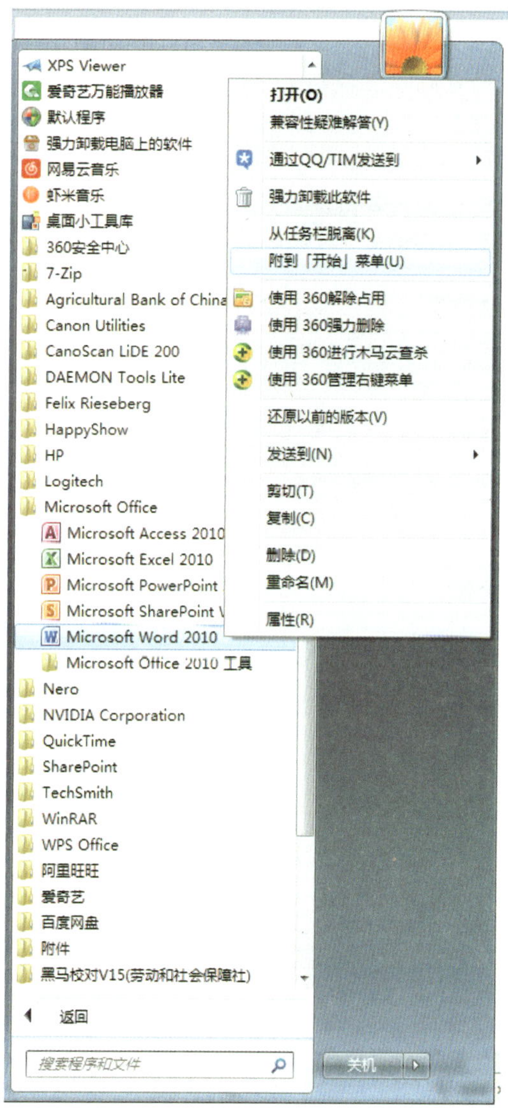

图 1—4　快速启动项

（4）通过已存文档启动 Word 2010 程序

在创建并保存了 Word 文档后，可以通过已有的文档来启动 Word 2010。在“我的电脑”里找到放置该文档的文件夹，双击这个文档就可以启动 Word 程序。此时，Word 文档中会显示该文档的内容。

Windows 会自动记录用户最近使用过的文档名称，这样用户就能很方便地找到最近打开过的文档，方法如图 1—5 所示，单击计算机左下角的“开始”菜单，找到 Word 2010 程序，单击右边的箭头▶会出现最近打开过的文档，单击文档名称就可以启动 Word 打开该文档。

当文档的存储路径发生变化时，使用这个方法会发生错误，这时需要从“我的电脑”里找到文档才能打开。

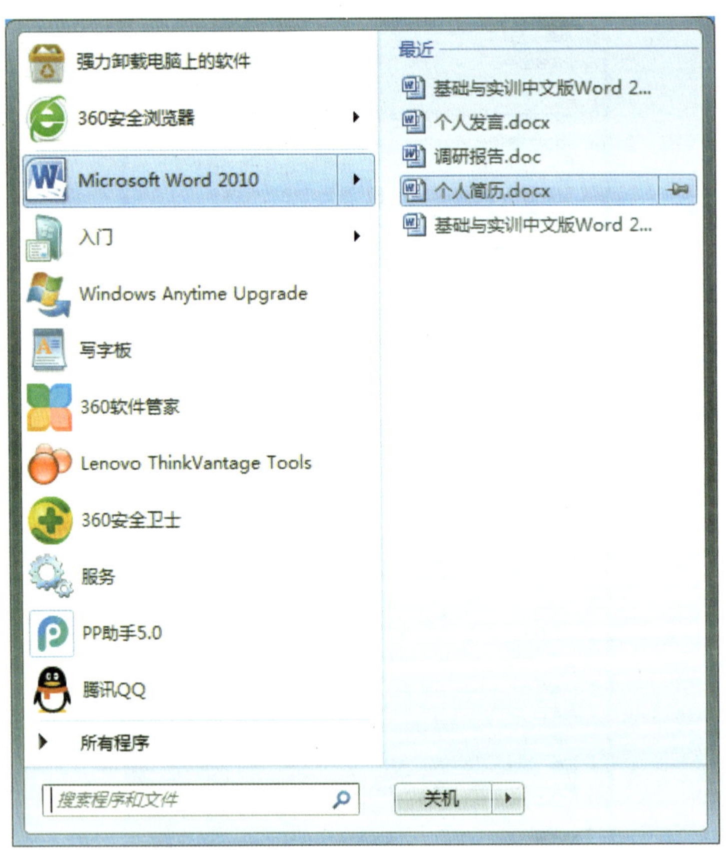

图 1—5　通过已存文档启动 Word 2010

2.Word 的退出方法

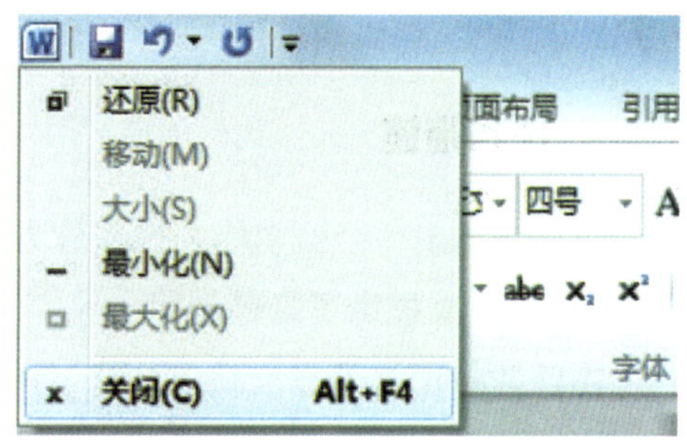

图 1—6　Word 命令窗口

（1）单击左上角的W按钮。

（2）在弹出的命令窗口中单击最后一项“关闭”选项，如图 1—6 所示。该方法与 Windows 操作系统中其他软件的关闭方法相同，也是最简单、最直接的退出方法。

（3）使用系统提供的热键（Alt+F4 组合键）关闭 Word。

Alt+F4 组合键也可以用来关闭任何 Windows 操作系统中的窗口。

如果文档的内容进行了更新而并没有进行保存操作，在退出 Word 2010 之前会弹出如图 1—7 所示的对话框，提示用户是否需要保存修改过的内容。单击“保存”按钮，当前文档将被保存；单击“不保存”按钮，将取消修改；单击“取消”按钮，则退出 Word 2010 的操作将被中止。

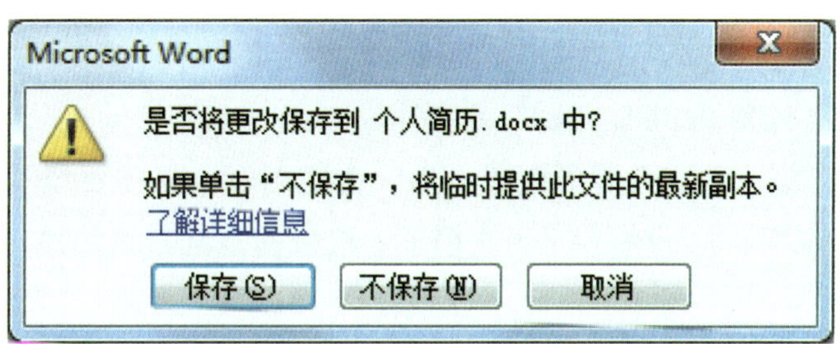

图 1—7　提示用户是否保存修改过的内容

任务 2　创建并保存 Word 文档

1. 能创建新的 Word 文档。
2. 能保存并退出 Word 文档。

任务描述

完整的编辑一个新文档的过程分为三步：新建新文档、编辑文档、保存文档并退出。

Word 2010 提供了多种创建、保存、退出文档的方法供用户选择。

本任务将用常规方法新建一个 Word 文档，保存在 D 盘的“实例”文件夹下，命名为“文档的保存操作 .docx”。在此基础上介绍新建 Word 文档时的选项设置。

相关知识

每次进入 Word 时，系统都会提示用户是否新建一个空白文档，用户可以选择新建文档的类型，系统将给用户分配一个名称为“文档 1”的文档。用户也可以根据需要再新建任意多个类型的文档。

在实际应用中，常用的不是默认的设置。如学校办公室经常上传、下达文件，每次将文件内容录入完以后，都要进行字体、字号、纸型等多项设置。使用者可以通过对模板进行设置，达到使每次新建的文档都直接设置好格式的目的。

任何 Word 文档都是以模板为基础进行创建的。模板决定了文档的基本结构和设置的样式，模板就是包含段落结构、字体样式和页面布局等元素的样式总表。在新建一个文档时实际上是打开了一个名为“normal.docx”的文件。

如图 1—8 所示就是一个个人简历模板。用户在使用时，只需要填写一些具体的内容，就可以创建一个属于自己的个人简历文档了。模板的定义与具体使用方法将在项目八中介绍。

对文档编辑完成后，还需要进行保存操作，才能保证用户对文档的编辑被系统记录下来，以便日后浏览或进一步编辑。保存文档应该作为一个操作习惯，在编辑文档的过程中和编辑完成后断续进行，以防止因意外或疏忽，导致编辑、修改工作付诸东流。Word 2010 中提供了多种便捷的保存文档的方法。

编辑、保存等工作完成后，就可以关闭文档了。关闭文档是对文档进行操作的最后一步，同样有多种操作方法。

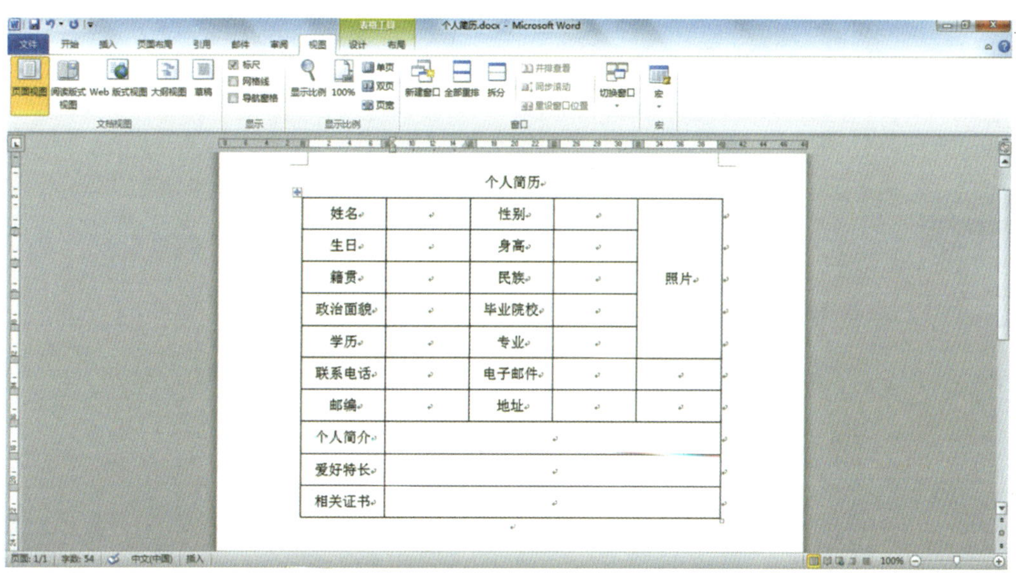

图 1—8 个人简历模板

1. 创建新文档

Word 将新文档的创建视为默认操作，用户启动 Word 2010 程序后，系统会自动创建一个名为“文档 1”的空白文档。

在已经启动了 Word 2010 的情况下，可以用三种方法来创建新文档。

（1）利用“文件”菜单创建新文档

单击 Word 2010 左上角的“文件”菜单，如图 1—9 所示。可以看到窗口的中间有一个“新建”选项，单击该选项会弹出如图 1—10 所示的“新建文档”对话框，选择所需要的文档类型并单击相应的按钮，就可以创建文档了。

“新建文档”对话框中提供了多个选项，供用户创建不同类型的文档。其中主要有：

· 空白文档和最近打开的模板：Word 2010 中除了用户最常使用的“空白文档”外，还加入了“博客文章”及“书法字帖”，这两项也是 Word 2010 中特有的。

图 1—9 “文件”菜单

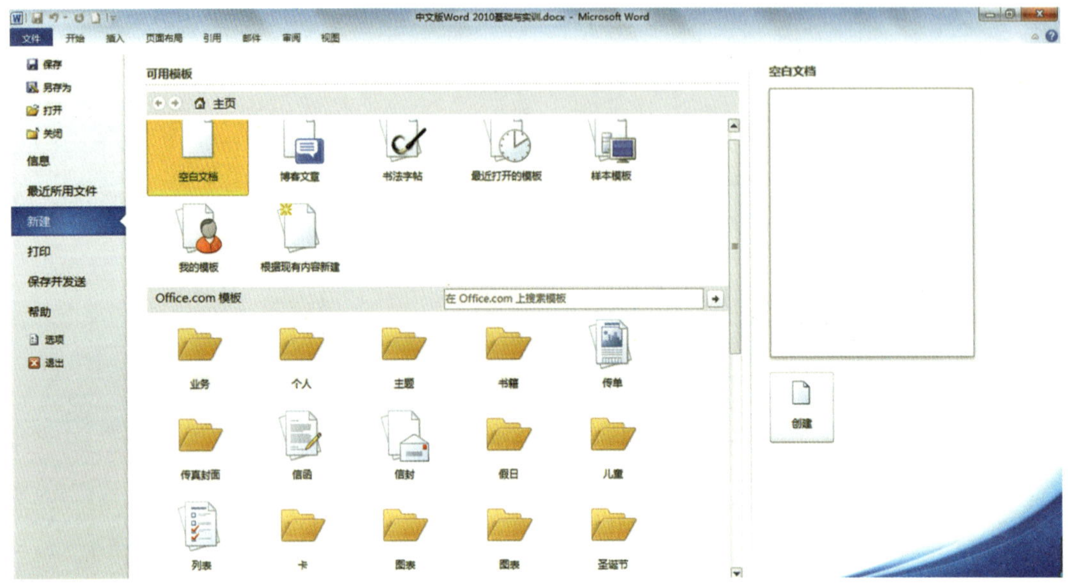

图 1—10 “新建文档”对话框

· 样本模板：此项中包含所有已经在 Word 2010 中安装的模板，这些模板包括传真、信函、简历等。

· 我的模板：单击这个选项会弹出一个“新建”对话框，其中包含用户曾经创建过的模板。

· 根据现有内容新建：单击这个选项会弹出一个“根据现有文档新建”对话框，选择一个已经存在的 Word 文档，单击“新建”按钮，就可以创建一个与现有文档相同的新文档。

· Office.com 模板：此选项要求用户使用的计算机联网。在此选项下，按照不同的需求分为许多子选项，单击这些子选项，程序会自动在 Office.com 上搜索模板。根据自己的需要下载模板后，Word 2010 将自动按照下载的模板建立一个新的文档。

（2）使用“新建文档”按钮创建新文档

直接单击快速访问工具栏上的“新建文档”按钮，Word 2010 将立即为用户创建一个空白文档。

（3）使用“组合快捷键”创建新文档

按下 Ctrl+N 组合快捷键，可以快速创建一个空白文档。

2. 保存 Word 文档

在编辑并关闭文档之前，应该先保存文档，才能保证编辑内容不会丢失。Word 2010 提供了 6 种保存文档的方法，用户可以方便、快捷地进行保存操作。

（1）单击“文件”菜单，选择“保存”命令，如图 1—11 所示。如果文档已经保存过，那么当前编辑的内容将按照用户原有的保存路径、名称及格式进行保存；否则，该命令的功能等同于“文件菜单→另存为”命令，如图 1—12 所示。

图 1—11 使用“文件”菜单中的“保存”按钮

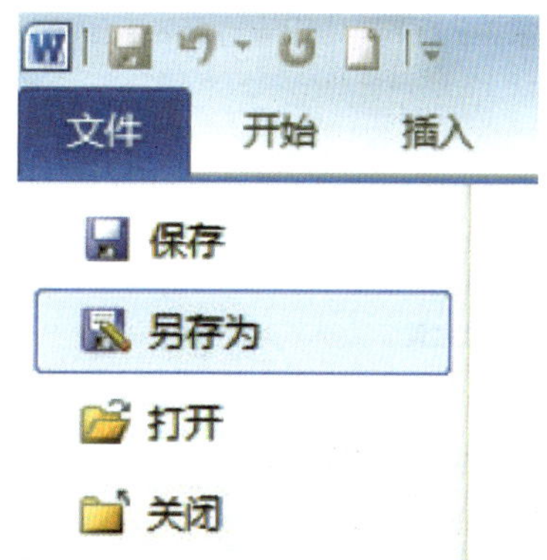

图 1—12 使用“文件”菜单中的“另存为”按钮

（2）使用 Ctrl+S 组合快捷键，该操作等同于“文件菜单→保存”命令。

（3）单击“文件→另存为”命令，在打开的“另存为”对话框中选择文档的保存路径，如 D 盘下的“实例”文件夹，在“文件名”文本框中设置文件的保存名称，如“文档的保存操作”，在“保存类型”下拉列表中选择文件的保存类型，如“Word 文档”，这时可以看到文件名后自动加上 .docx 扩展名后缀，如图 1—13 所示。如果不选择保存类型，系统会默认把文档设置为 Word 2010 格式，扩展名为 .docx。

（4）按键盘上的 F12 快捷键，该操作等同于“文件→另存为”命令。

注意：Ctrl+S 组合快捷键与 F12 快捷键是有区别的，Ctrl+S 组合快捷键是依照原有的文件名、路径及格式进行保存，F12 快捷键执行的是“另存为”操作。

（5）单击快速访问工具栏上的图标，此操作等同于保存 Word 文件操作方法 1。

3. 关闭文档

（1）单击左上角的按钮，在菜单中选择“关闭”命令。如果没有进行保存，系统将弹出对话框提示用户是否进行保存，单击“保存”按钮，当前文档将被保存；单击“不保存”按钮，将取消修改；如果单击“取消”按钮，则退出 Word 2010 的操作将被中止。

（2）单击 Word 2010 窗口标题栏右上角的关闭按钮，如果没有保存文档，系统将弹出对话框提示用户是否进行保存。

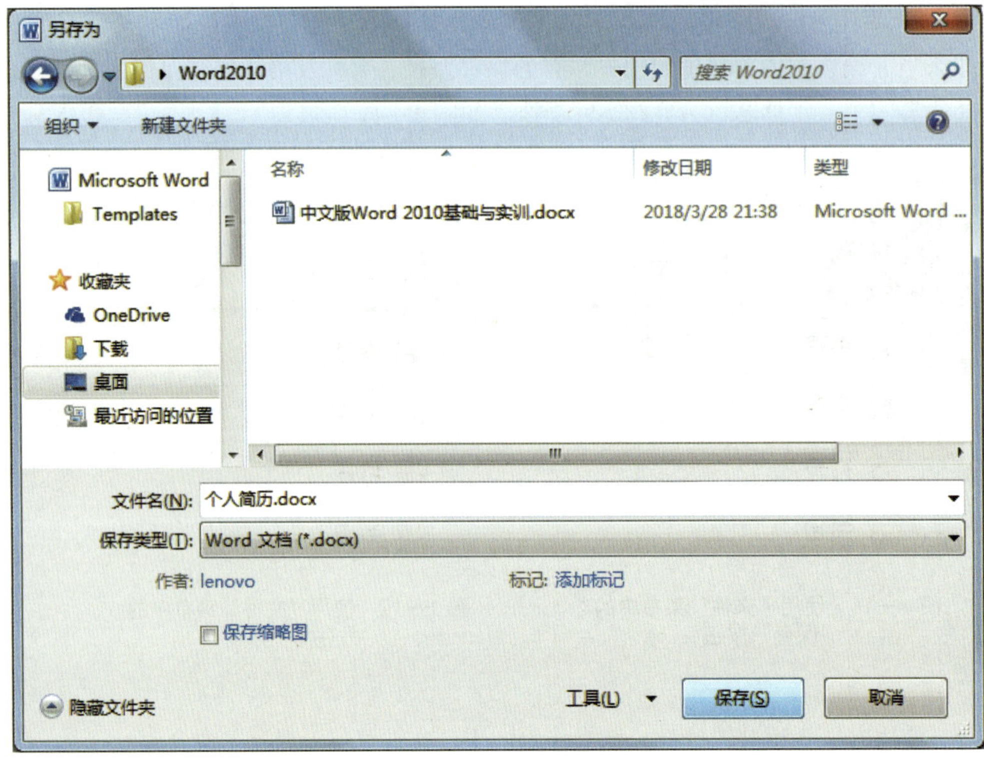

图 1—13 “另存为”对话框

任务 3 打开 Word 文档

学习目标

1. 能打开已有 Word 文档。
2. 能列举文件的打开方式并描述其区别。
3. 能通过“文件”菜单打开最近使用的文档。

任务描述

启动 Word 2010 后，需要打开 Word 文档才能对文档进行编辑和修改。在 Word 2010 中，提供了 5 种打开文档的方法。

下面以打开“实例”文件夹下的“文档的保存操作 .docx”为例，讲解如何打开一个已有的文档。

相关知识

Word 可以打开的文档类型较多，包括 Word 文档、文本文件、Web 页面、RTF 格式文档等。

启动 Word 应用程序后，单击 Word 2010 左上角的“文件”菜单，在打开的菜单中单击“打开”命令，即会出现“打开”对话框。

如果知道文档存储的具体位置和名称（包括主文件名和扩展名），可以直接在“打开”对话框的“文件名”文本框中输入文档的完整路径，然后单击“打开”按钮即可打开文档。

打开文档是 Word 最基本的操作之一。对于任何文档来说，用户都必须先打开它，然后才能对其进行编辑、修改等操作。

实践操作

1. 单击 Word 2010 左上角的“文件”菜单，在打开的菜单中单击“打开”命令，弹出如图 1—14 所示的对话框，选择需要打开的文件所处的位置，再选中需要打开的文件名，单击右下方的“打开”按钮，或者直接双击选中需要打开的文件名，就可以打开这个文件。

在 Word 中打开文档的方式有很多种，用户可以根据自己的需要选择相应的打开方式，如以只读方式打开文档等。在图 1—14 中可以看到，单击“打开”按钮右边的倒三角按钮，在弹出的菜单中可以选择打开文档的方式。

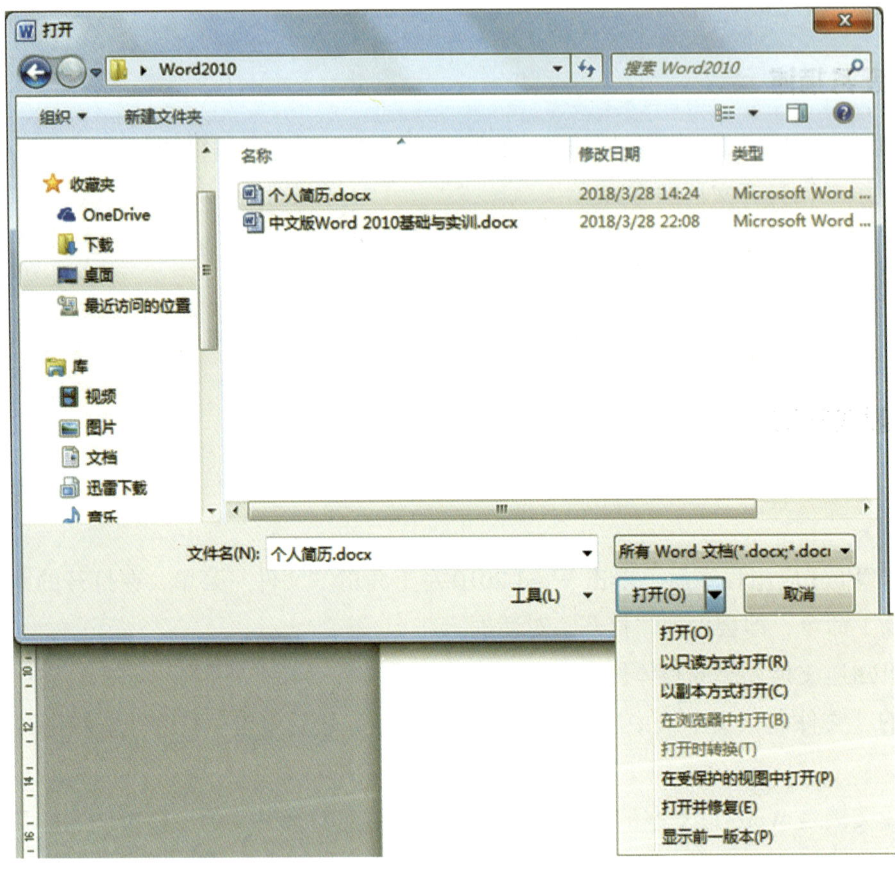

图 1—14 “打开”对话框

“打开”菜单中文档的打开方式分别是：

· 打开：以正常的方式打开文档，该方式为 Word 2010 默认的文档打开方式。用这种方式打开文档后，用户可以对文档进行任何操作。

· 以只读方式打开：使用该方式打开的文档只作阅读使用，用户对其进行的编辑和修改不会在该文档中得到保存。

· 以副本方式打开：使用该方式打开文档，系统将复制该文件后再打开副本，而不是原文档。用户对副本文档所做的编辑、修改将直接保存到副本文档中，对原文档没有影响。

· 在浏览器中打开：使用该方式可以在浏览器（如 IE）中打开文档并进行查看，此操作的前提是文档是以 Web 页面格式保存的。

· 在受保护的视图中打开：Office 检测到此文档存在问题，编辑此文档可能存在计算机安全问题，所以在“受保护的视图”中打开此文档。

2. 直接单击快速访问工具栏上的“打开”按钮，该操作等同于单击“文件→打开”

命令。

3. 按 Ctrl+O 组合键，该操作等同于单击“文件→打开”命令。

4. 打开最近使用的文档。

（1）单击“文件”菜单，在左侧导航菜单中单击“最近所用文件”。

（2）右侧窗口中就显示出了最近使用的文档，对着使用频率最高的文档右侧的图钉按钮单击，就可以将该文档固定到列表顶部。

（3）经常使用的文档可以固定在左侧的导航菜单中，勾选底部的“快速访问此数目的‘最近使用的文档’”复选框，导航菜单中就出现了常用文档。

（4）可以设置显示的数量，在“快速访问此数目的‘最近使用的文档’”复选框后面的微调控件上单击选择想要显示的数量即可。还可以将常用文档列表添加到快速访问工具栏中。在标题栏左侧单击“自定义快速访问工具栏”按钮，在弹出的菜单中单击“打开最后使用过的文件”命令。

“最近使用的文档”中显示的文档个数可以在“Word 选项”对话框中设置。具体的操作方法是：单击快速访问工具栏右侧的倒三角按钮，在弹出的菜单中选择“其他命令”，弹出“Word 选项”对话框，选择“高级”选项，在菜单栏的右侧显示区内找到“显示”栏，设置“显示此数目的‘最近使用的文档’”为所需要的数目即可。

5. 通过“我的电脑”或“资源管理器”打开文档。

用户可以通过“我的电脑”或“资源管理器”漫游系统文件，找到所需要打开的文档，如果它是一个与 Word 相关联的文档，如扩展名为 .docx 或 .doc 的文档，双击文档名，系统将会自动启动 Word，打开这个文档。

如果打开的是 Word 97~2003 版本的文档，则文档的扩展名为 .doc；如果打开的是 Word 2010 版本的文档，则文档的扩展名为 .docx。

综合训练

在桌面上建立一个 Word 2010 的快捷方式，双击这个快捷方式启动 Word，建立一个新的文档，将这个文档另存为文件名为“操作实例”的 Word 2010 文档，观察文档的扩展名，然后关闭文档，退出 Word 2010。

操作步骤：

1. 打开左下角任务栏中的“开始”菜单，单击“所有程序”，选择“Microsoft Office”，

在“Microsoft Word 2010”选项上单击鼠标右键，在弹出的菜单中选择“发送到→桌面快捷方式”。

2. 双击桌面上的 Microsoft Word 2010 快捷方式。

3. 单击 Word 2010 中左上角的“文件”菜单，单击“新建”按钮，在弹出的对话框中双击“空白文档”选项。

4. 单击“文件→另存为”命令，在打开的“另存为”对话框中选择文档的保存路径，在对话框下方的文本框中输入“操作实例”，可以看到文件名为“操作实例 .docx”。

5. 单击屏幕右上角的关闭按钮 X 退出 Word。

项目二 Word 2010 的文档操作

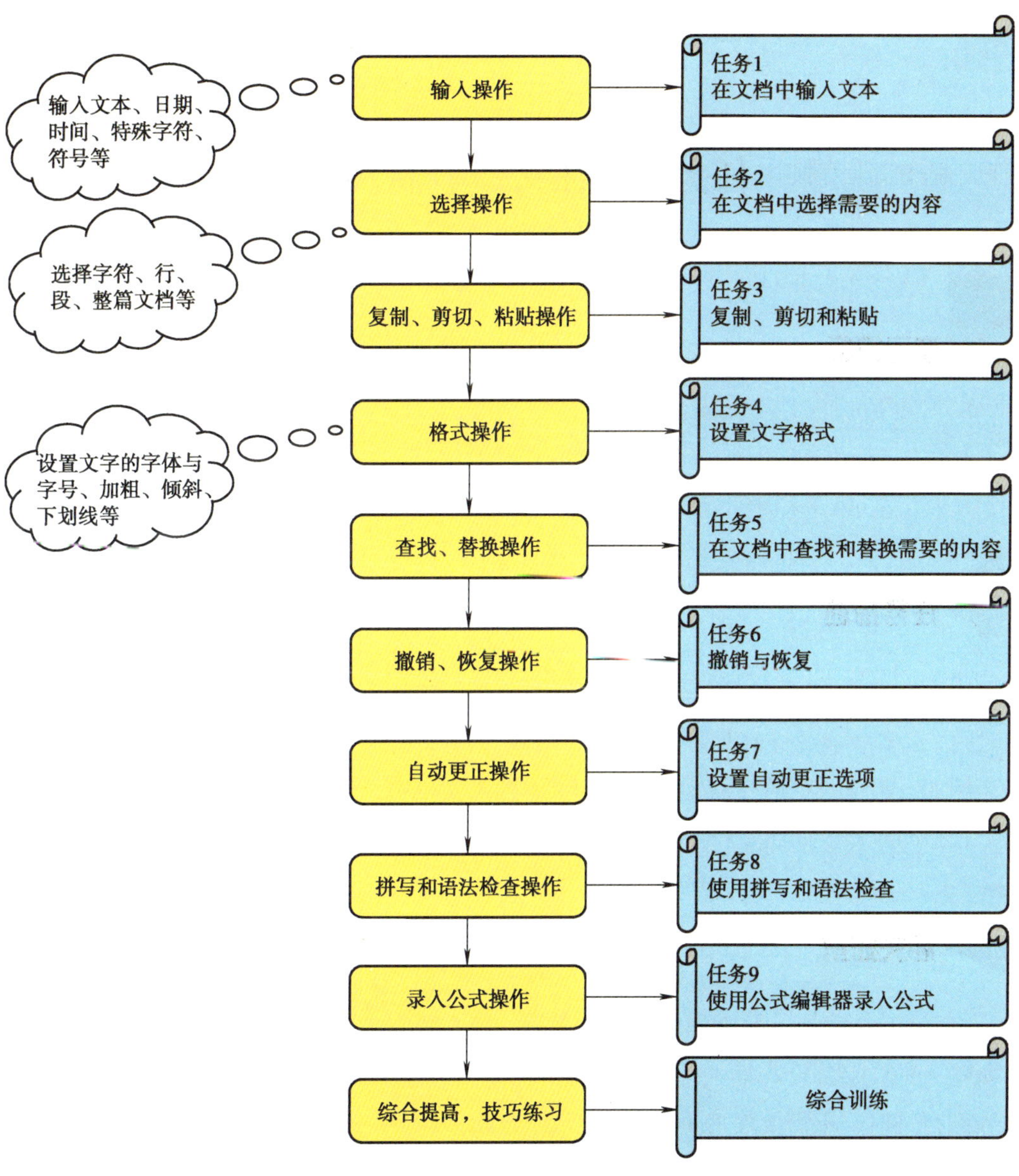

制作一份优秀文档的必备条件是熟练掌握各种基本编辑功能。用户经常需要在新建或打开的文档中对文本进行各种格式的编辑操作，然后对输入的文字和段落进行更加复杂的处理。Word 2010 提供了比以往版本更为强大的功能选项卡，使用起来更加方便、简单。同时，对文档更改的即时预览功能，更是方便了用户快速实现预想设计。因此，在处理文档时，无论文章版面的设置、段落结构的调整，还是字句之间的增删，利用 Word 2010 快捷键和选项卡都显得十分方便。

在日常工作中，经常需要编写一些文档，该项目将以制作一个“上课通知”为例，介绍在 Word 2010 中对文档进行简单编辑操作的方法。

任务 1　在文档中输入文本

学习目标

1. 能在 Word 文档中输入文本。
2. 能在 Word 文档中插入日期和时间。
3. 能在 Word 文档中插入特殊字符和符号。

任务描述

输入文本是 Word 中的一项基本操作。文本不但包括文字，还包括字母、数字、日期和时间、特殊字符等，在处理文本之前，必须先将其输入 Word 中。

例如，起草一个通知需要先将通知文本输入文档中，然后再进行格式编辑，最后形成一个完整的通知，如图 2—1 所示。下面以输入“通知”文本为例，讲解文本的输入方法。

相关知识

打开 Word 文档，在文档的开始位置有一个闪烁的光标，这个光标叫“插入点”，用户所输入的文字都会在插入点左侧出现。在输入过程中，Word 具有自动换行的功能，当输入到行尾时，不需要按 Enter 键，文字会自动移到下一行。当输入到段落结尾时，按一

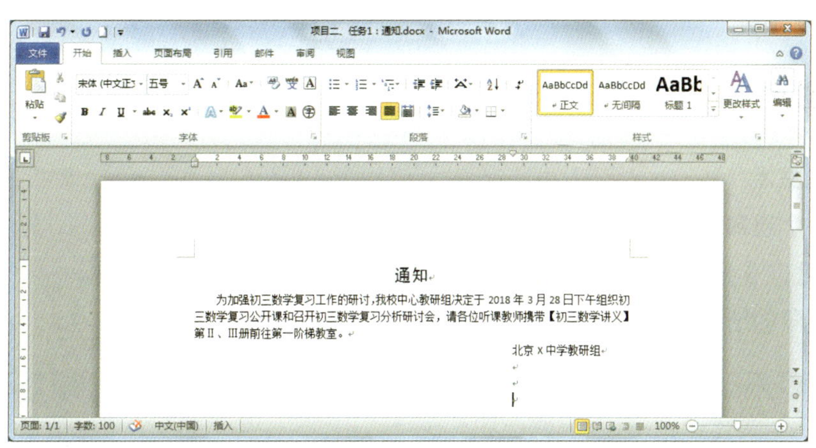

图 2—1 通知文本

下 Enter 键，该段落就结束了。

当用户确定了输入点的位置后，就可以进行文本输入了。根据输入的内容，选择中文或者英文，再选择自己熟悉的输入法，就可以输入文本了。

Windows 系统中的所有输入法在 Word 中都可以使用，具体方法是打开右下角的语言栏，从弹出的快捷菜单中选择熟悉的输入法。Windows 默认的中文输入法一般包括“微软拼音输入法”“全拼”等，这些输入法都是以拼音为基础的。如果需要将中文输入法切换为英文，可以使用“Ctrl+ 空格”组合快捷键。

一般的输入法默认输入的字符为半角字符，其特征是在输入法图标上出现半月形的符号，如图 2—2 所示。

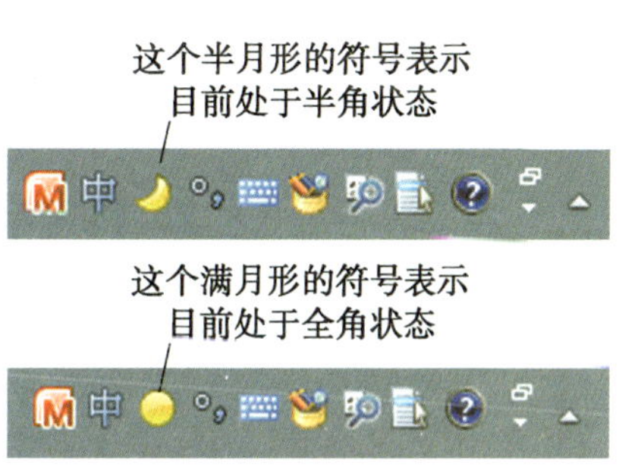

图 2—2 半角与全角

半角、全角主要是针对数字、英文字母和标点符号来说的。全角字符占两个字节，半角字符占一个字节，不管是半角还是全角，汉字都是要占两个字节的。用鼠标单击图 2—2 中所示的全角或半角图标，就可以切换全角 / 半角状态。

本任务还将接触到特殊字符，特殊字符就是平时使用较少的、编码格式比较特殊的字符，如在进行建筑预算输入等工作中经常用到的希腊字母或带圈字符、图文符号等。

1. 输入文本

起草一个通知，先要输入标题“通知”二字，这两个字是独占一行的，输入完成后按 Enter 键，可以看到插入点自动移到下一行，“通知”二字后面出现图标“↵”，这个图标会出现在每段的结尾，表示该段落输入完成，如图 2—3 所示。

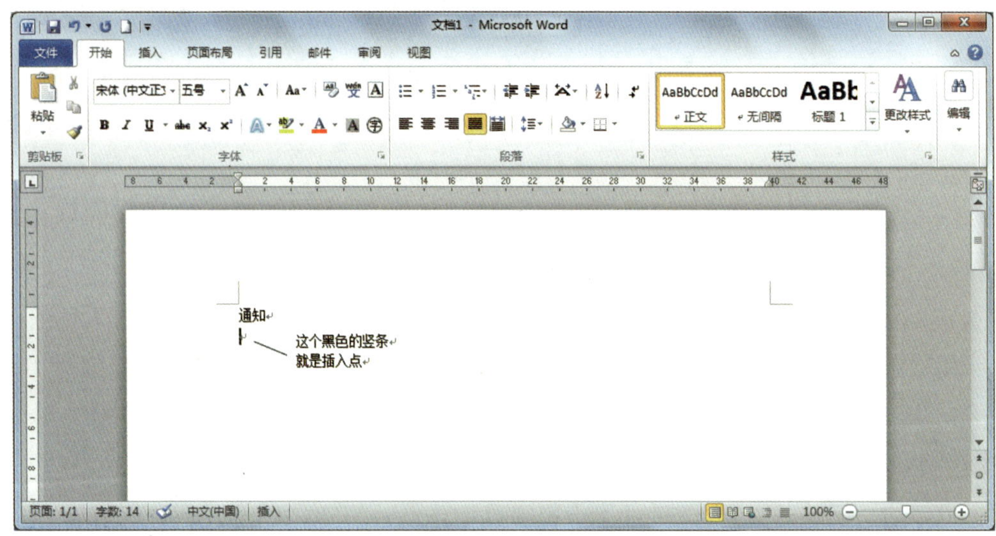

图 2—3　输入文本

切换到中文输入状态，输入文本“为加强初三数学复习工作的研讨，中心教研组决定组织初三数学复习公开课和召开初三数学复习分析研讨会”。

在 Word 2010 中，文本的基本输入操作说明如下：

· 按 Enter 键，将结束本段落，系统将自动在插入点的下一行重新创建一个新的段落。

· 使用键盘上的“→”“←”“↑”“↓”键，可以在文本之间移动插入点。

· 移动鼠标，将光标移动到期望位置后单击鼠标左键，插入点也随之移动到光标所在位置。

· 按空格键，将在插入点的左侧插入一个空格符号。

· 按“←（Backspace）”键，将删除插入点左侧的一个字符。

· 按“Delete”键，将删除插入点右侧的一个字符。

在 Word 2010 中，文本的输入可以分为两种模式：插入模式和改写模式。系统默认的文本输入模式为插入模式。

在插入模式下，用户输入的文本将在插入点的左侧出现，插入点右侧的文本依次向后顺延。看起来像是用户输入的文本是“挤”到原有文本中间，将插入点右侧的文本不停地往后挤。

在改写模式下，用户输入的文本将依次替换插入点右侧的文本。看起来像是用户输入的文本内容将原有的文本覆盖掉，右侧的文本像被“吃掉”了一样。

如图 2—4、图 2—5 所示，要在“中心教研组”前加入“我校”二字，插入模式和改写模式下的效果是不同的。

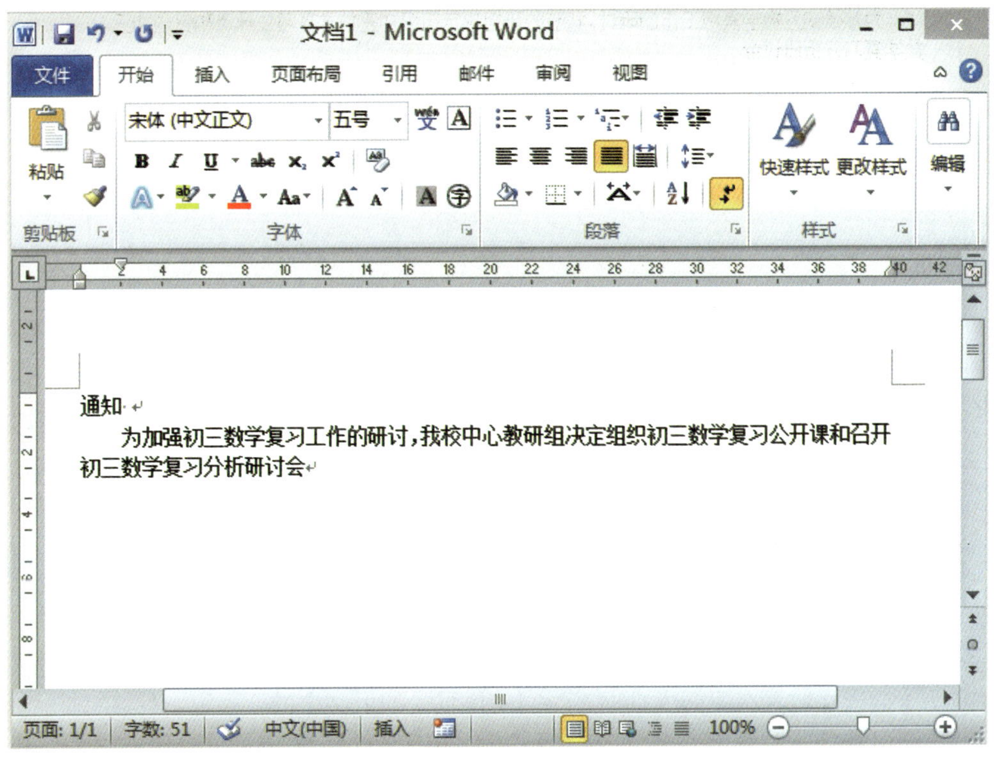

图 2—4　插入模式

如果要在插入模式和改写模式之间进行切换，可以双击屏幕左下方窗口状态栏中的“插入”按钮。当状态栏显示为“插入”时，表示当前使用的是插入模式。双击后可以看到，该按钮显示为“改写”模式，表示当前使用的是改写模式。也可以使用键盘上的“Insert”键进行插入模式和改写模式之间的切换。

2. 在文本中插入日期和时间

在 Word 2010 中，用户可以在正在编辑的文档中插入固定日期或时间，也可以插入当

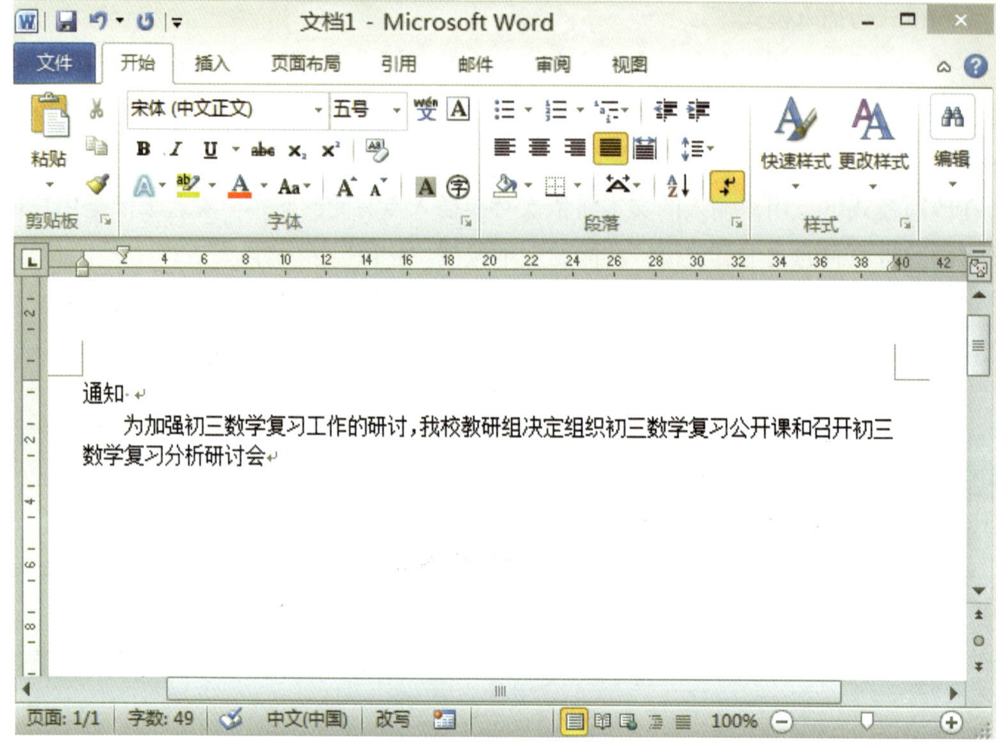

图 2—5　改写模式

前的日期或时间，并可以设置日期或时间的显示格式，以及对插入的日期或时间进行更新。

现在，试着将前面的“通知”文本改成“为加强初三数学复习工作的研讨，我校中心教研组决定于 2018 年 3 月 28 日下午组织初三数学复习公开课和召开初三数学复习分析研讨会”。

操作步骤如下：

（1）将插入点放置在要插入日期或时间的位置，如上文中的“决定”后。

（2）单击“插入”选项卡，再单击“文本”组中的“日期和时间”按钮，打开“日期和时间”对话框。

（3）在对话框的“可用格式”列表框中选择一种格式，如“2018 年 3 月 28 日”，如果希望文本中的日期自动更新，可以选中“自动更新”复选框，然后单击“确定”按钮，如图 2—6 所示。

“日期和时间”对话框中各选项的功能如下：

·“可用格式”列表框：用来选择日期和时间的显示格式。

·“语言（国家 / 地区）”下拉列表框：用来选择显示日期和时间的语言，如中文或英文。

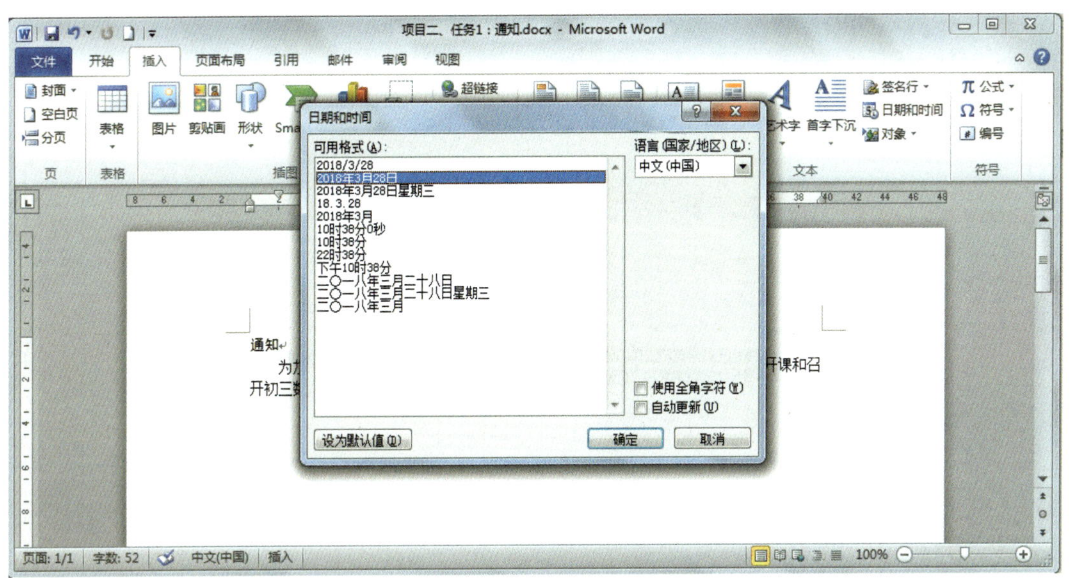

图 2—6　插入日期

·“使用全角字符”复选框：选中该复选框将以全角方式显示日期和时间。

·“自动更新”复选框：选中该复选框后系统可对插入的日期和时间进行自动更新，即每次重新打开该文档，Word 都会自动更新插入的日期和时间，以保证当前显示的日期和时间总是最新的。

·“设为默认值”按钮：单击该按钮可以将当前设置的日期和时间的格式保存为默认的格式。

在选择日期的时候注意将“语言（国家／地区）”下拉列表框中的国家选择为“中文（中国）”。

Word 2010 为了使用者能更方便、快捷地输入日期，还提供了自动插入当前日期的功能。当用户输入日期的前半部分后，Word 会自动以系统默认的时间和日期的显示格式显示完整的日期，用户此时可以按 Enter 键插入该日期，也可以忽略该提示继续输入，如图 2—7 所示。

只有输入的日期为当前日期时才能激活自动插入功能，自动插入的当前日期格式与用户设置的时间格式有关，而且具有自动更新的功能。

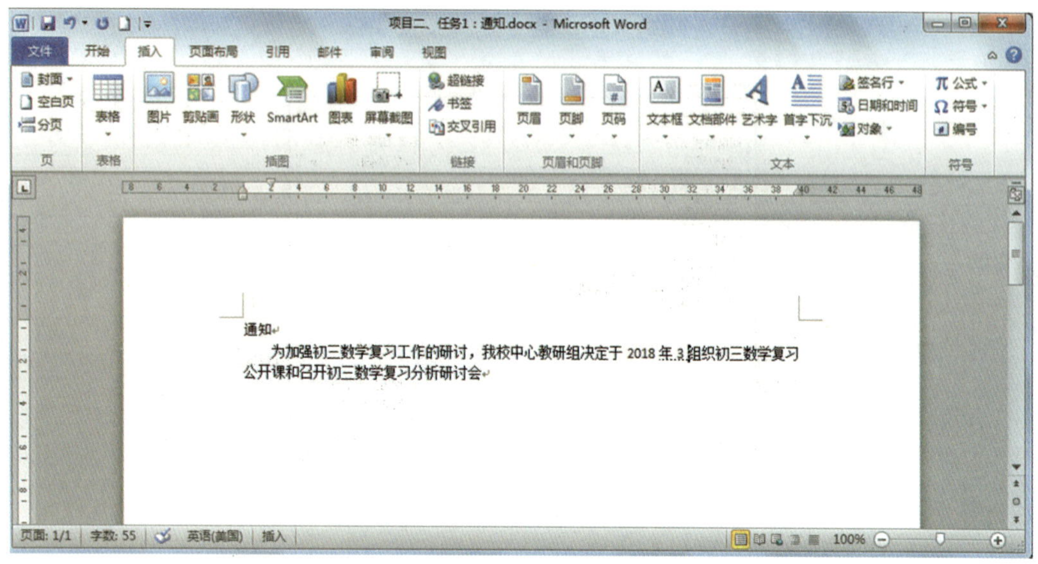

图 2—7 输入日期

3. 输入特殊字符和符号

在向文档中输入文本的过程中，不仅需要输入中、英文字符，还经常会插入一些特殊符号，如◎、☆、Ω、Ⅲ、①等，而这些符号是无法从键盘直接输入的。在 Word 2010 中提供了插入符号的功能，为用户在文本中插入各种符号和一些特殊字符提供了方便。

在前面编辑的“通知”文本中加入“请各位听课教师携带【初三数学讲义】第Ⅱ、Ⅲ册前往第一阶梯教室。”文字。

操作步骤如下：

操作演示

（1）输入“请各位听课教师携带初三数学讲义第册前往第一阶梯教室。”文本。

（2）将插入点定位在“初三数学讲义”前。

（3）单击“插入”选项卡，再单击“符号”组中的“符号”按钮，打开“符号”下拉菜单，选择“其他符号…”选项，在弹出的“符号”对话框中打开“子集”下拉菜单，选择“CJK 符号和标点”选项，如图 2—8 所示。

（4）此时可以看到，显示列表中出现了符号“【”，选中符号“【”，单击“插入”按钮，符号“【”就被插入当前插入点所在的位置了。

（5）单击“关闭”按钮回到文档编辑中，可以看到符号“【”已经出现在插入点之前。

（6）将光标定位在“初三数学讲义”文本后，重复操作步骤 3，选择符号“】”，单击“插入”按钮后，再单击“关闭”按钮，回到文档编辑中，此时“初三数学讲义”就变成了“【初三数学讲义】”。

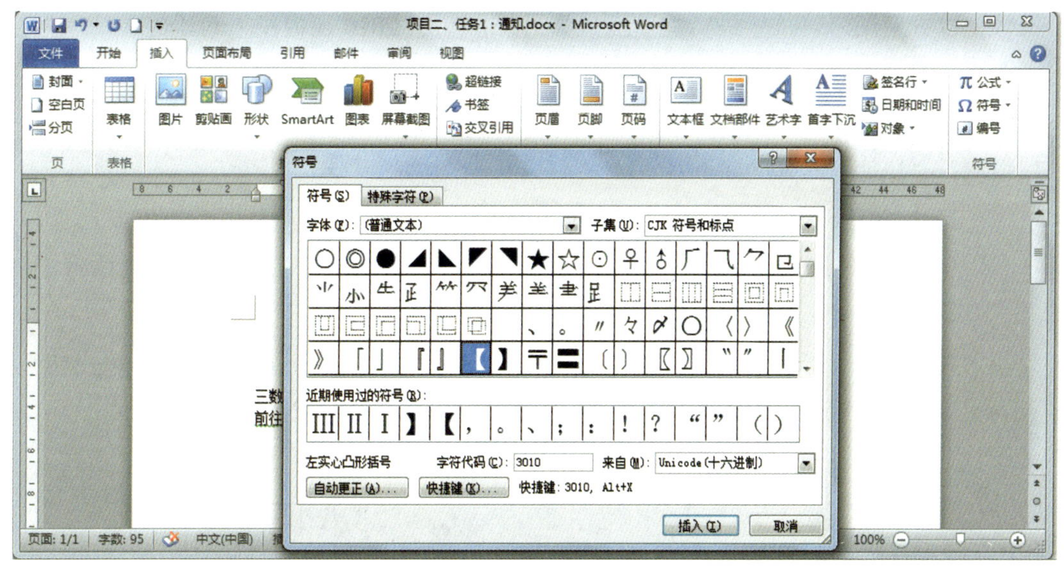

图 2—8　输入符号

（7）将光标定位在“册”字前，单击“符号”组中的“编号”按钮，在弹出的“编号”对话框中选中“Ⅰ、Ⅱ、Ⅲ，…”选项，然后在“编号”输入框中输入“2”，单击“确定”按钮。可以看到，“Ⅱ”字符出现在“第”字的后面，如图 2—9 所示。

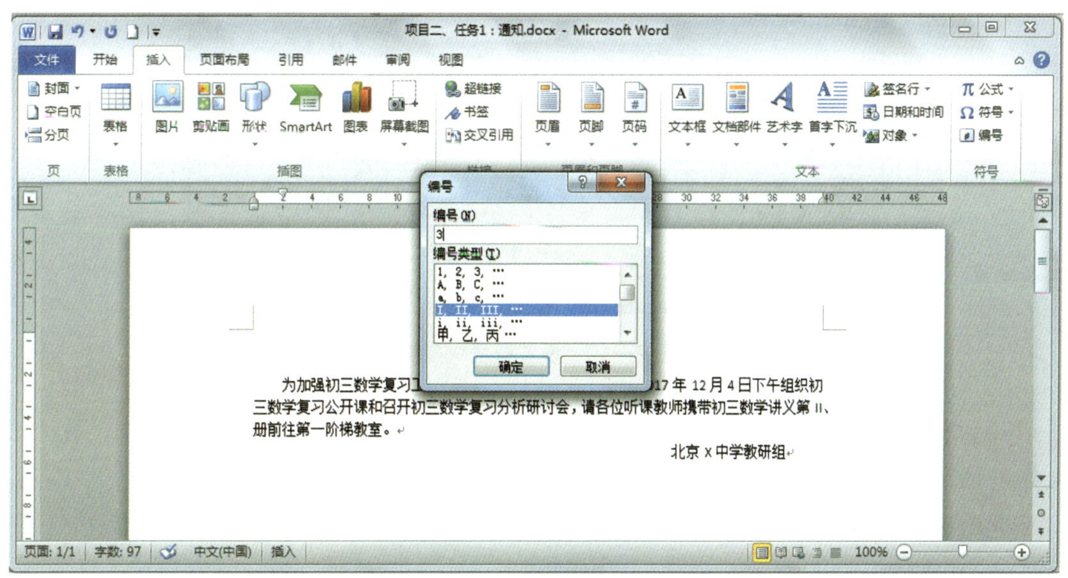

图 2—9　输入编号

（8）重复步骤 7 的操作，在“编号”输入框中输入“3”，完成字符“Ⅲ”的输入。

在“符号”对话框中的“近期使用过的符号”栏里，可以看到用户最近使用过的 20

个符号，以方便用户对符号进行快速插入。另外，Word 2010 还提供了对于经常使用的符号设置快捷键的功能，这样用户就可以在不打开“符号”对话框的情况下，直接按快捷键输入该符号。

设置符号快捷键的方法如下：

（1）打开“符号”对话框，选中需要使用的符号。

（2）单击“符号”对话框中的“快捷键”按钮，打开“自定义键盘”对话框，如图 2—10 所示。

（3）将光标置于“请按新快捷键”文本框中，按下需要设置的快捷键（如 Alt+A）。

（4）单击“指定”按钮，此时设置的快捷键会显示在“当前快捷键”列表框中，表示快捷键设置成功。

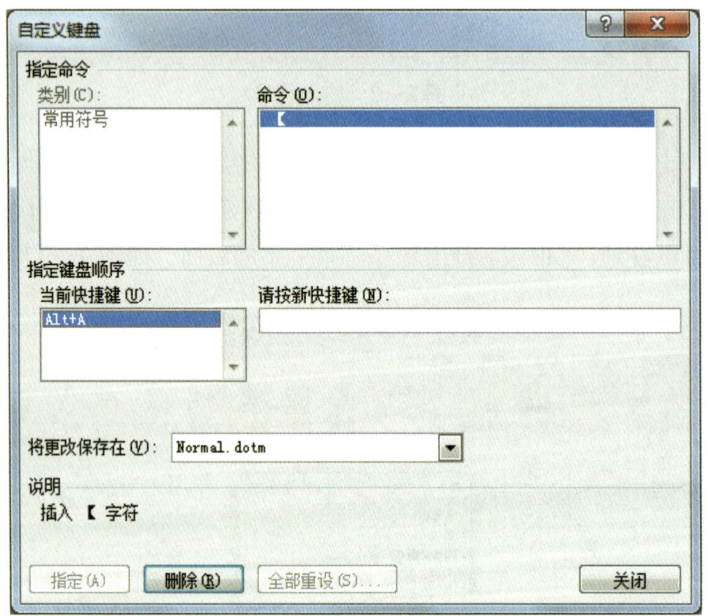

图 2—10　设置符号快捷键

（5）单击“关闭”按钮，关闭“自定义键盘”对话框，返回“符号”对话框，在“符号”对话框中单击“关闭”按钮，关闭“符号”对话框。

此时，快捷键就设置成功了，今后使用者在编辑文本时，如果需要输入这个符号，直接按“Alt+A”就可以进行输入了。

在“符号”对话框中，还可以看到“特殊字符”选项卡，这里内置了一些具有特殊含义的特殊字符，如“©”（版权所有）等，使用者需要的时候可以浏览该选项卡进行查找，输入方法和快捷键的设置方法与其他特殊字符相同，不再赘述。

任务 2　在文档中选择需要的内容

学习目标

1. 能在文档中选择需要的内容。
2. 能使用不同方法选择文本。

任务描述

文本输入完成后，需要设置相应的格式，使文本看起来美观大方、重点突出，如将标题设置为大字体、居中等。针对需要设置格式的文本，先要选中该部分文本，才能进行相应操作。选择文本是修改格式、复制、剪切、粘贴等操作的基础。

Word 2010 提供了多种文本选择方法，用户可以选择一个或多个字符、一行或多行、一段或多段、一幅或多幅图片，甚至整篇文档。

如图 2—11 所示，蓝色背景所标示的区域就是被选中的文字。

下面以上一任务中录入完成的“通知”文本为例，学习文本的选择方法。

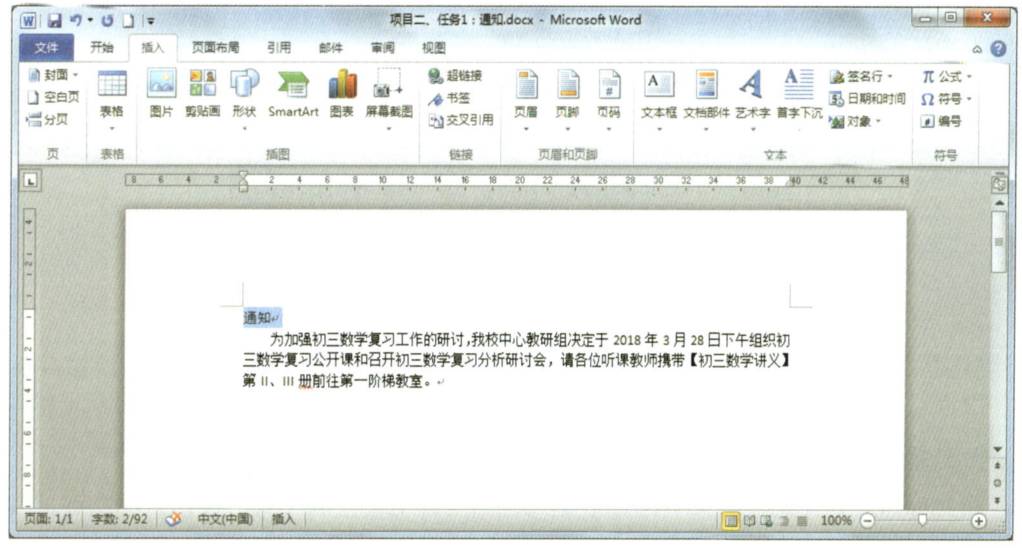

图 2—11　选中文字

相关知识

在文档输入的过程中，经常需要选定某些文字符号进行处理，Word 2010 提供了强大的文本选择方法，不论是文本、字符、段落或是图片等，都可以用鼠标完成选择。

实践操作

1. 选中“通知”两字

（1）将光标移动至需要选择文字的开始位置，如“通知”的“通”字前。

（2）按住鼠标左键，拖动至结束位置（“知”的右侧）后松开鼠标左键。此时可以看到被选择的文本所在的区域变成了蓝色背景，如图 2—11 所示。

2. 选择整行文字

将光标移到该行的最左边，当鼠标光标变为“↗”后，单击鼠标左键，可以看到整行文本所在的区域变成了蓝色背景，如图 2—12 所示。

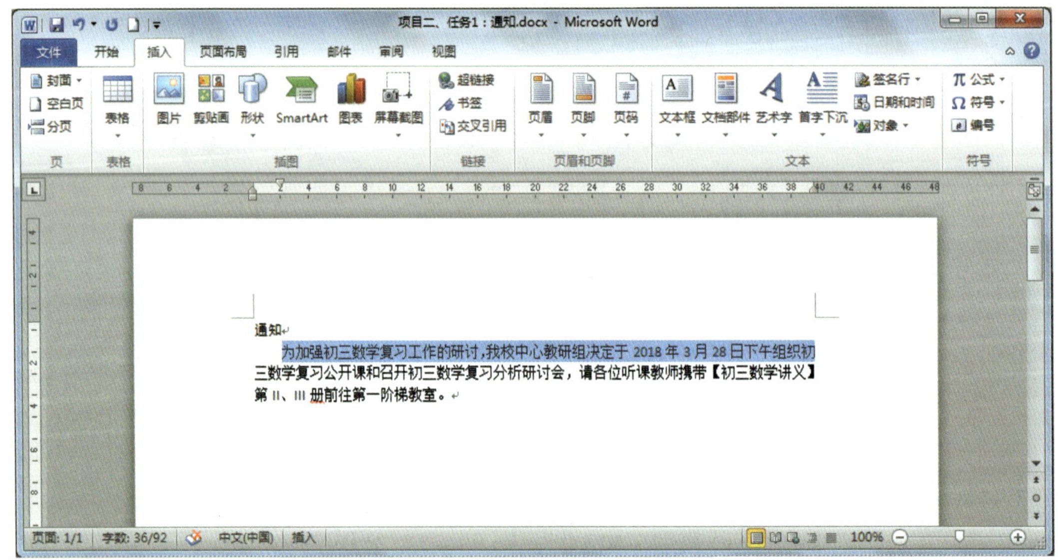

图 2—12　选择整行文本

3. 选择多行文本

将光标移动到要选择的文本首行最左边，当指针变为“↗”后，按住鼠标左键，然后向上或向下拖动。将光标移动到需要的位置后，放开鼠标左键，选中的文本背景色变为蓝色。

4. 选择一个段落

有以下两种选择方法：

· 将光标移到该段任意一行的最左端，当指针变为“⍼”后，双击鼠标左键。

· 将光标移到该段的任意位置，连续快速单击两次鼠标左键。

5. 选中多个段落

将鼠标移到起始段落的最左端，当鼠标指针变成“⍼”后，按住鼠标左键，向上或向下拖动鼠标，将“⍼”移动到结束段落的最左端后，放开鼠标左键，选中的段落背景色变为蓝色。

6. 选中一个词组

将插入点定位到词组中间或左侧，双击鼠标左键可以快速选中该词组。

7. 选中一个矩形文本区域

将鼠标的插入点置于预选文本的一句，然后在按下 Alt 键的同时，按住鼠标左键，拖动到文本块的对角处，可以选定该文本块，效果如图 2—13 所示。

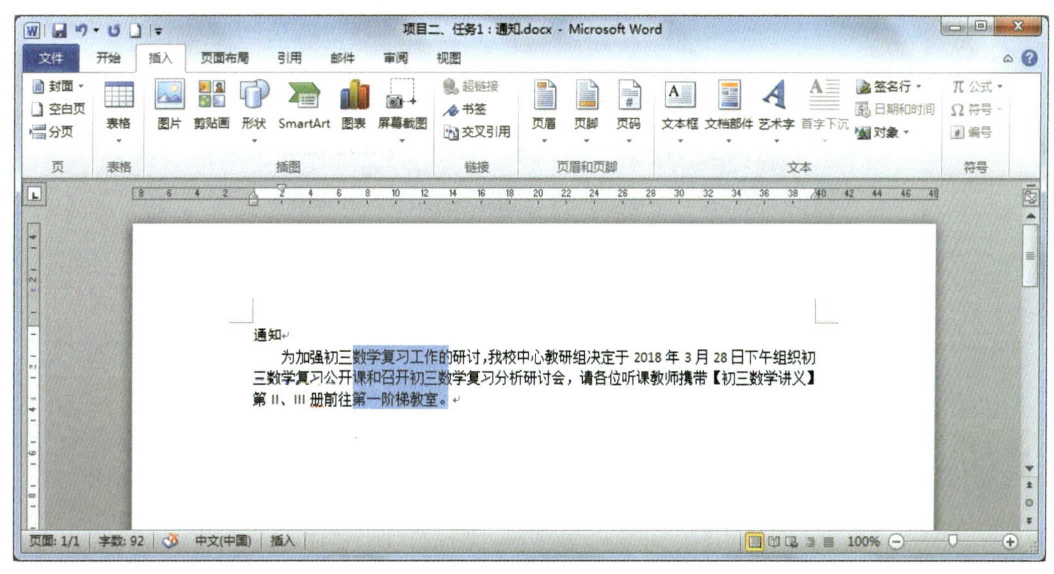

图 2—13　选中矩形文本块

8. 选择整篇文档

有三种选择方法：

· 使用“开始”选项卡下“编辑”组中的“选择”菜单命令下的“全选”命令。

· 使用 Ctrl+A 组合快捷键。

· 将鼠标移动到文档任意一行的左侧，当指针变成“⍼”后，连续快速单击三次鼠标左键。

9. 配合 Shift 键选择文本区域

将鼠标的插入点定位到要选定的文本之前，单击鼠标左键，确定要选择文本的初始位置，按住 Shift 键移动鼠标到要选定的文本区域的结尾处，同时单击鼠标左键。此选择方法可以选择任意区域的文本。

10. 选择格式相似的文本

首先选中某一格式的文本，如具有某一种标题格式或文本格式等，单击鼠标右键，在弹出的菜单中选择“样式→选定所有格式类似的文本”，如图 2—14 所示，或在“开始”选项卡下“编辑”组中，选择“选择”菜单中的“选定格式相似的文本”，即可选中文档中所有具有选中格式的文本。

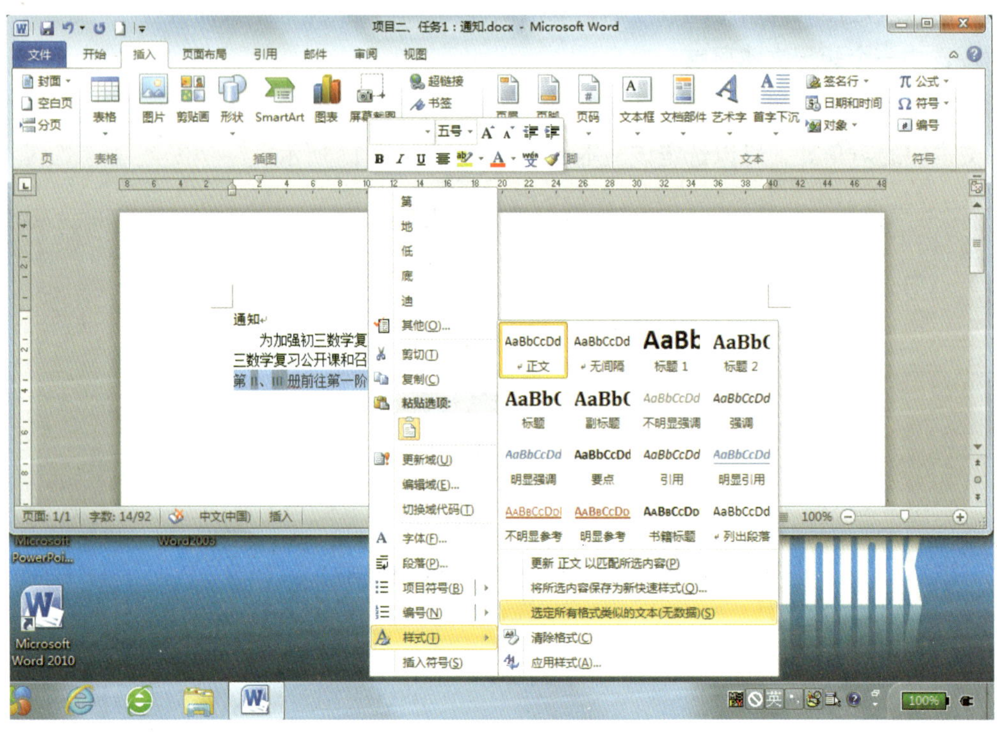

图 2—14　选择格式相似的文本

11. 调节或取消选中的区域

按住 Shift 键，并按键盘上的“→”“←”“↑”“↓”键，可以扩展或收缩选择区，或按住 Shift 键，用鼠标单击选择区域预期的终点，则选择区将扩展或收缩到该点为止。

如果要取消选中的文本，可以用鼠标单击选择区域外的任何位置，或按任何一个可在文档中移动的键，如“→”“←”“↑”“↓”键等即可。

任务 3 复制、剪切和粘贴

学习目标

1. 能复制文本。
2. 能剪切和粘贴文本。
3. 能使用剪贴板。

任务描述

在编辑文档时，用户经常需要将文档的一部分内容移动或复制到另一处，复制、剪切和粘贴文本是文本操作的基础方法，巧妙地运用这些方法将大大提高用户的工作效率。

以上一任务中录入完成的“通知”文本为例，将“初三数学复习分析研讨会”文本复制并移动到“通知”前，以此来学习复制、剪切和粘贴的方法。

相关知识

选定文本后，下一步可以对所选择的内容进行操作，最常用的操作就是复制、剪切和粘贴，这三者可以归入“文本移动”的范围。

复制与剪切的区别在于，复制内容被装进一个容器里，准备放到另一个地方去，而原来的内容仍然存在；剪切下来的内容也被装进一个容器里，但原处就没有该内容了。

剪贴板是文档进行信息传输的中间媒介，是将信息传送到其他文档或其他程序的通道，当然，这个通道是肉眼看不见的。使用剪贴板对文本进行复制或移动操作时，首先将文本内容复制或剪切到剪贴板中，需要时再将暂时“存放”在剪贴板中的信息“粘贴”到当前文档、其他 Office 文件或 Windows 环境下其他程序所建立的文档中的指定位置。

存放在剪贴板中的内容不会丢失，可以反复粘贴，不限次数。Word 2010 提供了 24 个子剪贴板，从而使用户可以同时复制与粘贴多项内容。如果存放在剪贴板中的内容已达 24 项，要继续添加新内容时，它会将复制内容添加至最后一项，并清除第一项，用户可以选择是否继续复制。

Word 2010 提供的“剪贴板”就是前面提到的“容器”，将用户复制或剪切的内容

“装”起来，供用户选择使用。与生活中常用的容器不同的是，这个容器里装的东西可以反复使用。

1. 利用拖动方法移动和复制文本

要求：将“初三数学复习分析研讨会”文本复制并移动到“通知”文本前。

当用户在同一文档中进行短距离的移动和复制时，可以简单地使用拖动方法。由于使用拖动方法移动和复制文本时不经过“剪贴板”，因此，该方法要比通过剪贴板交换数据的方法简单。

具体操作步骤如下：

操作演示

（1）选中要复制的文本。将光标移动到“初三”二字前，按住鼠标左键，拖曳光标至“研讨会”的“会”字后。可以看到，“初三数学复习分析研讨会”的文本背景变成了蓝色，如图 2—15 所示。

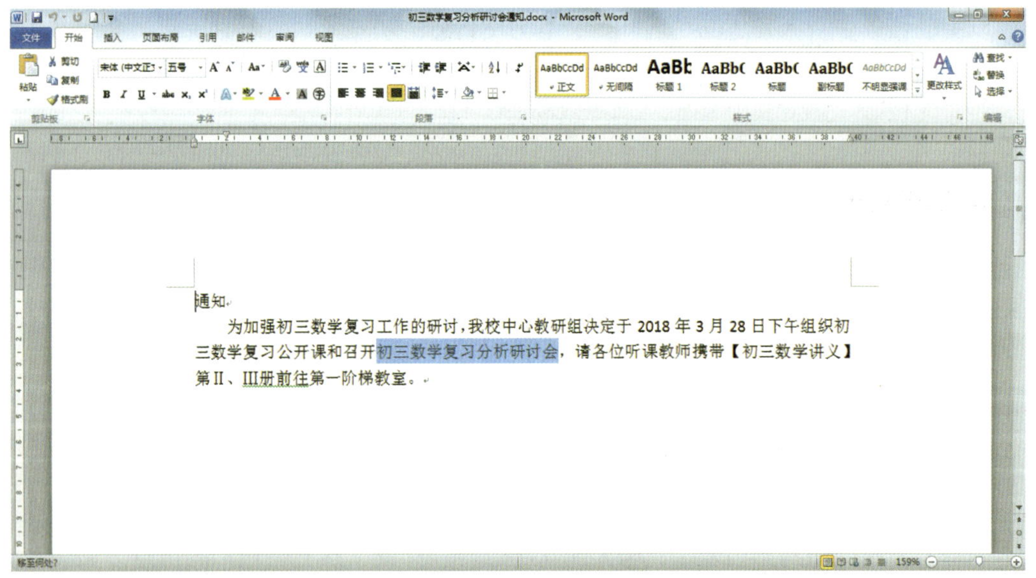

图 2—15　文本的移动

（2）如果要移动文本，则将鼠标光针移到被选中的文本上，按住鼠标左键可以直接拖动文本，此时可以看到，插入点变成了“|”标志，这是用来标志新的插入点的；同时，鼠标光标也变成了“ ”标志，这个标志表示当前处于复制动作。

（3）到指定位置后放开鼠标左键，可以看到文本已经在原来位置消失而出现在了新的位置上，如图 2—16 所示。

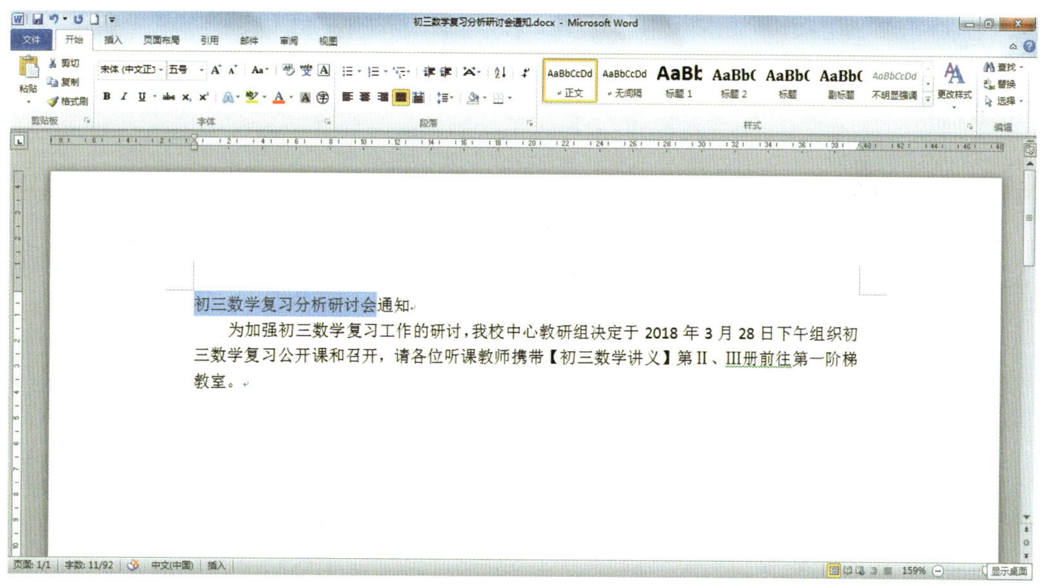

图 2—16　文本移动的效果

（4）若要复制文本，则先按住 Ctrl 键，然后再按住鼠标左键进行拖动，这样就能把选中的文本复制到新的位置。移动与复制的区别在于，复制文本不会让选中的文本发生变化，如图 2—17 所示。

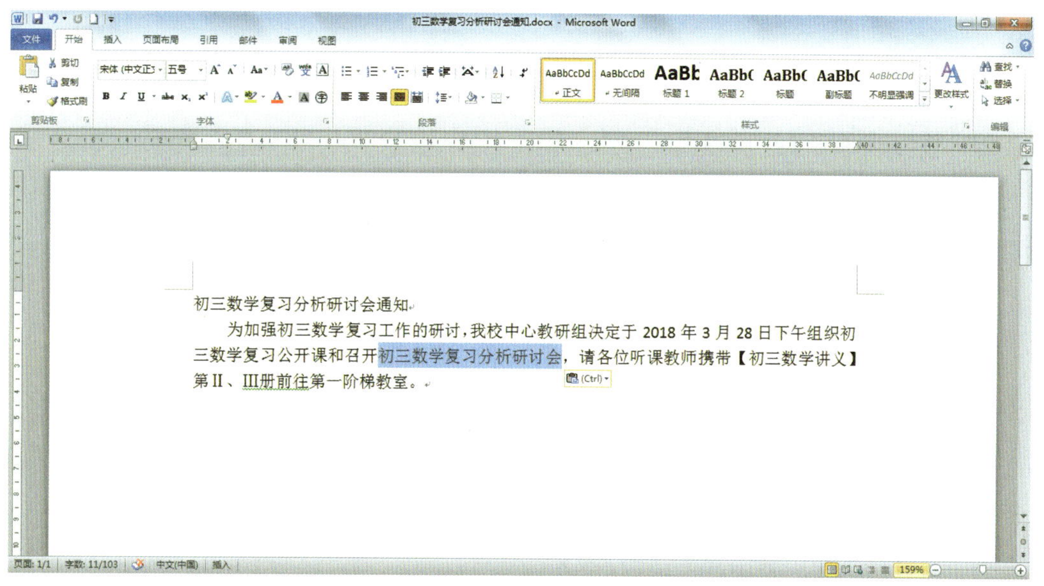

图 2—17　文本复制的效果

如果把选中的内容拖到了窗口的顶部或底部，Word 将自动向上或向下滚动文档。

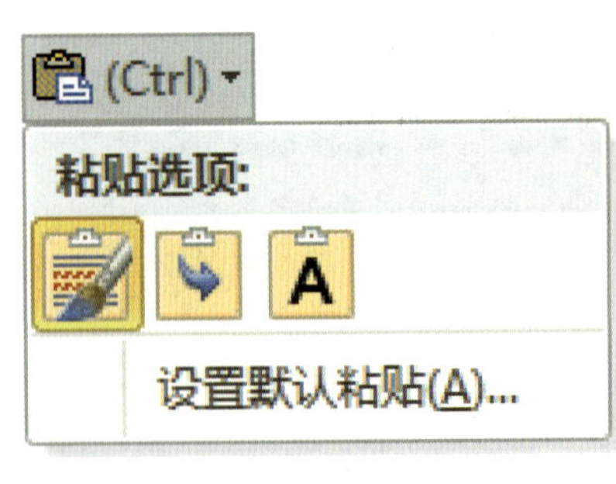

图 2—18 “粘贴”菜单

（5）在图 2—17 中，可以看到一个新的图标“”，这是“粘贴”图标。单击这个图标可以在弹出的下拉菜单中选择复制或移动文本的格式，如图 2—18 所示。

· 仅保留源格式（默认）

使用此选项可以保留应用到复制文本的字符样式和直接格式。直接格式包括字号、倾斜和其他未包含在段落样式中的格式。

· 合并格式

使用此选项，复制的内容将摒弃原来的格式，自动匹配现有的格式（包括字体和大小）进行排版。

· 仅保留文本

使用此选项可以放弃所有的格式和非文本元素，如图片和表格。文本承袭粘贴到的段落的样式特征，还会承袭粘贴文本时光标前面文本的直接格式或字符样式属性。使用此选项会放弃图形元素，将表格转换为一系列段落。

2. 利用剪贴板移动和复制文本

现在以前面的“通知”为例，将“文档 1”中的文本内容移动到“通知”文档中。具体操作步骤如下：

（1）选中要移动或复制的文本内容。

（2）若需要移动文本可单击“开始”选项卡下“剪贴板”组中的“剪切”按钮，或使用 Ctrl+X 组合快捷键，或将鼠标光针移到被选中的文本上，单击鼠标右键，在弹出的快捷菜单中选择“剪切”命令，如图 2—19 所示。

以上方法均可以将被选中的文本内容剪切到剪贴板中。

（3）若要复制文本，有以下三种方法：

· 单击“开始”选项卡下“剪贴板”组中的“复制”按钮 复制 。

· 按 Ctrl+C 组合快捷键。

· 将鼠标光标移到被选中的文本上，单击鼠标右键，在弹出的快捷菜单中选择“复制”命令。

以上方法均可将被选中文本内容复制到剪贴板中。

（4）将光标移动到要插入文本的位置，单击“开始”选项卡下“剪贴板”组右下角的图标，屏幕左侧将弹出如图 2—20 所示的任务窗格。

（5）单击“剪贴板”任务窗格中需要粘贴的内容，这部分文本就被复制到光标所在的

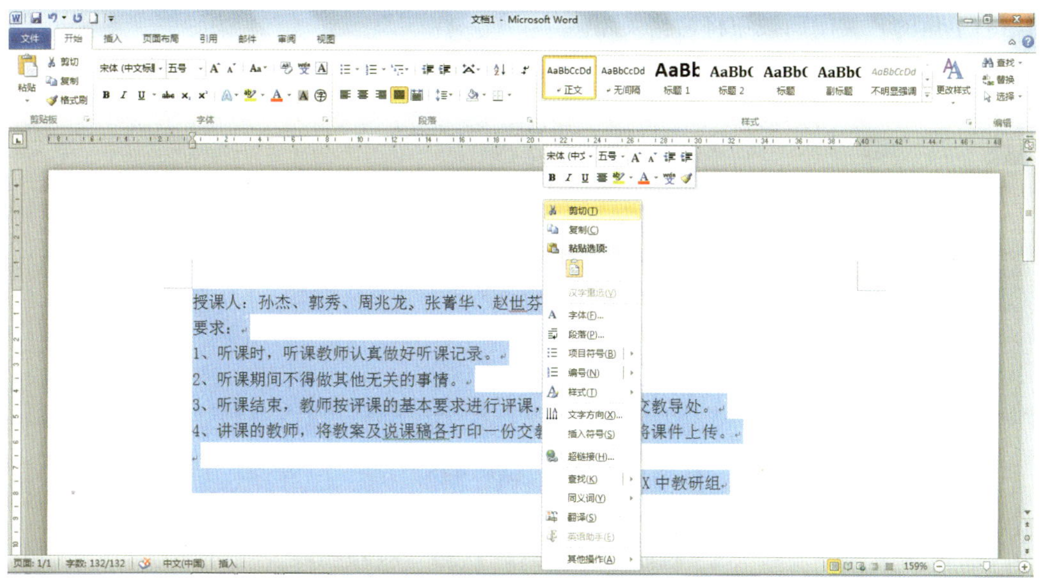

图 2—19　剪切文本

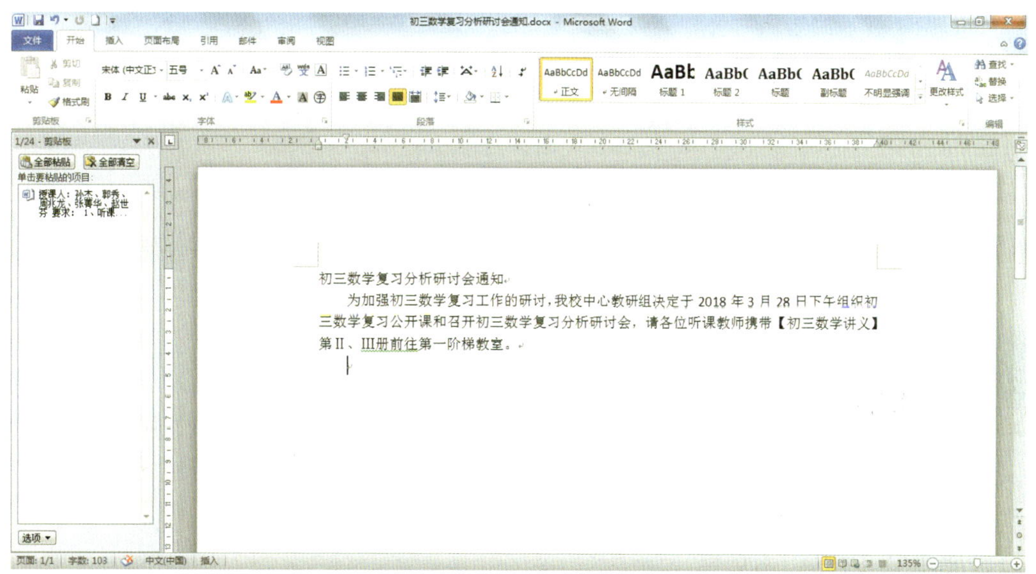

图 2—20　“剪贴板”任务窗格

位置。同时，还有以下几种方法可以达到目的：

· 单击“开始”选项卡下“剪贴板”组中的“粘贴”按钮 粘贴。

· 使用 Ctrl+V 组合快捷键。

· 单击鼠标右键，从弹出的快捷菜单中选择“粘贴”命令。

如果希望进行多项粘贴，可以打开“剪贴板”任务窗格，使用完毕后，可以单击任务

窗格右上角的“关闭”按钮将窗格关闭。

粘贴完成后，可以看到新的文本已经出现在原有文档中，如图 2—21 所示。

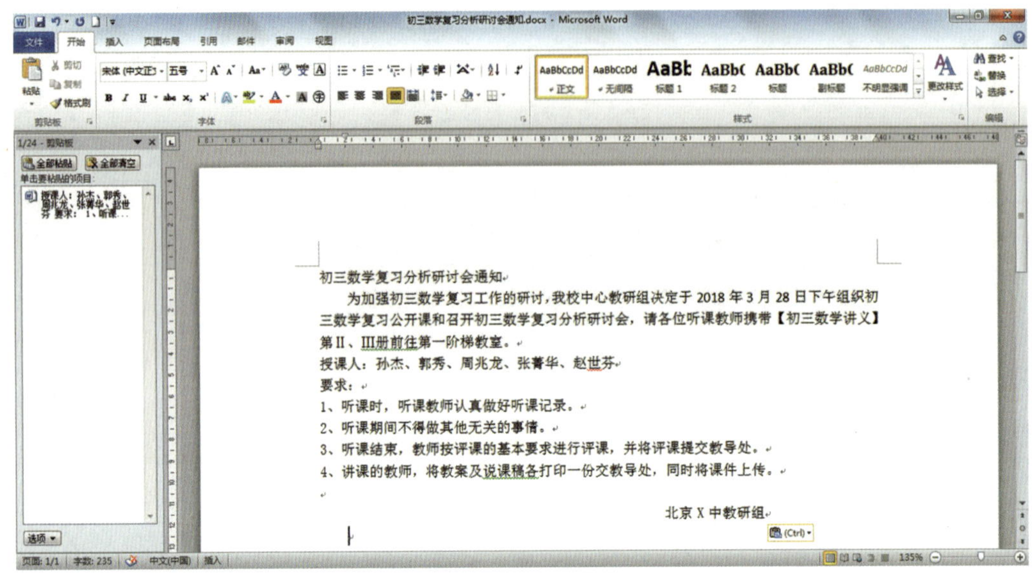

图 2—21 粘贴效果

任务 4 设置文字格式

学习目标

1. 能描述“字体”组中按钮的功能。
2. 能设置文字的字体与字号、加粗、倾斜、下划线等格式。
3. 能使用“字体”对话框。

任务描述

为使文本美观大方，仅有文本内容是不够的，还需要对文档进行更多编辑操作，如以不同的字体、字号区分各级标题等。

以编辑“通知”文档为例，给文档加入一些新的内容，并设置文字的格式，编辑结果如图 2—22 所示。

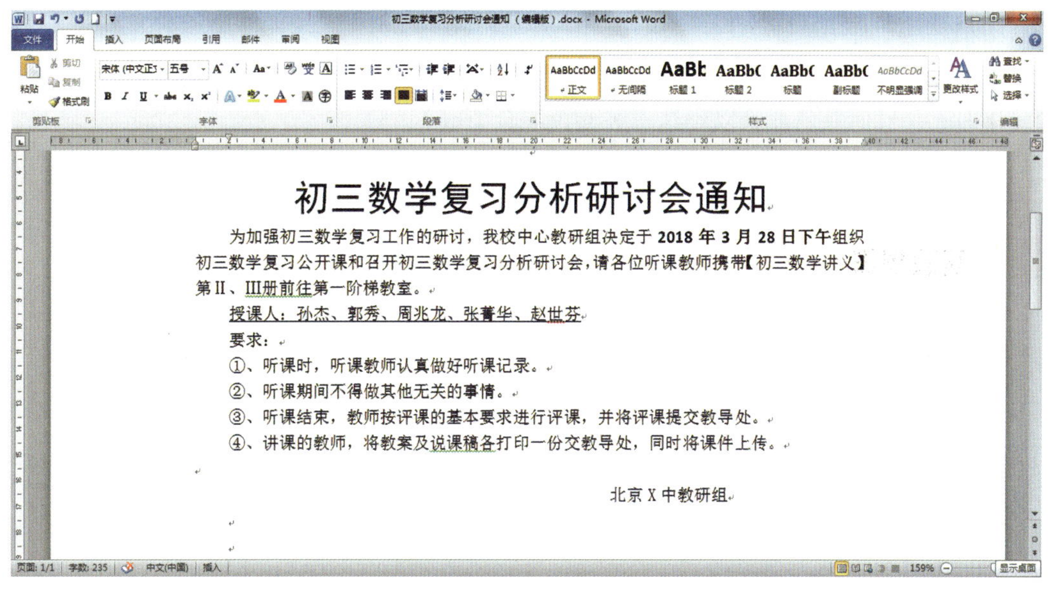

初三数学复习分析研讨会通知

为加强初三数学复习工作的研讨，我校中心教研组决定于 2018 年 3 月 28 日下午组织初三数学复习公开课和召开初三数学复习分析研讨会，请各位听课教师携带【初三数学讲义】第Ⅱ、Ⅲ册前往第一阶梯教室。

授课人：孙杰、郭秀、周兆龙、张菁华、赵世芬

要求：

①、听课时，听课教师认真做好听课记录。

②、听课期间不得做其他无关的事情。

③、听课结束，教师按评课的基本要求进行评课，并将评课提交教导处。

④、讲课的教师，将教案及说课稿各打印一份交教导处，同时将课件上传。

北京 X 中教研组

图 2—22　设置文字格式

要求：

· 将“初三数学复习分析研讨会通知”文本的字体、字号设置为黑体、二号。

· 将“2018 年 3 月 28 日下午”文本加粗，进行强调。

· 为“授课人”行加下划线，进行强调。

· 将“1、2、3、4”字符设置为带圈字符。

另以唐诗《春晓》文档为例，设置文字竖排。

相关知识

设置文字的格式在文字处理中经常用到，其目的是通过建立全面可视的样式，增加易读性，使文档更加美观，条理更加清晰。用户可以通过“开始”选项卡下的“字体”组或通过“字体”对话框中的“字体”选项卡进行文字格式的设置。

“字体”组中包括很多属性的设置，有字体、字号、颜色及其他格式。

Word 2010 自带了多种字体，其中“宋体”是最常用的字体。打开“字体”下拉菜单，用户可以根据自己的需要选择适用的字体。

Word 2010 对字体大小采用两种不同的度量单位，其中一种是以“号”为度量单位，如常用的“初号、小初、一号、小一、……、七号、八号”等；另一种是以国际上通用的“磅”（28.35 磅等于 1 厘米）为度量单位。

用户还可以根据自己的需要设定字体颜色，Word 2010 中预调了 256 种常用的颜色，用户可以使用 RGB 颜色进行个性化设置。RGB 俗称三原色，指红 (RED)、绿（GREEN）、蓝（BLUE），任何颜色都可以用这三种颜色混合而成。

实践操作

1. 使用“字体”功能组设置文字格式

“字体”功能组位于“开始”选项卡中，被置于最显眼的位置，可见其重要性。最常用的字符格式选项在“字体”功能组中都能看到，用户通过该功能组可以快速地对文本的字体、字号、颜色、字形等进行设置。“字体”功能组如图 2—23 所示。

操作步骤：

（1）选中“初三数学复习分析研讨会通知”文本，将光标移动到“字体”下拉菜单上，单击右侧的小三角按钮。选择字体为“黑体”，单击鼠标左键确定选择，如图 2—24 所示。此时下拉菜单自动收回，选中的文本就变成了黑体字。

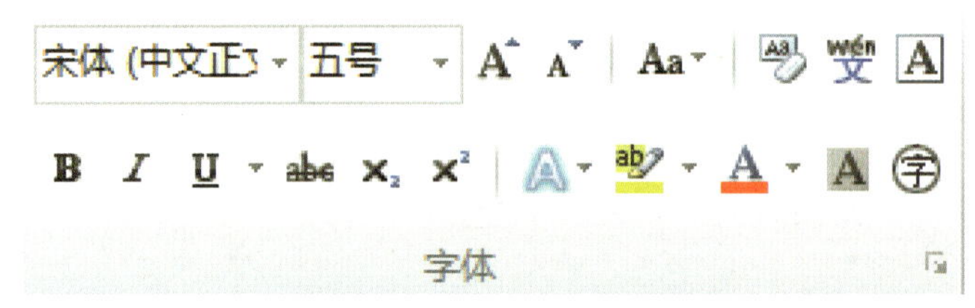

操作演示

图 2—23 “字体”功能组

提示 选择文本后打开字体下拉菜单，将鼠标移动到任意一个字体名称上，可以看到被选择的文本字体随之发生了变化，这就是 Word 2010 的“预览”功能。

（2）改变文字的大小。打开“字号”下拉菜单，选择“二号”选项，可以看到屏幕上的字号已经变大，单击鼠标左键就可以确定对字号的更改了，如图 2—25 所示。

能改变字体大小的按钮还有 A˄ 、A˅ 按钮，从图标上可以看出，A˄ 是增大字号，A˅ 是缩小字号。但是与“字号”菜单不同的是，这两个按钮是依次改变字号大小的，单击 A˄ 按钮，字号会由“二号”字体增大为上一级的“小一”字号。

一般情况下，字号若以“磅”为单位，为了方便阅读，文本的字号应设置在 8 磅以上；若以字号为单位，文本的输入默认为五号字。

（3）选中“2018 年 3 月 28 日下午”文本，单击“加粗”按钮 **B**，可以看到选中的文本被加粗了，如图 2—26 所示。

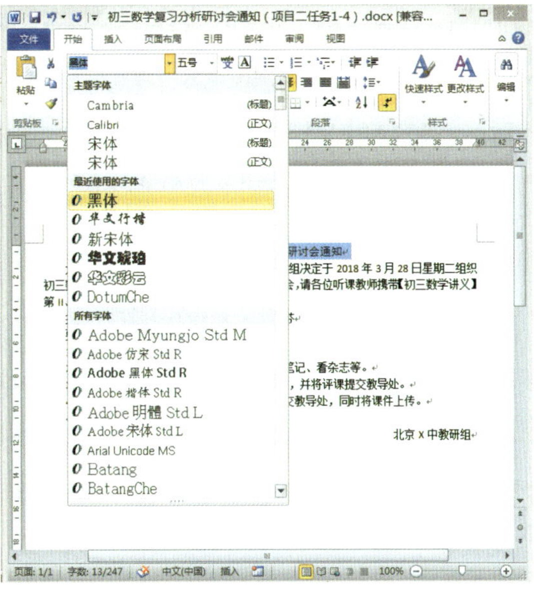

图 2—24　更改字体

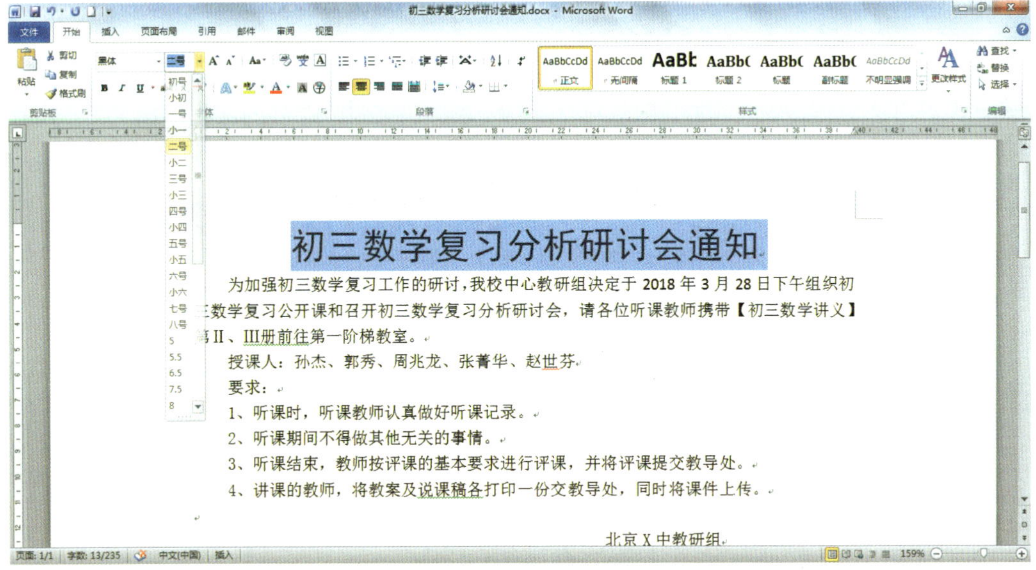

图 2—25　更改字号

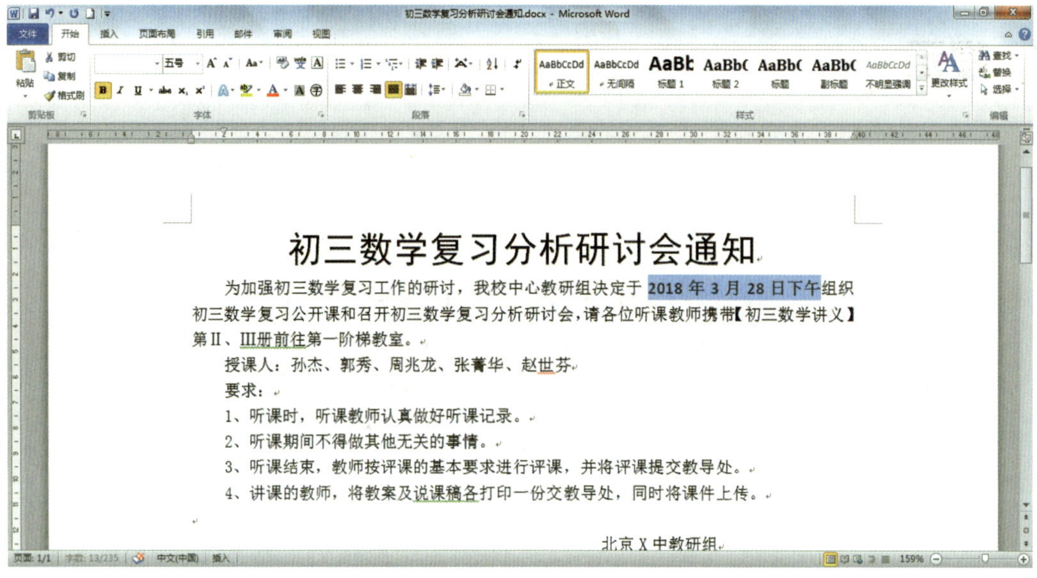

图 2—26　加粗字体

与“加粗”按钮的使用方法类似，“倾斜”按钮 *I* 可以达到让字体倾斜的效果。

（4）选中“授课人”行，单击“下划线”按钮 U，该行的文字就被添加了下划线，如图 2—27 所示。单击下划线按钮旁的倒三角按钮，还可以弹出下划线菜单，可以对下划线的样式和颜色进行设置。

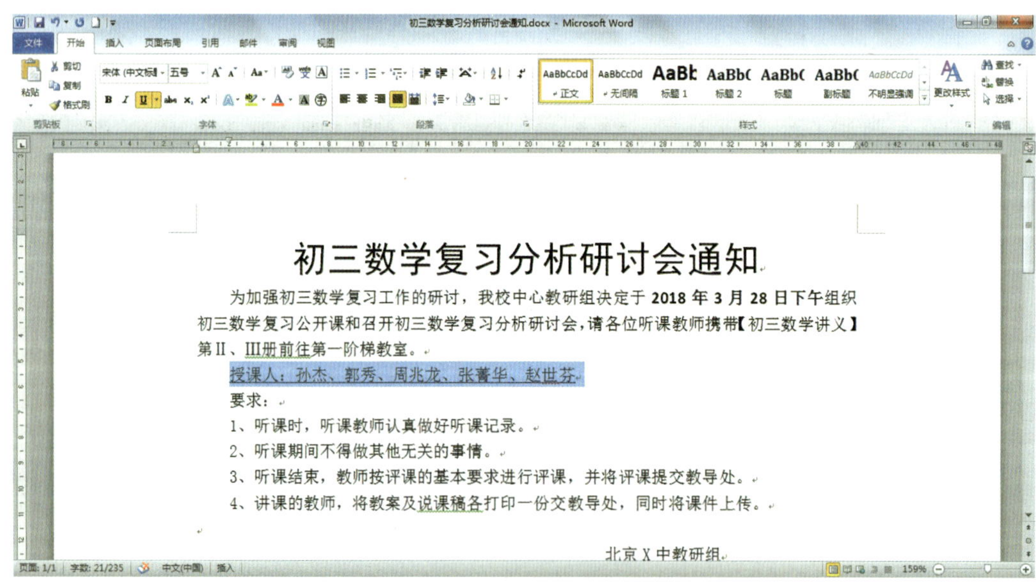

图 2—27　添加下划线

与下划线按钮类似的还有“删除线”按钮 abc，顾名思义，这个按钮的作用就是为选中的文本添加一条删除线。与下划线不同的是，删除线贯穿所选文字，而不是位于文字下方。

（5）选中“1”字，单击“带圈字符”按钮，弹出“带圈字符”对话框，在对话框中可以选择带圈字符的样式、文字和圈号，用户可以按自己的需求进行选择，如图 2—28 所示。

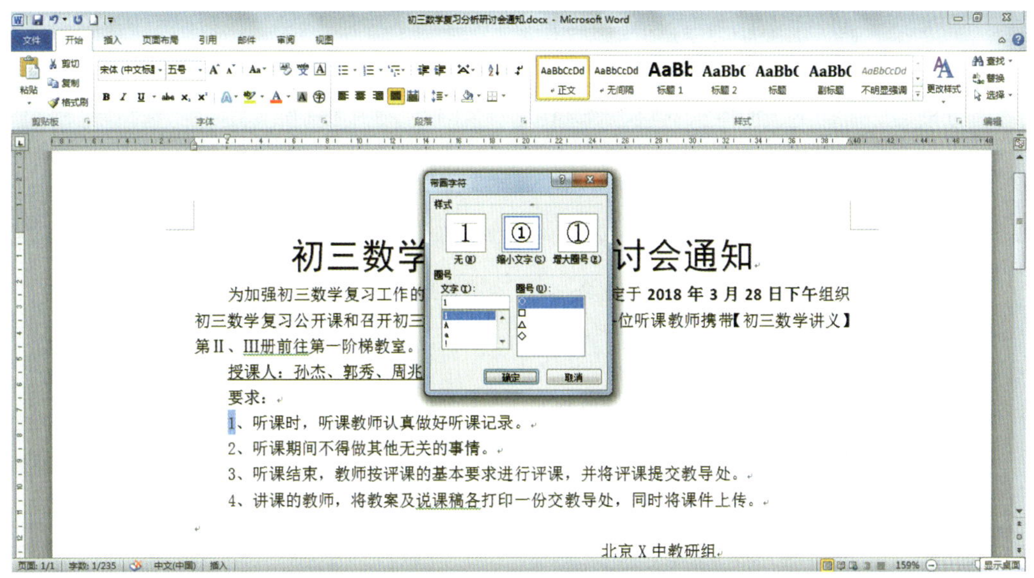

图 2—28　设置带圈字符

与“带圈字符”类似的还有“字符边框”按钮 A，选中文字后再单击这个按钮，可以为选中的文字加上方形的边框。

字体和字号更改完成后的效果如图 2—29 所示。

在“字体”组中还有一些经常用到的按钮，熟练地运用这些按钮可以大大方便用户对文档进行编辑。下面对这些按钮的功能进行简要介绍。

· 更改大小写按钮 **Aa**：将所选择的所有文字更改为全部大写、全部小写或其他常见的大小写形式。

· 清除格式按钮：选中需要清除格式的文字，单击这个按钮，可以将设置的所有格式全部清除，变为纯文本格式。

· 拼音指南按钮 wén 文：选中文字，单击这个按钮将弹出“拼音指南”对话框，提示用户选中文字如何正确拼音。

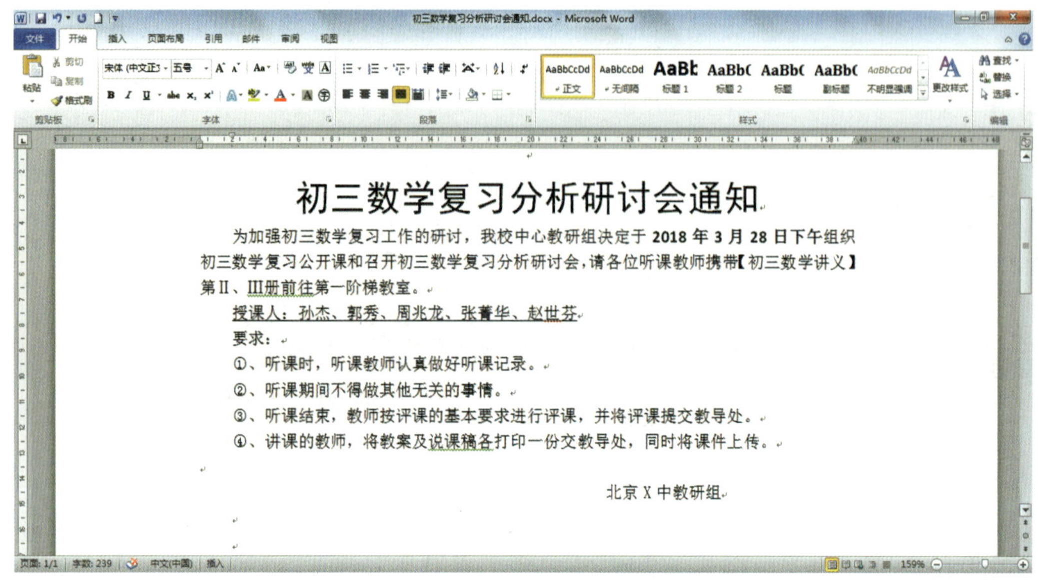

图 2—29 更改效果

· 上标按钮 x^2：将所选文字提到基准线上方，并将所选文字更改为较小的字号（如果较小的字号可用）。

· 下标按钮 x_2：将所选文字降到基准线下方，并将所选文字更改为较小的字号（如果较小的字号可用）。

如果希望提升或降低所选文字而不更改字号，可打开“字体”对话框中的“高级”选项卡，单击“位置”下拉列表框中的“提升”或“降低”。

· 以不同颜色突出显示文本按钮：指定所选文字的背景色，以使所选文本更为突出。单击右边的倒三角按钮，在弹出菜单中可以选择背景色的颜色。

· 字体颜色按钮 A：指定所选文字的颜色。单击右边的倒三角按钮，在弹出的下拉菜单中可以选择颜色。单击“自动”命令会应用在 Microsoft Windows 控制面板中定义的颜色。如果没有对其进行更改，则默认颜色为黑色。在底纹为 80% 或更高的段落中，单击“自动”命令会将文本更改为白色。

· 字符底纹按钮 A：选中某行，单击这个按钮可以为整行添加底纹背景。

提示

Word 2010 提供了快速格式化字符的方式，具体方法如下：首先选中需要格式化的文本，如“通知”，此时在被选文本的右上方会显示出半透明的“快速格式化”工具栏，将鼠标移动到该工具栏上，它就会变得清晰可见，如图 2—30 所示。用户可以根据需要选择相应的操作。

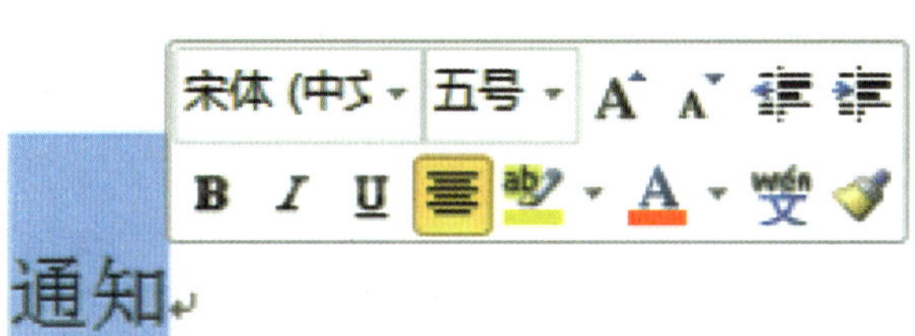

图 2—30 “快速格式化”工具栏

2. 使用“字体”对话框设置字符格式

在“字体”功能组中，只是列出了常用的格式工具选项，还有一些格式选项要通过“字体”对话框来设置。

下面仍以编辑“通知”文档为例，对文本进行设置。

要求：

操作演示

· 将“初三数学复习分析研讨会通知”文本设置为黑体、二号。

· 将“2018 年 3 月 28 日下午”加粗，进行强调。

· 为“授课人”行加下划线，进行强调。

操作步骤：

（1）选中需要操作的文本“初三数学复习分析研讨会通知”，单击“字体”功能组中的对话框启动器按钮，或从右键快捷菜单中选择“字体”命令，也可以使用 Ctrl+D 组合快捷键，打开如图 2—31 所示的“字体”对话框。在“字体”对话框中有两个选项卡，分别为“字体”和“高级”选项卡，每个选项卡用于设置字符格式的不同方面。

（2）打开“中文字体”下拉菜单，选择“黑体”，此时可以在“预览”显示栏中看到所选择的文本已经变为黑体。然后在“字号”输入框中输入“二号”，或在右侧的滑动选择栏中选择“二号”，可以看到“预览”显示栏中显示文本已经增大为二号了。

（3）单击“确定”按钮返回文档，再选中“2018 年 3 月 28 日下午”文本，进入“字体”对话框，在“字形”选择框中选择“加粗”，可以在“预览”显示栏中看到选中的文本已经变为粗体字了。

（4）单击“确定”按钮返回文档，再选中“授课人”整行，进入“字体”对话框，在“下划线线型”下拉菜单中选择所需要的下划线类型，此时可以在“预览”显示栏中看到选中的文本已经添加了下划线。此时单击“确定”按钮返回文档，可以看到，需要的修改已经完成。

“字体”选项卡中除了“字体”组的大多数字符格式选项外，还有其他一些格式选项，如文字显示类型为“空心”等。“字体”选项卡中还有一个“效果”选项组，其中包括“删除线”“双删除线”“上标”“下标”“小型大写字母”“全部大写字母”及“隐藏”等选

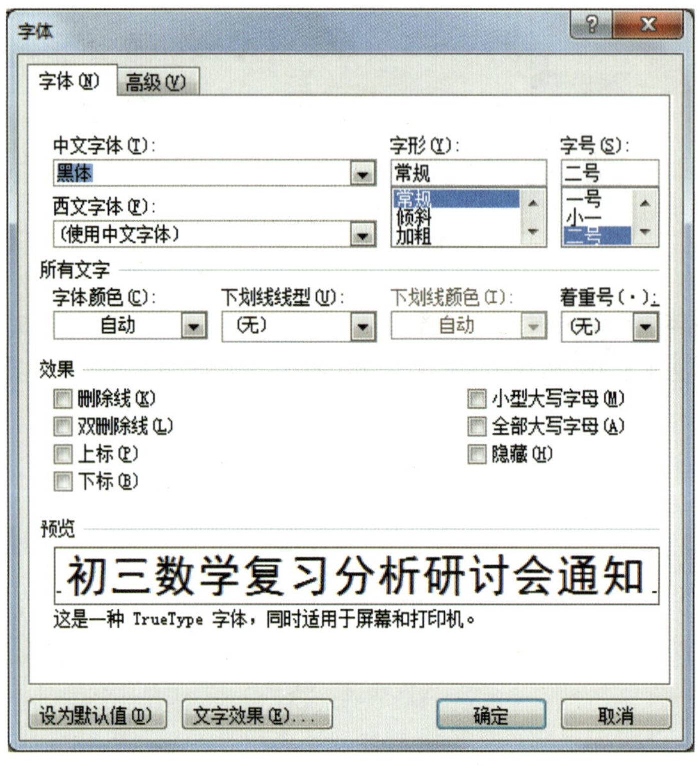

图 2—31 “字体”对话框

项，使用者可以逐一尝试，在“字体”对话框底部的“预览”显示区可以看到应用它们之后的效果。

3. 设置字符间距

在通常情况下，文本是以标准间距显示的，这样的字符间距适用于绝大多数文本，但是有的时候，为了创建一些特殊的文本效果，需要将文本的字符间距扩大或缩小。

以“通知”文档为例，将标题设置为“通知”二字后，拉大字符间距。

操作步骤如下：

（1）删除“通知”文本前的文字，选中“通知”文本，打开“字体”对话框，单击“高级”选项卡，如图 2—32 所示。

（2）打开“间距”下拉菜单，选择“加宽”选项。并将“磅值”改为 50，单击“确定”按钮后返回文档，可以看到“通知”二字之间的距离已经拉大了，如图 2—33 所示。

在“字符”对话框中还有一些其他选项，它们的作用如下。

· 缩放：在“缩放”下拉列表中选择百分比数值，可以改变文字在水平方向上的缩放比例。直观来看，就是文字变“胖”或者变“瘦”了。

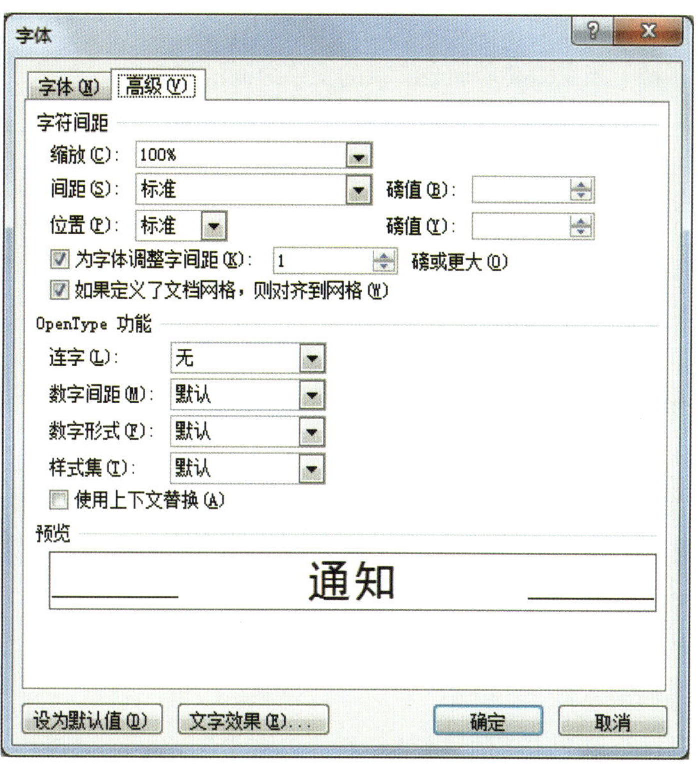

图 2—32 “高级”选项卡

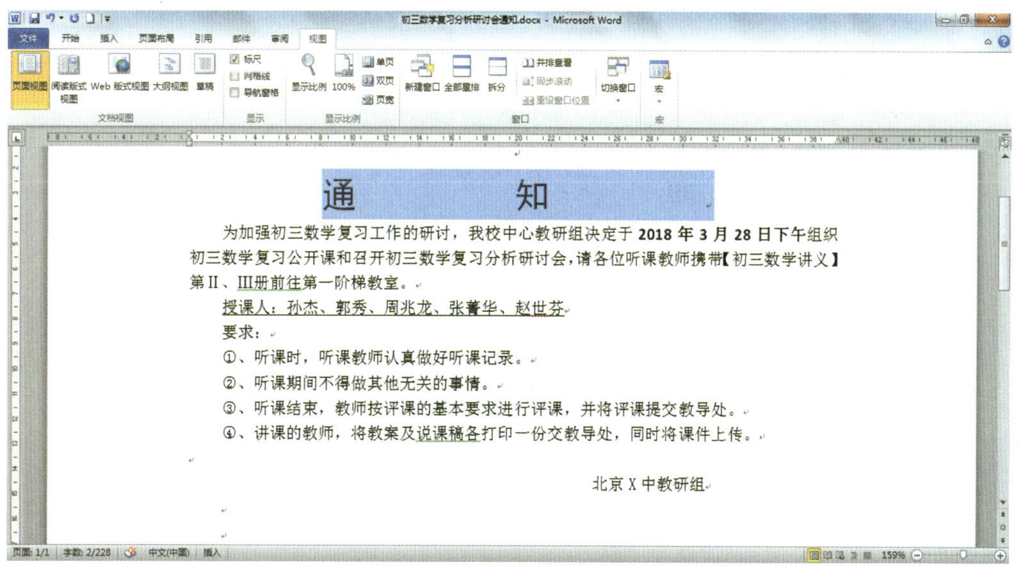

图 2—33 加大字符间距的效果

· 间距：它的作用就是调整文字之间空隙的大小，有“标准”“加宽”或“紧缩”选项，也可以在此基础上指定需要增加或缩减的文字之间的间距。

· 位置：调整所选文字相对于标准文字基线的位置。可以选择文字位置为“标准”“提升”或“降低”，然后指定需要文字在基线上提升或降低的磅值。这与“上标”和“下标”的作用不同，“上标”“下标”是将提升或降低的文字变得比标准文字小，而“位置”并不改变文字的大小。

· 为字体调整字间距：如果选中了该复选框，在应用缩放字体时，只要它们大于等于用户指定的大小，Word 将自动调整字间距。

4. 设置首字下沉

在阅读报刊时，经常会看到文章开头的第一个字符比文档中的其他字符要大，或者是字体不同，显得非常醒目，更能引起读者的注意，这就是首字下沉的效果。首字下沉在文本编辑中也是经常用到的一种文本修饰方法。

以“通知”文档为例，将正文的第一个字设置为首字下沉。

操作步骤如下：

（1）选中要下沉的字符。

（2）选择“插入”选项卡下的“文本”组，单击“首字下沉”按钮，在弹出的菜单中选择“首字下沉选项”，打开“首字下沉”对话框，如图 2—34 所示。

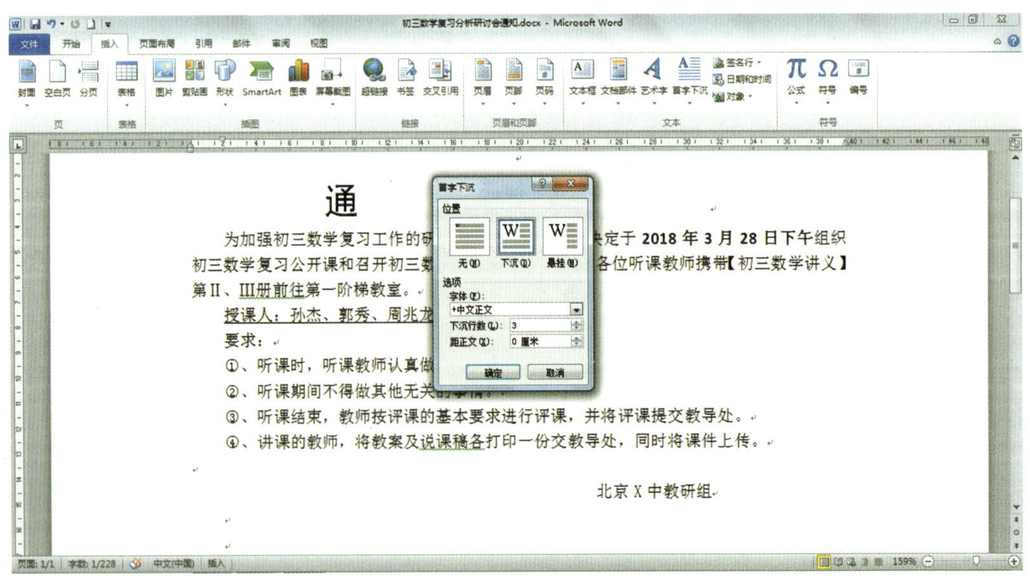

图 2—34 “首字下沉”对话框

（3）在对话框的“位置”选项组中选择“下沉”方式。

（4）在“选项”选项组的“字体”下拉列表框中，选择下沉字符的字体。默认的选项是宋体，使用者可以根据自己的需要进行更改。

（5）在“下沉行数”文本框中，设置首字下沉所占用的行数，一般默认为 3 行。

（6）在“距正文”文本框中，设置首字与正文之间的距离。

（7）单击“确定”按钮完成设置，效果如图 2—35 所示。

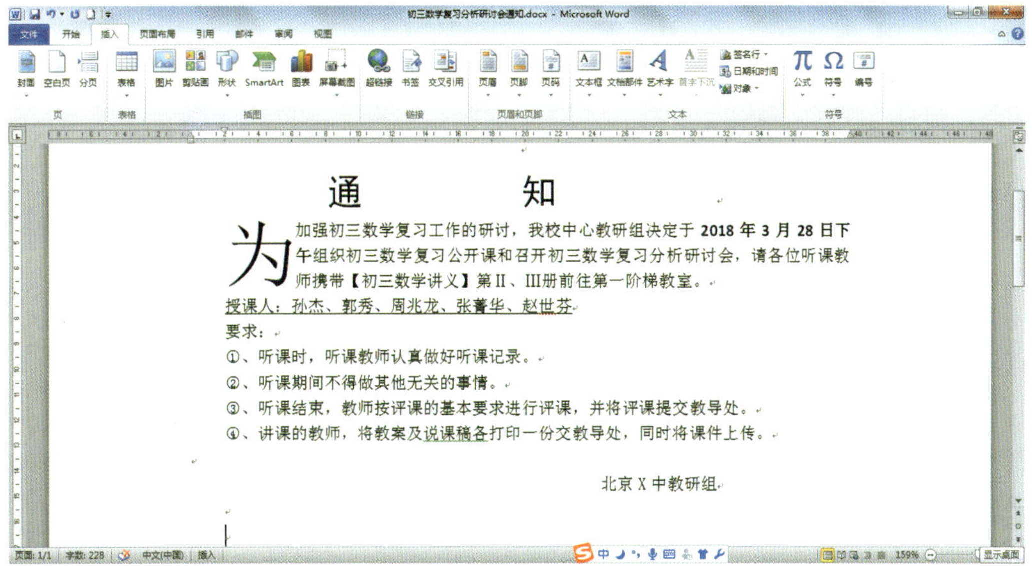

图 2—35　设置首字下沉的效果

一般使用“下沉”方式比较多，而且下沉的行数最好不要太多，只下沉 2 ～ 5 行即可，否则首字太突出，反而影响文档美观。

在“首字下沉”对话框中可以看到，如果将首字设置为“悬挂”下沉方式，那么首字会脱离正文，悬挂在正文外面，读者可以尝试看看效果。

5. 更改文字方向

在 Word 2010 中，用户可以更改文档中文字的方向，将文字设置为横排或竖排，并且可以设置竖排的方式。

下面，以唐诗《春晓》文档为例，设置文字竖排。具体操作步骤如下：

（1）选择“页面布局”选项卡下的“页面设置”组，单击“文字方向”按钮，在弹出

的下拉菜单中选择“垂直”，如图 2—36 所示。此时的操作是对整篇文档进行设置，可以看到，文档已经按阅读习惯，变成靠右的竖排了，如图 2—37 所示。

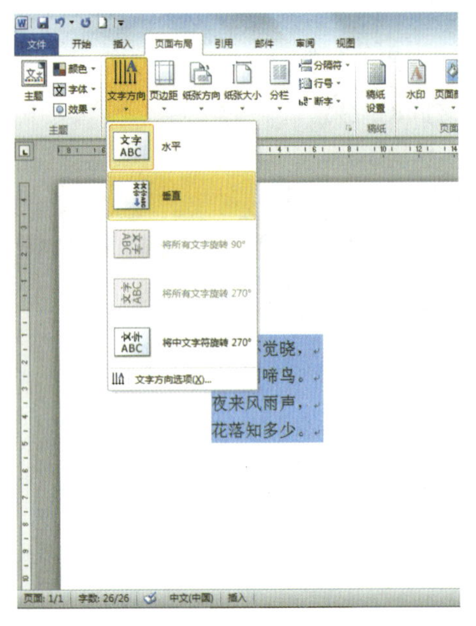

图 2—36 设置文字方向

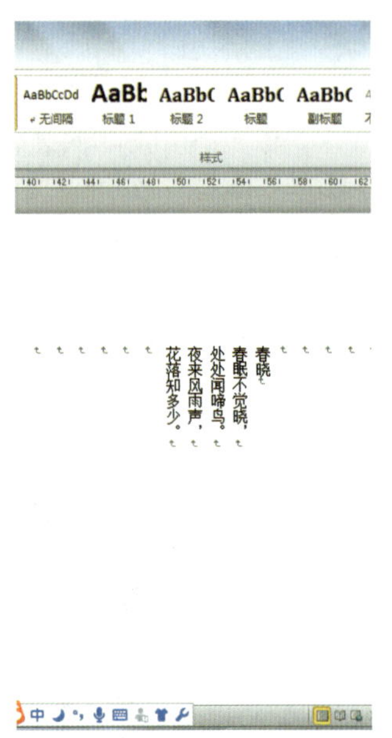

图 2—37 设置文字方向的效果

（2）在“文字方向”下拉菜单中选择“文字方向选项”命令，弹出“文字方向—主文档”对话框，如图 2—38 所示。在“方向”组中选择所需的文字方向，此时，在“预览”显示区中可以看到文字方向效果，在“应用于”下拉列表框中选择是应用于“整篇文档”还是“插入点之后”。单击“确定”按钮，就可以看到文档的设置效果。

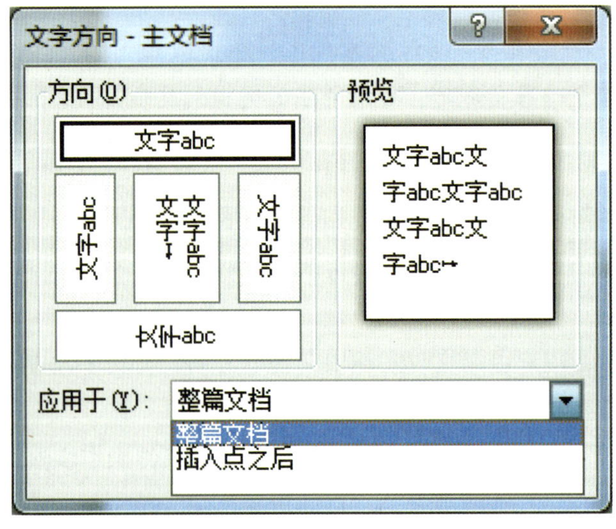

图 2—38 “文字方向 - 主文档”对话框

如果在进行文字方向设置前没有选择文字，则“应用于”下拉列表框中将出现“插入点之后”选项。如果不是对整篇文档进行文字方向的设置，不同方向的文字将会分页显示。

任务 5　在文档中查找和替换需要的内容

1. 能使用常规查找和替换功能。
2. 能使用高级查找和替换功能。

在大篇文档中人工查找某些词语或句子，工作量是非常大的，既费时费力，又容易出错。Word 2010 在“开始”选项卡下的“编辑”组中提供了查找和替换的相关按钮，使用户可以轻松、快捷地完成文本的查找和替换。

本任务以《故都的秋》文档为例，查找文本“北平”，并将“北平”替换为“北京”。

查找，顾名思义就是在文档中搜索相关的内容，用户使用 Word 2010 提供的“查找”功能，可以在文档中查找指定的文本内容，还可以利用“替换”功能，将所查找到的文本更改为指定的文本。

查找操作和替换操作的方法大致相同，差别在于在进行替换操作时还需要输入用于替换的目标文本。

在 Word 2010 中，用户不仅可以查找文档中的普通文本，还可以对文档的格式进行替换，使查找和替换的功能更加强大和有效。

1. 常规查找和替换

以郁达夫的散文《故都的秋》为例，来学习如何查找和替换。

北京在新中国成立前称“北平”，郁达夫的文章里也把“北京”称为“北平”，现在试着来找找文章里是否有“北平”这个词。

Word 2010 提供了快速查找功能，在“视图”选项卡中勾选“显示”选项组中的“导航窗格”，或使用快捷键 Ctrl+F 打开导航窗格，在搜索框中输入检索词并确认后，Word 2010 将找到文中出现的全部该检索词并高亮显示。同时，在导航窗格中还可以通过三个标签查看该检索词出现的大纲位置、页面缩略图和前后文，如图 2—39 所示。

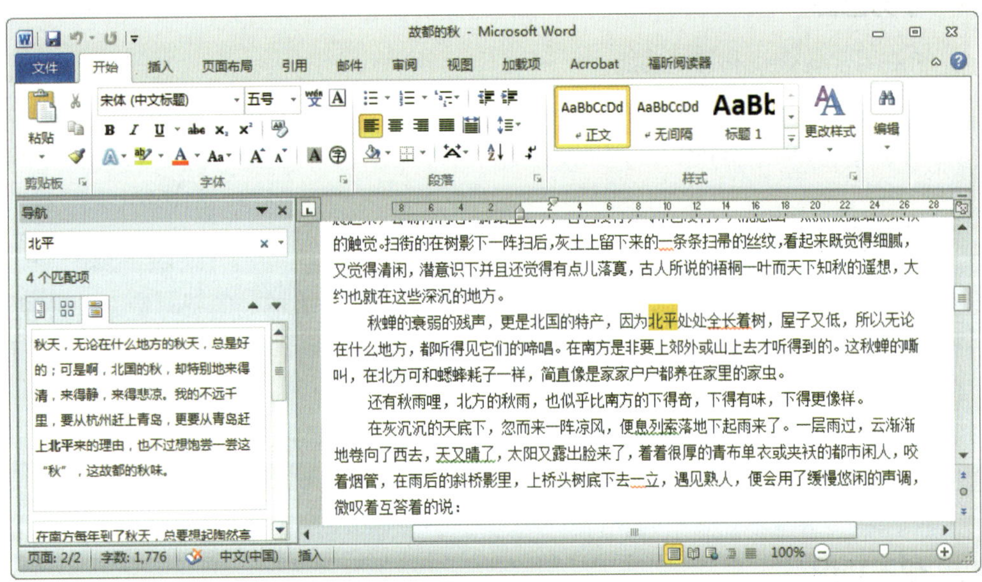

图 2—39 导航窗格

此外，Word 2010 还提供了高级查找功能。

高级查找的具体操作步骤如下：

（1）将插入点设置在文档的起始位置，选择“开始”选项卡下的“编辑”组，单击“查找”按钮下的“高级查找”命令，打开“查找和替换”对话框，如图 2—40 所示。

操作演示

（2）在“查找内容”文本框中输入要查找的内容，如“北平”二字。

（3）单击“查找下一处”按钮，即可将光标定位在文档中第一个要查找的目标处，此

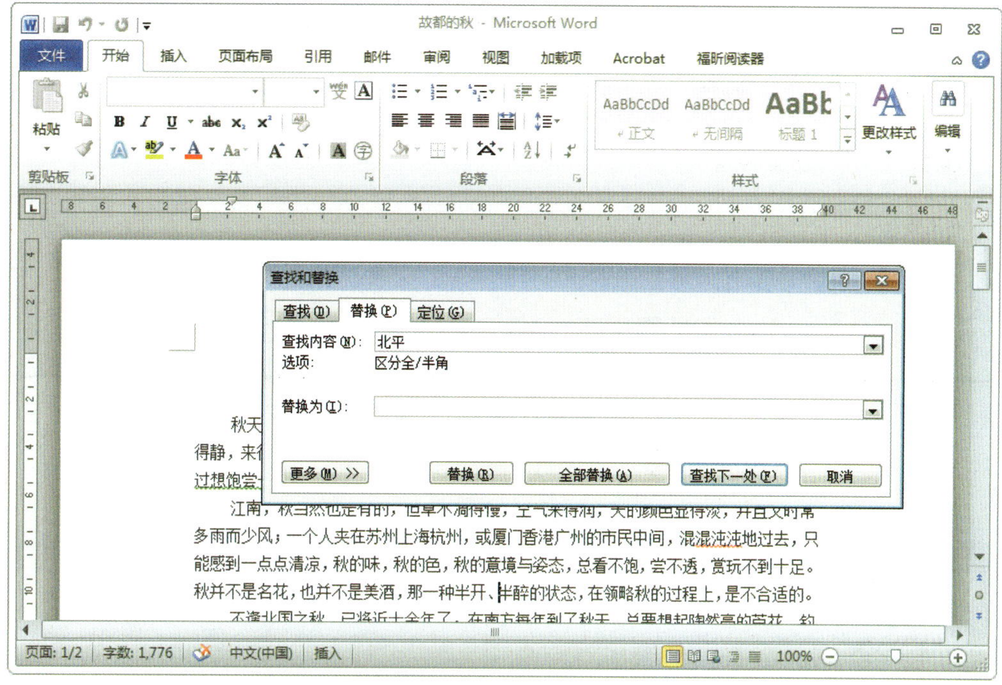

图 2—40 “查找和替换”对话框

时可以看到，“北平”二字的背景色变成了蓝色。继续单击“查找下一处”按钮，可以依次查找文档中相应的内容。

在“查找”选项卡中，还有一个非常有趣的功能，可以将全文中需要查找的内容突出显示。打开“阅读突出显示”按钮下拉菜单，选择“全部突出显示”选项，此时可以看到，文档中所有的“北平”字样被以相同的颜色显示出来了。再次打开“阅读突出显示”按钮下拉菜单，选择“清除突出显示”选项，就只有第一个查找内容被选中了。

在文档中查找到指定的内容后，用户还可以对其进行替换操作。例如，可以将《故都的秋》文档中的“北平”全部替换为“北京”。

具体操作步骤如下：

（1）将插入点设置在文档的起始位置，选择“开始”选项卡下的“编辑”组，单击“替换”按钮。也可以使用 Ctrl+H 组合快捷键，重新打开“查找和替换”对话框的“替换”选项卡，如图 2—41 所示。

（2）在“查找内容”文本框中输入要查找的内容“北平”。

（3）在“替换为”文本框中输入要替换的内容“北京”。

（4）单击“替换”按钮，系统将从插入点所在的位置向后查找，并停留在第一个“北平”文字位置处，如图 2—42 所示。

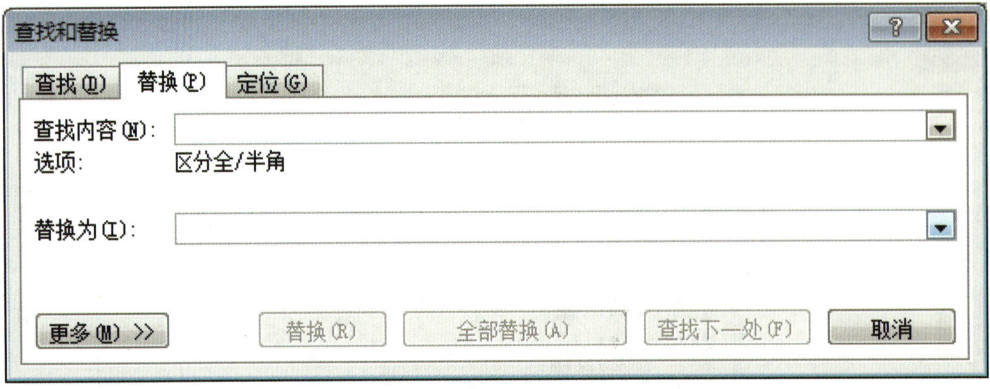

图 2—41 “替换”选项卡

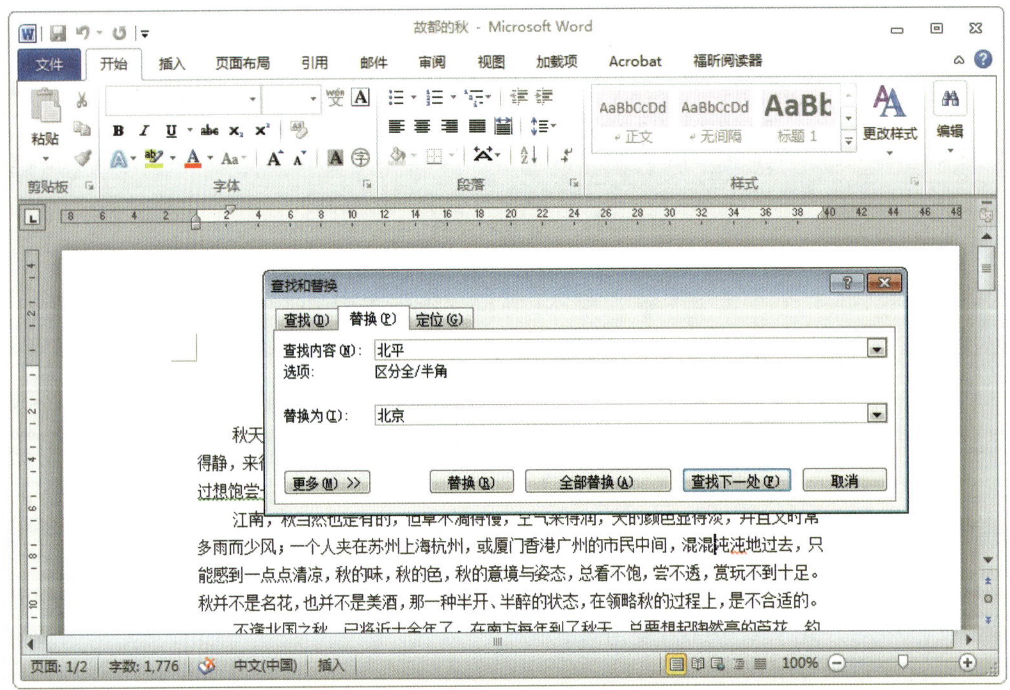

图 2—42 将“北平”替换为“北京”

（5）此时的操作并不是立即替换，而是显示第一个“北平”文字所在的位置，如果用户决定替换，可以继续单击“替换”按钮，可以看到，第一个“北平”已经变成了“北京”，同时文档中的第二个“北平”被选中，等待用户进行替换。如果不打算替换，可以单击“查找下一处”按钮，则当前的文本不会被替换，仅仅作为“查找”功能使用。

（6）如果用户决定将全文的“北平”都替换成“北京”，可以单击“全部替换”按钮，系统将自动搜索全文中的“北平”并全部替换为“北京”。最后，弹出对话框提示用户，如图 2—43 所示。

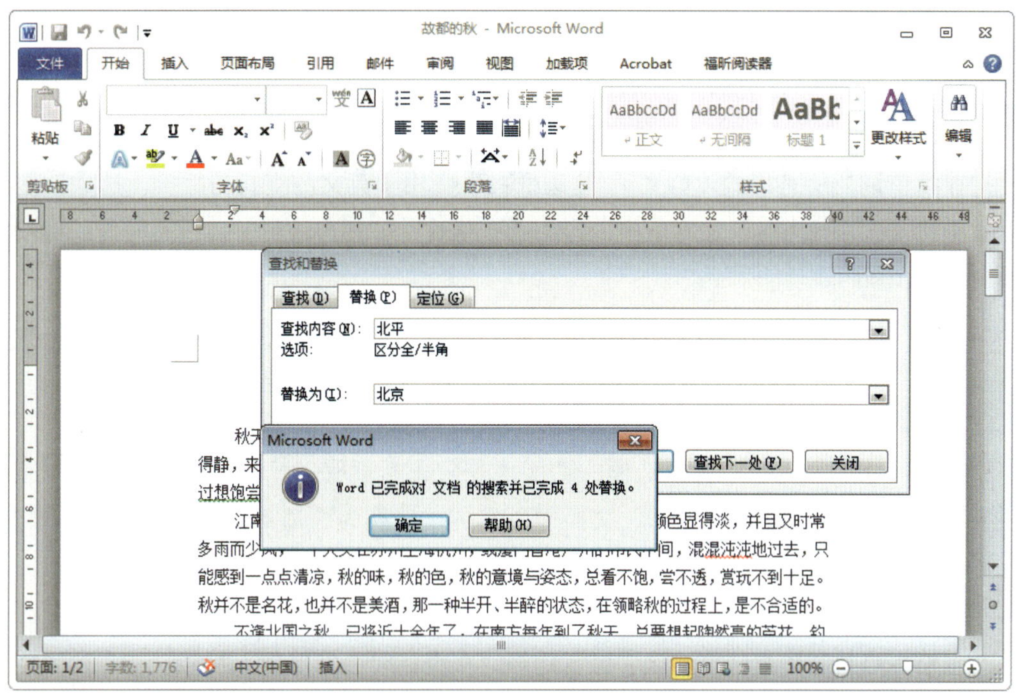

图 2—43　替换提示

（7）单击“确定”按钮可以完成全部替换。

2. 高级查找和替换

如果希望在查找和替换时控制搜索的范围、区分大小写、使用通配符、设置格式，或者希望使用某些特殊字符等，就必须借助“高级查找和替换”功能了。

在“查找和替换”对话框中，无论是“查找”选项卡，还是“替换”选项卡，单击左下角的“更多”按钮，都可以设置查找和替换的高级选项。它们的各种选项功能一致。

展开高级设置的对话框，可以看到有多个选项，在此简要介绍一下各选项的功能。具体的应用读者在熟练掌握了“查找和替换”功能后可以逐一尝试，在此不再赘述。

·“搜索”下拉列表框：设置文档的搜索范围。选择“全部”选项，将在整个文档中进行搜索；选择“向下”选项，将从插入点处向下进行搜索；选择“向上”选项，将从插入点处向上进行搜索。

·“区分大小写”复选框：选中该复选框，可以在搜索时区分字母的大小写。

·“全字匹配”复选框：选中该复选框，可以在文档中搜索符合条件的完整单词，而不是搜索单词的一部分。

·“使用通配符”复选框：选中该复选框，可以搜索输入“查找内容”文本框中的通配符、特殊字符或特殊搜索操作符等。

·“同音（英文）”复选框：主要用于英文的查找与替换。选中该复选框后，会搜索所有与“查找内容”文本框中内容读音相同的单词。此功能是 Word 2010 的新功能。

·“查找单词的所有形式（英文）”复选框：主要用于英文的查找与替换。选中该复选框后，会搜索“查找内容”文本框中内容的所有格式，如现在进行时、过去时等。此功能也是 Word 2010 的新功能。

·“区分前缀”复选框：选中该复选框，可以防止出现断章取义的情况。例如，只希望查找“什么”，选中该复选框后，文档中的“为什么”一词就不会因为包含“什么”二字被标注出来，使查找更加精确。

·“区分后缀”复选框：此复选框的功能也是防止断章取义。例如，当用户只想查找“替换”一词时，选中该复选框后，文档中所有的“替换为”都不会被标注出来。当然，“区分前缀”和“区分后缀”在英文文档的查找和替换中更容易发挥作用。

·“区分全 / 半角”复选框：选中该复选框可以在查找时区分全角和半角。

·“忽略标点符号”复选框：选中该复选框，在查找时会忽略标点符号。一个词中间即使加入了标点符号，也会被找出。当然，也会发生标点前后的词属于两句话，但因为可以组成所要查找的词组而被找出来的情况。如查找“西安”一词，却把“小西，安好”这个句子中的“西”和“安”二字找了出来。

·“忽略空格”复选框：选中该复选框，在查找时会忽略空格。

·“格式”按钮：单击该按钮，可以弹出下一级子菜单，在该子菜单中可以设置替换文本的格式，如字体、段落、制表位等。

·“特殊格式”按钮：单击该按钮，可以弹出下一级子菜单，在该子菜单中可以选择要替换的特殊字符，如段落标记、省略号等。

·“不限定格式”按钮：设置替换文本的格式后，单击该按钮可以取消替换文本的格式设置。

任务 6　撤销与恢复

学习目标

1. 能完成撤销操作。
2. 能完成恢复操作。

任务描述

在进行文档编辑的时候，难免会出现输入错误，或者在排版过程中出现误操作的现象。因此，撤销和恢复功能就显得尤为重要。

本任务以文档《故都的秋》为例，将部分文字删除后进行恢复。

相关知识

Word 2010 可以自动记录用户的每一步操作，在需要时，可以撤销当前的操作，恢复为之前的内容。Word 2010 中有快速撤销与恢复操作的按钮。

撤销和恢复是相对应的，撤销是取消上一步的操作，而恢复就是把撤销操作再更改回来。撤销和恢复以输入的内容为单位，如输入一个字符后选择“撤销”功能，Word 2010 会将该字符删除；若输入的是一个词组，那么删除的也将是一个词组。

实践操作

1. 撤销操作

Word 会随时记录用户工作中的操作细节，细致到上一个字符的录入、上一次格式的修改等。因此，当出现了误操作时，可以执行撤销操作，恢复上一步的工作。

以上一任务中使用过的文档《故都的秋》为例，将第一段逐字删除，如果希望撤销删除操作，具体的操作方法有以下两种：

（1）找到快速访问工具栏上的“撤销”按钮，单击右侧的下拉箭头，打开如图 2—44 所示的撤销下拉列表，里面列出了可以撤销的所有操作。

任务 7　设置自动

学习目标

1. 能设置自动更正选项。
2. 能使用“自动更正”选项卡。
3. 能添加自动更正词条。

任务描述

Word 2010 能自动地对一些错误进行更正，如
“作威作福”被写成了“做威做福”，系统会自动更正

首字母大写是 Word 2010 的默认功能，如果句
将自动把它更正为大写字母，本任务将对这项功能进
Word 2010 能将“强生婴儿”自动更正为“强生婴儿

相关知识

“自动更正”功能主要关注常见的输入错误，并
时候，在用户意识到这些错误之前，它们就已经被自

如输入英文词组“the day before yesterday”，输入
察首字母“t”，会发现它变成了大写字母“T”。这是
字母应该大写。Word 2010 的自动更正功能不仅仅针
被自动更正。

用户也可以设置自己的自动更正词条，节省输入

实践操作

1. 设置自动更正选项

对于上例“the day before yesterday”，要想控制它

“T”字母上，此时可以在光标的下方发现一个小图标▬▬，鼠标继续下移到这个图标上，它会展开变成“自动更正”按钮，单击右侧的小三角展开下拉菜单，如图 2—45 所示。

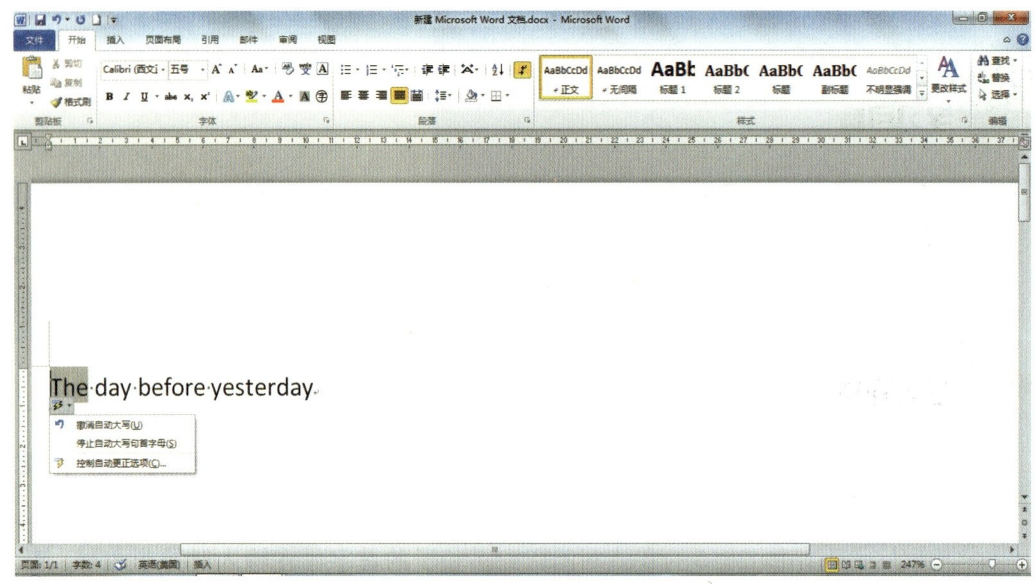

图 2—45 “自动更正”选项

如果选择第一项，那么仅在此次操作中取消自动大写；如果选择第二项，可以看到该选项前出现一个✓图标，它表示以后再也不会出现句首字母自动大写的现象了。

选择“控制自动更正选项”，弹出“自动更正”对话框。其中，“自动更正”选项卡中给出了自动更正的多个选项，如果不希望句首字母自动更改为大写字母，可以取消“句首字母大写”选项，如图 2—46 所示。

单击“确定”按钮后返回文档，此时再输入“the day before yesterday”，可以看到首字母不会再被更改成大写字母了。

“自动更正”选项卡中给出了自动更正的多个选项，用户可以根据需要，选择相应的选项。在“自动更正”选项卡中，各选项的功能如下：

·“显示‘自动更正选项’按钮”复选框：选中该复选框可以显示“自动更正选项”按钮。

·“更正前两个字母连续大写”复选框：选中该复选框，可以将前两个字母连续大写的单词更正为仅有首字母大写。

·“句首字母大写”复选框：选中该复选框后，可以将句首字母没有大写的单词更正为句首字母大写。

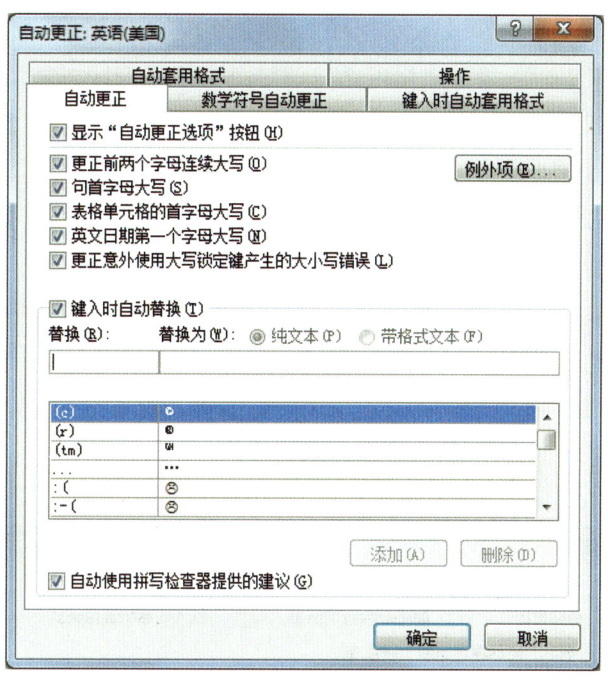

图 2—46　“自动更正”选项卡

·“英文日期第一个字母大写”复选框：选中该复选框后可以将英文日期单词的第一个字母设置为大写。

·“更正意外使用大写锁定键产生的大小写错误”复选框：选中该复选框后可以对由于误按大写锁定键（Caps Lock 键）产生的大小写错误进行更正。

·“键入时自动替换”复选框：选中该复选框后可以打开自动更正和替换功能，即更正常见的拼写错误，并在文档中显示“自动更正”图标。

·“自动使用拼写检查器提供的建议”复选框：选中该复选框后可以在输入时自动用功能词典中的单词替换拼写有误的单词。

在选项卡标签上单击鼠标右键也能调出“自动更正”选项卡。操作方法是：在选项卡标签上单击鼠标右键，在弹出的快捷菜单上选择“自定义快速访问工具栏”，打开“Word 选项”对话框。单击左侧的“校对”选项，在右侧单击“自动更正选项”按钮，弹出“自动更正”对话框，选择“自动更正”选项卡即可进行设置。

2. 添加自动更正词条

Word 2010 还提供了一些自动更正词条，通过滚动浏览“自动更正”选项卡下方的列表框可以仔细查看“自动更正”的词条。用户可以根据需要添加新的自动更正词条。

例如，要把“强生婴儿湿纸巾”词条加入 Word 中，当用户输入“强生婴儿”词条的时候，自动更正为“强生婴儿湿纸巾”。操作方法如下：

（1）调出“自动更正”选项卡。

（2）勾选“键入时自动替换”复选框，并在“替换”文本框中输入“强生婴儿”，在“替换为”文本框中输入“强生婴儿湿纸巾”。

（3）单击“添加”按钮，即可将其添加为自动更正词条，并显示在列表框中，如图 2—47 所示。

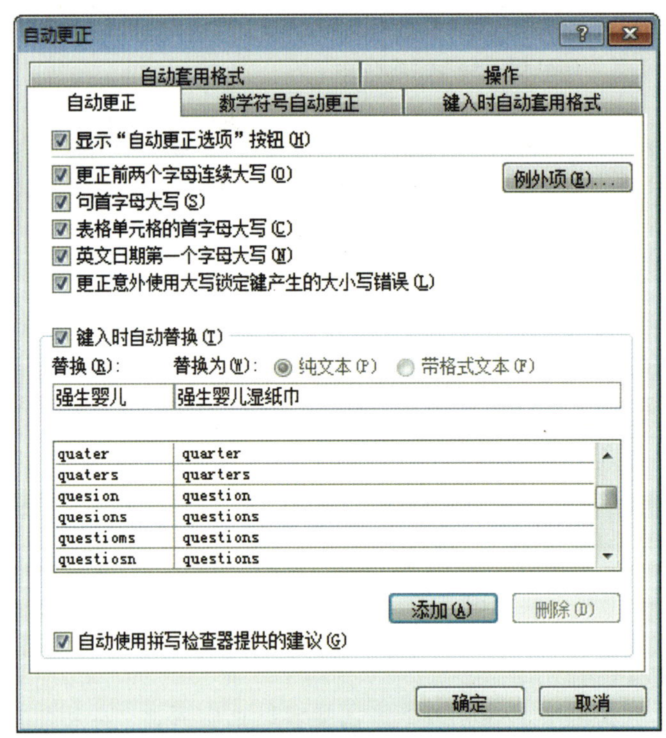

图 2—47　添加自动更正词条

（4）单击“确定”按钮完成添加，关闭“自动更正”对话框。

以后在输入文本时，当输入“强生婴儿”后，立即可以看到输入的“强生婴儿”被替换为“强生婴儿湿纸巾”。

自动更正的一个非常实用的用途是可以实现快速输入。因为在“自动更正”对话框中，除了可以创建较短的更正词条外，还可以将在文档中经常使用的一大段文本，甚至是带格式的文本，作为新建词条添加到列表框中，甚至精美的图片都可以作为自动更正词条保存起来。这样，在输入文档时，只要输入相应的词条名，再按一次空格键就可以转换为该文本或图片。

当使用某一词条实现快速输入具有某一格式的文本时，先选中带有格式的文本，然后打开“自动更正”对话框中的“自动更正”选项卡，此时可以看到在“替换为”文本框中已经显示出复制的带格式的文本（此时需要选择“带格式文本”单选按钮），在“替换”文本框中输入词条后，单击“添加”按钮将其加入列表框中，单击“确定”按钮完成添加。以后在输入该词条后，再输入空格符，该词条将会被带格式的文本所取代。

任务 8　使用拼写和语法检查

1. 能描述 Word 2010 对拼写和语法错误提示的内容及含义。
2. 能利用更正功能进行错误改正。
3. 能启用 / 关闭输入时自动检查拼写和语法错误功能。

在文档中经常可以看到文字下方有红色或绿色的波浪线，这些波浪线是 Word 2010 用于提示用户该处可能存在拼写或语法问题的，用户根据这些提示，可以快速发现文档中的错误并进行更正。在输入文本时自动进行拼写和语法检查是 Word 2010 默认的操作，但如果文档中包含较多的特殊拼写或特殊语法，启用键入时自动检查拼写和语法错误功能，就会对用户编辑文档产生一些不便之处。如果不希望 Word 自动提示，就需要进行相应的设置。

在 Word 2010 中，除了可以在键入时对文本进行拼写和语法检查外，还可以对已完成的文本进行拼写和语法检查。

本任务以英文儿歌 *London Bridge* 文档为例，学习如何查看可能的拼写或语法问题，利用 Word 2010 提供的更正功能进行错误更正，并学习如何设置启动或关闭自动拼写检查功能。

相关知识

Word 2010 提供了自动拼写检查和自动语法检查功能，当文档中输入了错误的或者不可识别的单词时，Word 2010 会在该单词下用红色波浪线进行标记，如果出现了语法错误，则在出现错误的部分用绿色波浪线进行标记。在带有波浪线的文字上单击鼠标右键，会弹出一个快捷菜单，其中列出了修改建议。

为了提高拼写和语法检查的速度和精度，还可以使用“拼写和语法”对话框来自定义拼写和语法检查设置。

实践操作

1. 更正拼写和语法错误

在文档中有时可以看到输入的文本被 Word 2010 画上了红色或绿色的波浪线，如图 2—48 所示为英文儿歌 *London Bridge*，可以看到，文中多处被标记出有可能存在拼写或

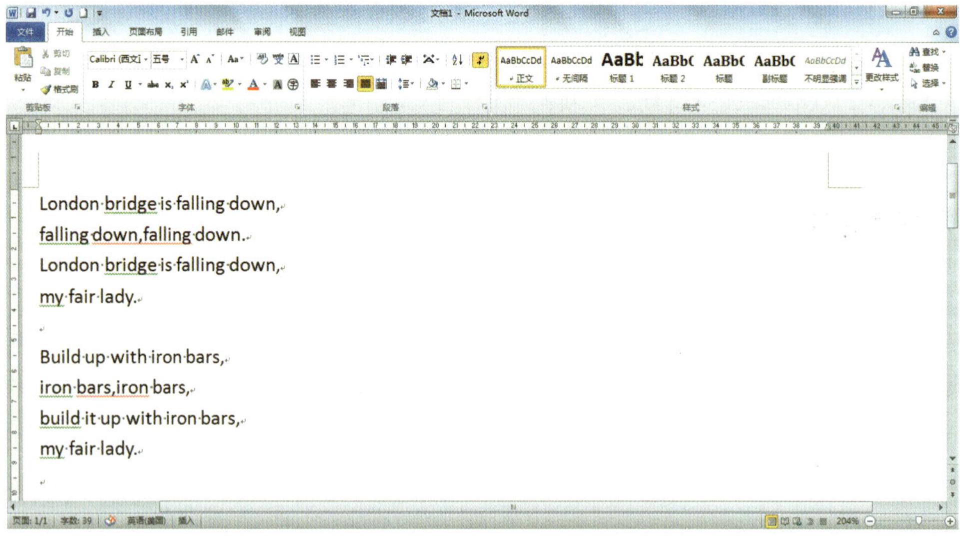

图 2—48　拼写和语法错误

者语法错误。

图 2—48 所示的拼写和语法错误可以通过调出快捷菜单来更正错误，操作方法如下：

（1）将光标移至第一处划有绿色波浪线的单词“falling”上，单击鼠标右键，弹出如图 2—49 所示的快捷菜单。

（2）在语法错误快捷菜单中，Word 2010 若对可能的语法错误有语法建议，将显示在语法错误快捷菜单的最上方，在图 2—49 中，Word 2010 建议将首字母小写的“falling”更正为首字母大写的“Falling”。

（3）选择“Falling”选项，原有的“falling”就被更正为“Falling”。若选择“忽略一次”命令，可以忽略当前的语法错误，绿色波浪线会消失，但是本文档中其他的语法错误仍然以绿色波浪线标出。

“语法”命令用来打开“语法”对话框，进行语法检查的设置。

如果“Office 助手”处于打开状态，“关于此句型”命令可以显示出有关该错误语法的详细信息，否则，Word 2010 将调出“信息检索”任务窗格以供用户查阅。

（4）将光标移动到第一处画有红色波浪线的单词“down,falling”上，单击鼠标右键，弹出如图 2—50 所示的快捷菜单。

图 2—49 语法错误快捷菜单

图 2—50 拼写错误快捷菜单

（5）在拼写错误快捷菜单中，会显示可能的正确拼写建议，选择其中正确的拼写方案即可替换原有的错误拼写。如选择“down，falling”选项，可以看到文本中已经将拼写错误的单词自动更正过来了。

在拼写错误快捷菜单中，各选项的功能如下：

•“忽略”命令：忽略当前的拼写，当前的拼写错误不再显示拼写错误波浪线。

•“全部忽略”命令：用来忽略所有相同的拼写，不再显示拼写错误波浪线。

•“添加到词典”命令：用来将该单词添加到词典中，当用户再次输入该单词时，Word 2010 会自动认为该单词的拼写是正确的。

•“语言”命令：用来在下一级子菜单中选择一种语言。

•“拼写检查”命令：用来打开“拼写”对话框，进行拼写检查设置。

•“查找”命令：用来打开“信息检索”任务窗格，进行相关信息的检索。

2. 启用 / 关闭输入时自动检查拼写和语法错误功能

在编辑一些专业性较强的文档时，可将键入时自动拼写和语法错误功能关闭。

具体操作步骤如下：

（1）在选项卡标签栏中单击鼠标右键，选择“自定义快速访问工具栏”命令，如图 2—51 所示。

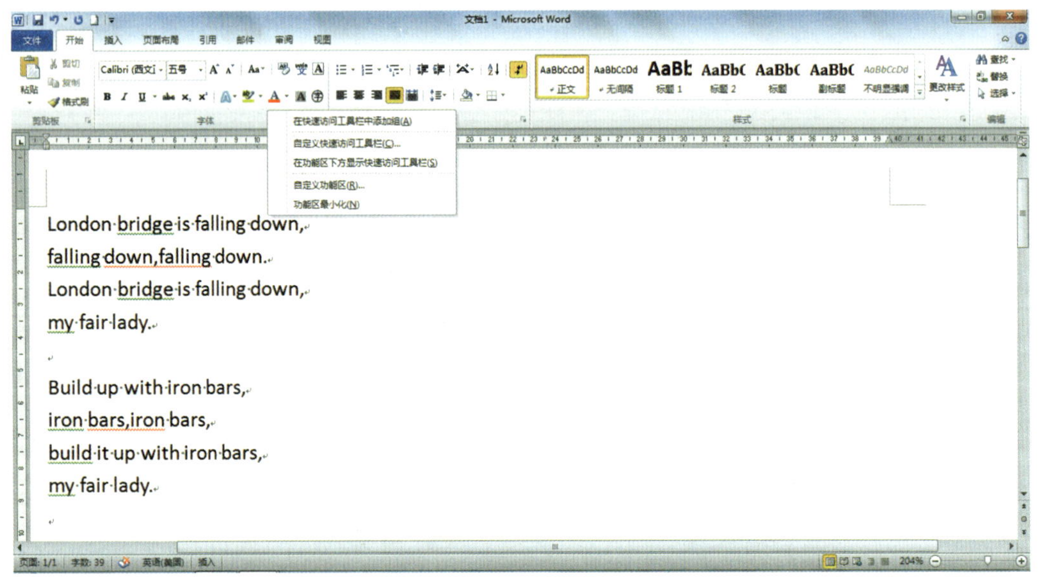

图 2—51　打开“自定义快速访问工具栏”菜单

（2）在弹出的“Word 选项”对话框里，单击“校对”项，在“在 Word 中更正拼写和语法时”选项组中取消对“键入时检查拼写”复选框及“随拼写检查语法”复选框的勾选，如图 2—52 所示。要启用这些功能，只要再次选中相应的复选框即可。

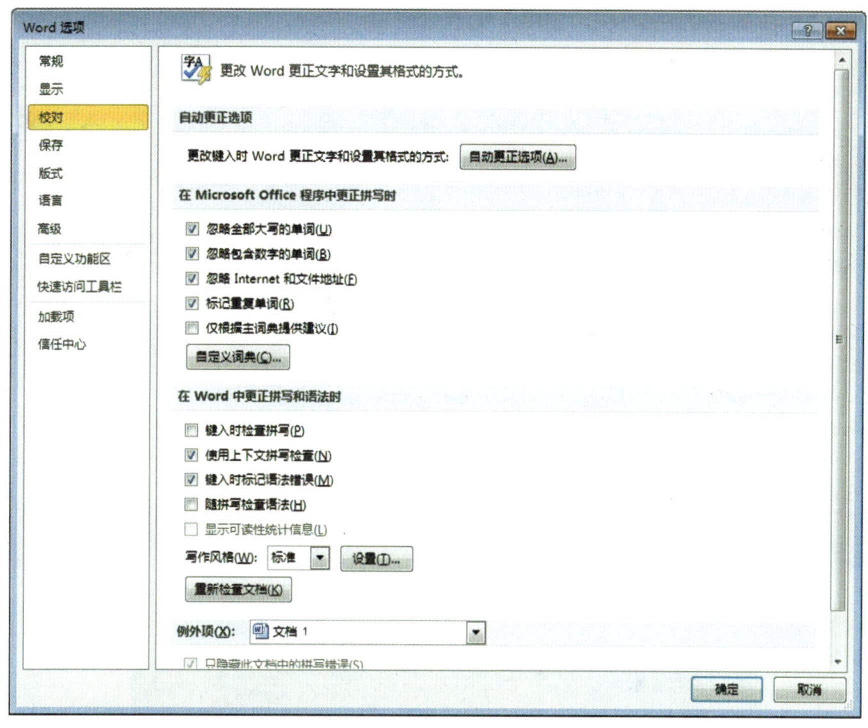

图 2—52 设置关闭“输入时自动检查拼写和语法错误”功能

3. 对整篇文档进行拼写和语法检查

以英文儿歌 *London Bridge* 文档为例，具体操作步骤如下：

（1）单击“审阅”选项卡下“校对”组中的“拼写和语法”按钮，Word 2010 将从插入点所在处向下寻找，若存在“拼写”错误，则打开如图 2—53 所示的“拼写和语法”对话框。通过相应的对话框对文档中可能存在的拼写和语法错误进行逐一检查。

“拼写和语法”对话框（语法）中各选项的功能如下：

·“下一句”按钮：在弹出的对话框中手动编辑当前句，然后单击“下一句”按钮，接受手动更改，并继续检查拼写和语法。

·“解释”按钮：单击此按钮可打开“Word 帮助”文档。

（2）单击“更改”按钮，文本被替换为“falling”，系统继续查找并提示下一处错误，如图 2—54 所示。

（3）选中正确的拼写选项后再次单击“更正”按钮，该单词的拼写错误就被纠正了。使用这个方法，可以逐条检查文档中可能存在的错误。

“拼写和语法”对话框（拼写）中各选项的功能如下：

·“忽略一次”按钮：忽略当前的错误并继续进行检查。

·“全部忽略”按钮：用来忽略所有相同的错误。

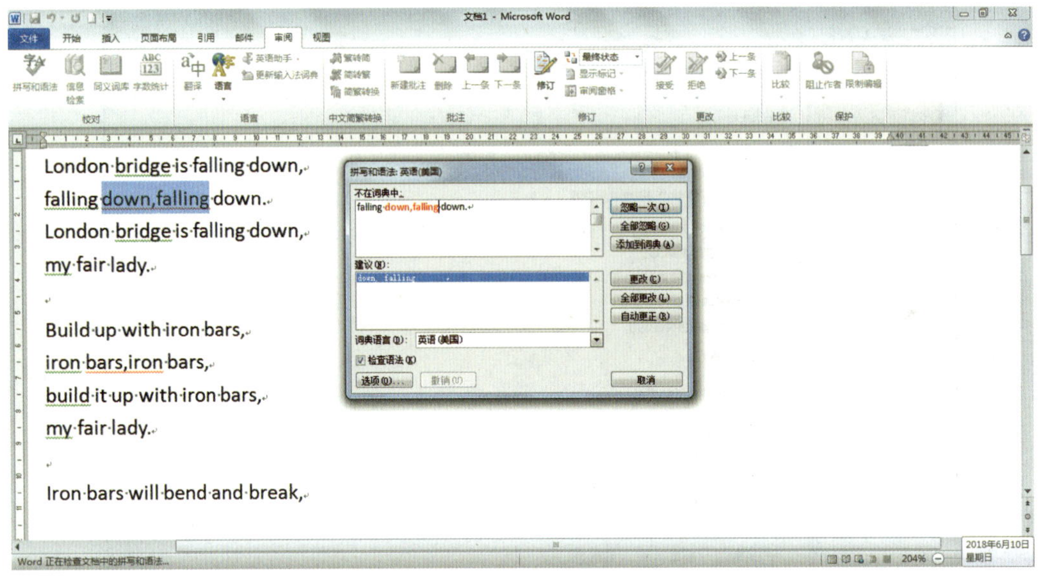

图 2—53 “拼写和语法”对话框

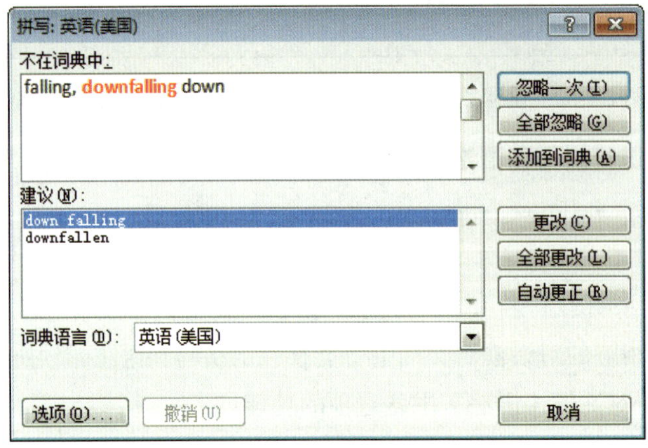

图 2—54 拼写更改

·“添加到词典”按钮：将该单词添加到词典中，当用户再次输入这个单词时，Word 2010 会自动认为该单词是正确的。

·“更改”按钮：用“建议”列表框中选定的单词替换原有文档中选中的错误单词。

·“全部更改”按钮：将错误单词和在“建议”列表框中选择的正确单词，一起添加到自动更正词条中。

·“选项”按钮：单击该按钮可以打开如图 2—52 所示的“Word 选项”对话框中的“校对”功能，设置拼写和语法检查选项。

·“撤销”按钮：单击该按钮后可以撤销最近所做的拼写和语法检查操作。

·“词典语言”下拉列表框：选择在检查文档拼写时使用的词典。

在文档窗口的左下方，可以看到一个显示拼写和语法错误的提示图标 ，单击这个图标，Word 2010 会自动把用户带到文档中第一处拼写错误处，如果没有拼写错误，Word 2010 将弹出“拼写和语法检查已完成”对话框来提示用户。

当检查完全部文档后，Word 2010 会弹出一个对话框，如图 2—55 所示，显示拼写和语法检查已经完成，单击“确定”按钮即可。

此时，文档示例经过上述修改后，将不存在拼写和语法错误或输入错误，是一篇内容准确的文档了。在文档下方可以看到，错误提示按钮上红色的叉已经变成了蓝色的对钩。

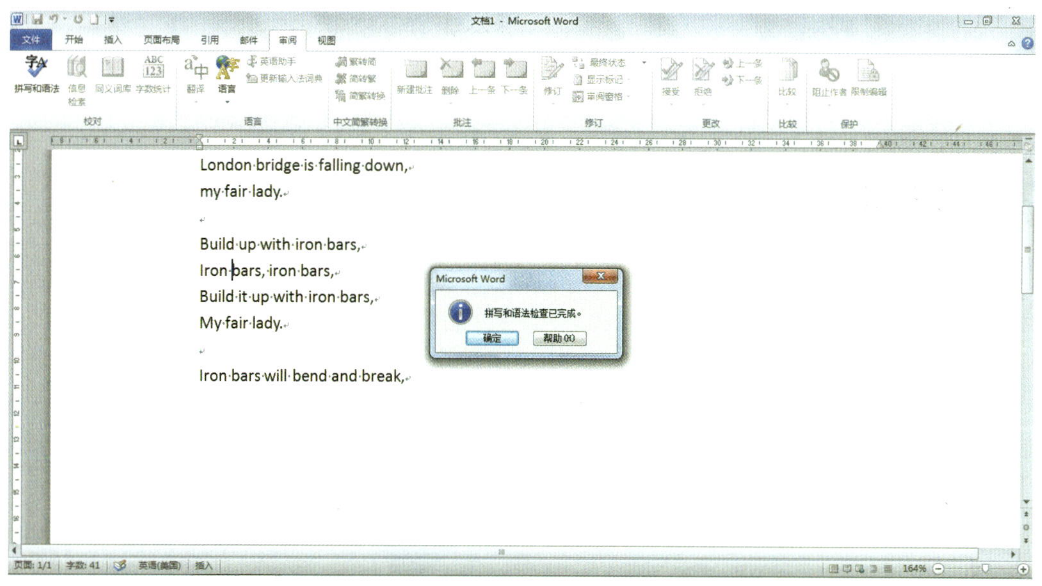

图 2—55　拼写和语法错误修改完成

任务 9　使用公式编辑器录入公式

学习目标

能使用公式编辑器输入数学公式。

任务描述

输入文本的时候不仅需要输入文字、字母或图片，有时还会遇到输入非常多的数学公式的情况，此时，使用公式编辑器将会使这些复杂文档的编辑更为轻松。

本任务以输入公式 $f(x)=\frac{a^x}{a^x+\sqrt{a}}$ 为例，对公式编辑器的使用进行讲解。

相关知识

在 Word 2010 中插入公式，可以利用“插入”选项卡下“符号”组中的“公式”按钮 π 公式 ，在文档中插入公式编辑区域；也可以利用“公式”按钮的下拉菜单，直接输入并编辑数学公式。

单击“公式”按钮后，用户就可以利用公式编辑器的工具栏输入符号、数字和变量，建立复杂的数学公式。建立公式时，公式编辑器可以根据数学和排字格式约定，自动调整公式中元素的大小、间距和格式编排。还可以方便、快速地修改已经制作好的数学公式，将公式与文档进行互排。

实践操作

1. 用“公式”按钮输入数学公式

操作演示

下面，以输入公式 $f(x)=\frac{a^x}{a^x+\sqrt{a}}$ 为例，具体操作步骤如下：

（1）单击要插入公式的位置，输入“f(x)=”。

（2）单击“插入”选项卡下“符号”组中的“公式”按钮，此时功能区会出现“公式工具”的“设计”选项卡，如图 2—56 所示。同时，插入点处出现蓝色的公式编辑区域。

图 2—56　“设计”选项卡

（3）在“设计”选项卡下的“结构”组中，选择所需要创建公式的样板或框架，本例中选择$\frac{x}{y}$格式按钮，并在弹出菜单中选择“$\frac{□}{□}$”选项，此时公式编辑区域显示为 f(x)=$\frac{□}{□}$。

（4）将光标移动到分子上，单击“结构”组中的“上下标”按钮e^x，在下拉菜单中选择“$□^{□}$”选项，用鼠标分别单击选中输入框，输入框变成蓝色后即可输入字母“a”和字母“x”。此时，公式编辑区域显示为 f(x)=$\frac{a^x}{□}$。

（5）将光标移动到分母上，用同样的方法输入字母“a”“x”和“+”号，此时，公式编辑区域显示为 f(x)=$\frac{a^x}{a^x+}$。

（6）单击“根式”按钮$\sqrt[n]{x}$，在下拉框中选择“$\sqrt{□}$”选项，并在根号中输入字母“a”，输入完成的公式如图 2—57 所示。

$$f(x)=\frac{a^x}{a^x+\sqrt{a}}$$

图 2—57　输入完成的公式

如果需要编辑已有的数学公式，可以单击需要操作的数学公式，此时“设计”选项卡会自动出现。使用“设计”选项卡上的功能按钮来添加、删除或更改公式中的元素即可。

2. 用“公式”下拉菜单输入数学公式

单击“公式”按钮的小三角符号，可以打开“公式”按钮的下拉菜单，如图 2—58 所示。

在下拉菜单中可以选择一些常用的公式模板，根据需要改变变量和数字即可。在创建公式时，“公式编辑器”会自动调整格式，当然，用户也可以选择手动调整。

用户还可以把自己常用的公式保存到这个下拉菜单中，选中编辑好的数学公式，在图 2—58 所示的下拉菜单中选择最下端一项“将所选内容保存到公式库”，以后就可以灵

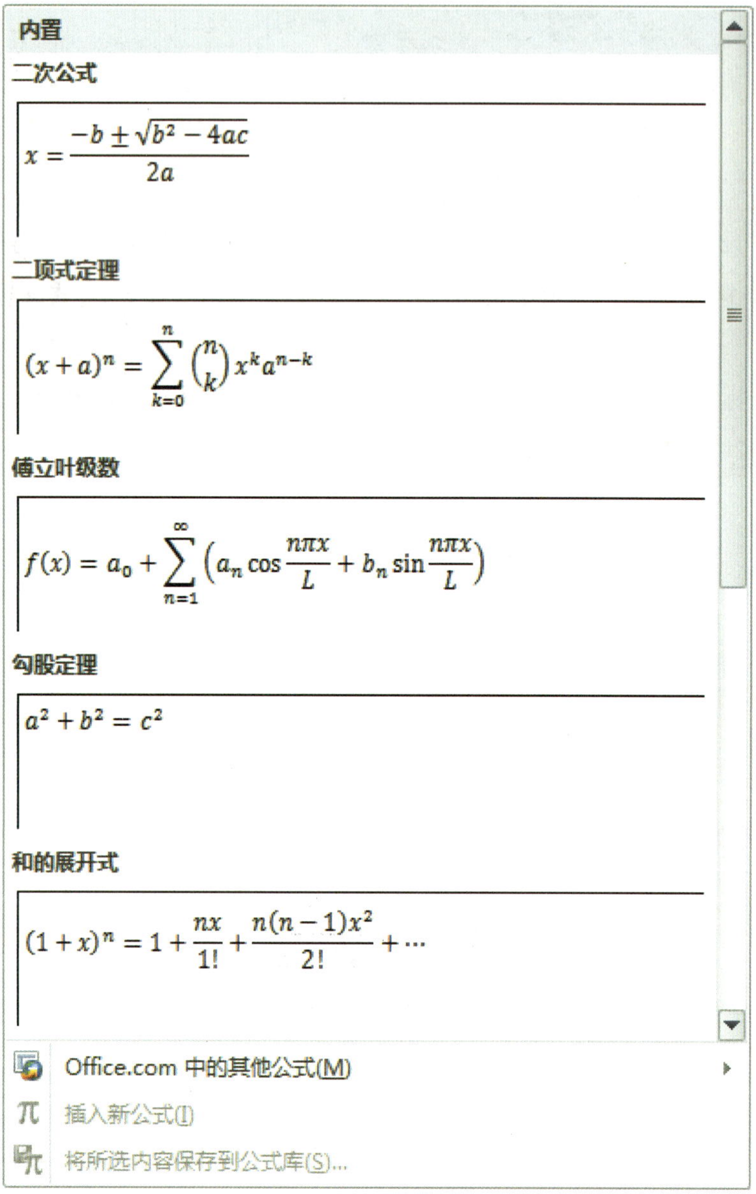

内置

二次公式

$$x=\frac{-b\pm\sqrt{b^2-4ac}}{2a}$$

二项式定理

$$(x+a)^n=\sum_{k=0}^{n}\binom{n}{k}x^k a^{n-k}$$

傅立叶级数

$$f(x)=a_0+\sum_{n=1}^{\infty}\left(a_n\cos\frac{n\pi x}{L}+b_n\sin\frac{n\pi x}{L}\right)$$

勾股定理

$$a^2+b^2=c^2$$

和的展开式

$$(1+x)^n=1+\frac{nx}{1!}+\frac{n(n-1)x^2}{2!}+\cdots$$

Office.com 中的其他公式(M)

插入新公式(I)

将所选内容保存到公式库(S)...

图 2—58 “公式”按钮的下拉菜单

活地调用保存好的公式了。

Word 2010 还提供了如积分、大型运算符、函数、矩阵等功能按钮，利用这些功能按钮，用户可以方便地生成数学公式。

综合训练

请读者试着录入宋词《念奴娇 · 赤壁怀古》文档，并设置格式。

念奴娇 · 赤壁怀古

大江东去，浪淘尽，千古风流人物。

故垒西边，人道是，三国周郎赤壁。

乱石穿空，惊涛拍岸，卷起千堆雪。

江山如画，一时多少豪杰。

遥想公瑾当年，小乔初嫁了，

雄姿英发，羽扇纶巾，

谈笑间，樯橹灰飞烟灭。

故国神游，多情应笑我，早生华发。

人生如梦，一尊还酹江月。

【注释】

1. 纶巾：古代配有青丝带的头巾。

2. 酹：（古人祭奠）以酒浇在地上祭奠。这里指洒酒酬月，寄托自己的感情。

3. 遥想：远想。

4. 小乔：乔玄的小女儿，嫁给了周瑜。

5. 羽扇纶巾：手摇羽扇，头戴纶巾。这是古代儒将的装束，词中形容周瑜从容娴雅。

6. 樯橹：船上的桅杆和橹。这里代指曹操的水军战船。

7. 故国：这里指旧地，当年的赤壁战场。

8. 华发：花白的头发。

9. 尊：通“樽”。

10. 大江：长江。

11. 淘：冲洗。

12. 故垒：古时军队营垒的遗迹。

13. 周郎：周瑜，字公瑾，为吴中郎将时年仅 24 岁，吴中称他为“周郎”。

14. 雪：比喻浪花。

设置效果如图 2—59 所示。

这是一首普通的宋词，在其后加入一些注释，注释采用下标的形式标记。词中有生僻字，在上面给出了拼音。文档中还插入了特殊符号“【 】”。

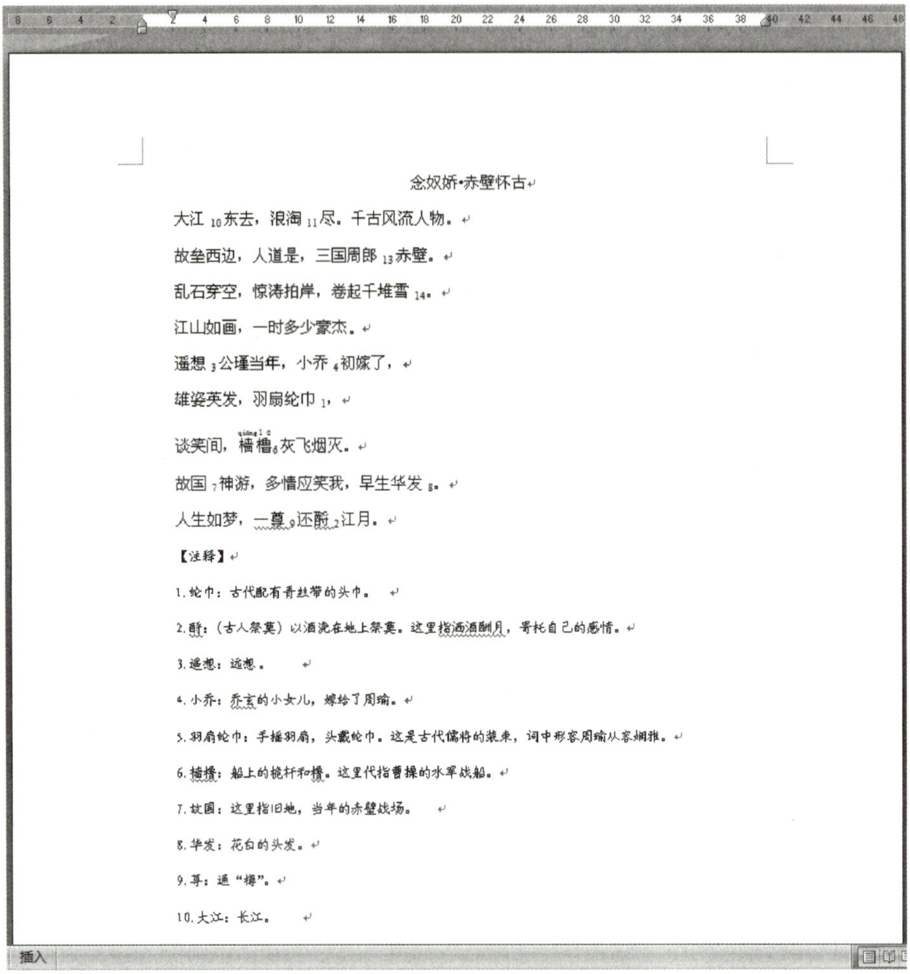

念奴娇•赤壁怀古

大江$_{10}$东去，浪淘$_{11}$尽。千古风流人物。

故垒西边，人道是，三国周郎$_{13}$赤壁。

乱石穿空，惊涛拍岸，卷起千堆雪$_{14}$。

江山如画，一时多少豪杰。

遥想$_{3}$公瑾当年，小乔$_{4}$初嫁了，

雄姿英发，羽扇纶巾$_{1}$，

谈笑间，樯橹$_{6}$灰飞烟灭。

故国$_{7}$神游，多情应笑我，早生华发$_{8}$。

人生如梦，一尊$_{9}$还酹$_{2}$江月。

【注释】

1. 纶巾：古代配有青丝带的头巾。

2. 酹：（古人祭奠）以酒浇在地上祭奠。这里指洒酒酬月，寄托自己的感情。

3. 遥想：远想。

4. 小乔：乔玄的小女儿，嫁给了周瑜。

5. 羽扇纶巾：手摇羽扇，头戴纶巾。这是古代儒将的装束，词中形容周瑜从容娴雅。

6. 樯橹：船上的桅杆和橹。这里代指曹操的水军战船。

7. 故国：这里指旧地，当年的赤壁战场。

8. 华发：花白的头发。

9. 尊：通“樽”。

10. 大江：长江。

插入

图 2—59　宋词《念奴娇·赤壁怀古》

操作难点：

· 选中“念奴娇 · 赤壁怀古”，单击“开始”选项卡下“段落”组中的“居中”按钮，“段落”组的使用将在下一个项目中进行学习。

· 选中“注释”及其后的所有文本，在“字体”下拉框中选择“楷体 _GB2312”，字号选择“小五”。

· 选中注释序号，在“开始”选项卡下“字体”组中单击“下标”按钮，此时注释数字符号将变小并移到下方，设置效果如图 2—59 所示。

· 选中需要加注拼音的字，在“开始”选项卡下“字体”组中单击“拼音指南”按钮，弹出“拼音指南”对话框，如图 2—60 所示。单击“确定”按钮，可以给生僻字加上注音。

· 在“插入”选项卡下“符号”组中单击“符号”按钮，在下拉菜单中选择“【”“】”，此时自动插入“【 】”，在其中输入“注释”文字即可。

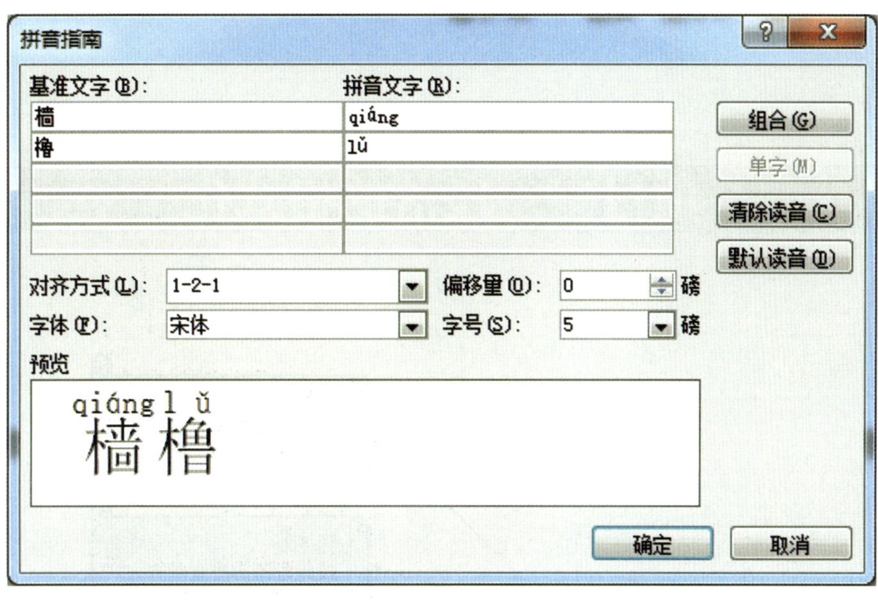

图 2—60 “拼音指南”对话框

项目三　段落的格式化

直接设置段落格式
使用制表位、格式刷
设置段落格式
其他格式化操作
综合提高，技巧练习
任务1
设置段落的水平对齐方式
任务2
设置段落的垂直对齐方式
任务3
设置段落缩进
任务4
设置行距与段落间距
任务5
使用制表位与格式刷
任务6
设置项目符号与编号
任务7
设置脚注、尾注与题注
综合训练

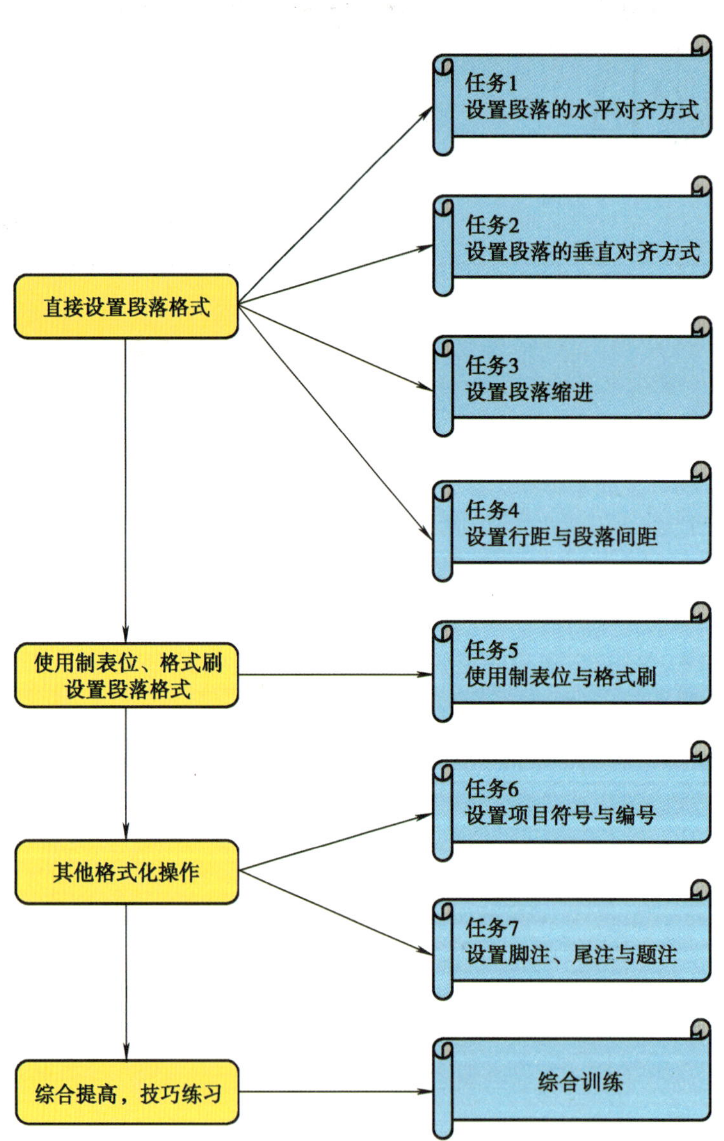

Word 2010 的一个重要功能就是制作精美、专业的文档，它不仅有多种灵活的格式化文档的操作，还有多种修改、编辑文档格式的方法，使制作出的文档更加美观。

任务 1　设置段落的水平对齐方式

学习目标

能设置段落的文本左对齐、居中、文本右对齐、两端对齐和分散对齐。

任务描述

Word 2010 提供的段落对齐方式主要有文本左对齐、居中、文本右对齐、两端对齐和分散对齐五种。Word 2010 的格式命令适用于整个段落，将光标置于段落的任一位置都可以选定段落。

以宋词《醉花荫・重阳》文档为例，进行段落对齐的设置。

要求：

1. 将标题“醉花荫・重阳”设置为三号字体，居中对齐。

2. 将【注释】及其内容设置为楷体，小五号字体，左对齐。

相关知识

段落是构成整个文档的骨架，包括文字、图片和各种特殊字符等元素。段落是指以 Enter 键为结束的内容文档，是独立的信息单位，具有自身的格式特征。段落格式是以段落为单位的格式设置，要设置段落格式，可以直接将光标插入要设置的段落中。设置段落格式主要是指设置对齐方式、段落缩进、行间距和段落间距等。

提示　需要注意的是，这里所提到的段落与上语文课时所说的段落并不完全一致。无论内容多少，无论是标题还是文章内容，只要有 Enter 键标识，就决定了这是一个段落。

具体操作步骤如下：

1. 选中“醉花荫·重阳”文本，设置其字体为三号，单击“开始”选项卡下“段落”组中的按钮，或者使用 Ctrl+E 组合快捷键，使所选文本居中对齐，效果如图 3—1 所示。

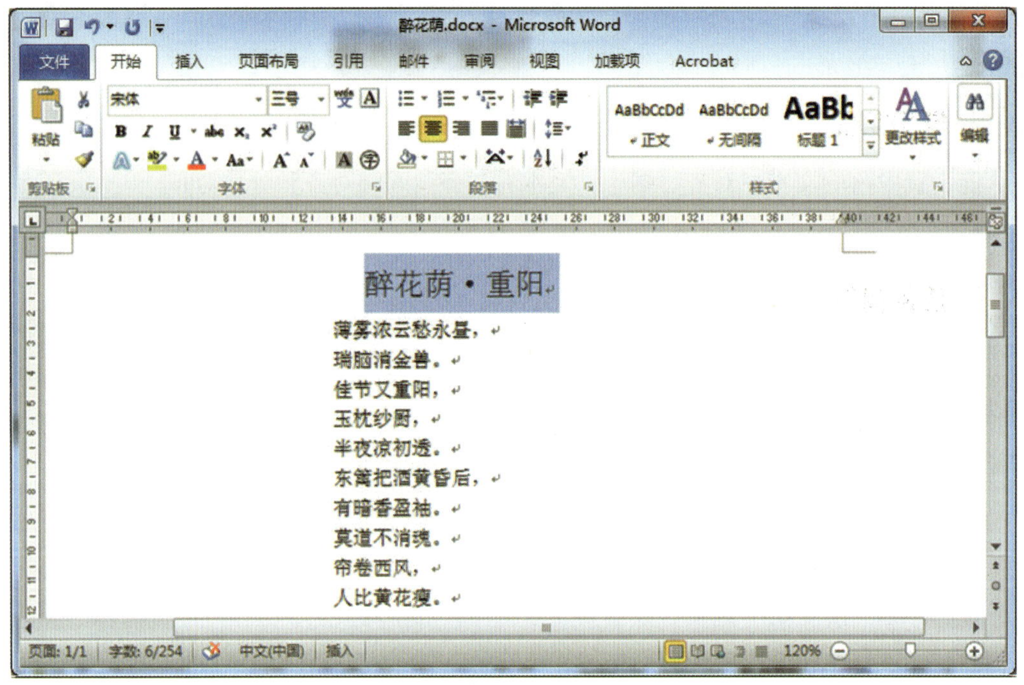

图 3—1　设置居中对齐

2. 选中【注释】及其内容，设置为楷体，小五号字体。单击“开始”选项卡下“段落”组中的按钮，或者使用 Ctrl+L 组合快捷键，使所选文本左对齐，效果如图 3—2 所示。

在“开始”选项卡的“段落”功能组中，还有一些类似的功能按钮：

· 右对齐：单击“段落”功能组中的按钮，或使用组合快捷键 Ctrl+R，使所选文本右对齐，而左边参差不齐。

· 两端对齐：单击“段落”功能组中的按钮，或使用组合快捷键 Ctrl+J，使所选段落除末行外的左、右两边同时与左、右页边距或缩进对齐。

· 分散对齐：单击“段落”功能组中的按钮，或使用组合快捷键 Ctrl+Shift+J，使

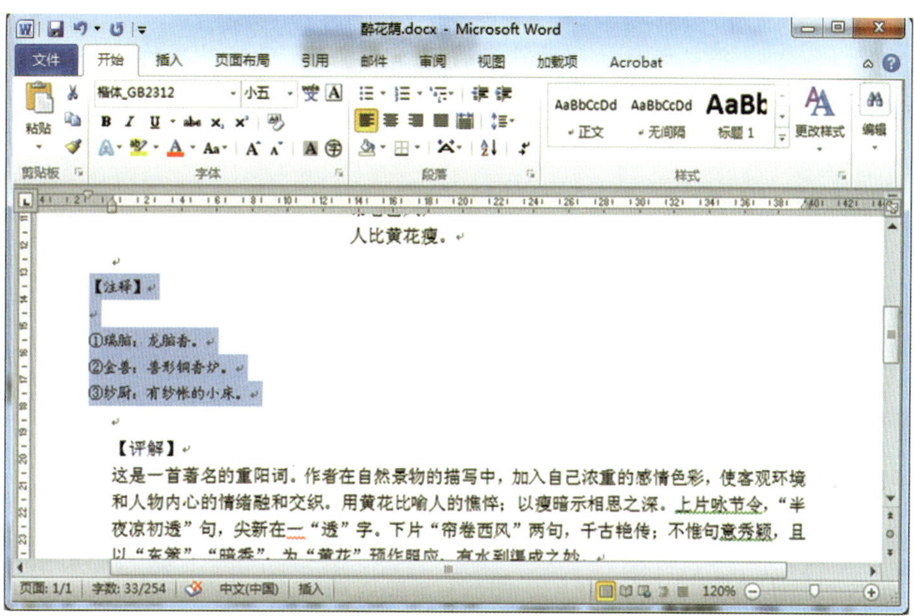

图 3—2　设置左对齐

所选文本左、右两边均对齐；当所选的段落不满一行时，将拉开字符间距，使该行均匀分布，效果如图 3—3 所示。

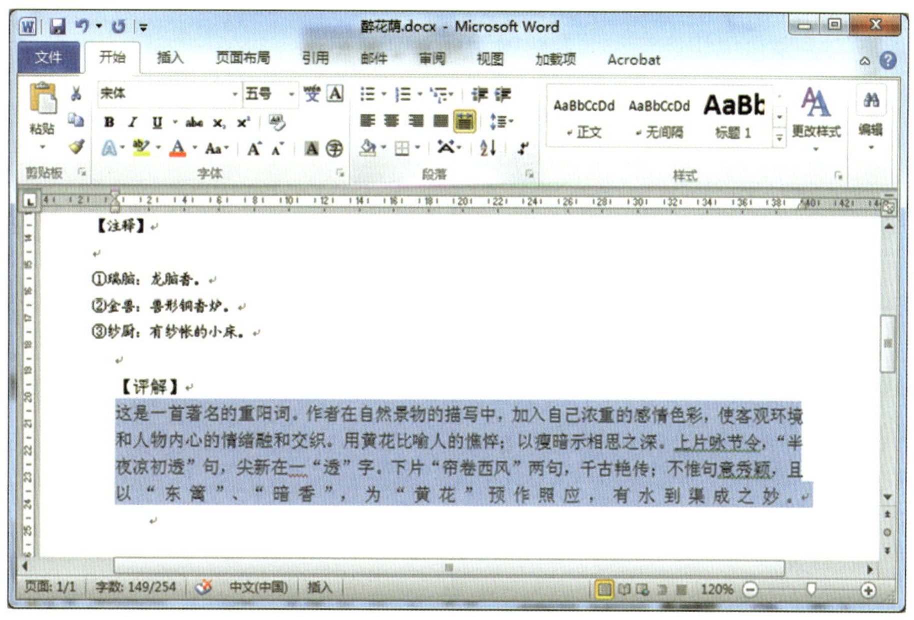

图 3—3　设置分散对齐

在图 3—3 中可以看到，因为最末一行的文本未满一行，所以字符间距被拉开，使段落末尾处于最末端。

将光标移动到新段落的开始，再选定段落对齐的方式，则接下来输入的文本将按照已选定的方式对齐。

任务 2 设置段落的垂直对齐方式

学习目标

1. 能使用“页面设置”对话框。
2. 能设置段落的顶端对齐、居中、两端对齐和底端对齐。

任务描述

设置段落的垂直对齐，可以快速地定位段落的位置。例如，制作一个封面标题，设置段落的居中对齐就可以快速将封面标题置于页面的中央。

图 3—4 所示就是垂直对齐中的顶端对齐与居中对齐的效果对比图。

孩子，把你的手给我

孩子，把你的手给我

图 3—4 两种垂直对齐方式的效果对比
（左边为顶端对齐，右边为居中对齐）

相关知识

系统默认的段落垂直对齐方式为顶端对齐方式，即文字向顶端靠近。在“页面布局”选项卡下“页面设置”组中可以快速设置垂直对齐的方式。垂直对齐方式有顶端对齐、居中、两端对齐、底端对齐四种，用户可以根据需要进行设置。

实践操作

想使一段文字置于页面中央，设置段落垂直对齐的操作步骤如下：

1. 选中需要设置的文本，单击“页面布局”选项卡下“页面设置”组中的对话框启动器，在打开的“页面设置”对话框中选择“版式”选项卡，如图 3—5 所示。

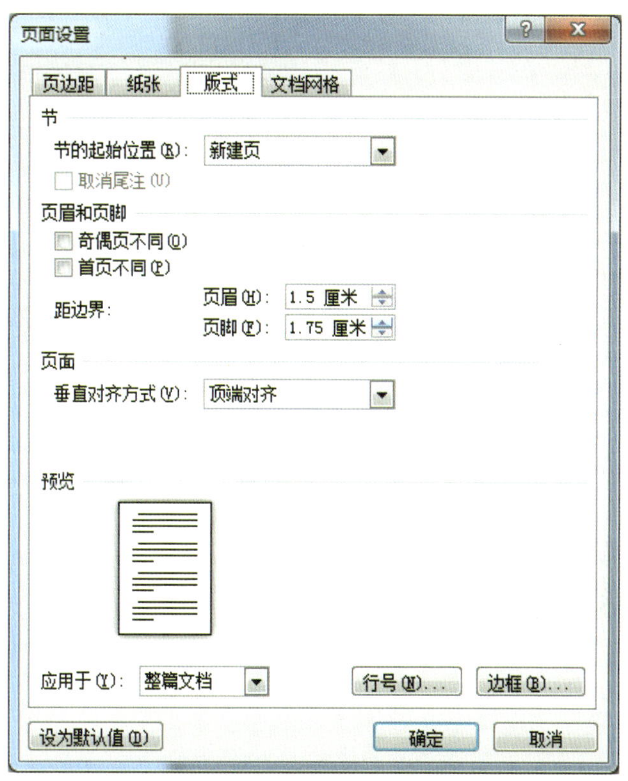

图 3—5　“页面设置”对话框

2. 在“页面”栏的“垂直对齐方式”下拉列表框中选择一种对齐方式。系统默认的段落垂直对齐方式为顶端对齐，即文字靠近顶端。相应地，若选择“底端对齐”选项，文字

将靠近底端。选择“居中”选项后，单击“确定”按钮，可以看到选中的文字位于页面的中部。选择“居中”对齐的设置效果如图 3—6 所示。

图 3—6 “居中”对齐的设置效果

任务 3　设置段落缩进

学习目标

1. 能列举段落缩进的种类。
2. 能设置段落缩进。

任务描述

段落缩进有 5 种格式：首行缩进、悬挂缩进、左侧缩进、右侧缩进和对称缩进。用户可以对整个文档进行缩进设置，也可以对某一段落进行缩进设置。图 3—7 所示为几种缩进的效果图。本任务将以文档《匆匆》为例，进行首行缩进的设置。其他格式的缩进与首行缩进类似，请读者参考首行缩进的设置方法依次进行尝试，并观察设置效果有何不同。

首行缩进

　　燕子去了，有再来的时候；杨柳枯了，有再青的时候；桃花谢了，有再开的时候。但是，聪明的，你告诉我，我们的日子为什么一去不复返呢？——是有人偷了他们罢：那是谁？又藏在何处呢？是他们自己逃走了罢：现在又到了哪里呢？

悬挂缩进

燕子去了，有再来的时候；杨柳枯了，有再青的时候；桃花谢了，有再开的时候。但是，聪明的，你告诉我，我们的日子为什么一去不复返呢？——是有人偷了他们罢：那是谁？又藏在何处呢？是他们自己逃走了罢：现在又到了哪里呢？

左侧缩进

燕子去了，有再来的时候；杨柳枯了，有再青的时候；桃花谢了，有再开的时候。但是，聪明的，你告诉我，我们的日子为什么一去不复返呢？——是有人偷了他们罢：那是谁？又藏在何处呢？是他们自己逃走了罢：现在又到了哪里呢？

右侧缩进

燕子去了，有再来的时候；杨柳枯了，有再青的时候；桃花谢了，有再开的时候。但是，聪明的，你告诉我，我们的日子为什么一去不复返呢？——是有人偷了他们罢：那是谁？又藏在何处呢？是他们自己逃走了罢：现在又到了哪里呢？

图 3—7　缩进效果

相关知识

在 Word 2010 中，段落缩进和页边距是有区别的。

页边距是指文本与纸张边缘的距离，对于每行来说，同一类页边距的空白宽度是相等的。

段落缩进是指段落中的文本与页边距之间的距离。它是为了突出某段或者某几段，使其远离页边空白或占用页边空白，起到突出效果的作用。

两者的对比如图 3—8 所示，大的方框表示的是页边距，小的方框表示的是段落缩进。

· 首行缩进：是指每个段落的首行缩进 2 字符的距离。

· 悬挂缩进：是指段落的第一行顶格（即悬挂），其余各行相对缩进。

· 左侧缩进：是指选中的段落整体向右侧偏移一定的距离。

· 右侧缩进：是指选中的段落整体向左侧偏移一定的距离。

段落缩进的设置方法有多种，可以选用精确的菜单方式、快捷的标尺方式，也可以使用 Tab 键和“格式”工具栏等。

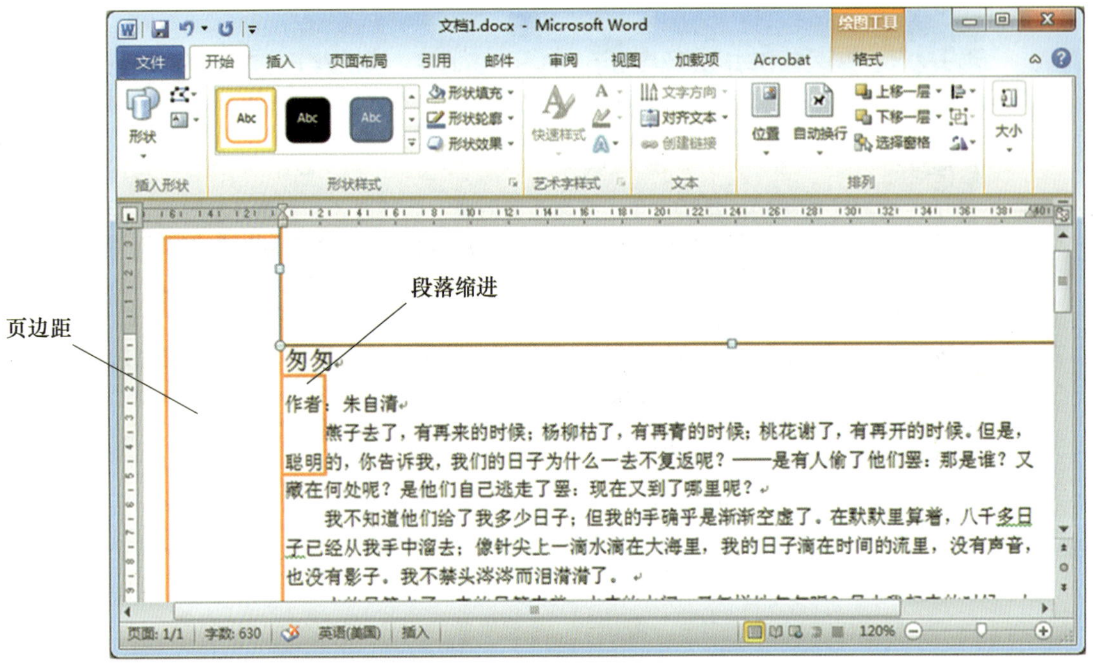

图 3—8　页边距与段落缩进的对比

1. 使用菜单命令设置段落缩进

使用菜单命令设置段落缩进是所有方法中最常用的一种，具体操作步骤如下：

（1）打开未经段落格式设置的文档《匆匆》，选中全部文本。

（2）选择“开始”选项卡下的“段落”组，单击对话框启动器，打开“段落”对话框。

（3）在“缩进和间距”选项卡下的“缩进”选项区中设置文本的缩进。在“特殊格式”下拉列表框中选择“首行缩进”，系统默认为 2 字符，如图 3—9 所示。

单击缩进选项中的“磅值”微调框的上下调节按钮，可以精确地设置缩进量。

在“缩进”选项区中，“左侧”微调框用于设置左端缩进，“右侧”微调框用于设置右端缩进。在“特殊格式”下拉列表框中有“无”“首行缩进”和“悬挂缩进”三个选项，“磅值”微调框用于精确地设置缩进量。

如果选中“对称缩进”复选框，则“左侧”和“右侧”微调框将变为“内侧”和“外

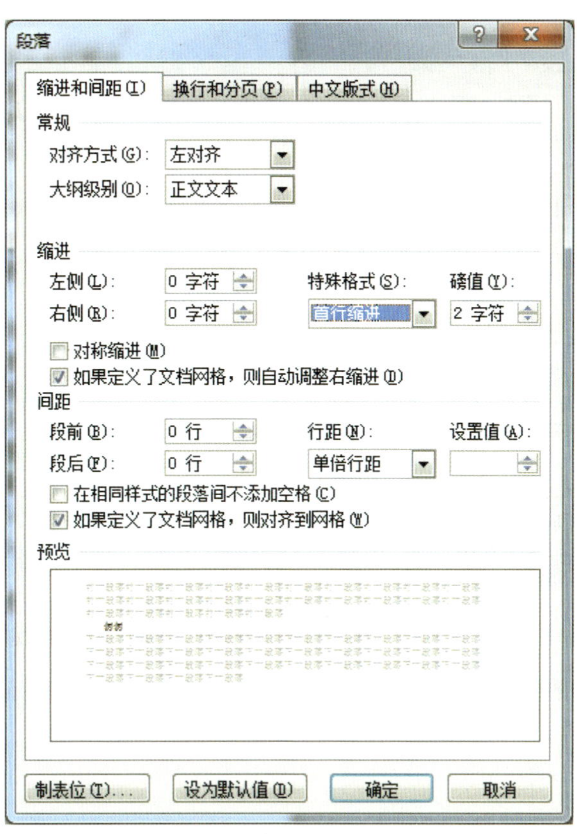

图 3—9　设置首行缩进

侧”微调框，读者可以试着设置，看看不同的缩进量会对文本产生怎样的影响。

（4）单击“确定”按钮即可完成对选中段落的设置，效果如图 3—10 所示。

2. 使用“段落”选项组中的快捷按钮设置段落缩进

设置段落缩进的另一种方法是使用“段落”选项组中的快捷按钮进行设置，这种方法简单但不够精确。

具体操作步骤如下：

（1）打开未经段落格式设置的文档《匆匆》，将光标置于第一行。

（2）单击“段落”选项组中的“增加缩进量”按钮进行设置，每单击一次，选中行将增加缩进量 1 字符。单击“增加缩进量”按钮两次，相当于设置“首行缩进 2 字符”，同时，如果开始下一段落，按下键盘上的“Tab”键将继承上一段落的格式，默认首行缩进 2 字符，效果如图 3—11 所示。

同样地，“减少缩进量”按钮是用于减少文本的缩进量，每单击一次减少 1 字符的缩进量。

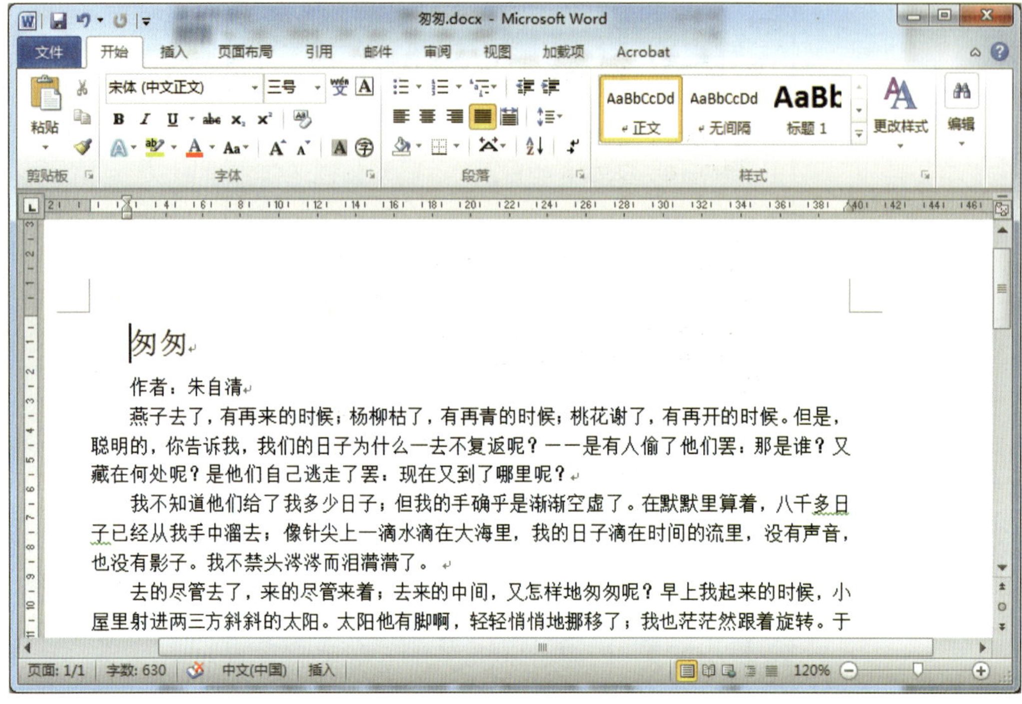

图 3—10　设置首行缩进后的效果

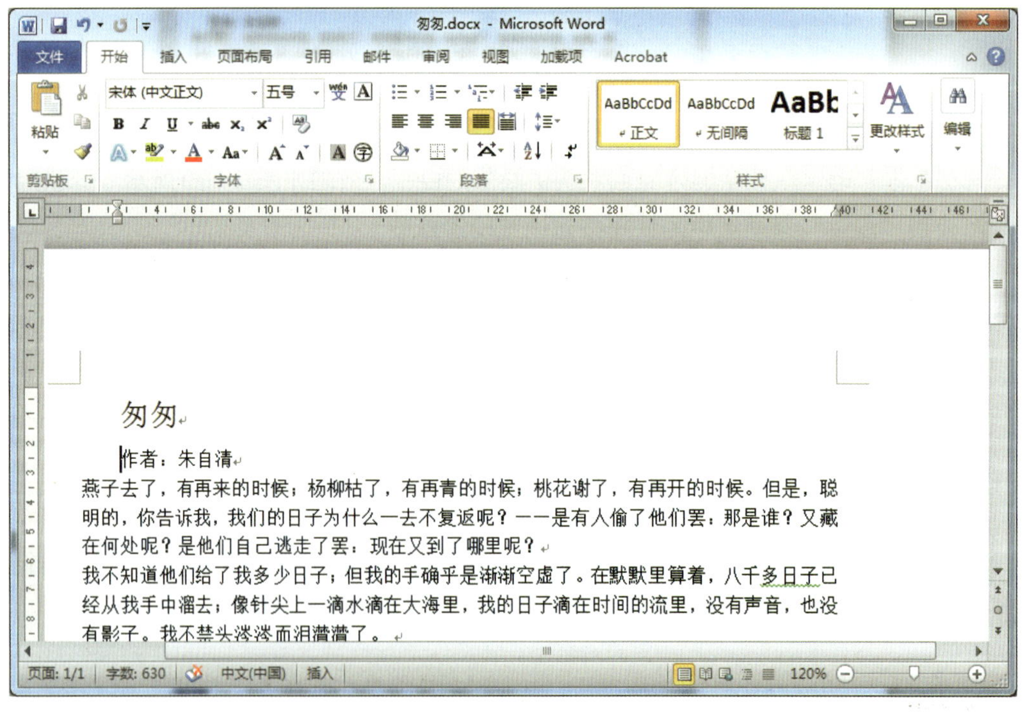

图 3—11　使用“增加缩进量”按钮设置段落缩进

3. 使用标尺进行段落缩进

使用文档窗口中水平标尺上的段落缩进标记，可以快速设置段落的左侧缩进、右侧缩进、首行缩进和悬挂缩进等。这种方法直观方便，但同样不够精确。图 3—12 中标注所标识的就是标尺。下面以首行缩进为例，介绍使用标尺进行段落缩进的方法。

提示　如果当前编辑窗口没有显示标尺，可以单击垂直滚动条上方的“标尺”按钮，在当前编辑窗口中显示标尺。

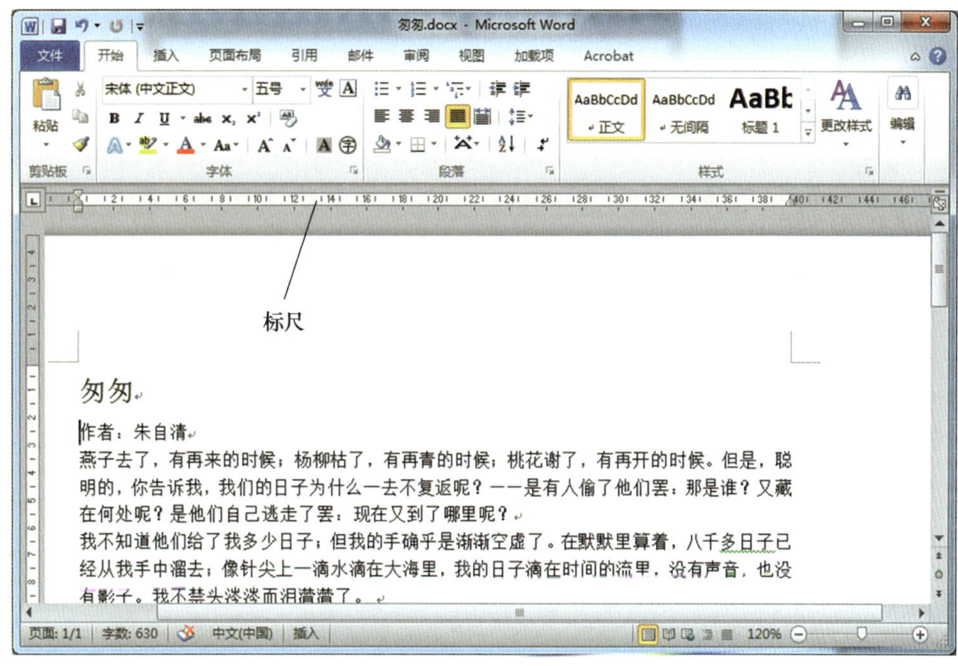

图 3—12　标尺

具体操作步骤如下：

（1）打开未经段落格式设置的文档《匆匆》，将光标置于第一段的起始位置。

在水平标尺的左端有两个相对的游标，其中上面的一个呈倒三角形，它标志着首行缩进的距离；另一个呈上三角形，为悬挂缩进。悬挂缩进游标下方的小矩形是左缩进游标，在水平标尺右端的上三角形游标是右缩进游标，如图 3—13 所示。

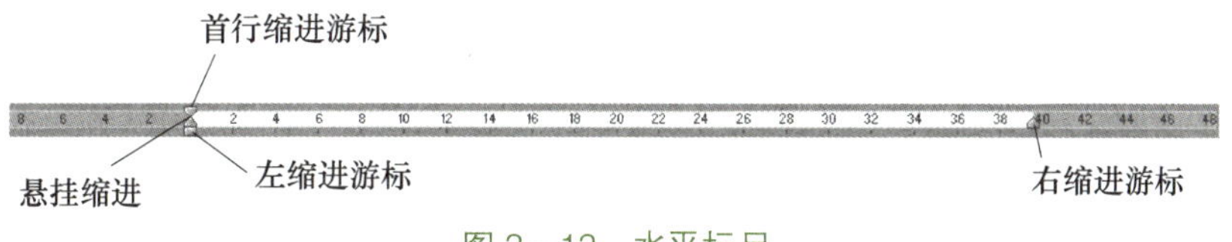

图 3—13　水平标尺

（2）用鼠标拖曳首行缩进游标，向右缩进 2 字符的距离，此时可以看到一条垂直辅助虚线跟随首行缩进游标，效果如图 3—14 所示。

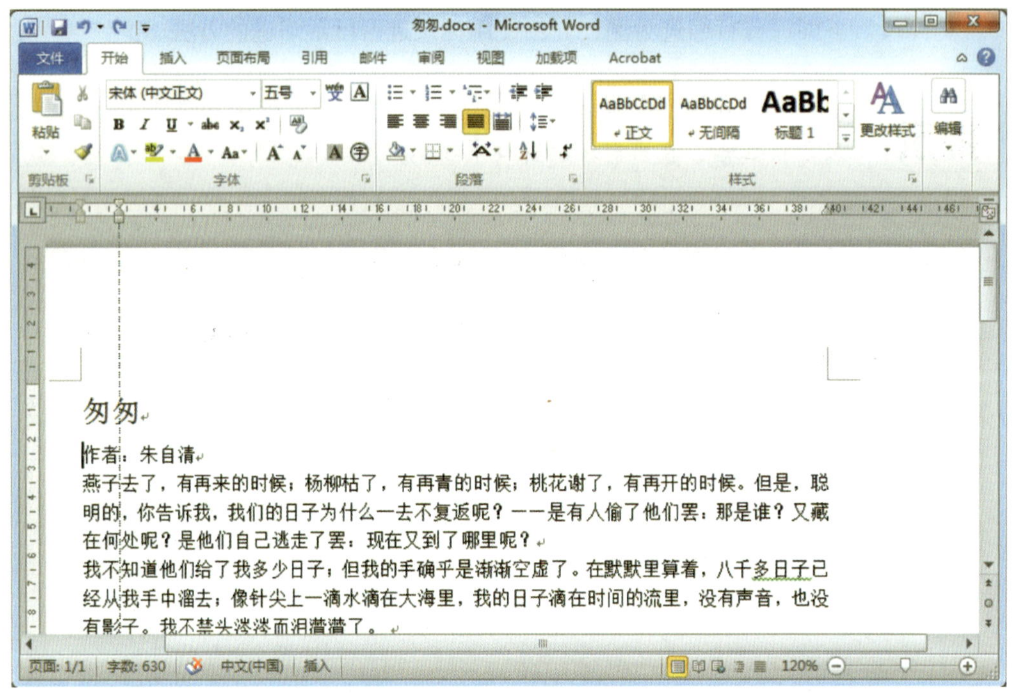

图 3—14　移动首行缩进游标

（3）放开鼠标后可以看到，第一行光标后的文字被向右移动了 2 字符的距离，首行缩进游标也停留在标尺的数字“2”处，效果如图 3—15 所示。

在拖拽游标设置缩进的同时，按下 Alt 键可以显示缩进的准确数值。

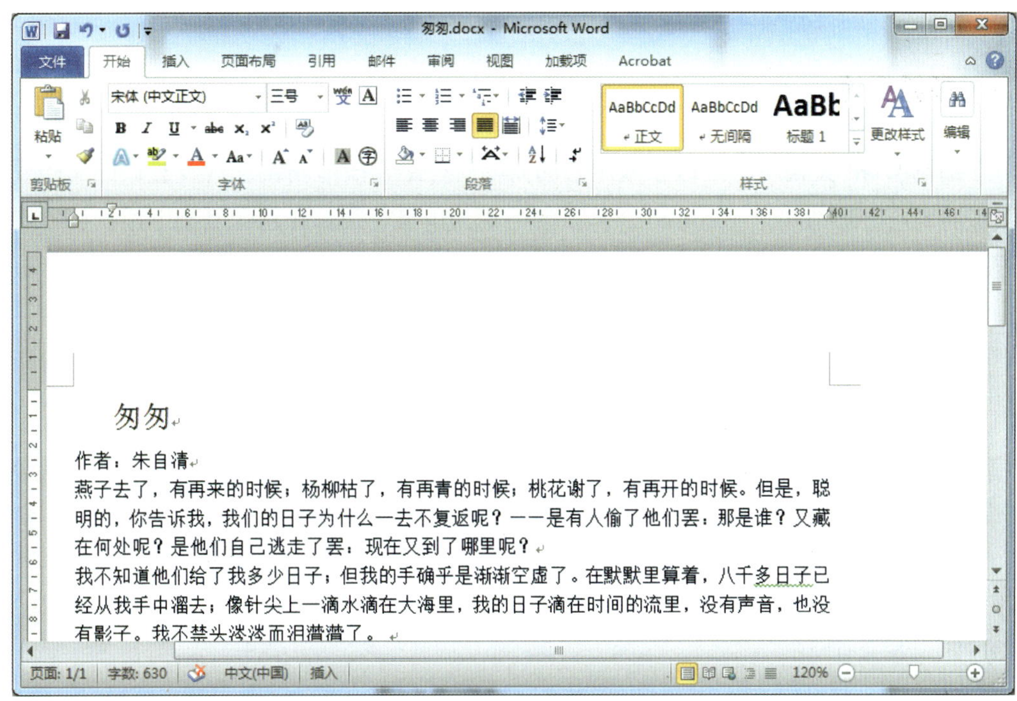

图 3—15　首行缩进

在利用组合快捷键设置缩进时，首先在文档中选择要改变缩进量的段落。要使左侧段落缩进至下一个制表位，使用组合快捷键 Ctrl+M；要使所有行左缩进到前一个制表位，使用快捷键 Ctrl+Shift+M；要设置悬挂缩进，使用快捷键 Ctrl+T；要设置为除首行不动外，其余行全部左缩进到下一个制表位，使用快捷键 Ctrl+Shift+T。

任务 4　设置行距与段落间距

1. 能描述行距与段落的含义。
2. 能设置行距与段落间距。

任务描述

在编辑 Word 文档时，可以根据用户的需要对行距和段落间距进行设置，使文档看起来更加美观。一般情况下 Word 2010 默认的行距为单倍行距，在这个基础上用户可以对行距进行增大或缩小；同理，段落间距也可以进行相应设置以满足用户需求。

本任务以文档《匆匆》为例，进行行距与段落间距的设置。

如图 3—16 所示，第一段文字的行间距明显比其他段要大，这是设置了 2 倍行间距的效果。

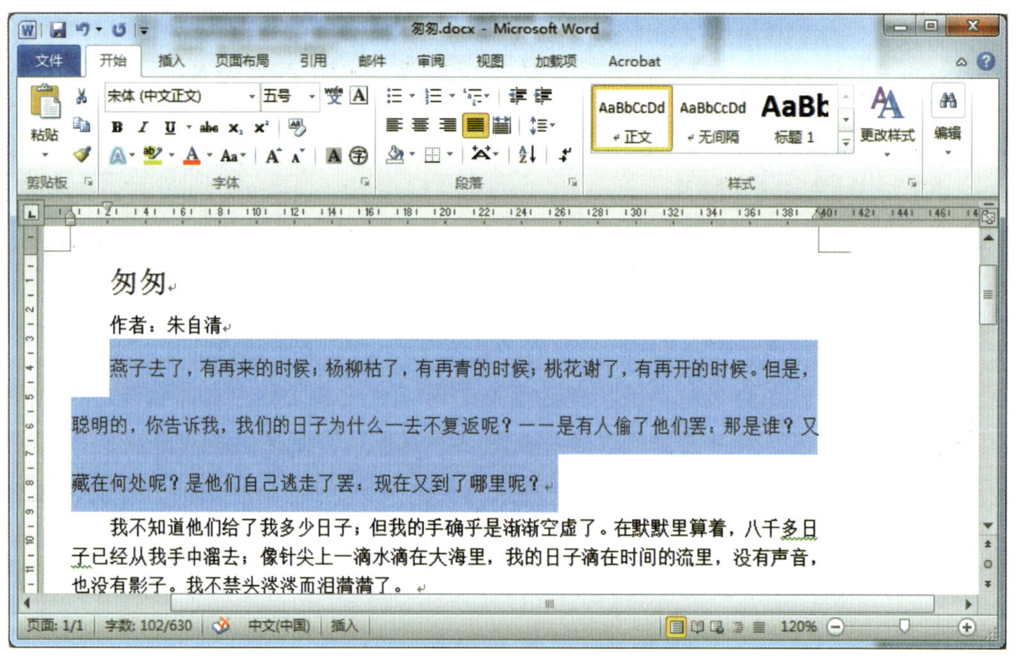

图 3—16　设置 2 倍行间距的效果

相关知识

行距是指从一行文字的底部到另一行文字底部的距离。Word 2010 将自动调整行距以容纳该行中最大字体和最高的图形。行距决定段落中各行文本之间的垂直距离，系统默认值是“单倍行距”。图 3—17 所示的第一段是 3 倍行距的显示效果。

段落间距是指前后相邻的段落之间的空白距离。当按下 Enter 键开始新的一段时，光

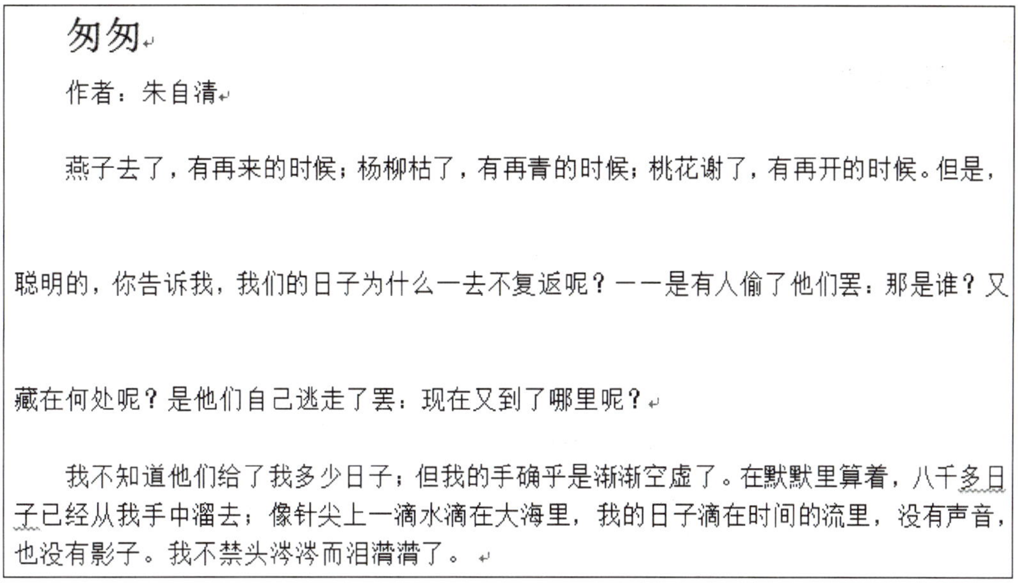

匆匆

作者：朱自清

燕子去了，有再来的时候；杨柳枯了，有再青的时候；桃花谢了，有再开的时候。但是，

聪明的，你告诉我，我们的日子为什么一去不复返呢？——是有人偷了他们罢：那是谁？又

藏在何处呢？是他们自己逃走了罢：现在又到了哪里呢？

我不知道他们给了我多少日子；但我的手确乎是渐渐空虚了。在默默里算着，八千多日子已经从我手中溜去；像针尖上一滴水滴在大海里，我的日子滴在时间的流里，没有声音，也没有影子。我不禁头涔涔而泪潸潸了。

图 3—17　3 倍行距的显示效果

标会跨过段落间距到达下一段的起始位置。在图 3—18 中，第一段、第二段之间为 4 倍段落间距的显示效果。

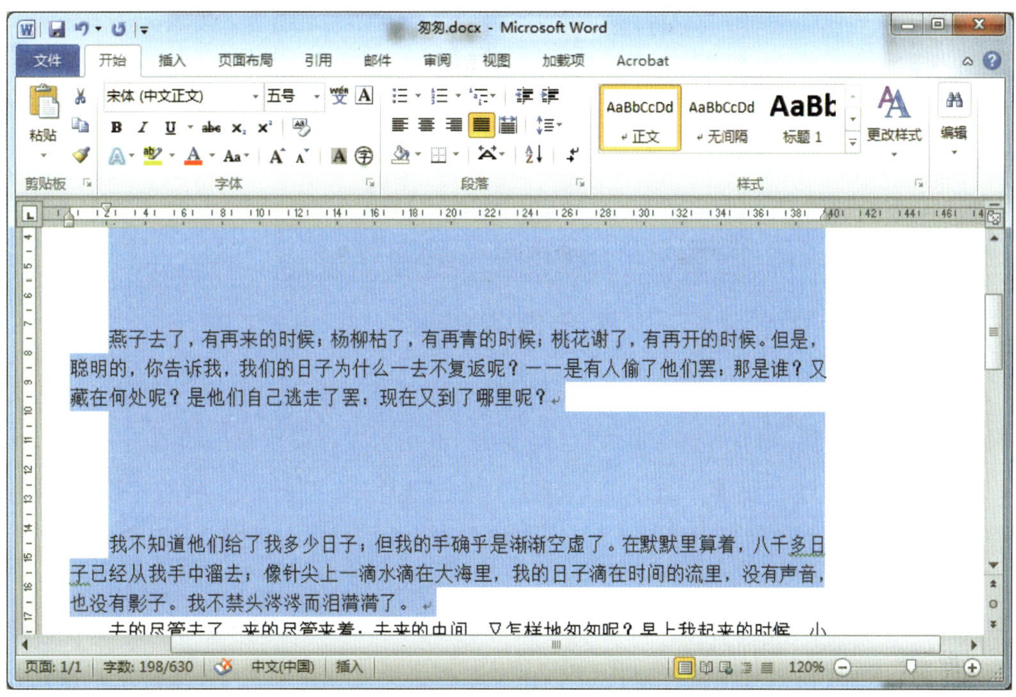

图 3—18　4 倍段落间距的显示效果

实践操作

1. 设置行距

用户可以根据需要设置行距，以文档《匆匆》为例，具体操作步骤如下：

（1）打开文档，选择要改变间距的段落。与设置缩进相同，只需要将光标置于段落中任何位置，则视为选中该段落。

（2）单击“段落”组的对话框启动器 ，打开如图 3—19 所示的“段落”对话框。

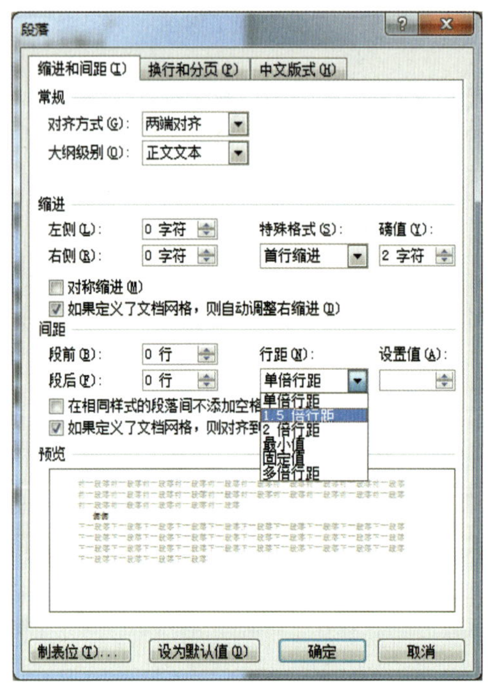

图 3—19 设置行距

（3）单击“行距”下拉菜单选择“1.5 倍行距”选项，单击“确定”按钮，回到文本编辑界面，可以看到，刚才选中的段落已经变为 1.5 倍行距，设置效果如图 3—20 所示。

用户也可以使用“段落”组中的“行距”按钮来调整行距。单击“行距”按钮，在弹出的“行距”下拉列表中选择 1.5，即可设置为 1.5 倍行距，如图 3—21 所示。

提示

用户也可以使用组合快捷键方式来设置行距，按 Ctrl+1 组合快捷键可以设置单倍行距；按 Ctrl+5 组合快捷键可以设置 1.5 倍行距；按 Ctrl+2 组合快捷键可以设置 2 倍行距。

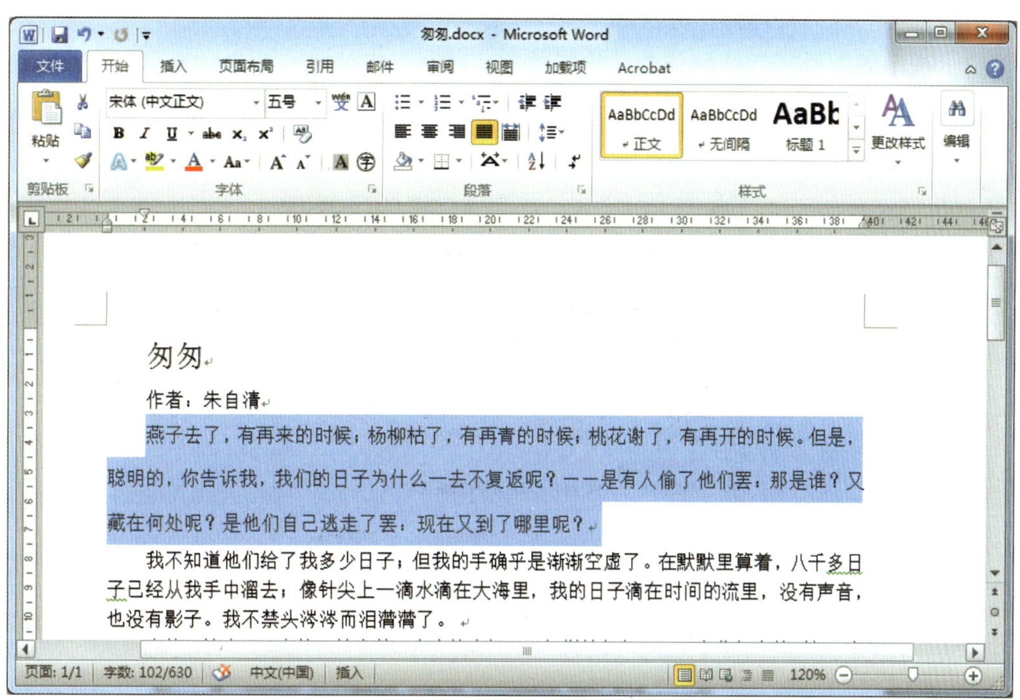

图 3—20　设置 1.5 倍行距的效果

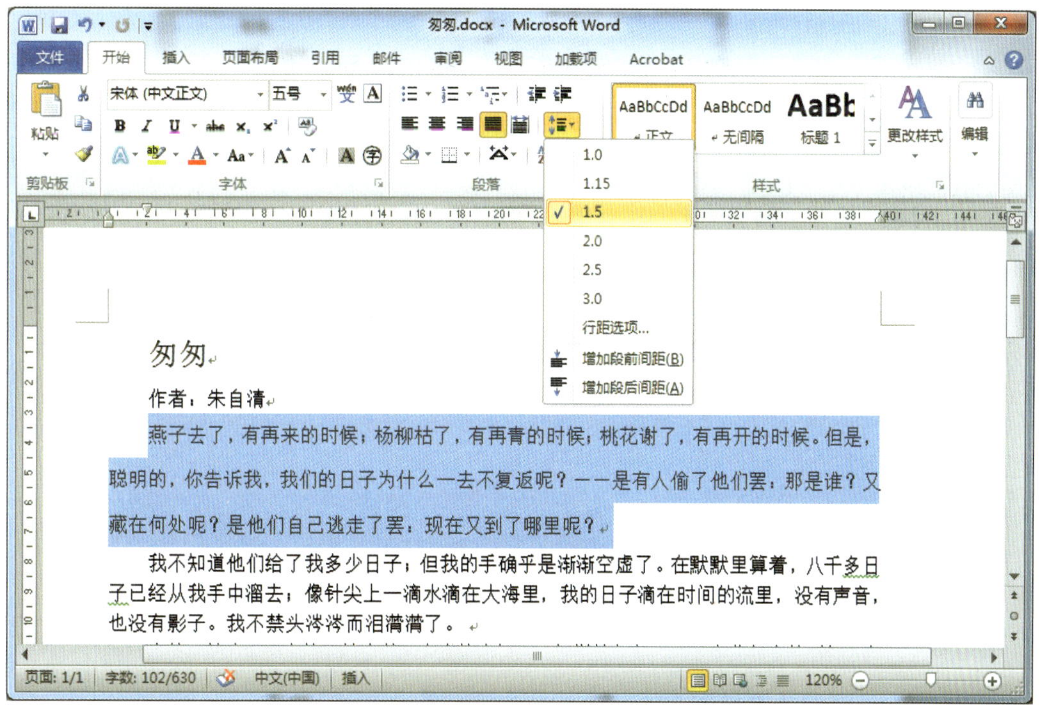

图 3—21　使用“行距”按钮设置行距

2. 设置段落间距

设置段落间距的具体操作方法如下：

（1）选中需要设置间距的段落，然后单击“段落”组的对话框启动器 ，打开“段落”对话框。在“段前”微调框中输入或使用上下按钮调整至所需的间距值（如 2 行），如图 3—22 所示。

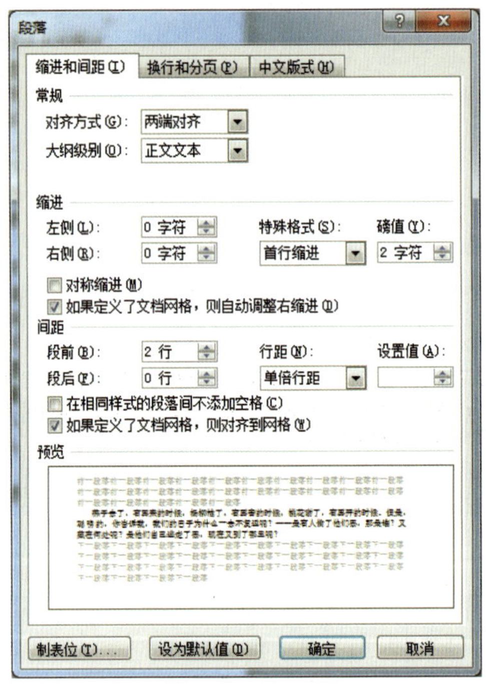

图 3—22　设置段落间距

（2）单击“确定”按钮回到文本编辑界面，可以看到选中的段落已经和上一段落之间拉开了较大距离，如图 3—23 所示。

系统默认的段前段后间距为“自动”模式，如果需要选中的段落与下一段落之间拉开一定距离，可以在“段落”对话框中的“段后”微调框中设置需要的间距。

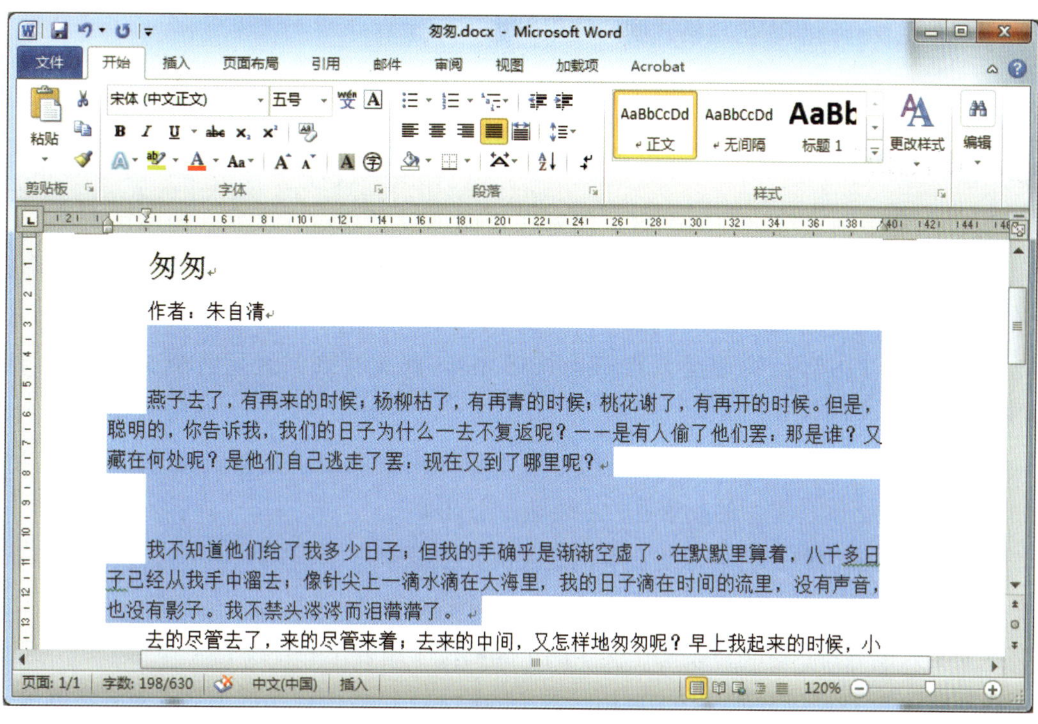

图 3—23　设置段落间距的效果

任务 5　使用制表位与格式刷

学习目标

1. 能描述制表位与格式刷的含义。
2. 能使用制表位。
3. 能使用格式刷。

任务描述

在 Word 2010 中除了使用上面介绍的方法设置段落格式外，还可以使用制表位设置段落格式，以及利用格式刷复制段落格式等。其中，利用格式刷复制段落格式是 Word 2010 中最常用的一种方法。

本任务主要介绍制表位与格式刷的使用方法。

相关知识

制表位是指制表符出现的位置，用来在页面上放置和对齐文字。一般情况下，使用 Tab 键来对齐文本。每按一次 Tab 键，光标就会从当前位置移动到其最近的一个制表位，同时在光标经过之处插入空格。默认状态下，每 0.75 cm 出现一个制表位，这样，每按一次 Tab 键，将使插入点移动 0.75 cm。直观看来，就是两个 5 号字符的距离。

用户需要更改制表位的默认设置时，可以根据需要自己设置制表位的位置和类型。Word 2010 提供了多种类型的制表符，主要有以下几种：

· 左对齐式制表符：它可以使文本在制表位处左对齐。

· 右对齐式制表符：它可以使文本在制表位处右对齐。

· 居中式制表符：它可以使每个文字的中间都位于制表位的直线上。

· 小数点对齐式制表符：它主要用于数字的输入，可以使数字的小数点对齐在制表位指定的直线上。

· 竖线式制表符：它可以在制表位处产生一条竖线。

· 首行缩进：使用此制表位可以使当前行首行缩进一定的距离。

· 悬挂缩进：使用此制表位可以使当前行悬挂缩进一定的距离。

文档中有时会在多处应用到同样的设置，如果逐个进行设置会比较麻烦，Word 2010 提供了快速复制格式的功能，即格式刷，它可以将文本、段落、图片等的格式迅速复制到文档的不同位置或另一文档中。

实践操作

1. 制表位

下面介绍设置和使用制表位的两种不同的操作方法，即使用标尺设置制表位和使用对话框设置制表位。在使用制表位设置段落格式时，标尺起着决定性的作用。

（1）使用标尺设置制表位

以右对齐式制表符为例，具体操作步骤如下：

操作演示

1）新建一个空白文档，并输入文本“3.1 段落格式”。此时，水平标尺左边的制表符如图 3—24 所示。

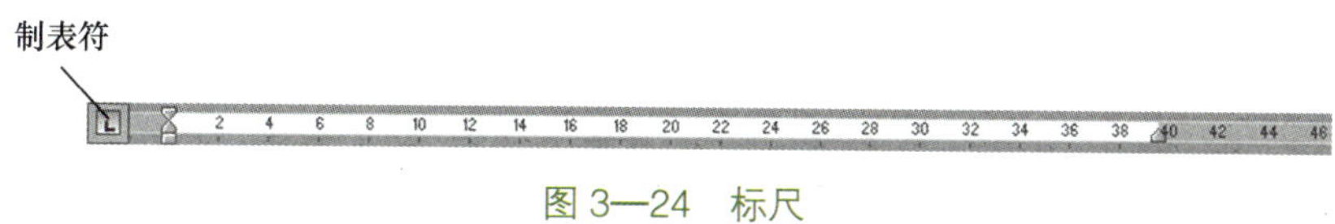

图 3—24　标尺

2）双击水平标尺左边的制表符，将左对齐式制表符变为右对齐式制表符，如图 3—25 所示。

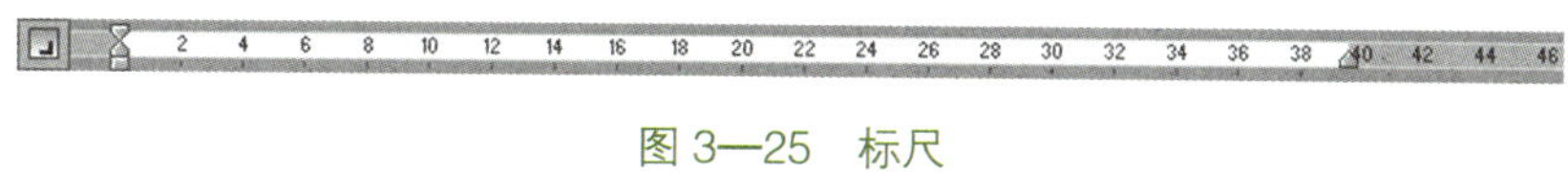

图 3—25　标尺

3）移动鼠标光标，在水平标尺的右侧位置单击，就可以产生一个右对齐式制表位，如图 3—26 所示。

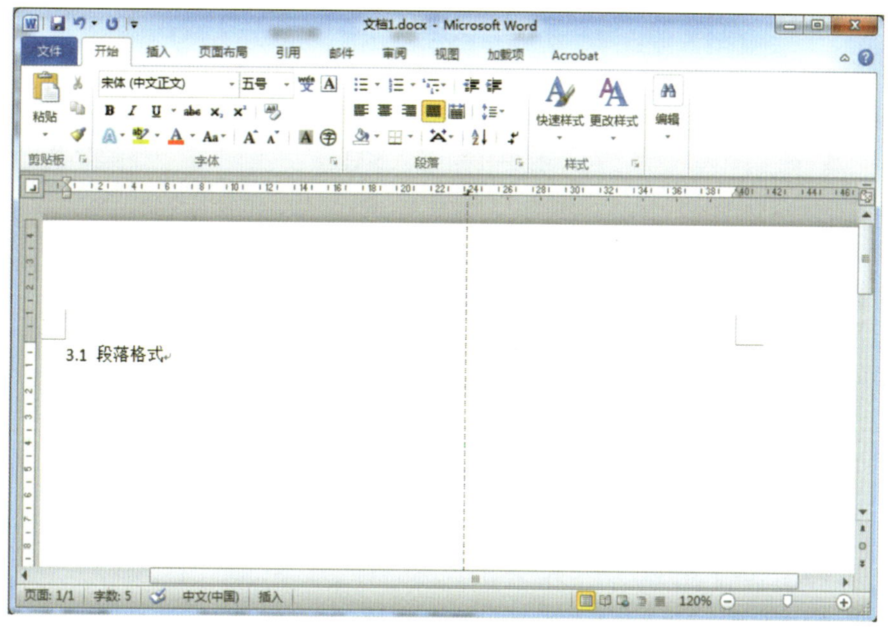

图 3—26　选择右对齐式制表位的位置

4）在文档结尾处按 Tab 键，输入页码“1”，如图 3—27 所示，然后按 Enter 键换行输入。

5）输入文本后重复步骤 4 的操作，输入页码，就可以制作出一个简单的目录，其页码是右对齐的效果，如图 3—28 所示。

（2）使用对话框设置制表位

具体操作步骤如下：

1）新建一个空白文档，并输入文本“3.1 段落格式”，然后单击“段落”组的对话框

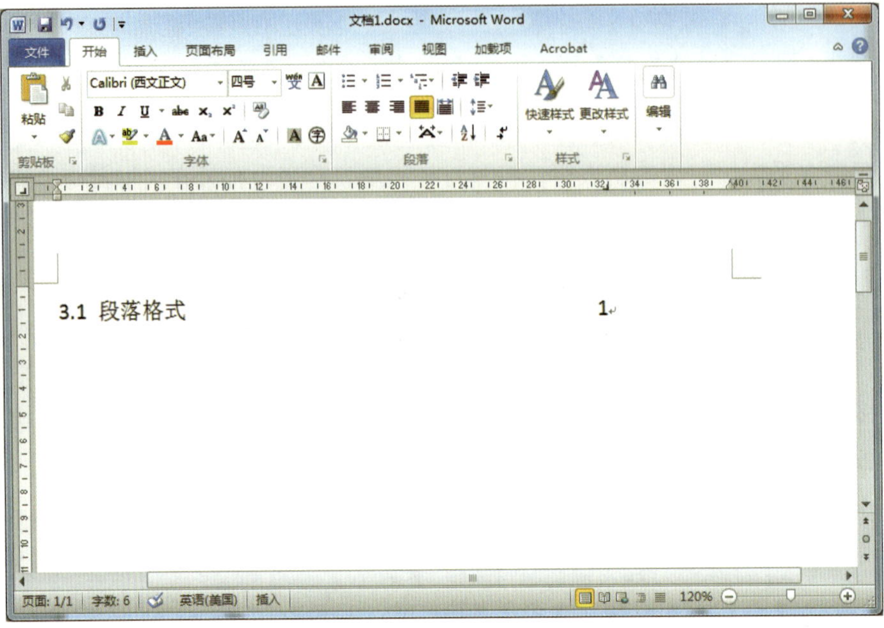

图 3—27 输入页码

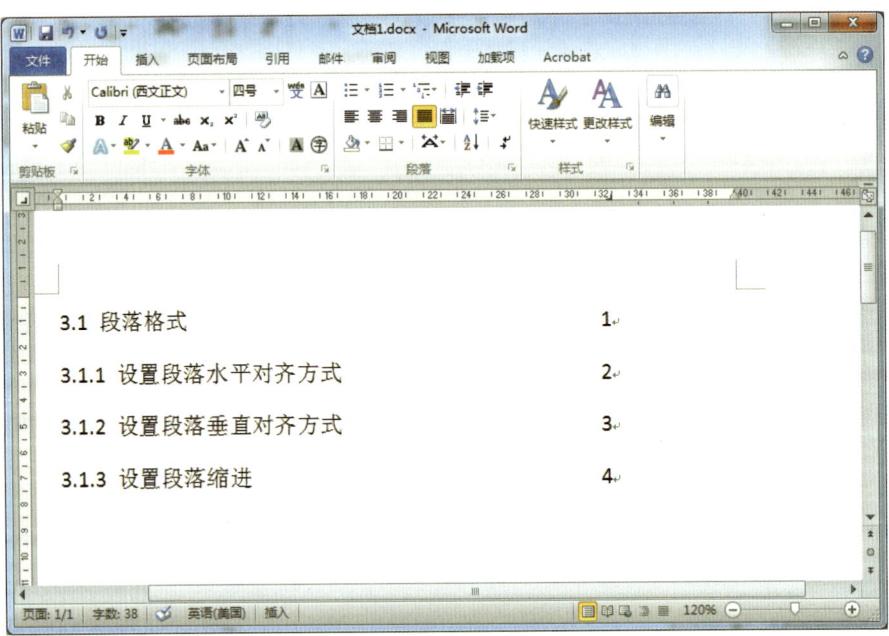

图 3—28 制作目录

启动器 ，在打开的“段落”对话框中单击左下角的“制表位”按钮，打开“制表位”对话框。

2）在“制表位位置”文本框中输入精确的制表位位置，如输入“38 字符”，如图 3—29

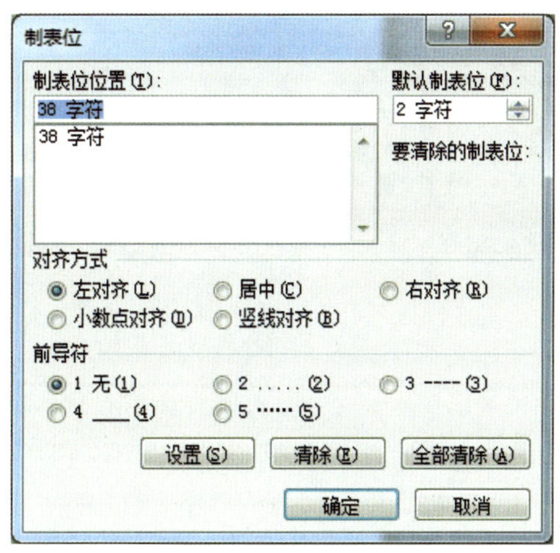

图 3—29　设置制表位

所示。

用户可以通过“默认制表位”微调框设置默认制表位的位置。系统默认制表位是“2字符”，单击“设置”按钮就可以设置一个制表位。设置好的制表位会显示在“制表位位置”文本框中。如果需要设置多个制表位，用户可以直接在对话框中设置下一个制表位。

3）选中“对齐方式”选项组中的“右对齐”单选框，设置文本的对齐方式；“前导符”选项组用于设置文本至前一制表位之间的填充符号，如选中“5……”单选框，单击“确定”按钮，返回文档，按一下 Tab 键，输入相同的页码，效果如图 3—30 所示。

2. 格式刷

删除制表位的方法很简单，用鼠标将制表位拖离标尺即可。同样地，也可以用鼠标拖拽制表位来改变制表位的位置。也可以在“制表位”对话框中选定要删除的制表位，单击“清除”按钮即可。单击“全部清除”按钮可以删除所有用户自行设置的制表位。

复制格式的方法如下：

（1）打开范文《通知》与范文《匆匆》。

（2）选中《通知》第一段落中的“通知”二字后，单击“剪贴板”组中的“格式刷”按钮 格式刷，如图 3—31 所示。

（3）切换至《匆匆》文档，当鼠标光标移动到文档中时，可以看到鼠标光标变成了形状，选中“匆匆”二字，可以看到，这两个字也变成与“通知”二字相同的黑体、二号字号，如图 3—32 所示。

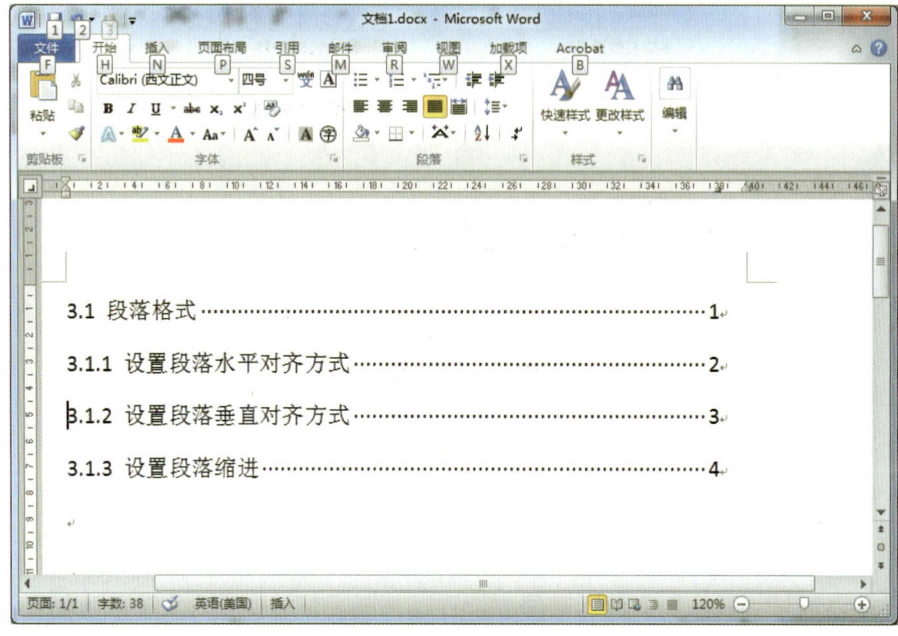

图 3—30 制作目录

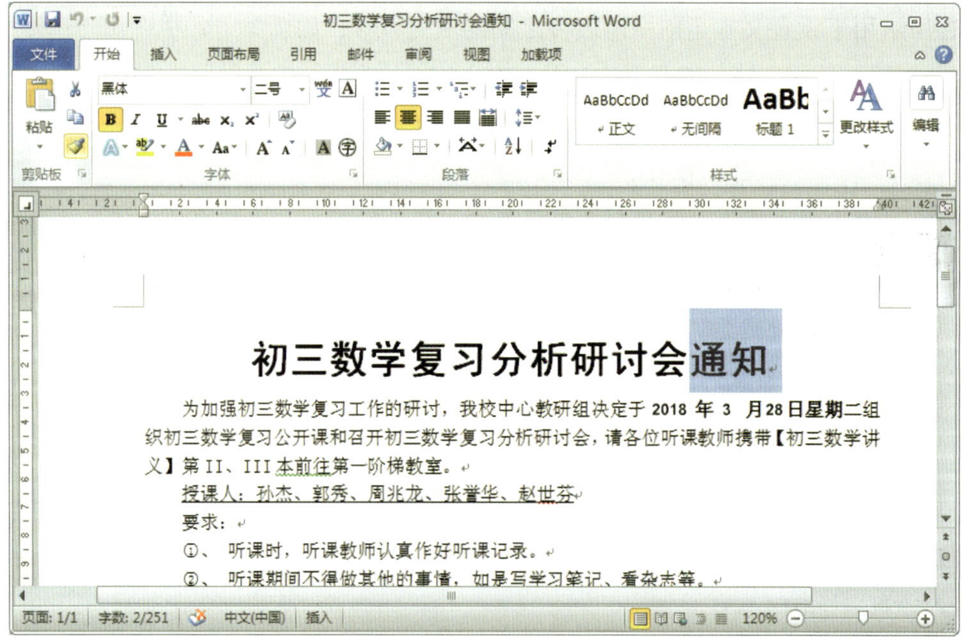

图 3—31 格式刷的应用

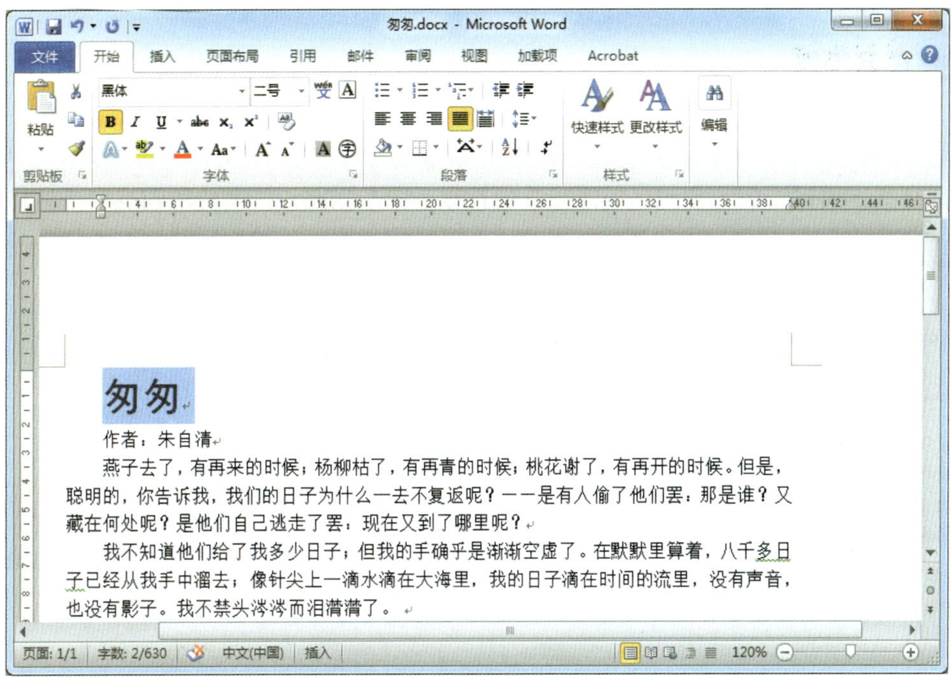

图 3—32　格式刷的应用效果

格式刷不仅对文本，而且对段落和图片等也可以迅速地复制格式。熟练地掌握格式刷的使用方法，可以更快、更好地编辑文档。

任务 6　设置项目符号与编号

学习目标

1. 能添加与删除项目符号。
2. 能设置编号。
3. 能创建多级符号。

任务描述

在文档中，为了使相关内容醒目且有序，经常需要使用项目符号和编号列表。项目符号是放在文本前以添加强调效果的点或其他符号，用于强调一些重要的观点或条目；编号列表用于逐步展开一个文档的内容。在 Word 2010 中可以很方便地创建项目符号或编号列表。

图 3—33 所示就是项目符号与多级符号。

- 左对齐式制表符，它可以使文本在制表位处左对齐。
- 右对齐式制表符，它可以使文本在制表位处右对齐。
- 居中式制表符，它可以使每个文字的中间都位于制表位的直线上。
- 小数点对齐式制表符：它主要用于数字的输入，可以使数字的小数点对齐在制表位指定的直线上。
- 竖线式制表符：它可以在制表位处产生一条竖线。
- 首行缩进：使用此制表位可以使当前首行缩进一定的距离。
- 悬挂缩进：使用此制表位可以使当前行悬挂缩进一定的距离。

1.1 确定物质的化学组分
  1.1.1 确定有关成分的含量
  1.1.2 确定物质中原子间结合方式

图 3—33 项目符号与多级符号

相关知识

在编辑条理性较强的文档时，通常需要插入一些项目符号和编号以使文档结构清晰、层次鲜明。项目符号所强调的是并列的多个项，为了强调多个层次的列表项，经常使用的还有多级符号。

多级符号列表是用于为列表或文档设置层次结构而创建的列表。它可以用不同的级别来显示不同的列表项，比如在创建多级项目符号时，可以在第 1 级中使用“第 1 章”，在第 2 级中使用“1.1”，在第 3 级中使用“1.1.1”等。

Word 2010 规定文档最多可以有 9 个级别。

实践操作

Word 2010 可以在用户键入文本的同时自动创建项目符号和编号，用户也可以在文本原有的行中添加项目符号和编号。

1. 自动创建项目符号

在文档中自动创建项目符号的方法非常简单，具体操作方法如下：

（1）输入“*”（星号）后按一下 Tab 键，可以开始一个项目符号列表。输入项目内容后按 Enter 键，系统自动产生一个新的项目列表，如图 3—34 所示。

（2）输入所需要的文本后按 Enter 键，可以看到一个新的项目符号出现在下一行，接着输入文本即可，如果要结束本列表，连续按两次 Enter 键即可。

也可以使用“项目符号”下拉列表进行设置，具体步骤如下：

（1）在打开的文档中，将光标移动至要设置项目符号的段落的起始位置。单击“开始”选项卡下“段落”组中的“项目符号”按钮 ☰ ▾ 中的三角形按钮，打开“项目符号”下拉列表，如图 3—35 所示。

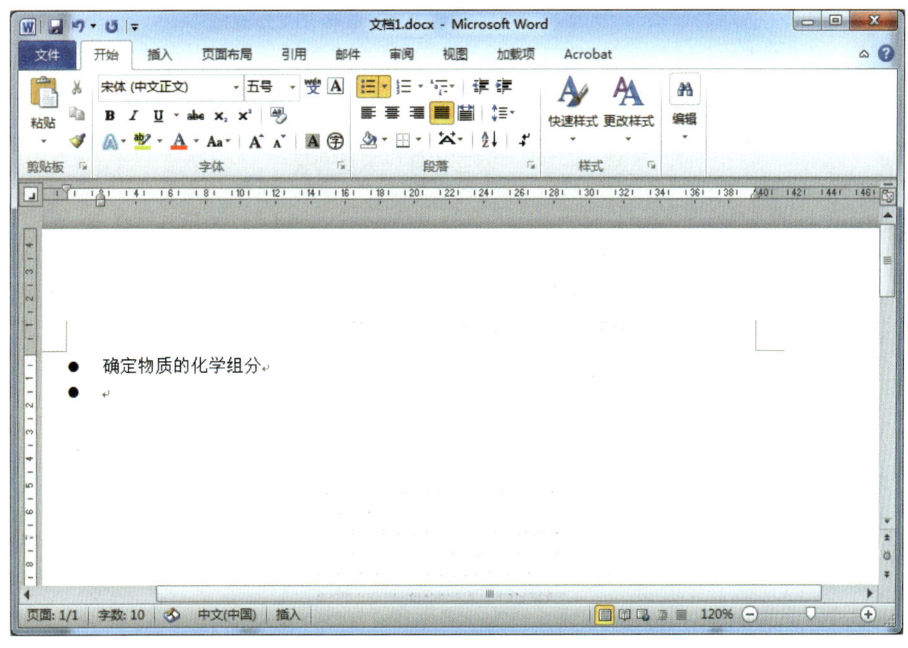

图 3—34　创建项目符号

（2）在打开的“项目符号”下拉列表中选择所需要的项目符号类型，当光标移动并停留在某个项目符号上时，文档将自动显示使用该项目符号的效果，单击选中的项目符号即可完成设置。

（3）如果所选择的项目符号类型不符合用户的要求，可以重新选择和设置。打开“项目符号”下拉列表后，单击“定义新项目符号”命令，弹出“定义新项目符号”对话框，如图 3—36 所示。

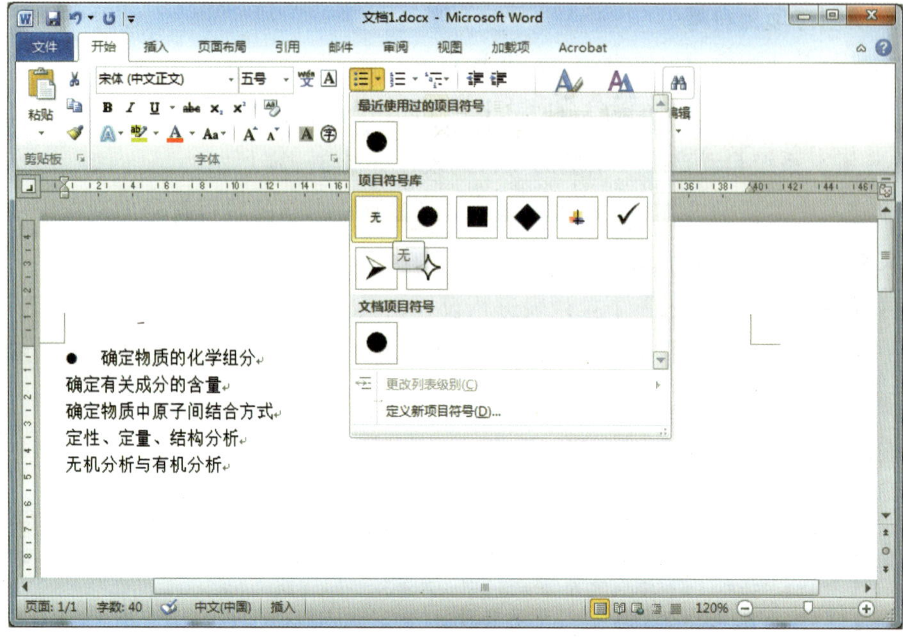

图 3—35 “项目符号”下拉列表

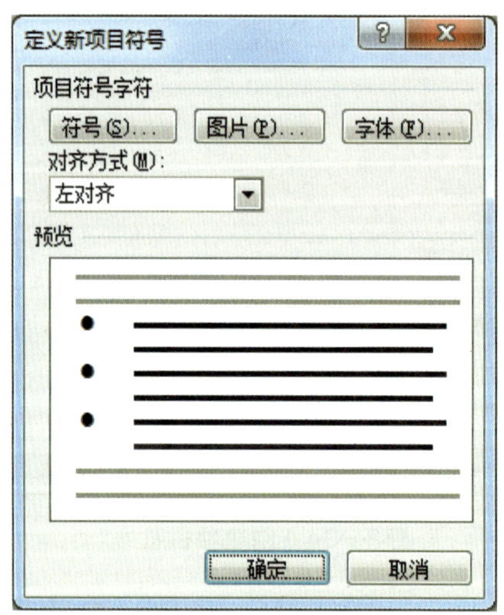

图 3—36 “定义新项目符号”对话框

（4）如果用户希望项目符号是一个符号样式，单击该对话框中的“符号”按钮，打开“符号”对话框，如图 3—37 所示，选择自己喜欢的符号作为项目符号；如果用户希望项目符号是一个图片样式，单击对话框中的“图片”按钮，打开“图片项目符号”对话框，如图 3—38 所示，Word 2010 自带了若干图片，可以选择一个自己喜欢的图片作为项目符号；如果用户不满意系统提供的图片，还可以自己定义图片作为图片项目符号的图片，在

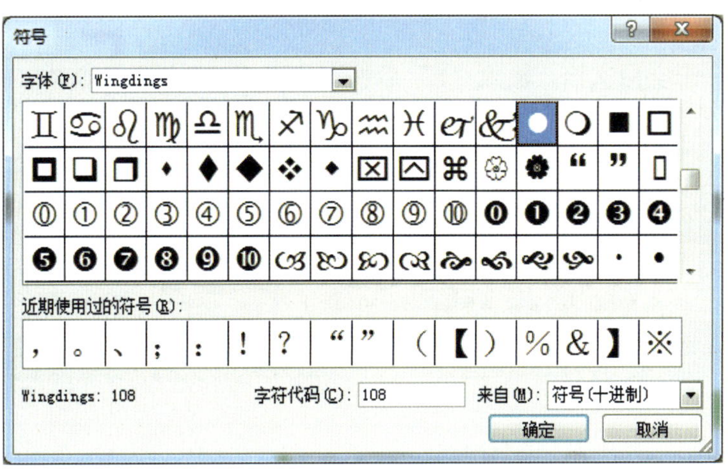

图 3—37　“符号”对话框

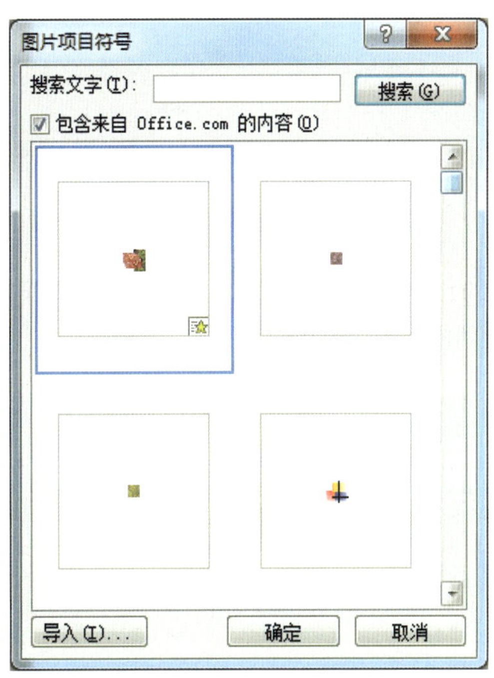

图 3—38　“图片项目符号”对话框

“图片项目符号”对话框中单击“导入”按钮，打开“将剪辑添加到管理器”对话框，按照提示导入一个图片作为项目符号即可。

（5）单击“确定”按钮，即可将选定的项目符号应用到所选文档中。

2. 自动创建编号

输入文本的时候可以自动创建编号，方法与创建项目符号的方法类似。具体操作步骤

如下：

（1）新建一个空白文档，输入“1.”后按空格键或 Tab 键输入文本，按 Enter 键会添加下一个列表项，如图 3—39 所示。

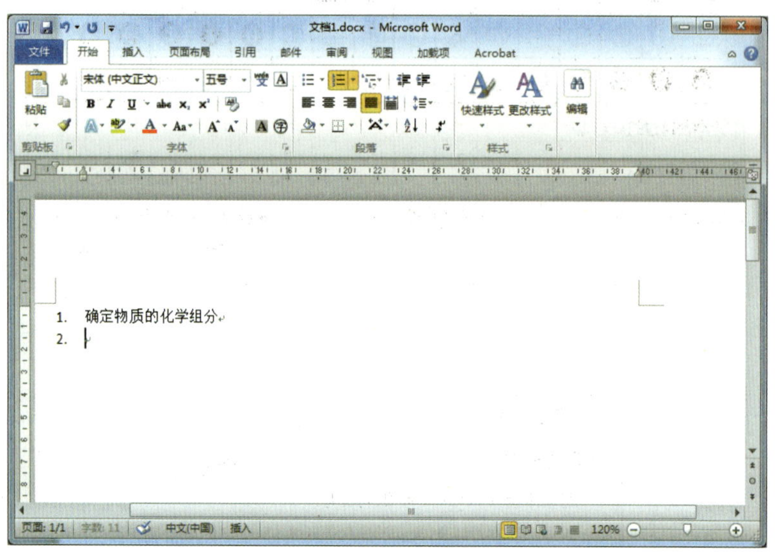

图 3—39 自动创建编号

（2）接着输入所需要的文本，再次按 Enter 键，依次输入第 2 点、第 3 点……如果要结束本列表，可以连续按两次 Enter 键，如图 3—40 所示。

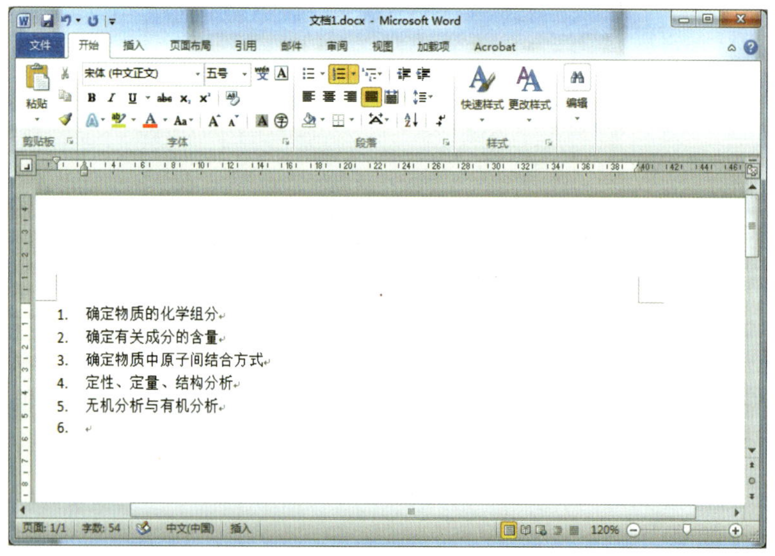

图 3—40 连续输入列表项

（3）如果要在已经创建好的列表中再插入新的列表项，可以直接将光标移动到需要插入的位置，然后按下 Enter 键，系统会根据光标的位置自动创建编号列表，所有的编号都会自动后移一位，只需要在编号后输入内容即可，如图 3—41 所示。

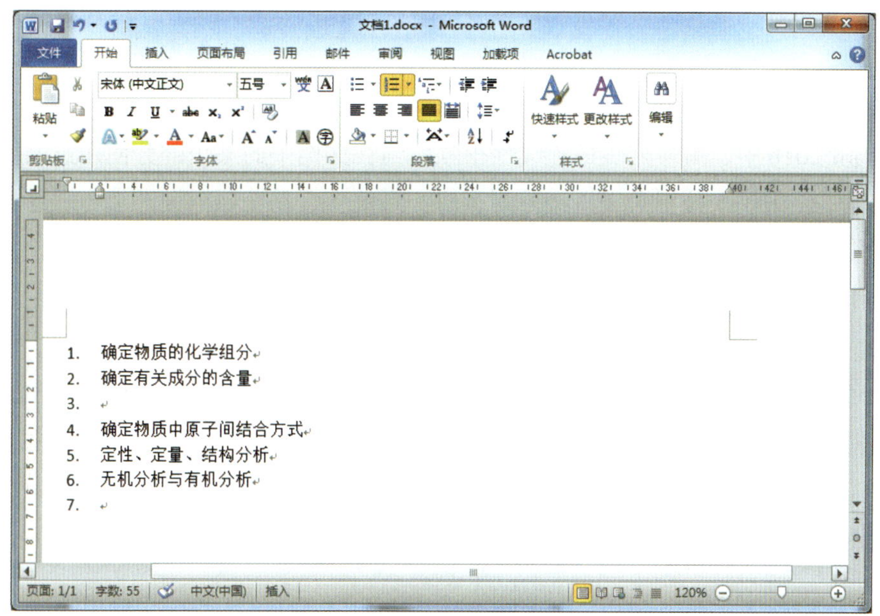

图 3—41　添加新的列表项

（4）如果需要删除编号列表中的某一项或多项，选定列表项后按下 Delete 键（删除键）即可，其余的编号会自动调整。

与项目符号的应用一样，在“开始”选项卡下的“段落”组中，使用“编号”按钮 ⁝☰ 也能更改编号的样式，具体操作步骤如下：

（1）打开“编号”下拉菜单，选择“定义新编号格式”命令，弹出如图 3—42 所示的“定义新编号格式”对话框。

（2）单击“编号样式”下拉列表框，有多种编号样式可供用户选择。如果要设置编号样式的字体，单击“字体”按钮，在弹出的对话框中可以设置项目编号的字体。设置完毕后，单击“确定”按钮返回“定义新编号格式”对话框。

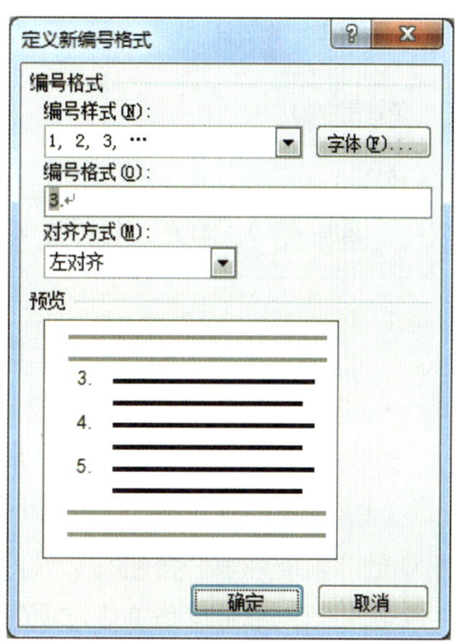

图 3—42　“定义新编号格式”对话框

通过上面的设置就可以完成编号的更改了，这时，在“定义新编号格式”对话框的“预览”区中可以看到用户自定义的项目编号样式。在“段落”组中“编号”按钮的下拉菜单中也显示了具有此格式的编号，单击此编号即可将其应用到文档中。Word 2010 的“实时预览”功能可以实现将光标放置在该编号样式上时就可以看到文档中应用此编号样式的效果。

3. 重新设置编号的起始点

在 Word 2010 中，编号列表的连续性很强。当在文档中的某个部分使用过某种格式的编号列表后，在另一个位置再设置编号列表时，系统会自动按照前面的编号顺序继续向下编号，即使相隔了许多段落甚至许多页也依然如此。这个时候，如果要设置另一组编号，就需要重新设置编号的起始点了。

当用户在同一文档中使用过编号后，再重新使用“段落”组中的“编号”按钮 进行编号时，编号是按照前面的编号顺序继续向下编号的，并且在编号的前面出现“自动更正选项符号” ，单击 ，在弹出的菜单中选择“重新开始编号”即可。

用户需要将文档中已设置的编号重新开始编号时，可以按下面的步骤进行操作：

（1）选中所要更改的编号，此时“开始”选项卡下“段落”组中的“编号”按钮会以高亮显示。

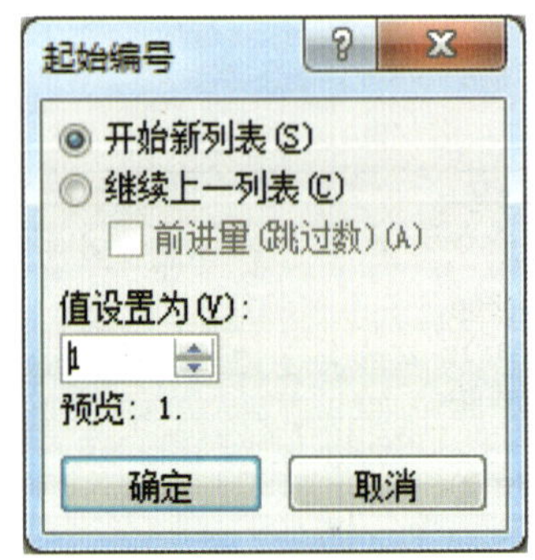

图 3—43 “起始编号”对话框

（2）单击“编号”按钮旁边的倒三角形按钮打开下拉菜单，选择“设置编号值”命令，打开如图 3—43 所示的“起始编号”对话框。

（3）选择“开始新列表”项，在“值设置为”微调框中设置新的开始编号；选择“继续上一列表”项，如果前面的编号是“5”，选择此项后，更改的编号将变为“6”。如果希望是其他值，选中“前进量”复选框，在“值设置为”微调框中设置所要跳过的数值。最后，单击“确定”按钮即可完成更改。

4. 创建多级符号列表

创建多级符号列表的方法非常简单，具体操作步骤如下：

（1）选中需要创建多级符号的文档内容，单击“开始”选项卡下“段落”组中的“多级列表”按钮 ，打开“多级列表”下拉菜单，将光标移动到每一个选项上，都可以预览该选项的多级效果，如图 3—44 所示。

操作演示

（2）单击需要的列表选项，可以看到文档中被选中的文本内容都变成了第 1 级符号，如图 3—45 所示。

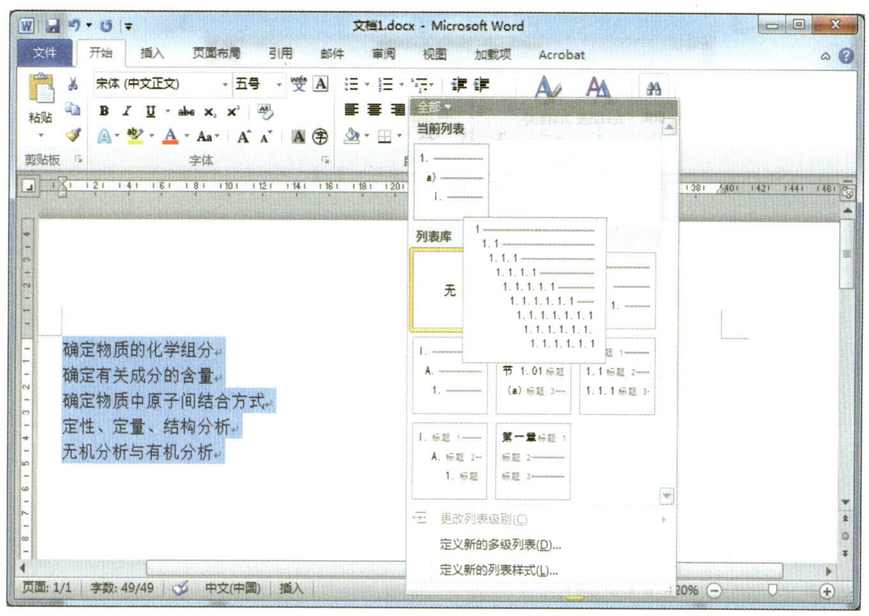

图 3—44　“多级列表”下拉菜单

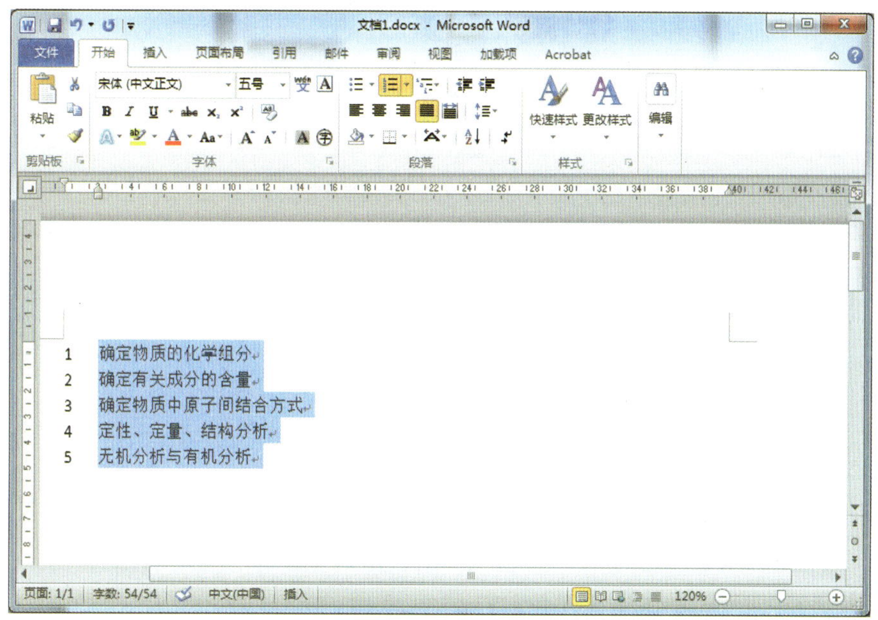

图 3—45　设置多级列表

（3）将光标移动到第二行文本的起始位置并按下 Tab 键，此时，该行文本变成了第 2 级符号。相应地，第三行文本的序号由原来的“3”变成了“2”，如图 3—46 所示。

（4）再将光标移动到第三行文本，也就是现在标号为“2”的文本起始处，按两下 Tab 键，该行文本就变成了第 3 级符号，如图 3—47 所示。

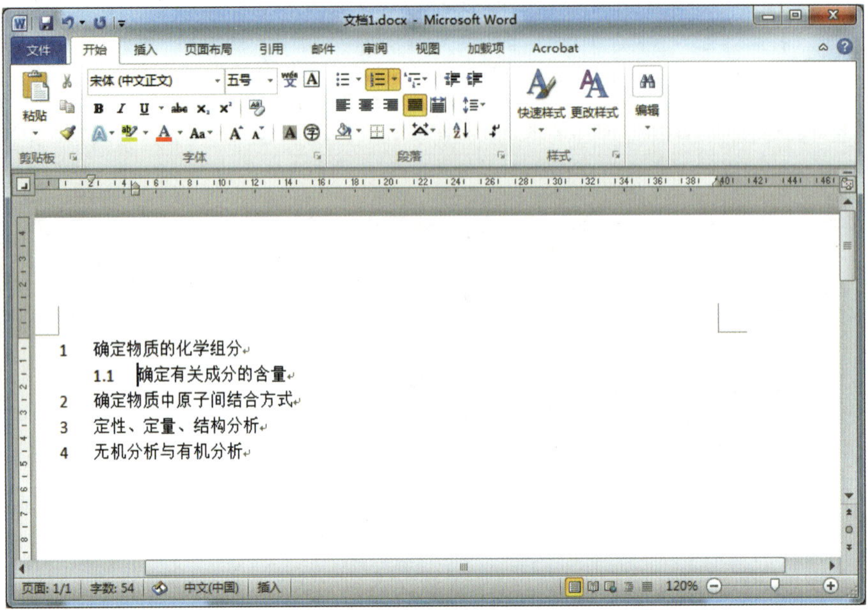

图 3—46 设置多级列表的效果

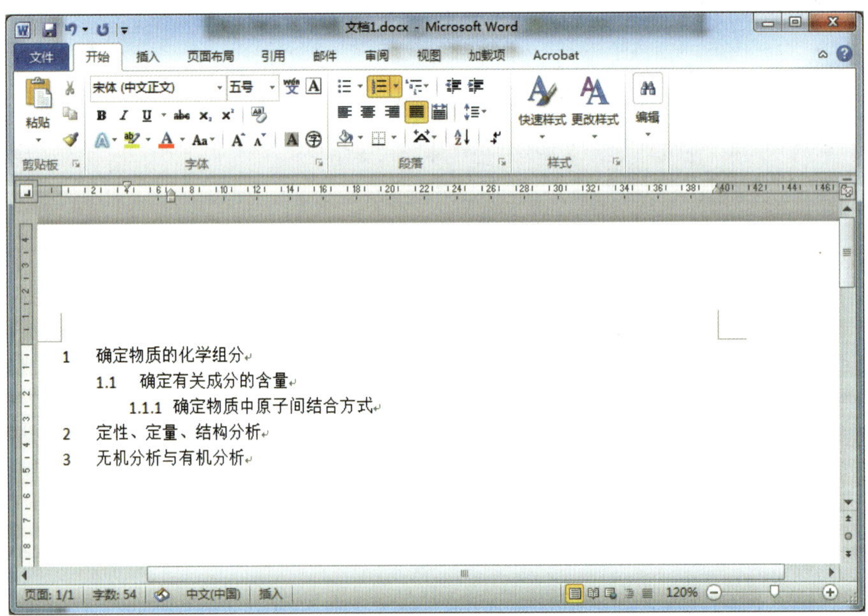

图 3—47 设置多级列表的效果

（5）以此类推，需要创建 N 级列表，就按 N-1 下 Tab 键。读者可以按照此方法尝试一下创建第“2.1”级列表。

如果系统提供的多级列表样式不符合用户的需求，用户还可以设置自己满意的样式，操作方法不再赘述。

任务 7 设置脚注、尾注与题注

学习目标

1. 能描述脚注、尾注与题注的功能。
2. 能设置脚注、尾注与题注。
3. 能删除脚注、尾注与题注。

任务描述

脚注、尾注与题注是用于在文档中为文本提供解释、批注以及相关编号的参考资料，在研究报告、毕业论文中必不可少。

本任务将学习如何在文章中插入脚注、尾注与题注。

以编辑文档《匆匆》为例，要求如下：

· 在“作者”处加入脚注“朱自清简介”。

· 在“涔”字处加入尾注“注音”。

· 为图片“朱自清”加入题注。

图 3—48 所示就是在文章中插入了脚注的效果。在 Word 2010 中可以方便地查看脚注的内容。

相关知识

脚注是对文档的进一步解释，或者说明文档所使用的资料，它经常放在页面的底端。尾注的作用与脚注基本相同，不同的是脚注放在每页的底端，而尾注只放在文档的结束部分。如果在文档某一项的右上角有一个小小的数字符号，就可以让人知道它有一个脚注或尾注，当光标停留在这个数字符号上时，会出现一个提示框，显示脚注和尾注的内容。

在 Word 2010 文档中，脚注或尾注由两个互相链接的部分组成：注释引用标记和与其对应的注释文本。注释引用标记用于指明脚注或尾注中已包含附加信息的数字、字符或字符的组合。在注释中可以使用任意长度的文本，并像处理任意其他文本一样，设置注释文本格式。

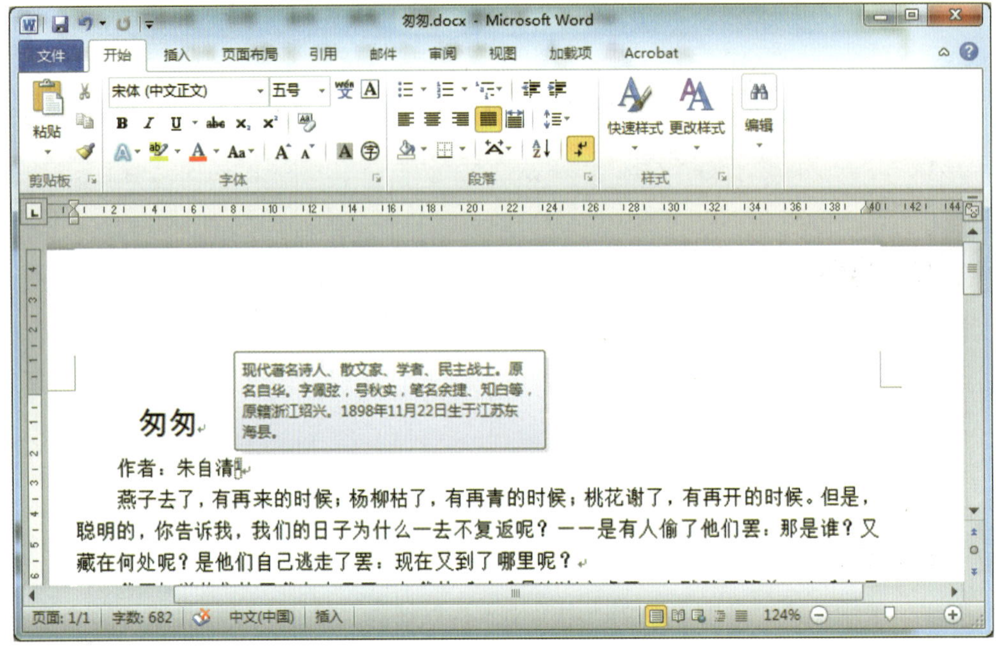

图 3—48　插入脚注的效果

实践操作

1. 插入脚注或尾注

插入脚注或尾注的方法是相同的，具体操作步骤如下：

（1）选定文档中要插入注释引用标记的位置。

（2）单击“引用”选项卡下“脚注”组中的“插入脚注”按钮 AB¹ 插入脚注，Word 2010 会自动在引用标记的位置加注编号，同时在页面最下端插入一条脚注，输入注释文本即可，如图 3—49 所示。

操作演示

（3）单击“插入尾注”按钮，与脚注不同的是，尾注位于文章的末尾，如图 3—50 所示。

无论用户在整篇文档中使用单一编号方案，还是在文档的各节中使用不同的编号方案，Word 2010 均会自动为脚注和尾注进行编号。当用户在文档或节中插入第一个脚注或尾注后，随后的脚注和尾注会自动按顺序进行编号。

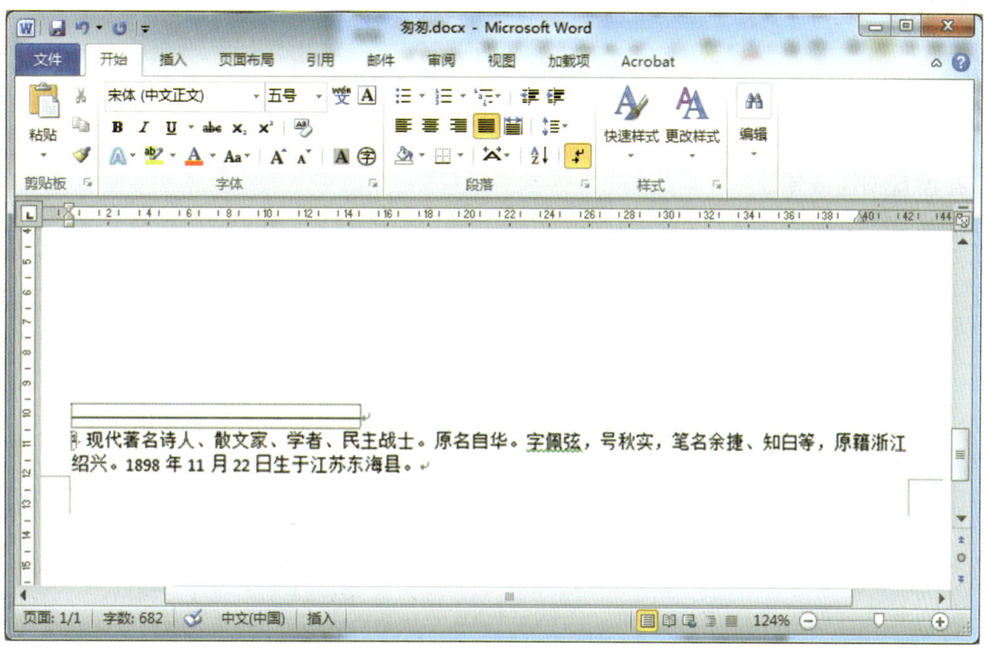

图 3—49　插入脚注

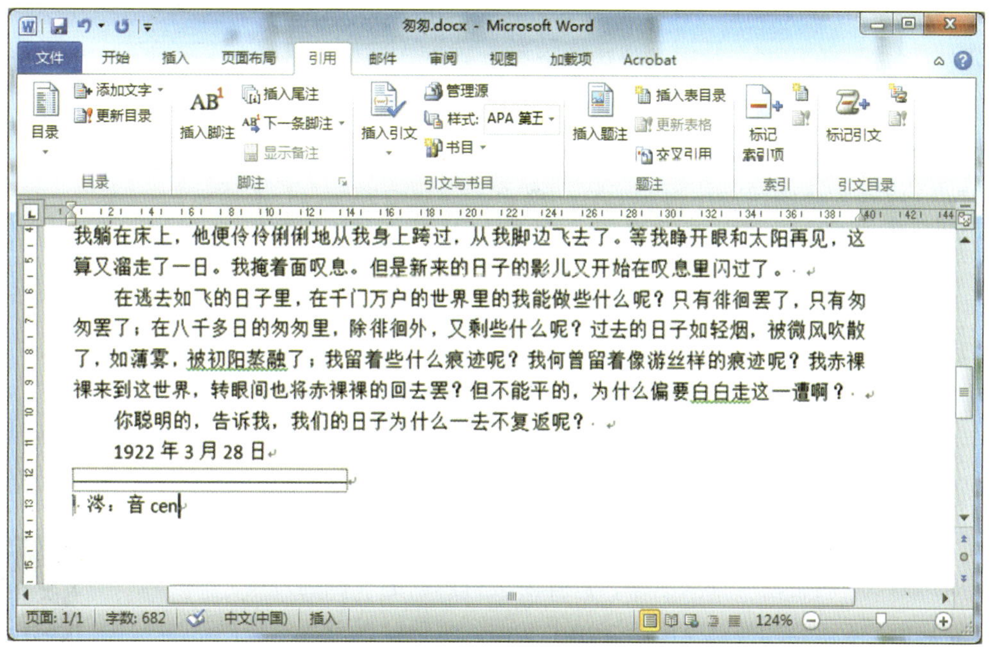

图 3—50　插入尾注

Word 2010 提供的插入脚注和尾注的组合快捷键分别是：

· 按 Ctrl+Alt+F 组合快捷键插入脚注。

· 按 Ctrl+Alt+D 组合快捷键插入尾注。

2. 设置脚注或尾注

设置脚注或尾注也可以在“脚注和尾注”对话框中进行，具体操作步骤如下：

（1）将光标置于需要设置脚注或尾注的文本位置，单击“引用”选项卡下“脚注”组的对话框启动器，打开“脚注和尾注”对话框，如图 3—51 所示。

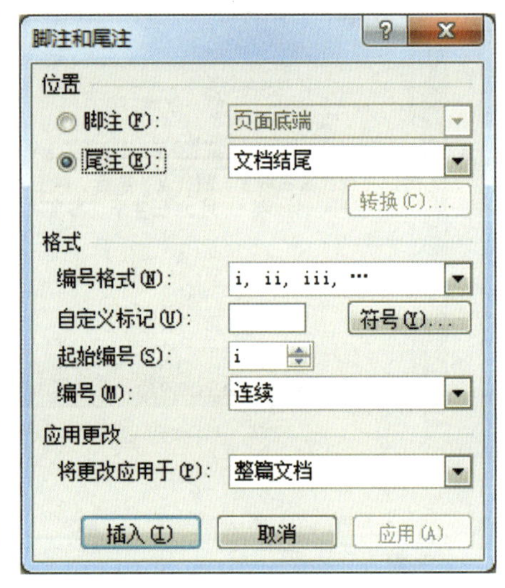

图 3—51 “脚注和尾注”对话框

（2）如果要插入脚注，可以在“位置”选项组中选中“脚注”单选框，然后在旁边的下拉列表框中选择在文档中显示脚注的位置，有“页面底端”和“文字下方”两个选项可以选择。在默认情况下，Word 2010 将脚注放在每页的结尾处，而将尾注放在文档的结尾处。

（3）如果要插入尾注，可以在“位置”选项组中选中“尾注”单选框，然后在旁边的下拉列表框中选择在文档中显示尾注的位置，有“节的结尾”和“文档结尾”两个选项可以选择。

（4）“格式”选项组用于设置编号的格式，在“编号格式”中选择脚注的自动编号格式。

（5）如果需要使用用户自定义的注释引用标记，可以在“自定义标记”文本框中输入注释引用标记，也可以通过单击“符号”按钮打开“符号”对话框，选择所需要的符号。

（6）在“起始编号”文本框中可以输入或选择起始编号。

（7）在“编号”下拉列表框中可以选择文本中脚注编号的方式，有“连续”“每节重新编号”和“每页重新编号”三个选项可以选择；对于尾注，有“连续”和“每节重新编号”两个选项可以选择。

（8）在“应用更改”选项组中，选择要进行修改的文档的位置。

（9）输入所需要的注释文本后，单击文档的其他位置可以完成操作。

操作演示

设置更新的编号格式后，再向文档中插入其他的脚注或尾注时，Word 2010 将自动应用新的编号格式。

3. 删除脚注或尾注

如果要删除脚注或尾注，需要删除文档中的注释引用标记，而不是删除注释窗格中的注释文字。如果删除了一个自动编号的注释引用标记，Word 2010 会自动对注释进行重新编号。

如果要删除一个脚注或尾注，在文档中选中要删除的注释引用标记，然后按 Delete 键即可。如果要删除所有自动编号的脚注或尾注，可以利用 Word 2010 提供的查找和替换功能，将自动编号的脚注或尾注替换为空，具体操作方法如下：

（1）单击“开始”选项卡下“编辑”组中的“替换”按钮 替换，打开“查找和替换”对话框，选择“替换”选项卡。

（2）单击“更多”按钮，扩展“查找和替换”对话框，如图 3—52 所示。

（3）单击“特殊格式”按钮，在打开的下拉菜单中单击“尾注标记”或“脚注标记”命令，确认“替换为”文本框为空。

（4）单击“全部替换”按钮就可以将所有脚注或尾注删除了。

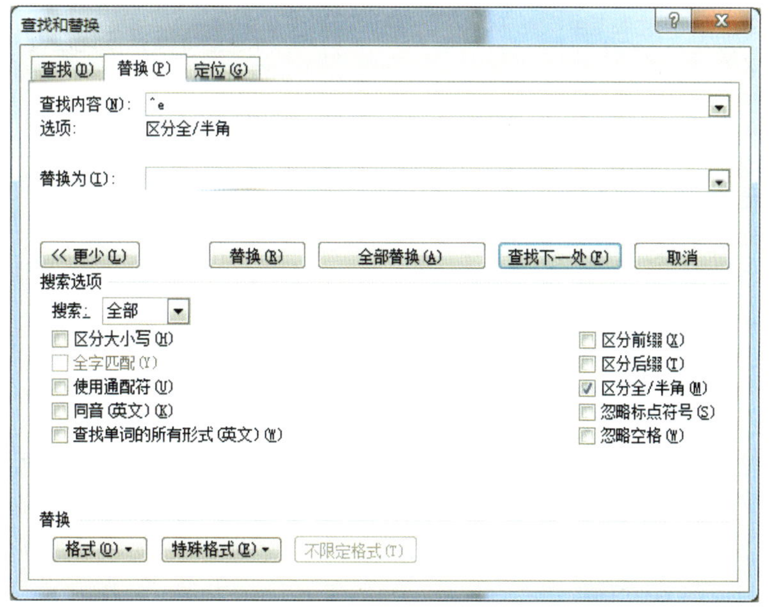

图 3—52 删除所有自动编号的脚注或尾注

4. 脚注与尾注的相互转换

如果已经在文档中插入了脚注，可以将它转换为尾注，反之亦然。

（1）单击“引用”选项卡下“脚注”组中的“显示备注”按钮 显示备注 ，如果文档中只有脚注或只有尾注，则光标自动移动到注释位置。如果在文档中同时包含脚注和尾注，就会打开如图 3—53 所示的“显示备注”对话框，用户可以选择“查看脚注区”或是“查看尾注区”。

（2）选中要查看的内容，如“查看尾注区”，单击“确定”按钮，将自动跳转到文档的“尾注”注释。

（3）选中要置换的注释，单击鼠标右键，在打开的快捷菜单中选择“转换为脚注”命令，则选中的尾注自动转换为脚注。将脚注转换为尾注的方法与其类似。

（4）如果要将所有脚注转换为尾注，或将所有尾注转换为脚注，可以单击“引用”选项卡下“脚注”组中的对话框启动器，打开“脚注和尾注”对话框。单击“转换”按钮，打开如图 3—54 所示的“转换注释”对话框。

（5）选中需要的选项后，单击“确定”按钮即可完成转换操作，并返回“脚注和尾注”对话框。

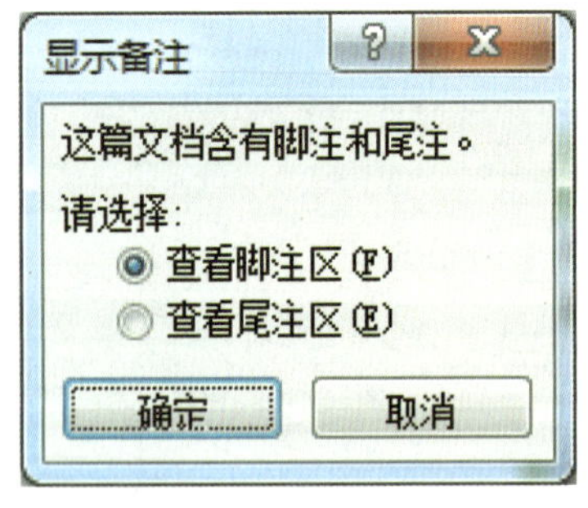

图 3—53 “显示备注”对话框

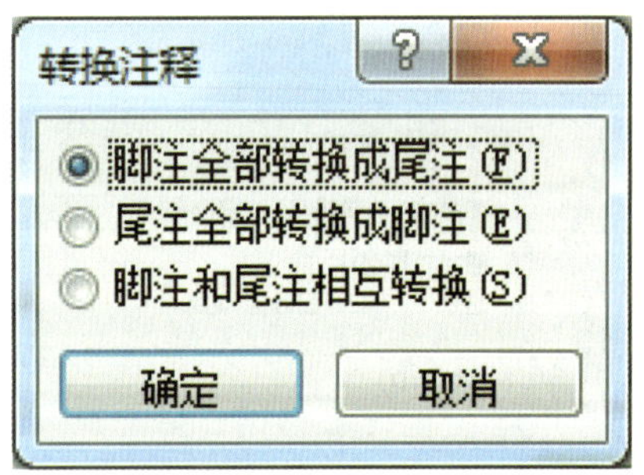

图 3—54 “转换注释”对话框

5. 在插入表格、图表、公式或其他项目时手动添加题注

题注是可以添加到表格、图表、公式或其他项目上的编号标签，如“图表 1”。用户可以为不同类型的项目设置不同的题注标签，还可以创建新的题注标签，如使用照片等。如果添加、删除或移动了题注，Word 2010 还可以更新所有题注的编号。

插入题注有两种方法：在插入表格、图表、公式或其他项目时手动添加题注和为已有的表格、图表、公式或其他项目自动添加题注。

在插入表格、图表、公式或其他项目时手动添加题注的具体步骤如下：

（1）选择要添加题注的项目，比如一个图表。如图 3—55 所示，在图表上单击鼠标右键，单击“插入题注”命令。

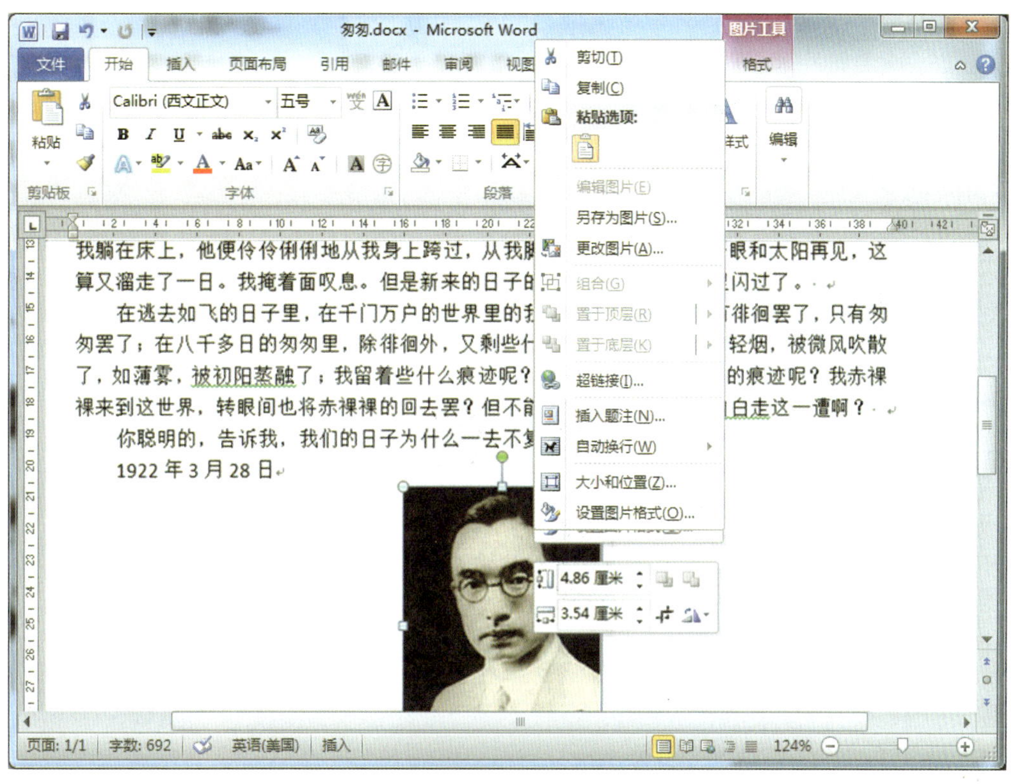

图 3—55　插入题注

（2）弹出的“题注”对话框如图 3—56 所示。“题注”一栏显示的是插入后的题注的内容。“标签”下拉列表可以用于选择题注的类型，如果插入的是图片，可以选择“图表”，或者根据插入的内容类型选择“表格”或“公式”。如果觉得 Word 自带的几种标签类型不太贴切，单击“新建标签”按钮可以新建自己需要的标签。

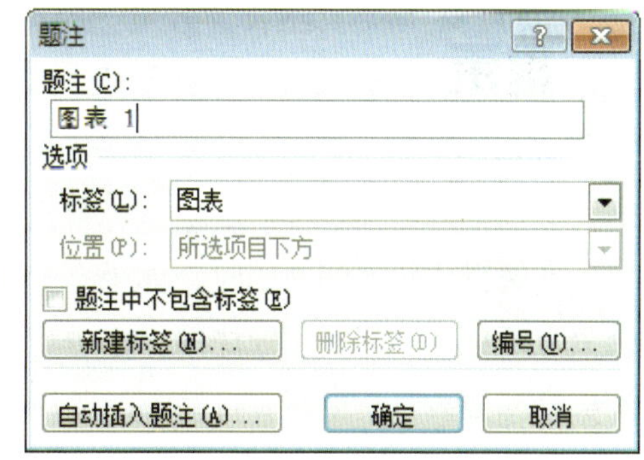

图 3—56　“题注”对话框

（3）在“题注”对话框中输入需要插入的文本，并根据自己的需要进行设定后单击“确定”按钮，就可以完成对题注的输入了，如图 3—57 所示。

如果需要插入题注的是表格，只需要选中整个表格，进行相同的操作，就可以为表格和其他项目添加题注了。

图 3—57　添加题注的效果

单击“引用”选项卡下“题注”组中的“插入题注”按钮也可以调出“题注”对话框，然后进行题注的设置。

6. 在插入表格、图表、公式或其他项目时自动添加题注

在编辑比较大的文档时，如果有上百张插图，日后需要在某两张图片中增加图片，那么只要所有图标都使用题注的方式进行了标识，新插入的图片以及后面图片的题注中的图片编号都会被自动更新。自动添加题注的操作步骤如下：

（1）单击“引用”选项卡下“题注”组中的“插入题注”按钮 插入题注，弹出如图 3—56 所示的“题注”对话框。

（2）单击“自动插入题注”按钮，弹出如图 3—58 所示的“自动插入题注”对话框。

（3）在“插入时添加题注”列表框中，选择需要插入题注的项目，如“Bitmap Image”。

（4）单击“新建标签”按钮，在弹出的“新建标签”对话框的“标签”文本框中输入新的标签，如系统默认的标签是“Figure”，输入新的标签“图形”二字后，单击“确定”按钮，如图 3—59 所示。

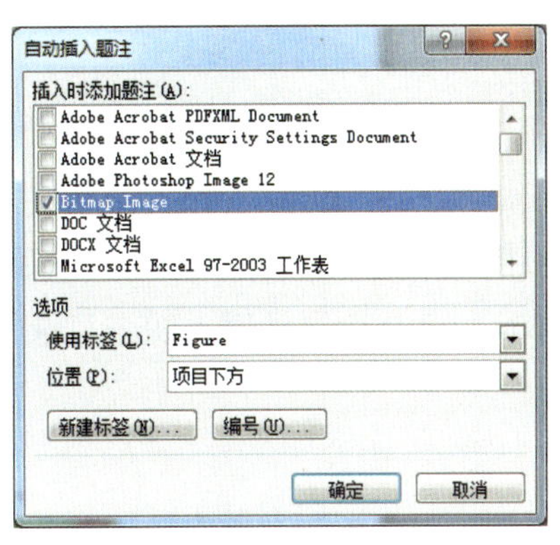

图 3—58　“自动插入题注”对话框

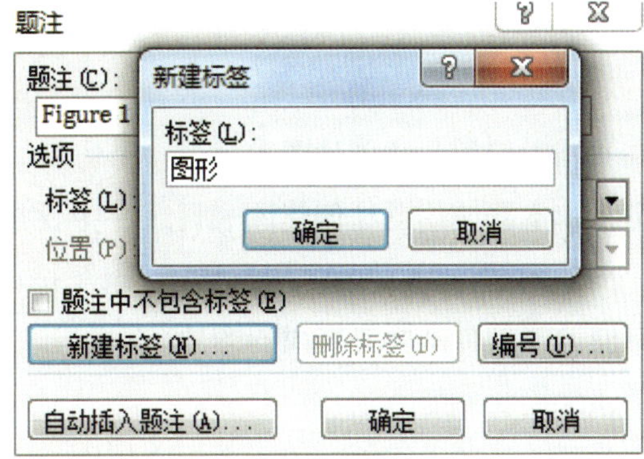

图 3—59　新建标签

（5）单击“自动插入题注”对话框中的“确定”按钮后，在上一任务的范文《匆匆》中再添加一幅图片，为这幅图片添加题注时可以看到，在“标签”下拉列表中增加了一个“图形”选项，这就是刚才输入的标签。如果选择原来的标签，系统将会为这幅新的图片插入一个名为“图表 2”的标签。而如果选择新的“图形”标签，系统将会重新编号，将这幅图片的标签命名为“图形 1”，如图 3—60 所示。

图 3—60　自动插入题注

综合训练

在文档中使用题注创建图表目录。

分析：本题使用题注创建图表目录，主要是练习插入题注及使用自定义的标签。在插入各个图片的题注后，单击“插入表目录”按钮，Word 2010 会自动插入图表目录，读者可以方便地找到自己所要查找的图片。

具体操作步骤如下：

1. 打开《桂林山水》文档，选中文档中的第一幅图片，在图片上单击鼠标右键，选择“插入题注”选项。

2. 单击“新建标签”按钮，在“新建标签”对话框的“标签”文本框中输入“桂林山水”，如图 3—61 所示。

图 3—61 设置题注标签

3. 单击“确定”按钮后，在“题注”对话框的“题注”文本框中显示“桂林山水 1”，在“标签”文本框中显示“桂林山水”，其中“1”为编号。如果要修改编号格式，可以单击“编号”按钮，在弹出的“题注编号”对话框的“格式”下拉列表中选择需要的格式，如图 3—62 所示。

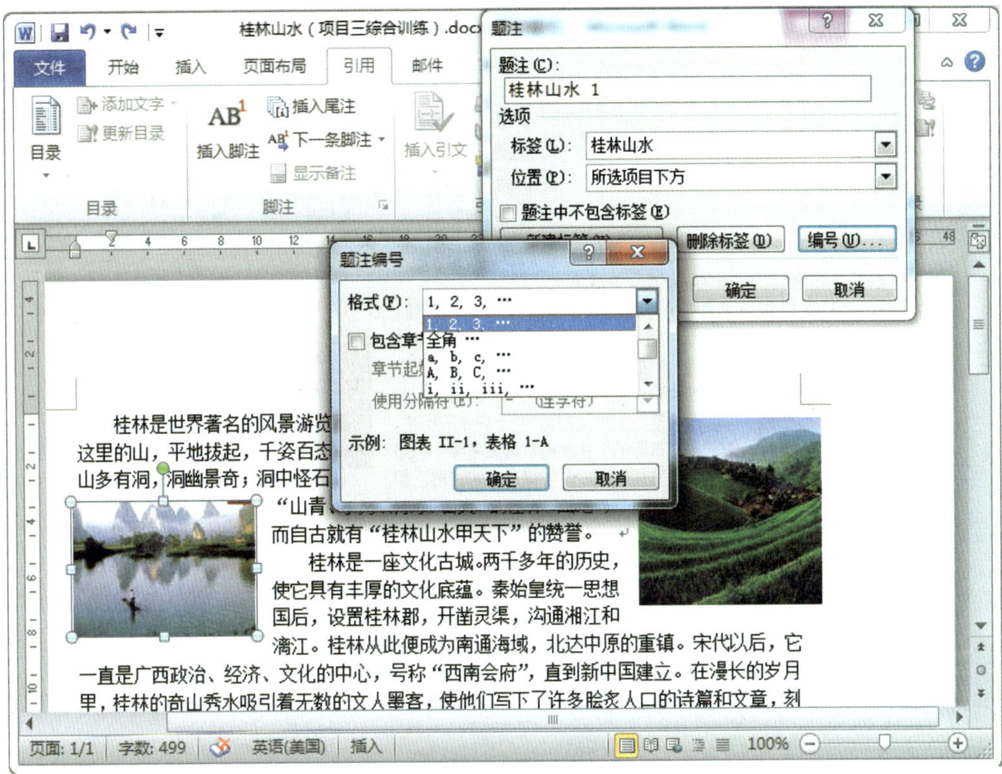

图 3—62　设置题注编号

4. 在编号后输入图片的名字“漓江”，如图 3—63 所示，单击“确定”按钮，完成题注的插入。

5. 为每一幅图片插入题注，都使用“桂林山水”标签，Word 2010 会自动为每幅图片编号。

6. 所有图片都插入题注后，将光标置于插入目录的位置，即放在标题下方。单击“引用”选项卡下“题注”组中的“插入表目录”按钮。

7. 在弹出的“图表目录”对话框中选中“显示页码”及“页码右对齐”复选框，单击“确定”按钮，Word 2010 自动根据题注生成目录，最终效果如图 3—64 所示。

操作演示

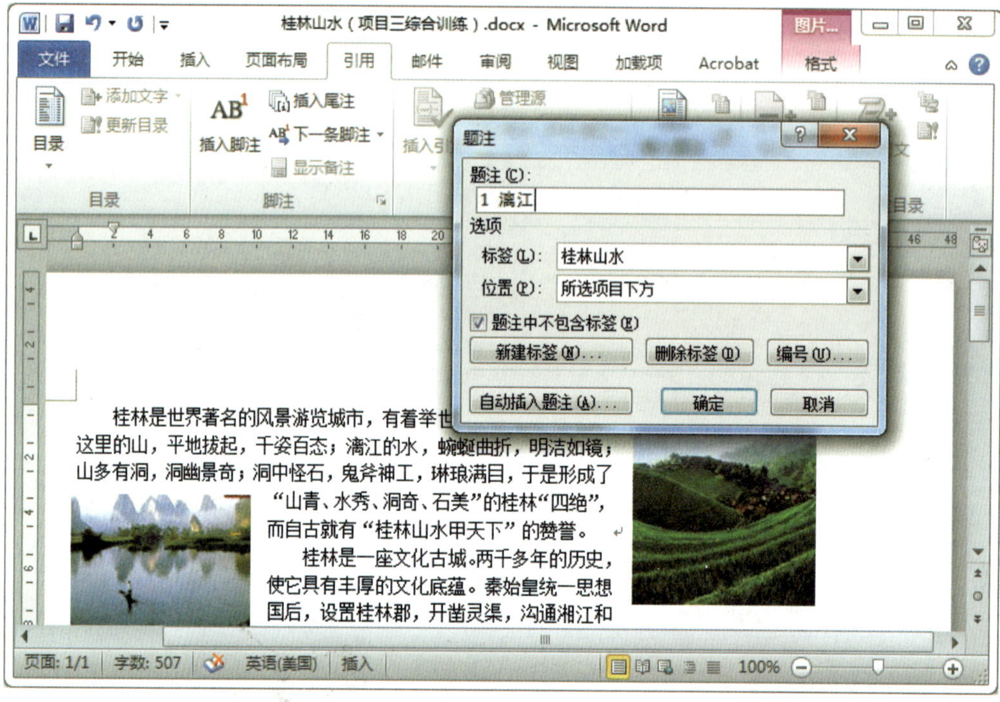

图 3—63　输入图片名字

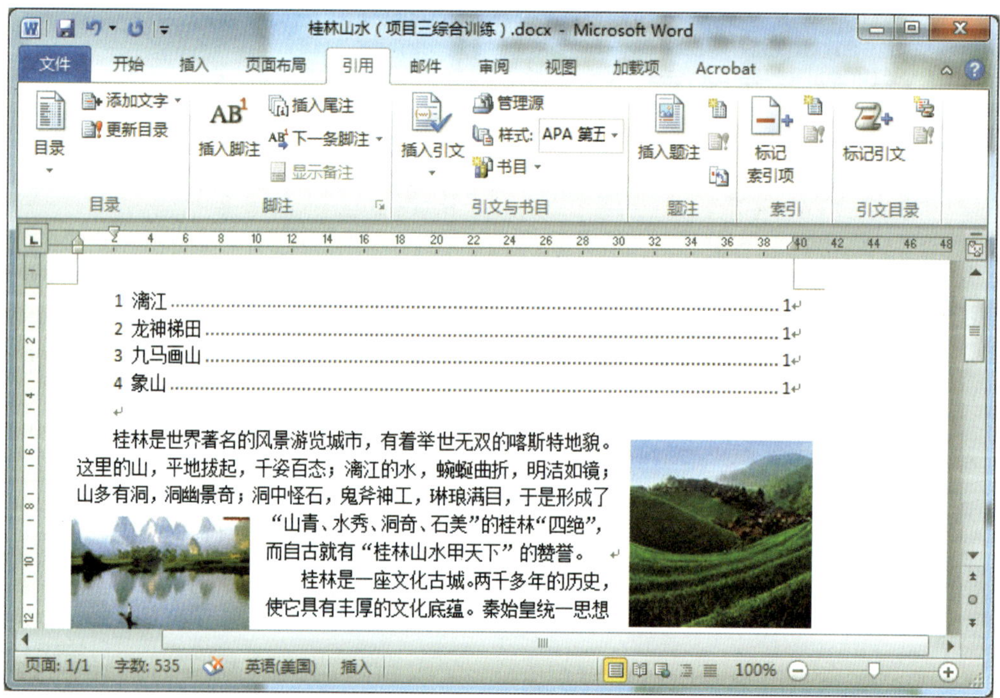

图 3—64　生成的图表目录

项目四　文档表格的编辑

创建表格
任务1
创建表格
编辑表格
任务2
修改与复制
快速生成表格
任务3
转换表格与文本
设置表格
任务4
设置表格格式
任务5
为表格添加边框和底纹
编辑表格中的数据
任务6
使用排序和公式
综合提高，技巧练习
综合训练

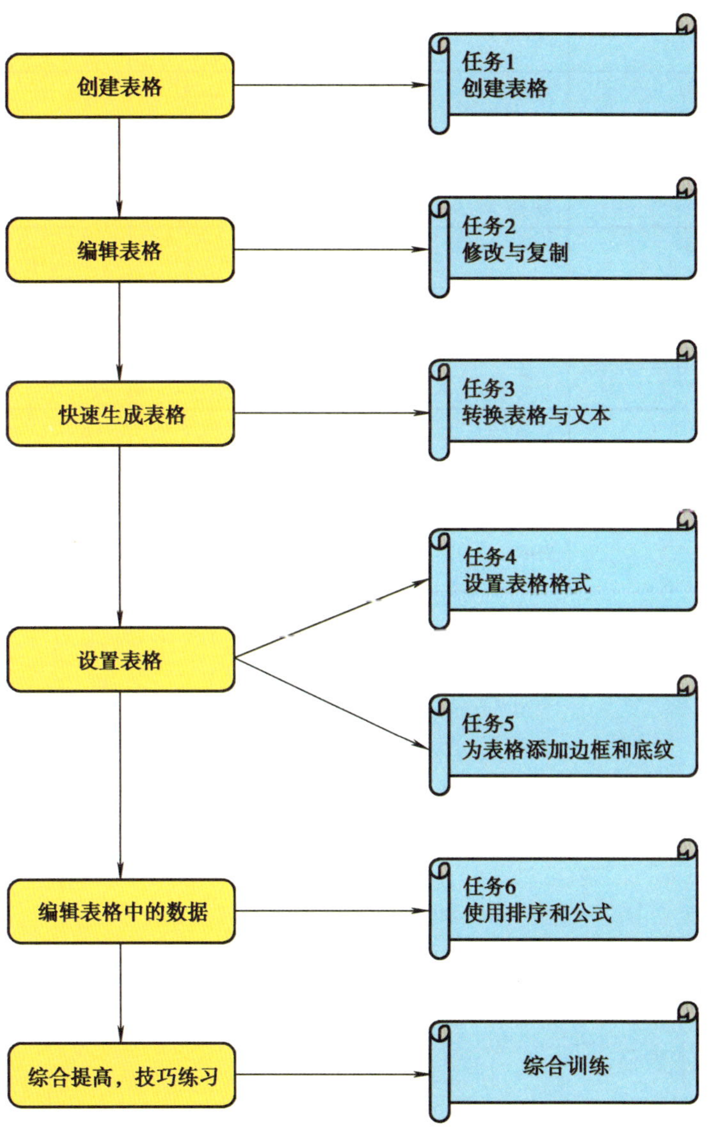

表格作为显示成组数据的一种形式，用于显示数字和其他项，以便快速引用和分析，具有条理清楚、说明性强、查找速度快等优点，因此应用非常广泛。Word 2010 中提供了非常完善的表格处理功能，使用它提供的工具，可以迅速地创建和格式化表格。

图 4—1 所示就是一个利用 Word 创建出来的表格。

学院	新生	毕业生	变动
	本科生		
Cedar 大学	110	103	+7
Elm 学院	223	214	+9
Maple 高等专科院校	197	120	+77
Pine 大学	134	121	+13
Oak 研究所	202	210	-8
	研究生		
Cedar 大学	24	20	+4
Elm 学院	43	53	-10
Maple 高等专科院校	3	11	-8
Pine 大学	9	4	+5
Oak 研究所	53	52	+1
合计	**998**	**908**	**90**

图 4—1　表格

任务 1　创建表格

学习目标

1. 能创建基本表格。
2. 能绘制斜线表头。
3. 能在表格中添加数据。

任务描述

用户可以使用“插入表格”命令、“绘制表格”命令和“快速表格”命令创建一个空白的表格；也可以使用“从文本转换成表格”命令创建一个基于已有数据设置行和列的表格；还可以在 Word 文档中插入 Excel 表格。本任务以创建一个“学生期末成绩表”为例，讲解创建空白表格的方法，并演示如何创建一个 Excel 表格。

图 4—2 所示为本任务所要创建的表格。

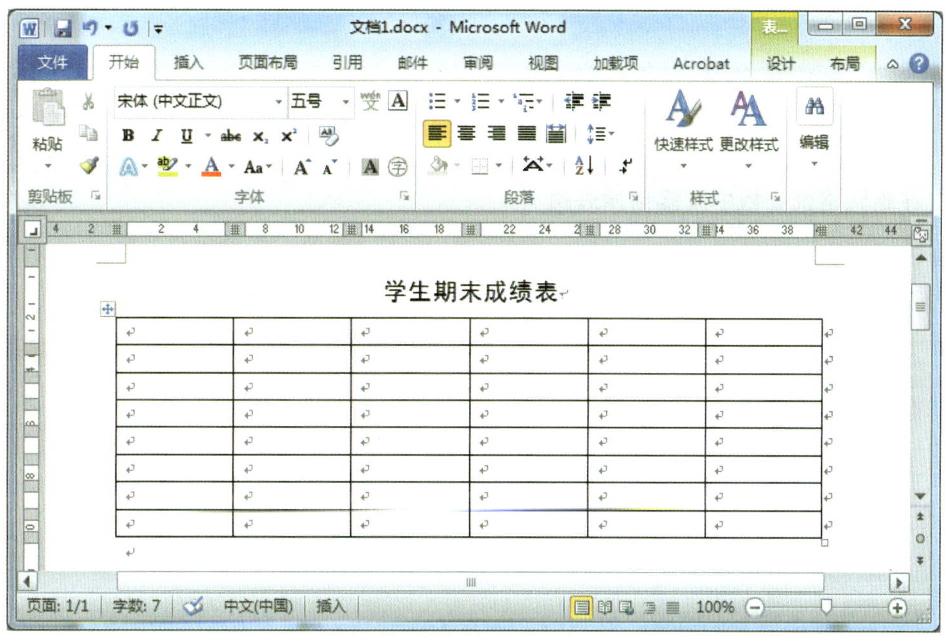

图 4—2　创建表格效果

相关知识

表格通常用于存放数字、统计数据等信息，如时间表。使用表格组织的数据易于阅读并且便于处理。

Word 2010 提供了以下创建表格的方法：

· 使用单元格选择板直接创建表格。

· 使用“插入表格”命令创建表格。

· 使用“绘制表格”命令创建表格。

· 使用“从文本转换成表格”命令创建表格。

· 使用“快速表格”命令创建表格。

· 使用“Excel 电子表格”命令创建表格。

一个表格中必须包含一定的内容，它的存在才会有意义，在表格中输入文本与在文档中其他位置输入文本同样简单，首先要选择输入文本的单元格，将光标移动到相应的位置后就可以直接输入任意长度的文本。

表格绘制完成并添加数据后，就是一个完整的基本表格了。

Word 2010 在“插入”选项卡中提供了“表格”组，使用它可以完整地创建和格式化表格。

操作演示

1. 在单元格选择板中直接创建表格

选择“插入”选项卡下的“表格”按钮，打开下拉菜单，在单元格选择板中直接创建表格，如图 4—3 所示。

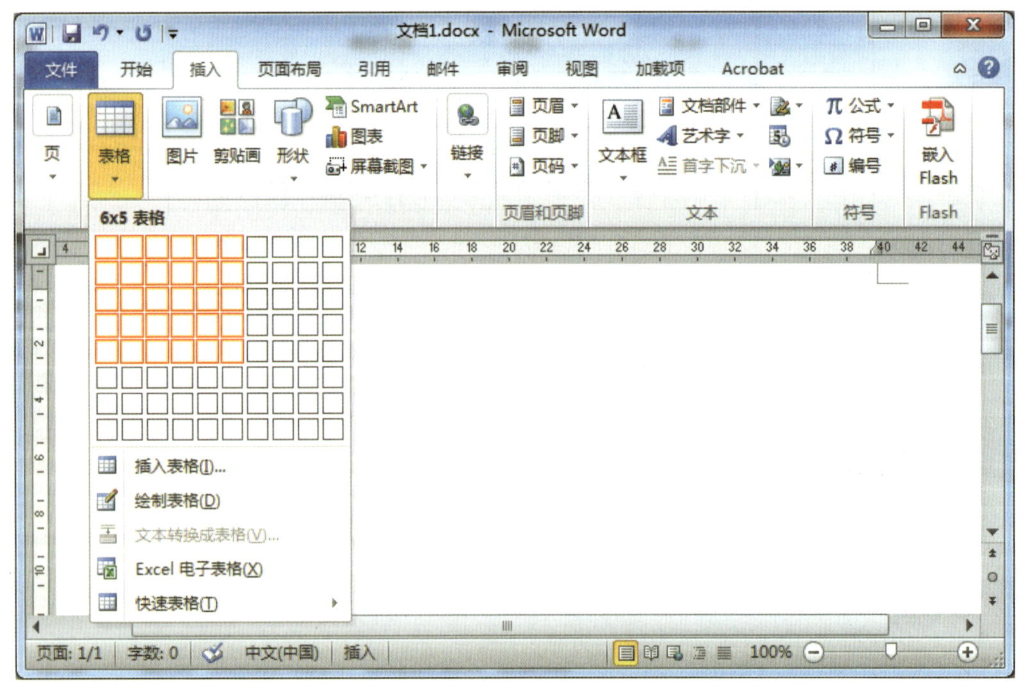

图 4—3 在单元格选择板中直接创建表格

当光标在单元格选择板上移动时，划过的单元格变为深色显示，表示被选中。同时文档中会自动出现相应大小的表格。在选定的位置单击鼠标左键，文档中的插入点位置出现具有相应行数、列数的表格，同时单元格选择板自动关闭。

这种方法是最直接、最简单的表格创建方法。

2. 使用“插入表格”命令创建表格

使用“插入表格”命令可以创建任意大小的表格。

具体操作步骤如下：

（1）将光标定位在需要创建表格的位置。

（2）单击“插入”选项卡下的“表格”按钮，在下拉菜单中单击“插入表格”命令，打开如图 4—4 所示的“插入表格”对话框。

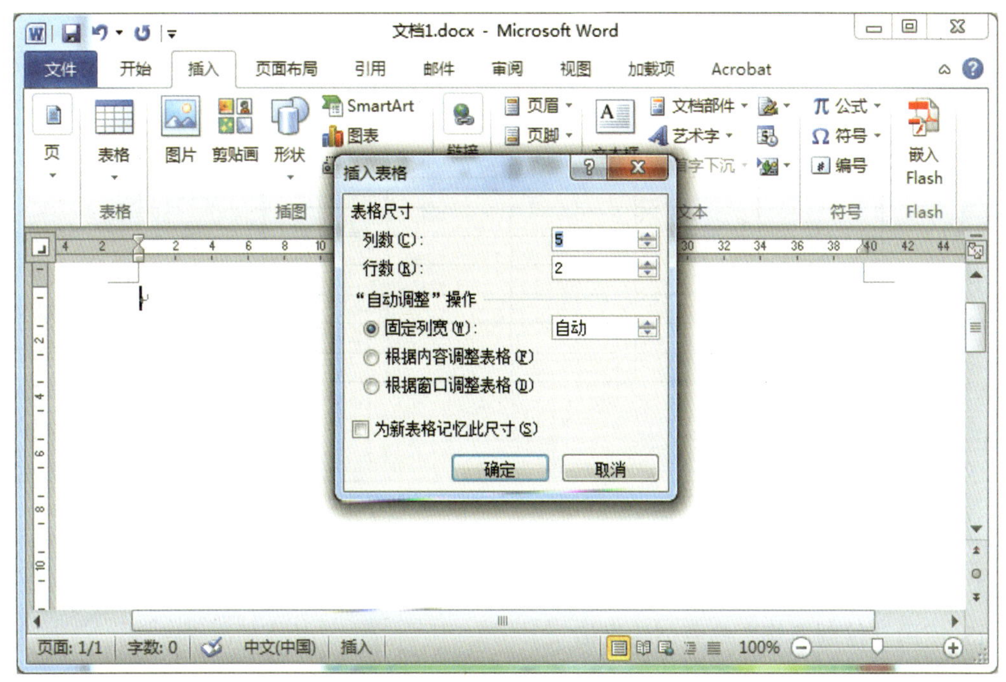

图 4—4　“插入表格”对话框

（3）在“表格尺寸”组中输入需要的列数和行数，在“‘自动调整’操作”组中，选择表格和列的宽度。

· 固定列宽：输入一个值，使所有列的宽度相同。选择“自动”项，可以创建一个处于页边距之间，具有相同列宽的表格，等同于“根据窗口调整表格”选项。

· 根据内容调整表格：使每一列具有足够的宽度以容纳其中的内容。Word 2010 会根据输入数据的长度自动调整行和列的大小，最终使行和列具有大致相同的尺寸。

· 根据窗口调整表格：本选项用于创建 Web 页面。当表格按照 Web 方式显示时，应使表格充满窗口。

（4）如果以后还要创建相同大小的表格，选中“为新表格记忆此尺寸”复选框。这样，下次再使用这种方式创建表格时，对话框中的行数和列数就会默认为此数值。

（5）单击“确定”按钮，在文档插入点处即可创建相应形式的表格，如图 4—5 所示。

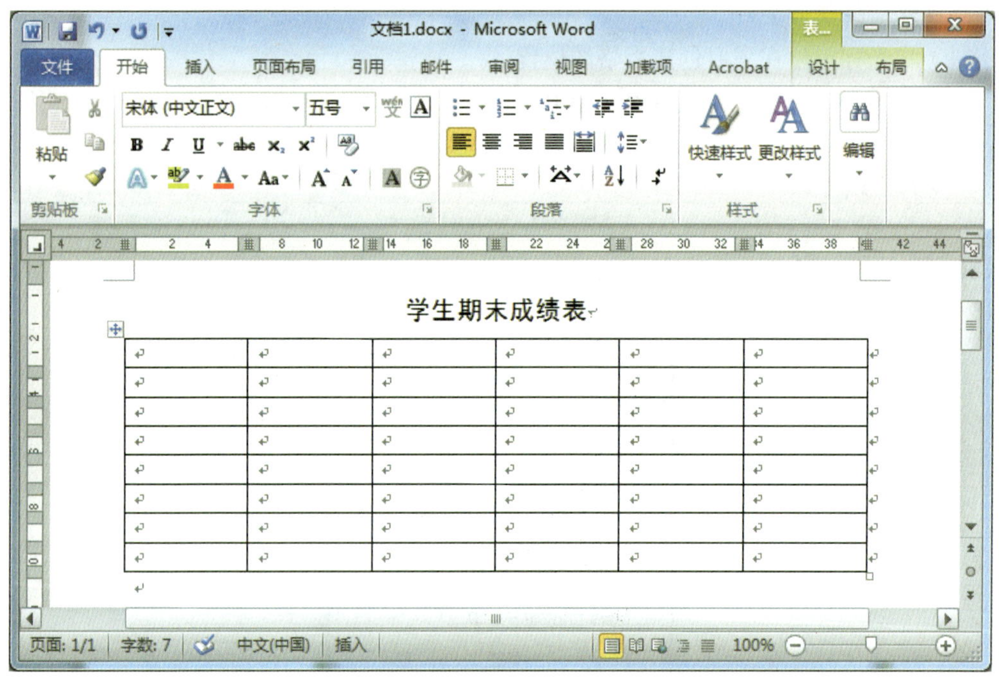

图 4—5　插入 8 行 ×6 列的表格

3. 使用“绘制表格”命令创建表格

前两种方法都是利用 Word 2010 提供的工具自动生成表格的方法，下面学习通过绘制方法来创建更复杂的表格的方法。

以绘制如图 4—6 所示的表格为例，其具体操作方法如下：

（1）在文档中将光标置于准备创建表格的位置。

（2）单击“插入”选项卡下的“表格”按钮，在弹出的下拉菜单中单击“绘制表格”命令，此时光标变为形状。

（3）确定表格的外围边框，可以先绘制一个矩形。将光标移动到准备创建表格的左上角，按下鼠标左键向右下角拖动。在拖动过程中，鼠标变为形状，虚线显示了表格的轮廓，如图 4—7 所示。到合适的位置放开鼠标左键，此时出现一个矩形框。

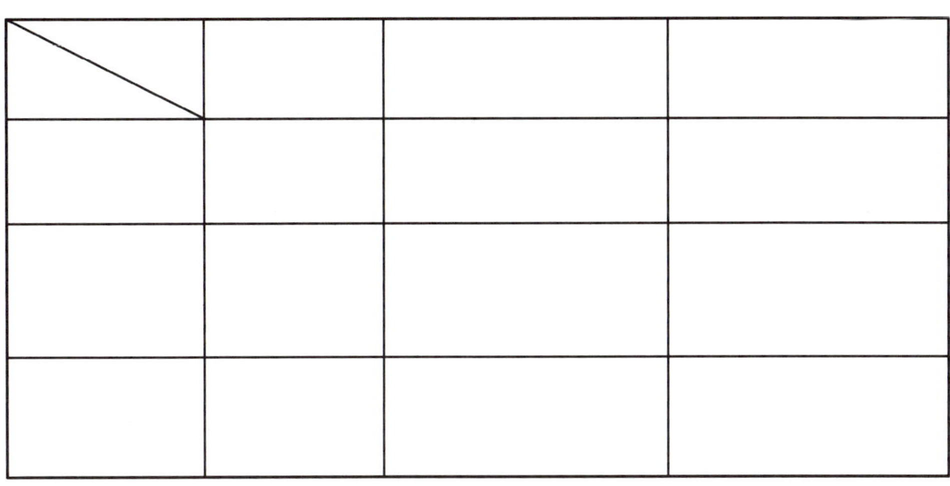

图 4—6　表格

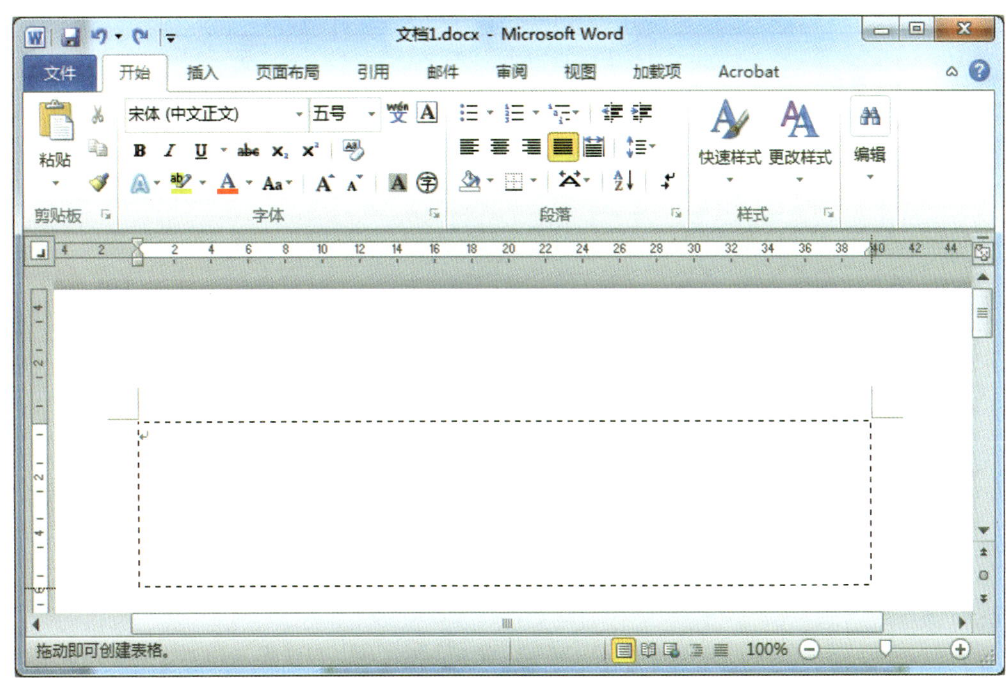

图 4—7　绘制表格

（4）绘制表格边框内的各行及各列。在需要加表格线的位置按下鼠标左键，此时鼠标变为✏形状，水平或竖直地移动鼠标，在移动过程中 Word 2010 可以自动识别线条的方向。放开鼠标左键则自动绘制出相应的行和列，如图 4—8 所示。

（5）绘制斜线。从表格的左上角开始向右下方移动，出现 Word 2010 识别线的方向后，松开鼠标左键即可，如图 4—9 所示。

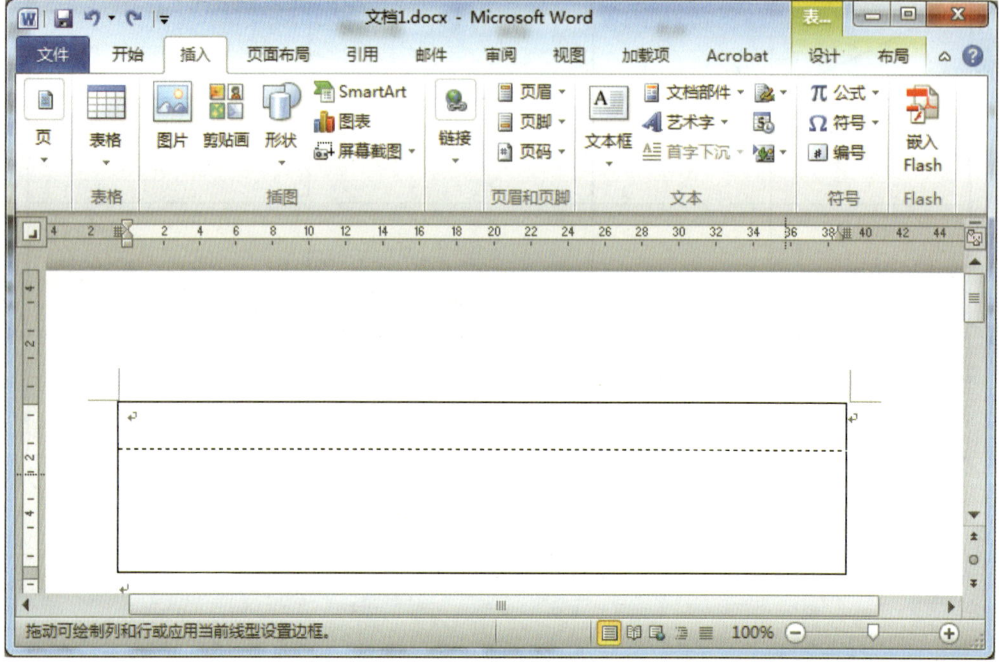

图 4—8　绘制表格

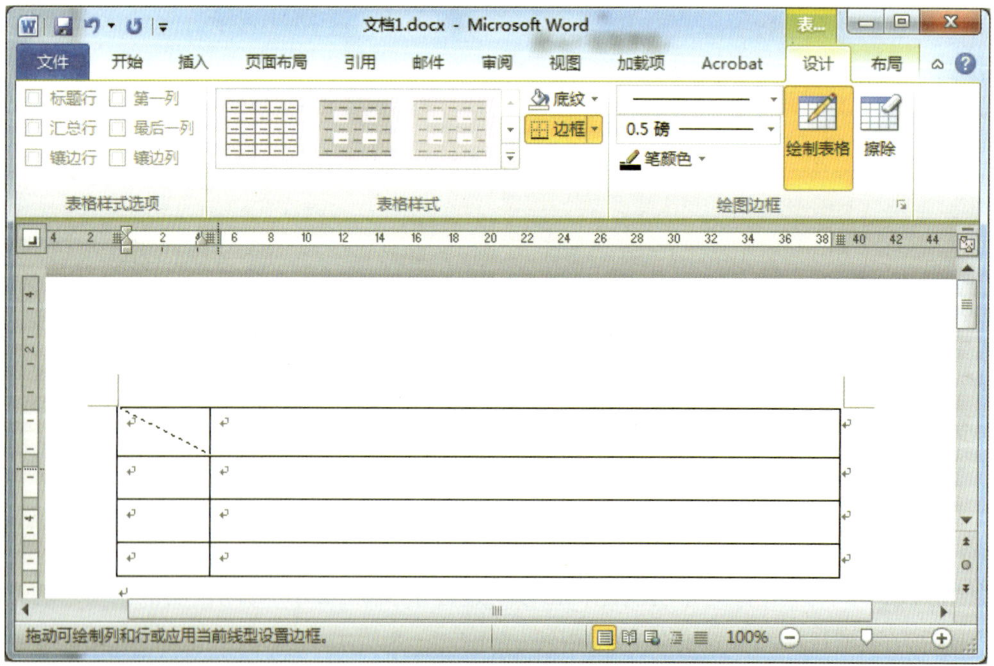

图 4—9　绘制斜线

Word 2010 中没有直接插入斜线表头的功能，可以选中需要插入斜线表头的单元格，单击鼠标右键，打开“边框和底纹”对话框，在“边框”选项中选择“斜线”，在下方的“应用于”中选择“单元格”，单击“确定”按钮就可以插入斜线了，然后调整行高，可以双击鼠标输入内容或插入文本框输入内容。

（6）在绘制表格时，Word 2010 会自动弹出“设计”选项卡。若希望更改绘制表格边框的粗细与颜色，可以通过“设计”选项卡下“绘图边框”组中的“笔颜色”和“笔划粗细”微调框进行设置。

提示　任何一种方式创建的表格都可以利用“设计”选项卡来修改，单击“绘制表格”按钮，就可以对表格进行添加行或列的操作了。

（7）已经绘制好的线条是不能更改颜色和粗细的，此时可以利用“擦除”按钮。单击“擦除”按钮，鼠标光标变成形，将鼠标光标移动到需要擦除的线条上单击该线条，在用户松开鼠标左键后清除该线条，如图 4—10 所示。如果要删除整个表格，可以用形状的鼠标光标在表格外侧拉出一个大的矩形框，将所需要删除的表格全部包

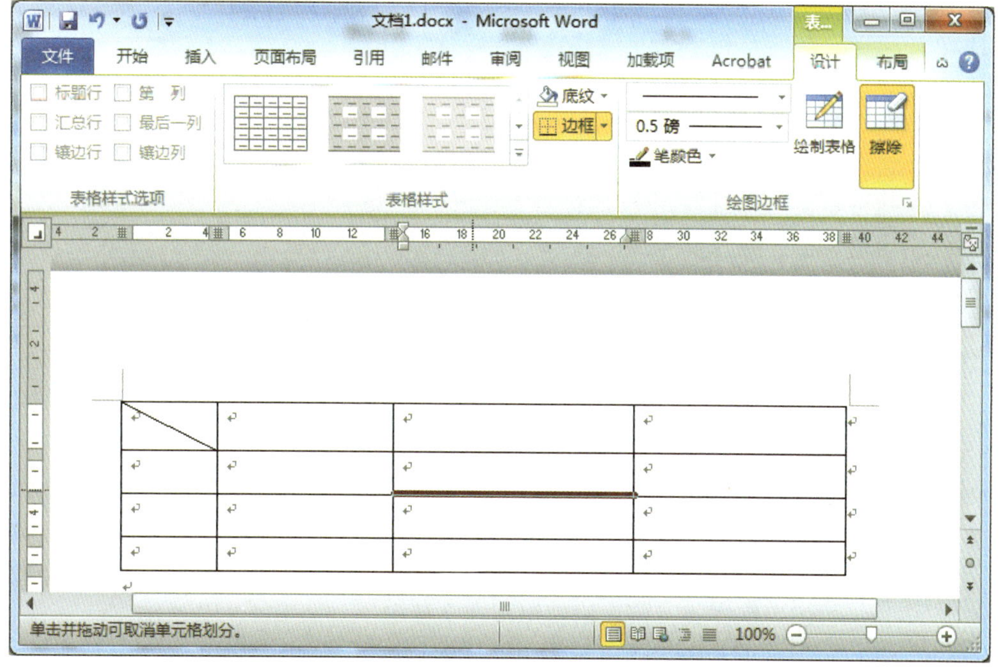

图 4—10　擦除线条

含在内，待系统识别出要擦除的线条后，松开鼠标左键，将自动擦除整个表格。

提示 从图 4—10 中可以看到，擦除的线条只是局部线条，不是绘制时跨越整个表格的线条。

4. 从文字转换成表格

Word 2010 提供了文字与表格的相互转换功能，具体操作方法详见本项目任务 3 “转换表格与文本”。

5. 使用“快速表格”命令创建表格

Word 2010 提供了一些常用的表格格式，“快速表格”功能可以使用户极方便地找到自己需要的表格，只需要替换表格内容或进行一些小的修改即可。具体操作方法如下：

（1）打开“插入”选项卡，单击“表格”组中的“表格”按钮，打开下拉菜单，选择“快速表格”选项，在弹出的菜单中可以看到系统提供的一些快速表格样式，如图 4—11 所示。

图 4—11 快速表格

（2）单击选中的表格样式，该表格就出现在文档中了，如图 4—12 所示。

此时，用户只需要将系统预设的文本内容替换为自己需要的文本内容，并根据自己的

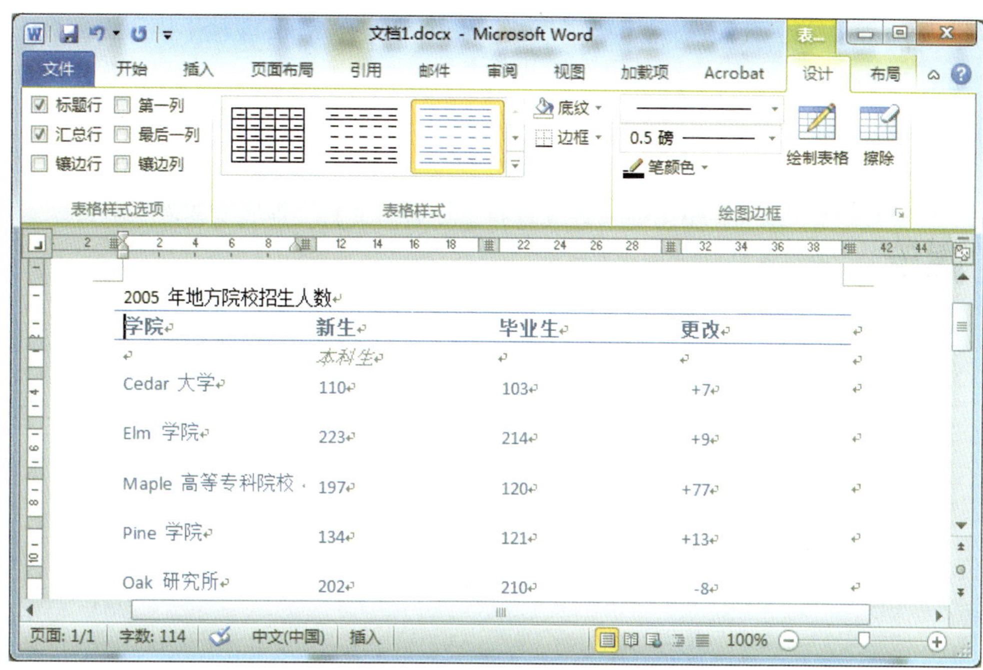

图 4—12　创建快速表格

需要进行修改即可。

用户还可以将设计好的表格样式保存到“快速表格”库中，这样以后就可以很方便地使用“快速表格”功能创建表格了。

将表格样式添加到“快速表格库”中的操作方法如下：

（1）将光标移动到表格区域内，可以看到表格的左上方出现了表格移动控制点图标⊞，单击这个图标可以选中整个表格。选择需要保存的表格后，单击“插入”选项卡下的“表格”按钮，在弹出的菜单中选择“快速表格”选项，然后在弹出的子菜单中选择“将所选内容保存到快速表格库”命令。此时将弹出“新建构建基块”对话框，如图 4—13 所示。

（2）在“新建构建基块”对话框中填入“名称”和“说明”后，单击“确定”按钮即可。

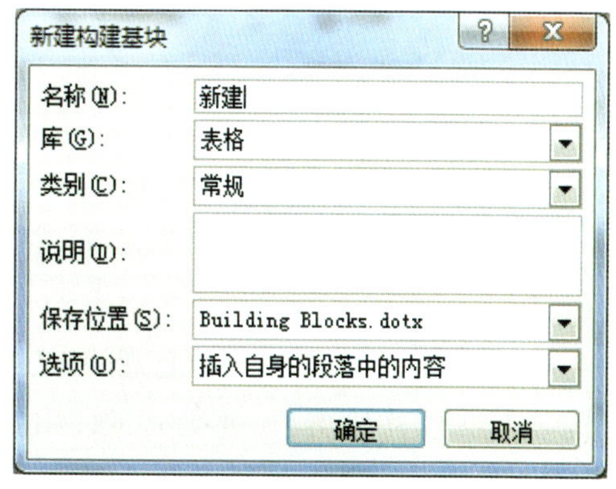

图 4—13　“新建构建基块”对话框

6. 在文档中插入 Excel 电子表格

Excel 电子表格具有更强大的数据图像处理能力，单击“插入”选项卡下的“表格”按钮，打开下拉菜单，单击“Excel 电子表格”命令就

可以插入 Excel 表格。使用“Excel 电子表格”命令可以在 Word 文档中嵌入 Excel 电子表格，如图 4—14 所示。双击该表格进入编辑模式后，可以发现在 Word 2010 中可以像使用 Excel 一样使用编辑表格。

提示

Word 2010 允许在表格中建立新的表格，即表格嵌套。创建嵌套表格可以采取以下两种办法：

· 先在文档中插入或绘制一个表格，然后在需要嵌套表格的单元格内插入或绘制新的表格。

· 创建两个表格，选中其中一个，按住鼠标左键，可以将其拖动到另一个表格中，如图 4—15 所示。

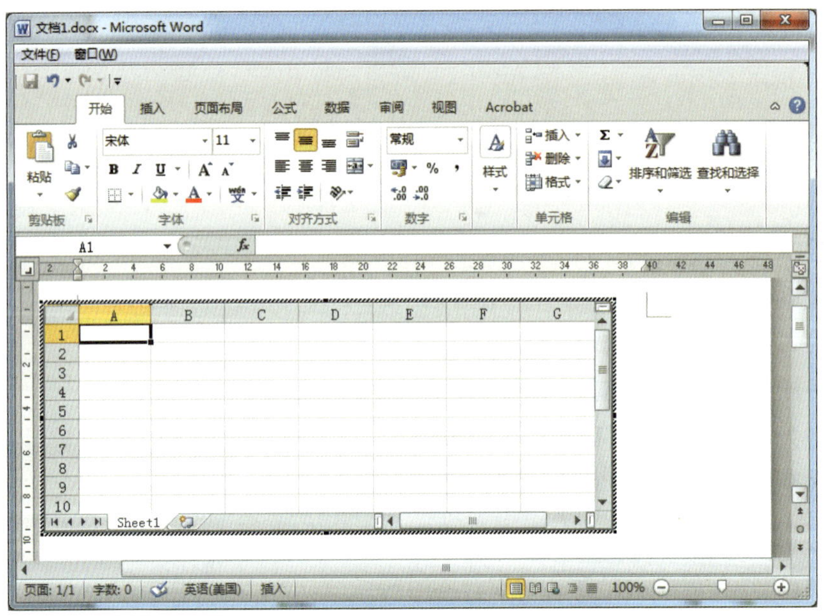

图 4—14　插入 Excel 电子表格

在表格中添加数据的具体操作方法如下：

首先选择要输入文本的单元格，将光标移动到相应的位置后就可以直接输入任意长度的文本。

使用鼠标进行定位是最直观的定位方法，但在日常操作中，键盘的使用也是非常频繁的。表 4—1 中给出了一些常用的使用键盘在表格中移动光标的方法。

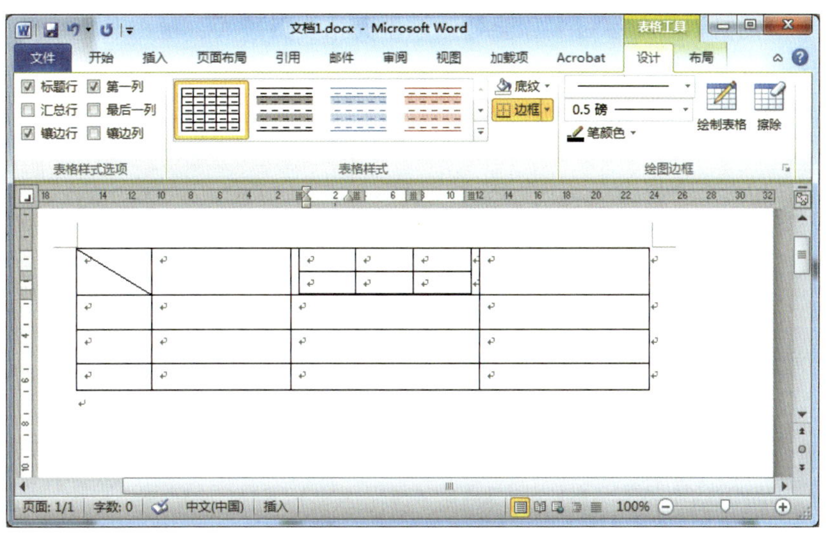

图 4—15　嵌套表格

表 4—1　　使用键盘在表格中移动光标的方法

按　键	动　　作
Tab 键或右箭头（→）	移动到后一单元格（如果光标位于表格的最后一个单元格时按下 Tab 键，将会自动添加一行）
Shift ＋ Tab 键或左箭头（←）	移到同一行中的前一列（如果光标位于除第一行以外的其他行的第一列中，使用该组合快捷键后，光标移动到上一行的最后一个单元格）
上箭头（↑）	移到上一行的同一列
下箭头（↓）	移到下一行的同一列
Alt+Home 键	移到本行的第一个单元格
Alt+End 键	移到本行的最后一个单元格
Alt+PageUp 键	移到本列的第一个单元格
Alt+ PageDown 键	移到本列的最后一个单元格

如果一个单元格中的文字过多，会导致该单元格变得过大，抢占其他单元格的位置。如果需要在该单元格中压缩多余的文字，将光标放置在表格内，然后单击“布局”选项卡下“表”组中的“属性”按钮，如图 4—16 所示。

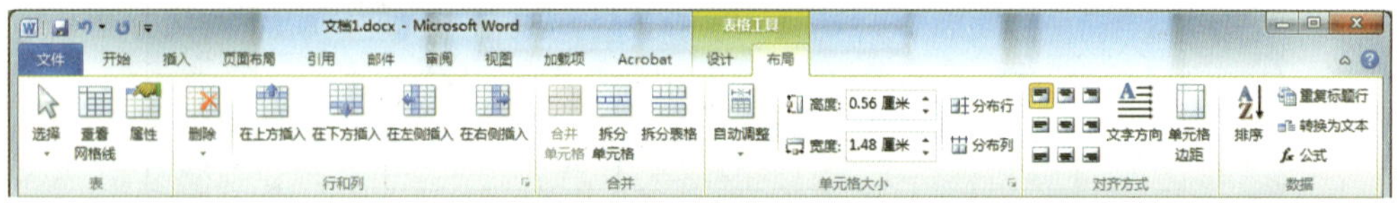

图 4—16 “布局”选项卡

在弹出的“表格属性”对话框中，选择该对话框中的“单元格”选项卡，单击“选项”按钮弹出“单元格选项”对话框，选中“适应文字”复选框即可，如图 4—17 所示。

图 4—17 “单元格选项”对话框

在表格上单击鼠标右键，选择“表格属性”命令也能打开“表格属性”对话框。

任务 2　修改与复制

学习目标

1. 能选定表格中的单元格、行或列。
2. 能插入或删除单元格、行或列。
3. 能拆分与合并单元格。

任务描述

用户创建的表格常常需要修改才能完全符合要求，或者由于实际情况的变更，表格也需要相应地进行一些调整，如增加、删除行、列或单元格，或合并、删除单元格等。

下面以某高校的课程表为例，讲述相应的操作方法。图 4—18 所示为本任务的初始表格，在此表格基础上，进行增加与删除行、列和单元格，合并、删除单元格的操作。

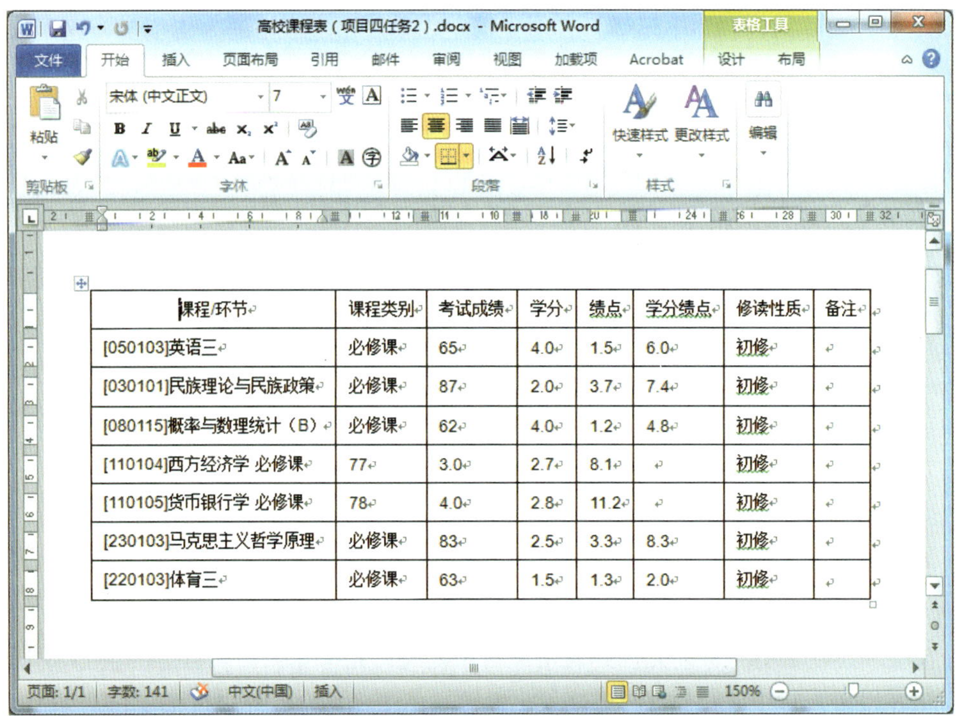

课程/环节	课程类别	考试成绩	学分	绩点	学分绩点	修读性质	备注
[050103]英语三	必修课	65	4.0	1.5	6.0	初修	
[030101]民族理论与民族政策	必修课	87	2.0	3.7	7.4	初修	
[080115]概率与数理统计（B）	必修课	62	4.0	1.2	4.8	初修	
[110104]西方经济学 必修课	77	3.0	2.7	8.1		初修	
[110105]货币银行学 必修课	78	4.0	2.8	11.2		初修	
[230103]马克思主义哲学原理	必修课	83	2.5	3.3	8.3	初修	
[220103]体育三	必修课	63	1.5	1.3	2.0	初修	

图 4—18　任务初始表格

在实际应用中，有时还需要将一个表格拆分成两个或者多个表格，本任务的学习内容还涉及表格的拆分。

相关知识

表格创建完成后，单击表格将出现“表格工具”组，其中包含“设计”和“布局”两个选项卡，使用这两个选项卡可以对表格进行编辑操作，如图 4—19 所示。

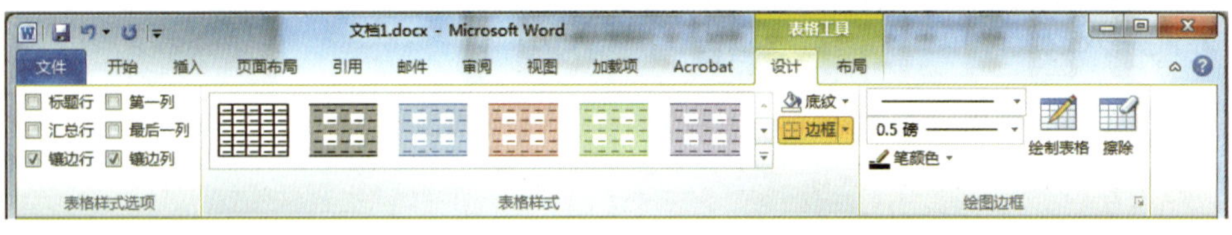

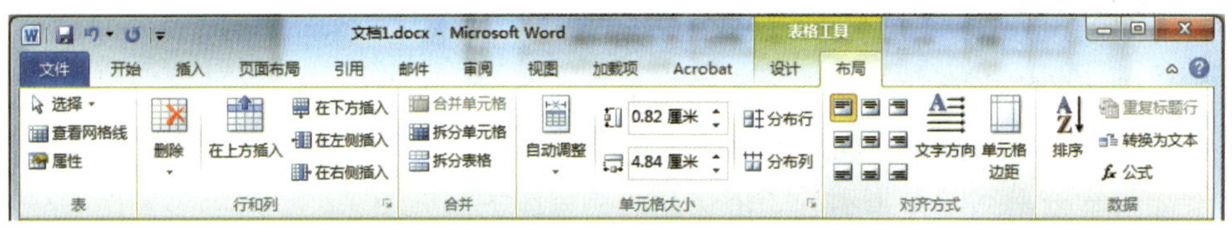

图 4—19 “设计”和“布局”选项卡

要增加、删除行、列和单元格，必须先选定表格。选定表格的方法很多，这里仅介绍几种常用的方法。

· 将光标置于表格所需要选中的行、列或单元格中，然后单击“布局”选项卡下“表”组中的“选择”按钮，在弹出的下拉菜单中选择所需要选取的类型（表格、列、行或单元格），如图 4—20 所示。

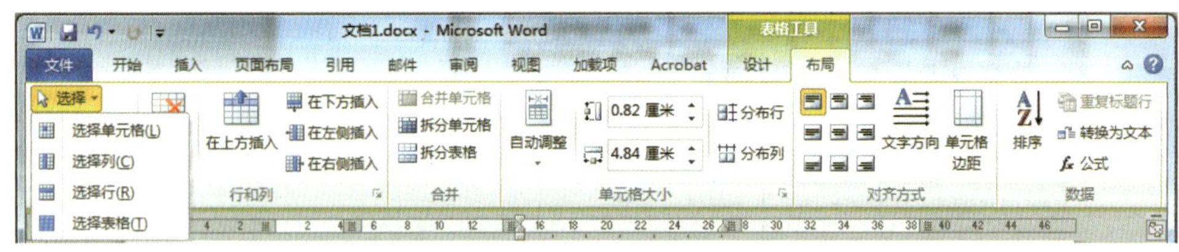

图 4—20 选定表格

· 选定一个单元格：将鼠标光标放在要选定的单元格的左下边框附近，指针变为斜向上的实心箭头形状，单击左键可以选定相应的单元格，如图 4—21 所示。

· 选定一行或多行：移动光标到表格该行左侧外，光标变为斜向右上的空心箭头形状，单击左键可以选中该行。此时按住鼠标左键，上下拖动，就可以选中多行，如图 4—22 所示。

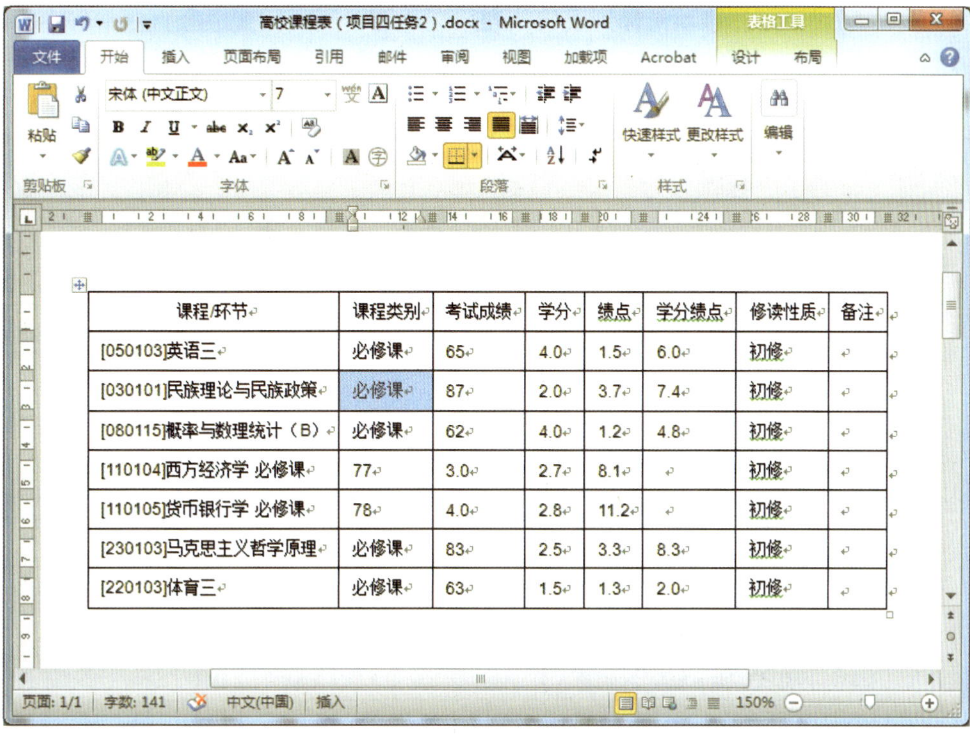

图 4—21 选定单元格

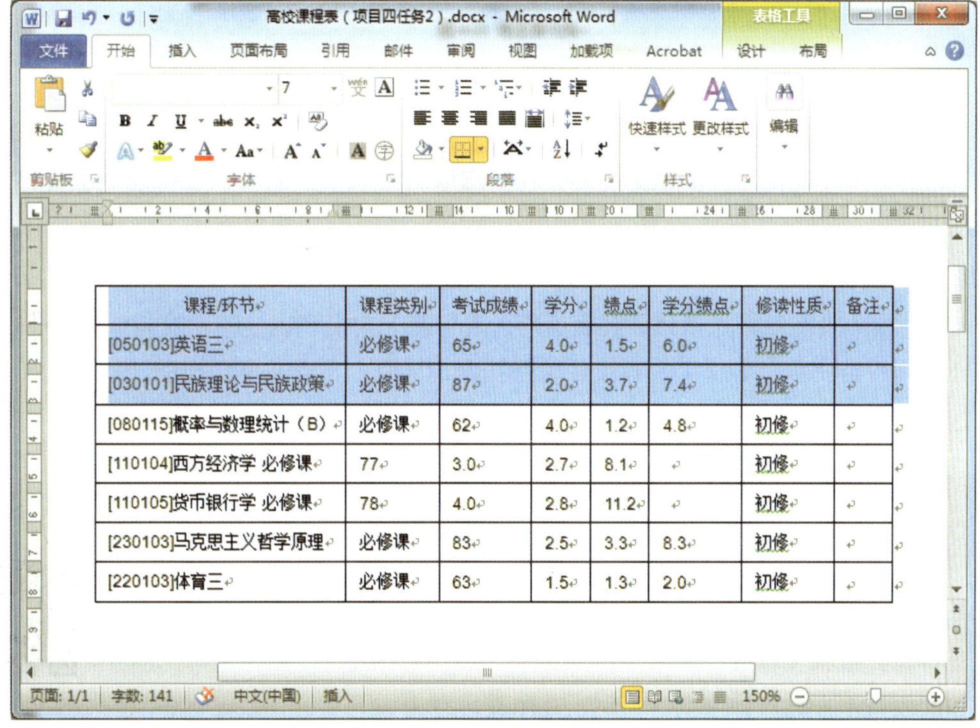

图 4—22 选定多行

· 选定一列或多列：移动光标到表格该列顶端外侧，当光标变成竖直向下的实心箭头⬇形状，单击选中该列。按住鼠标左键，左右拖动可以选择多列，如图 4—23 所示。

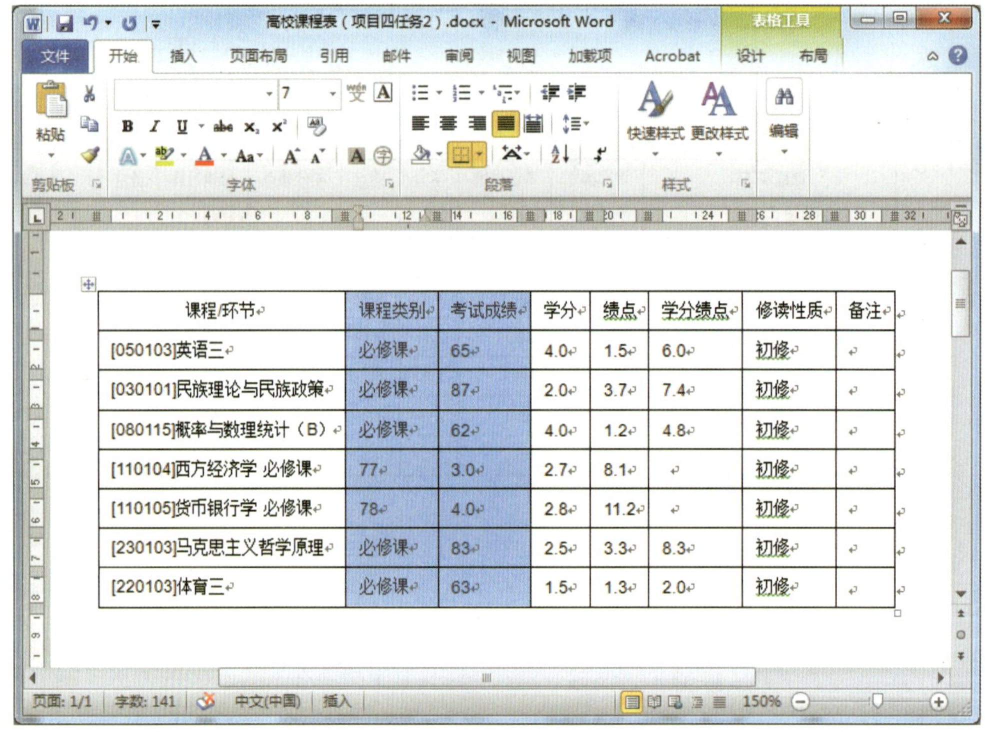

课程/环节	课程类别	考试成绩	学分	绩点	学分绩点	修读性质	备注
[050103]英语三	必修课	65	4.0	1.5	6.0	初修	
[030101]民族理论与民族政策	必修课	87	2.0	3.7	7.4	初修	
[080115]概率与数理统计（B）	必修课	62	4.0	1.2	4.8	初修	
[110104]西方经济学 必修课	77	3.0	2.7	8.1		初修	
[110105]货币银行学 必修课	78	4.0	2.8	11.2		初修	
[230103]马克思主义哲学原理	必修课	83	2.5	3.3	8.3	初修	
[220103]体育三	必修课	63	1.5	1.3	2.0	初修	

图 4—23　选定多列

· 选中多个单元格：按住鼠标左键，在要选取的单元格上拖动，可以选中连续的单元格。如果需要选择分散的单元格，则按照选中单元格的方法选中第一个单元格后，按住 Ctrl 键，用同样的方法选中其他的单元格即可。

· 选中整个表格：将光标移动到表格内，表格左上角出现表格移动控制点图标✥，单击该图标即可选中整个表格。或者按住鼠标左键，从左上角向右下角拖动，拖过整张表格也可选中整个表格。

实践操作

1. 在表格中增加、删除行、列和单元格

操作演示

选择完表格就可以进行插入操作了。

以在表格上方插入一个空行为例，具体操作方法如下：

在表格中选择待插入行（或列）的位置，单击鼠标右键，选择“插入”选项，在弹出的菜单中选择需要的选项，如图 4—24 所示。

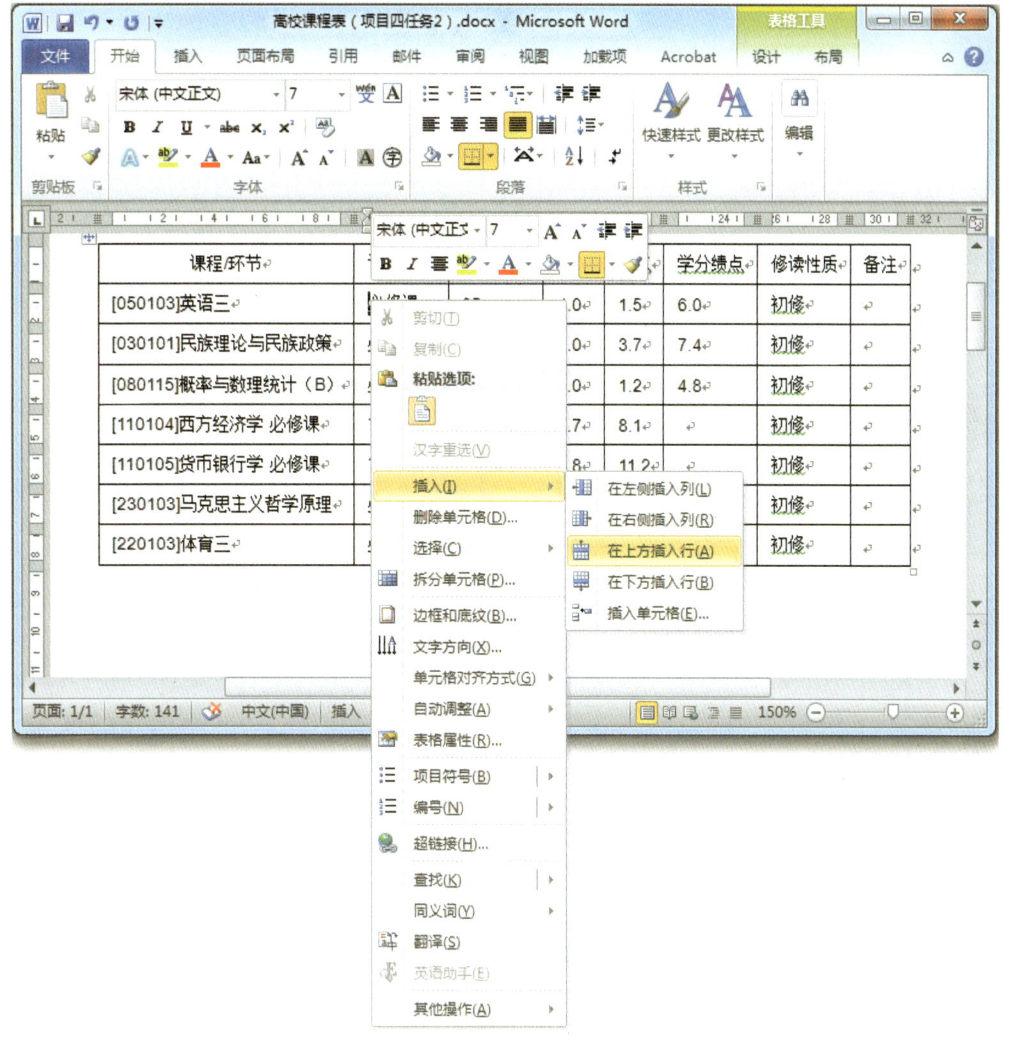

图 4—24　插入行或列

“布局”选项卡下的“行和列”组中，设置了四个插入行和列的相应按钮，单击这些按钮也可以进行相应的操作。插入行的效果如图 4—25 所示。

在表格中插入一个单元格与插入行或列类似，在表格上需要插入单元格的位置单击鼠标右键，打开如图 4—24 所示的菜单，选择“插入单元格”选项即可。

也可以单击“布局”选项卡下“行和列”组的对话框启动器，弹出“插入单元格”对话框，选中“活动单元格下移”选项或“活动单元格右移”选项，单击“确定”按钮即可。

选中“活动单元格右移”选项的效果如图 4—26 所示，在光标的位置插入一个新的单

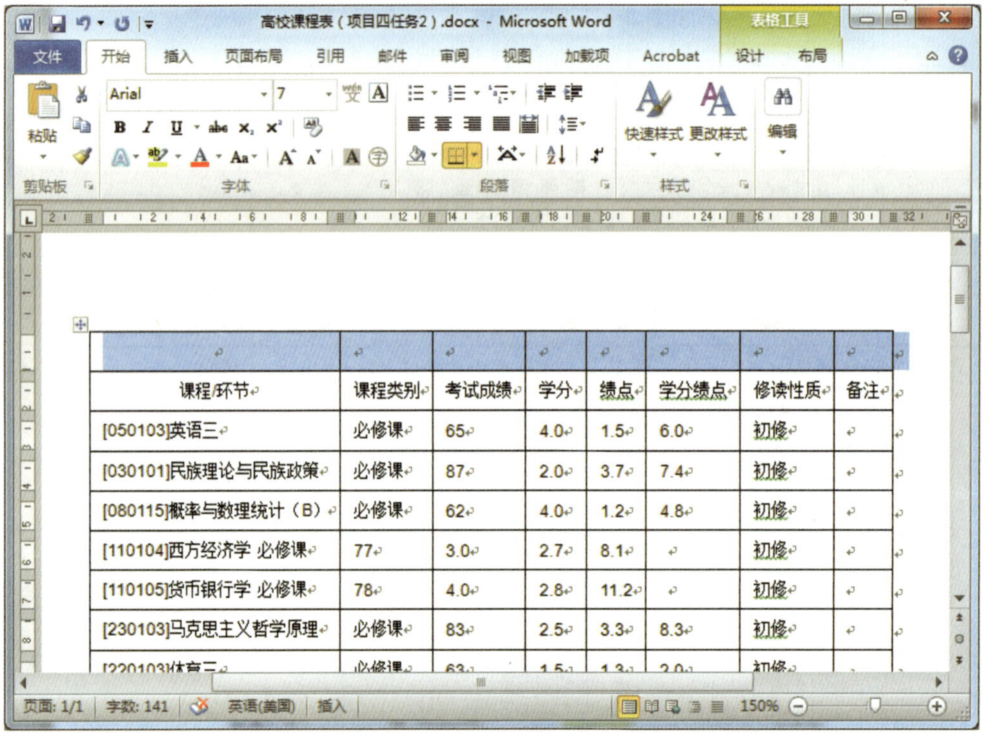

图 4—25　插入行的效果

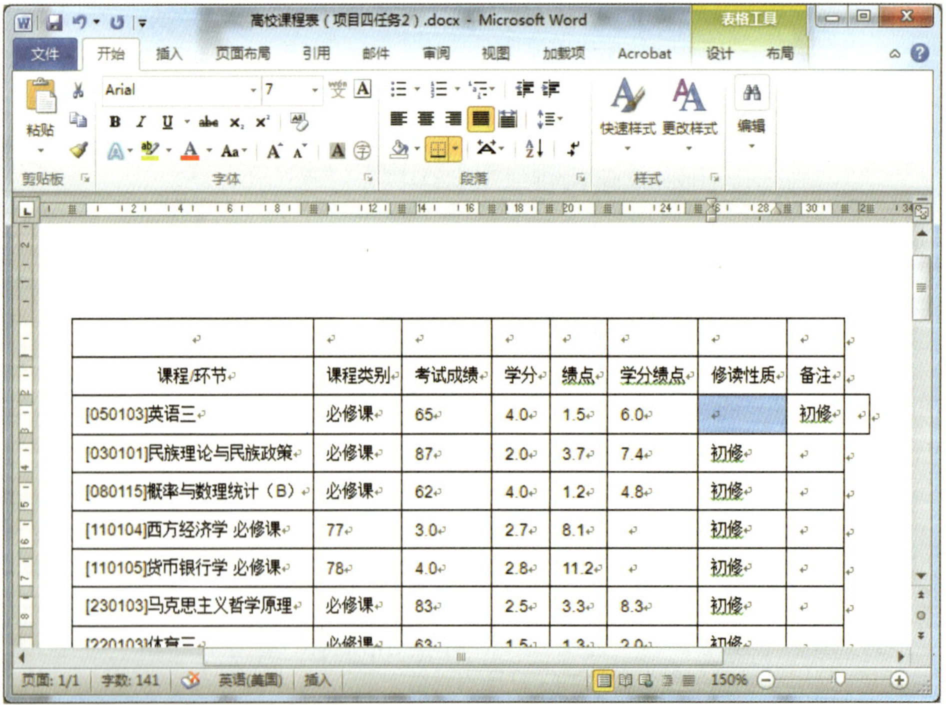

图 4—26　活动单元格右移的效果

元格，原有单元格顺序右移。

在表格中选中要删除的行、列或单元格，单击“布局”选项卡下的“删除”按钮，弹出下拉菜单，可以根据删除内容的不同选择相应的删除命令，如图 4—27 所示。选择“删除单元格”时弹出的就是“删除单元格”对话框，或单击鼠标右键，在弹出的快捷菜单中单击“删除单元格”命令，也可以弹出“删除单元格”对话框。在“删除单元格”对话框中选择所需要的选项后单击“确定”按钮即可。

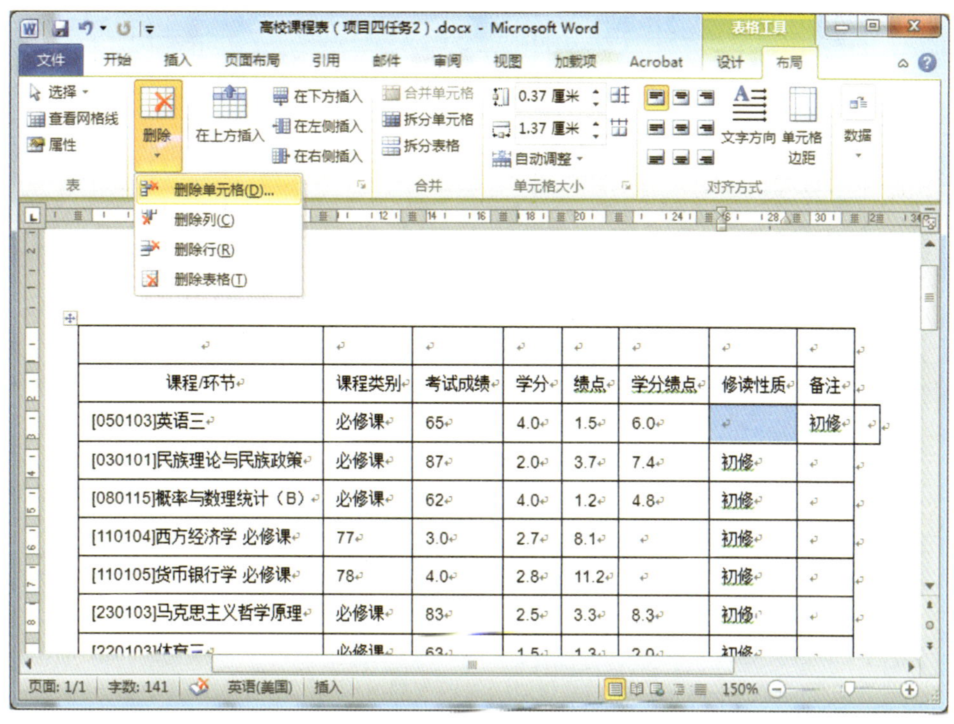

图 4—27　删除单元格

2. 合并或拆分单元格

用户可以将同一行或同一列中的两个或多个单元格合并为一个单元格。如修改前面的表格，将第一行合并为一个单元格。具体操作方法如下：

（1）选中要合并的单元格。

（2）单击鼠标右键，选择“合并单元格”命令，如图 4—28 所示。或在“布局”选项卡下“合并”组中单击“合并单元格”按钮。

操作演示

合并单元格后的效果如图 4—29 所示。

单元格的拆分是合并的逆操作，可以将一个单元格拆分为多个单元格，也可以将多个单元格拆分为连续的单元格。

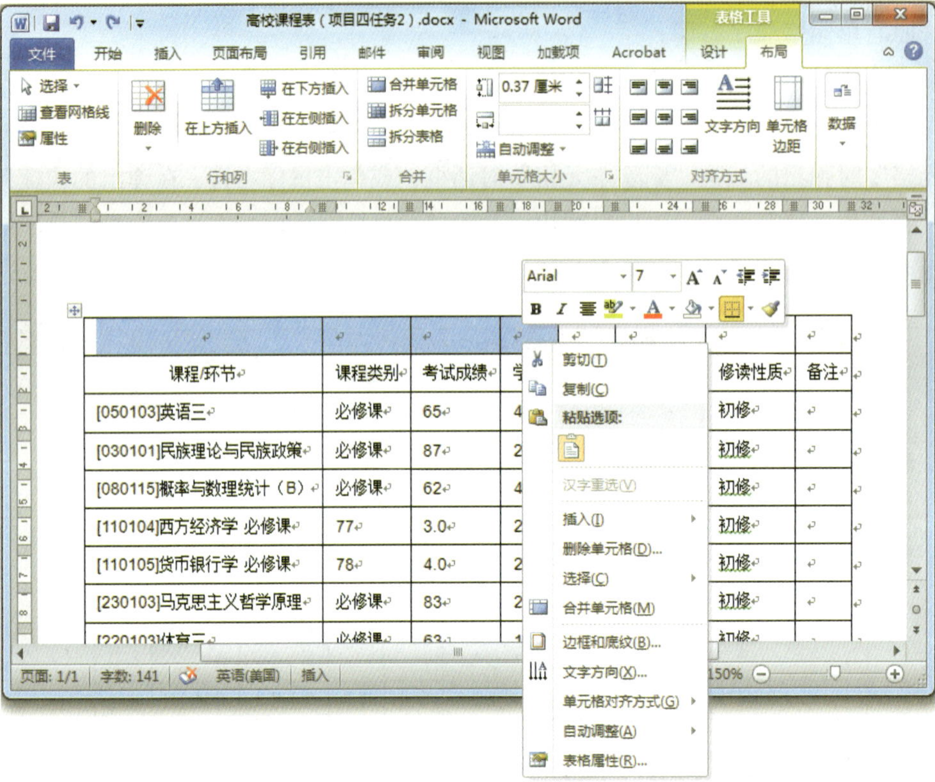

图 4—28　合并单元格

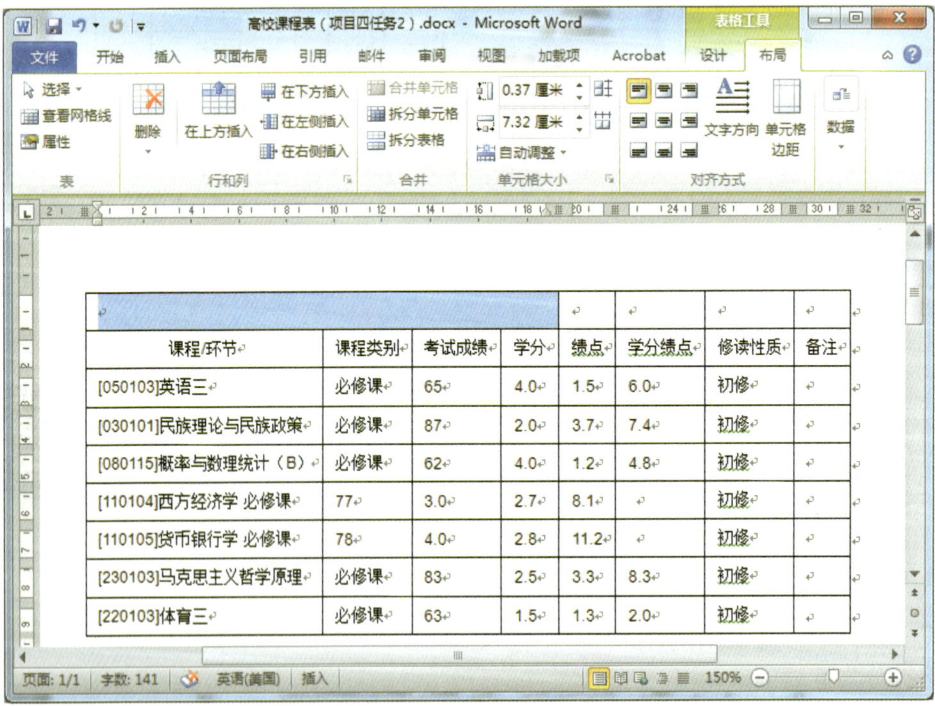

图 4—29　合并单元格后的效果

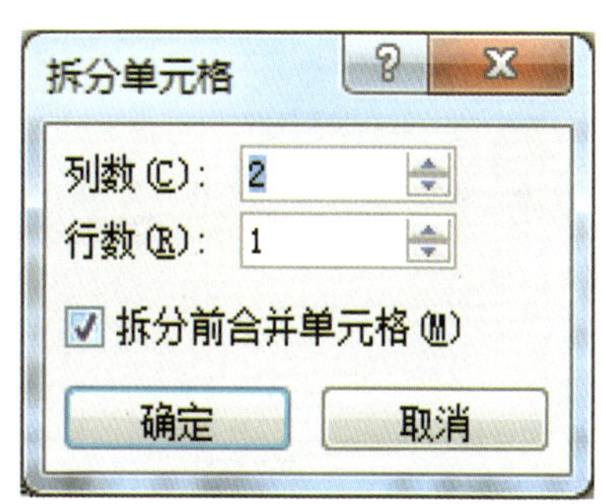

图 4—30　“拆分单元格”对话框

选中要拆分的单元格，单击鼠标右键，在弹出的快捷菜单中单击“拆分单元格”命令，弹出“拆分单元格”对话框，如图 4—30 所示。在“列数”和“行数”文本框中输入所需要的列数和行数后单击“确定”按钮即可。

也可以单击“布局”选项卡下“合并”组中的“拆分单元格”按钮，同样可以弹出“拆分单元格”对话框进行设置。

拆分单元格后的效果如图 4—31 所示。

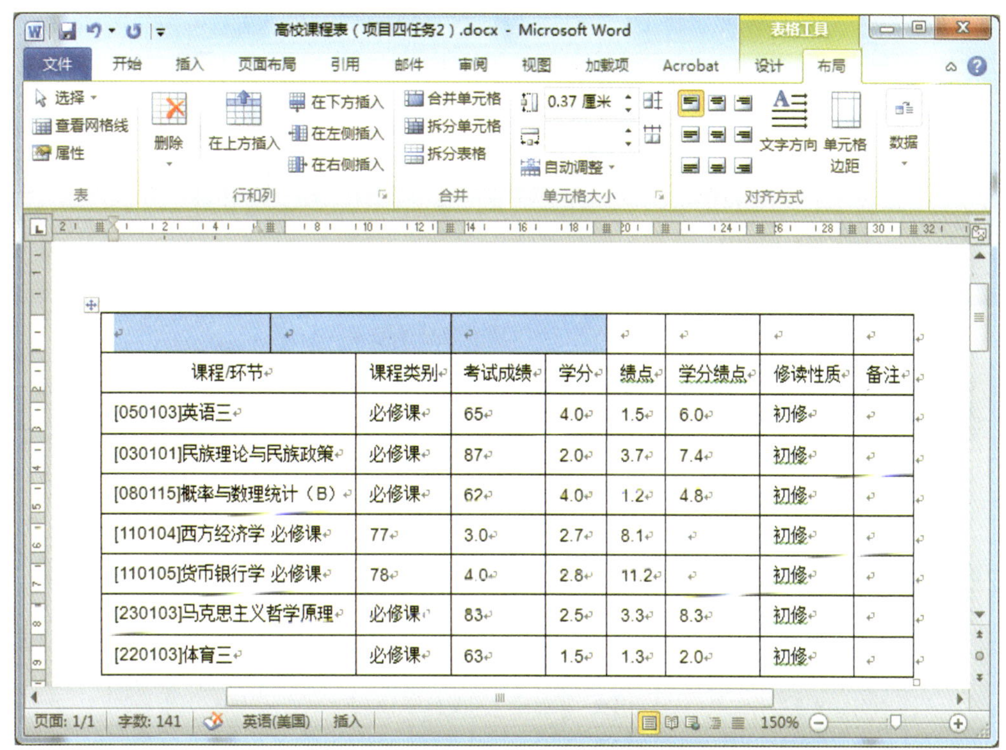

课程/环节	课程类别	考试成绩	学分	绩点	学分绩点	修读性质	备注
[050103]英语三	必修课	65	4.0	1.5	6.0	初修	
[030101]民族理论与民族政策	必修课	87	2.0	3.7	7.4	初修	
[080115]概率与数理统计（B）	必修课	62	4.0	1.2	4.8	初修	
[110104]西方经济学 必修课	77	3.0	2.7	8.1		初修	
[110105]货币银行学 必修课	78	4.0	2.8	11.2		初修	
[230103]马克思主义哲学原理	必修课	83	2.5	3.3	8.3	初修	
[220103]体育三	必修课	63	1.5	1.3	2.0	初修	

图 4—31　拆分单元格后的效果

3. 拆分与合并表格

拆分表格是指将一个表格分为两个表格。如图 4—32 所示，原有的表格分为了两个表格。

（1）上下拆分表格

上下拆分表格的具体操作步骤如下：

1）选中拆分后成为第二个表格首行的行，如图 4—33 所示。

2）单击“布局”选项卡下“合并”组中的“拆分表格”按钮，效果如图 4—34 所示。

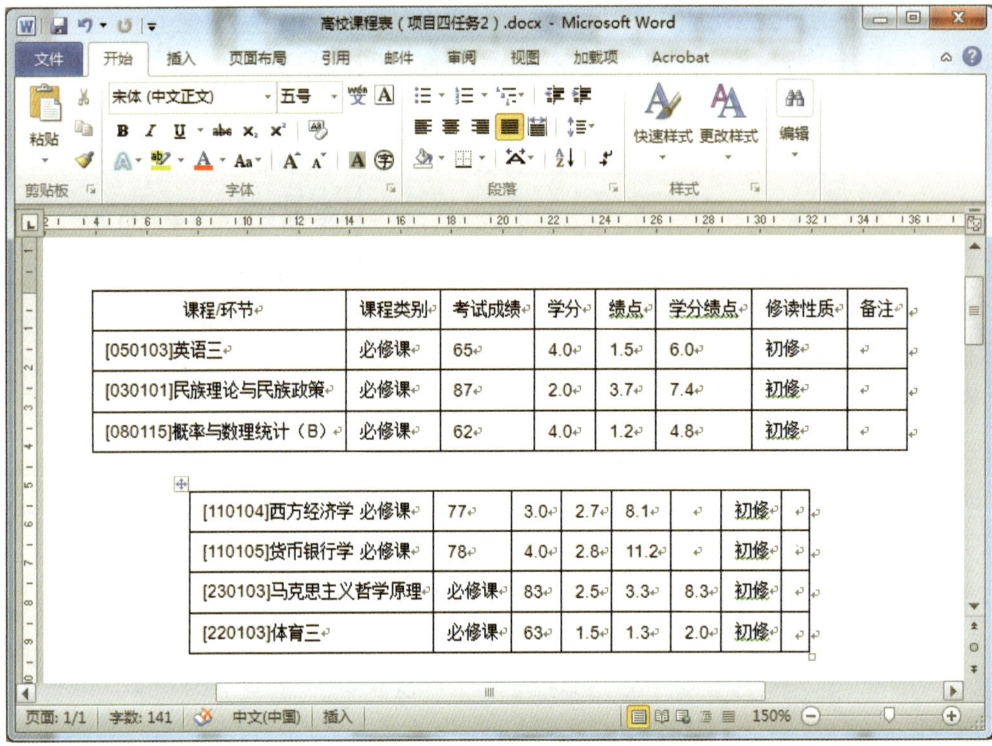

课程/环节	课程类别	考试成绩	学分	绩点	学分绩点	修读性质	备注
[050103]英语三	必修课	65	4.0	1.5	6.0	初修	
[030101]民族理论与民族政策	必修课	87	2.0	3.7	7.4	初修	
[080115]概率与数理统计（B）	必修课	62	4.0	1.2	4.8	初修	

[110104]西方经济学 必修课	77	3.0	2.7	8.1		初修	
[110105]货币银行学 必修课	78	4.0	2.8	11.2		初修	
[230103]马克思主义哲学原理	必修课	83	2.5	3.3	8.3	初修	
[220103]体育三	必修课	63	1.5	1.3	2.0	初修	

图 4—32 上下拆分表格的效果

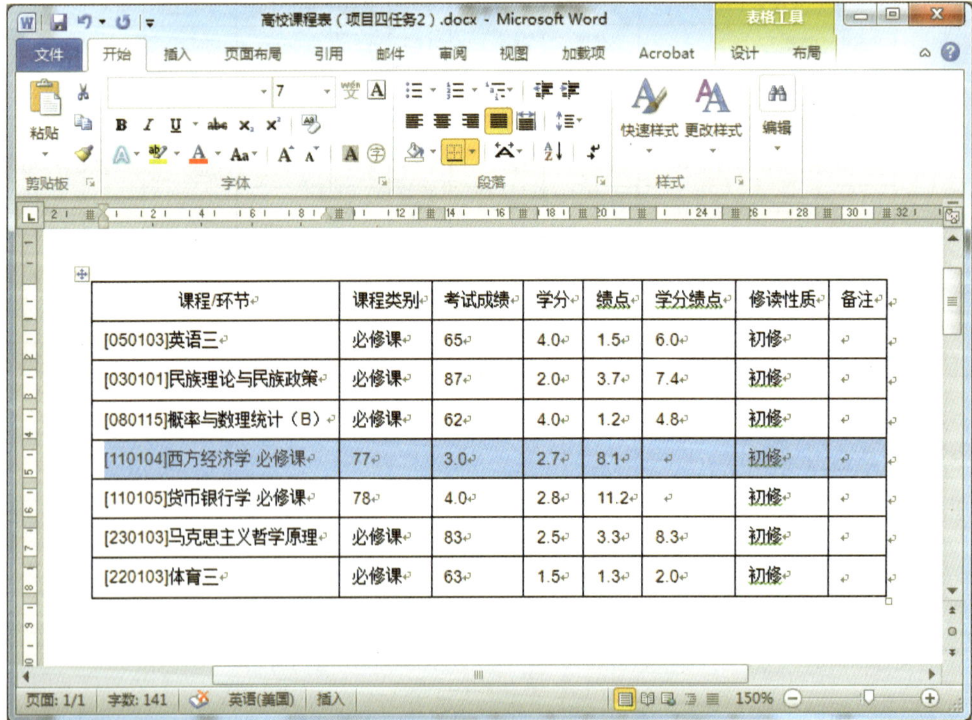

课程/环节	课程类别	考试成绩	学分	绩点	学分绩点	修读性质	备注
[050103]英语三	必修课	65	4.0	1.5	6.0	初修	
[030101]民族理论与民族政策	必修课	87	2.0	3.7	7.4	初修	
[080115]概率与数理统计（B）	必修课	62	4.0	1.2	4.8	初修	
[110104]西方经济学 必修课	77	3.0	2.7	8.1		初修	
[110105]货币银行学 必修课	78	4.0	2.8	11.2		初修	
[230103]马克思主义哲学原理	必修课	83	2.5	3.3	8.3	初修	
[220103]体育三	必修课	63	1.5	1.3	2.0	初修	

图 4—33 选中拆分表格后的首行

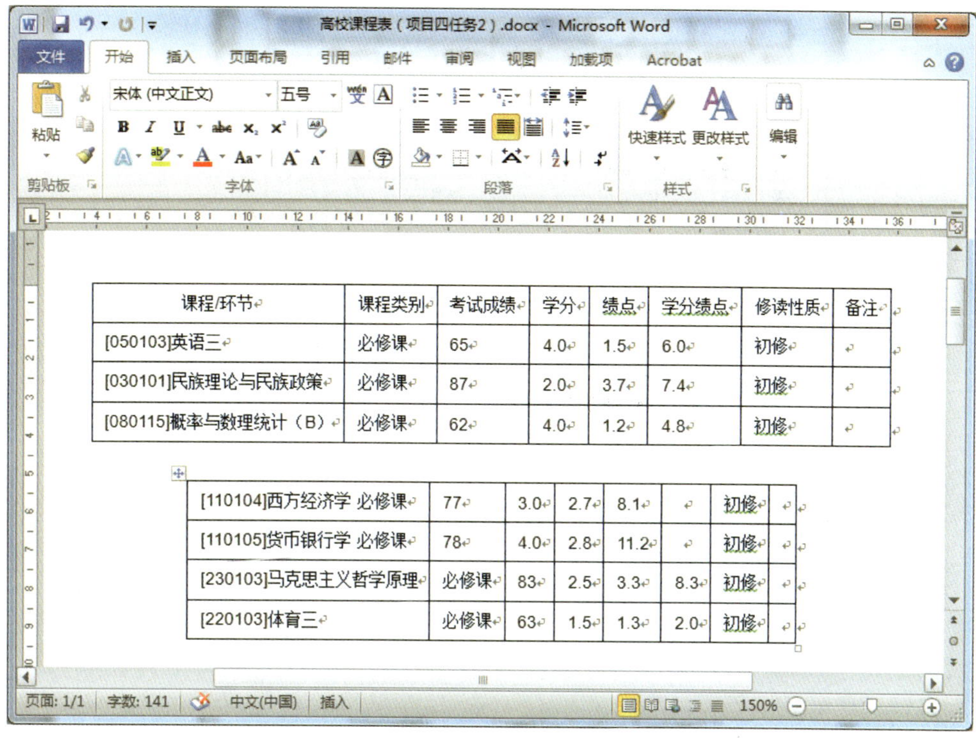

课程/环节	课程类别	考试成绩	学分	绩点	学分绩点	修读性质	备注
[050103]英语三	必修课	65	4.0	1.5	6.0	初修	
[030101]民族理论与民族政策	必修课	87	2.0	3.7	7.4	初修	
[080115]概率与数理统计（B）	必修课	62	4.0	1.2	4.8	初修	

[110104]西方经济学 必修课	77	3.0	2.7	8.1		初修	
[110105]货币银行学 必修课	78	4.0	2.8	11.2		初修	
[230103]马克思主义哲学原理	必修课	83	2.5	3.3	8.3	初修	
[220103]体育三	必修课	63	1.5	1.3	2.0	初修	

图 4—34　拆分表格后的效果

（2）左右拆分表格

利用表格边框还可以把一个表格拆分为左右两个部分。具体操作步骤如下：

1）选中表格中的一列，此列将作为新表格的首列。

2）单击“设计”选项卡下“绘制边框”组的对话框启动器，或单击鼠标右键，选择“边框和底纹”命令，弹出“边框和底纹”对话框，单击“边框”选项卡，如图 4—35 所示。

3）在“设置”组中选择“方框”选项，再单击“预览”下的上边框线按钮和下边框线按钮，将“预览”组中的上下两条框线取消。

4）单击“确定”按钮即可看到原表格被拆分为左右两个表格。被选中的表格中间一列单元格内如有文本内容，拆分后内容仍然留在原处，如图 4—36 所示。

纵向拆分表格只是使表格看起来像是两个，只是视觉上的效果，但实际上系统仍把它们视为一个表格。

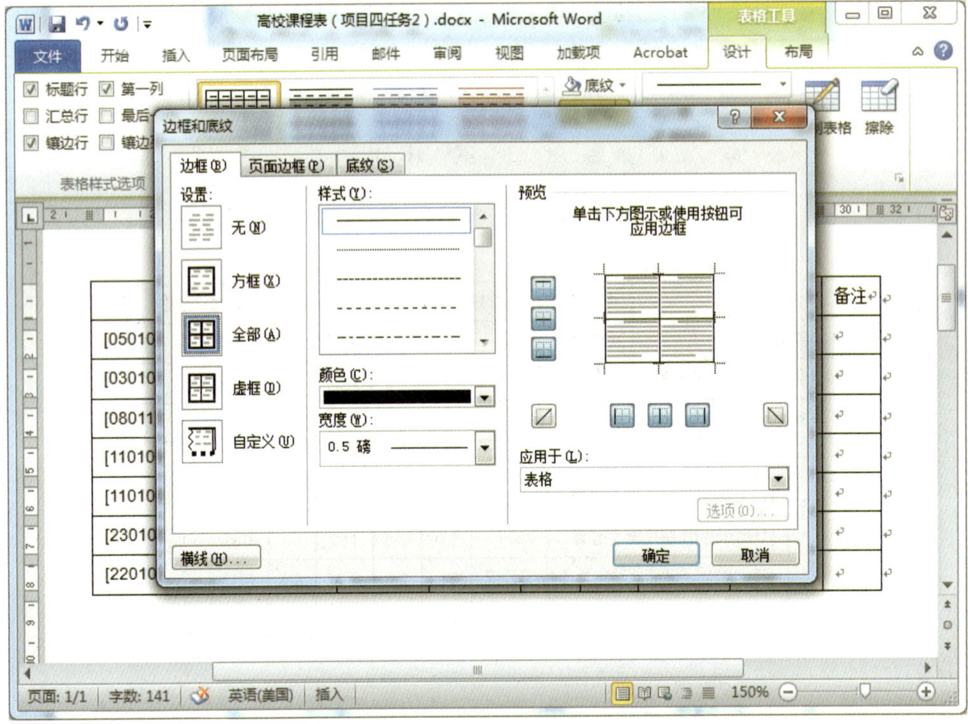

图 4—35 “边框”选项卡

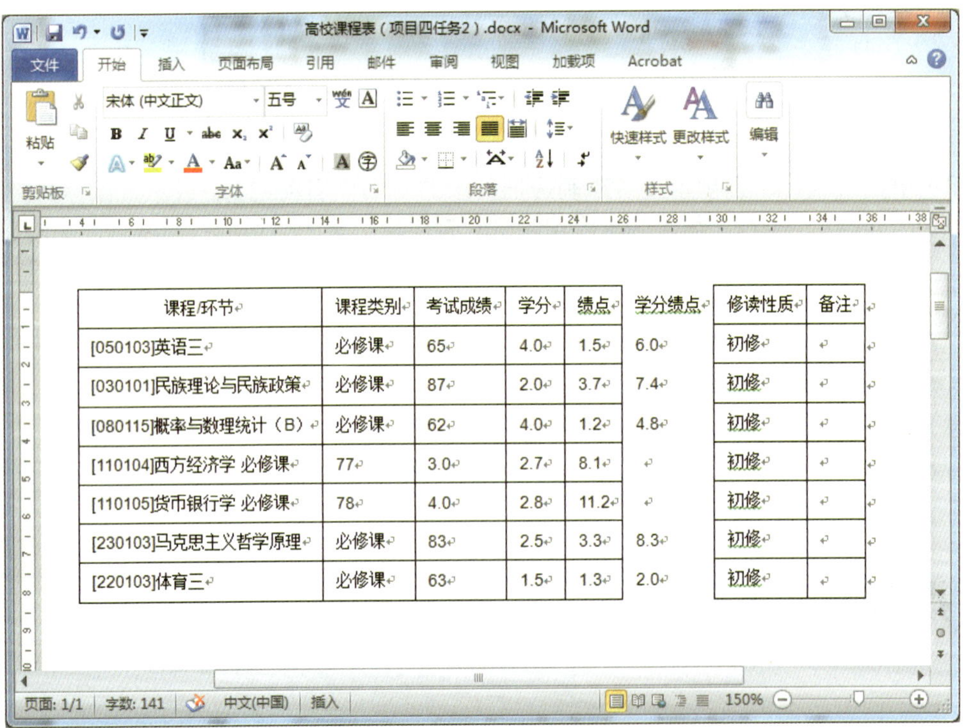

图 4—36 左右拆分表格的效果

任务 3　转换表格与文本

学习目标

1. 能将文本转换成表格。
2. 能将表格转换成文本。

任务描述

在 Word 2010 中，允许在文本与表格之间进行相互转换。这个功能大大加快了用户的制表速度。

本任务以前面使用的表格为例，讲述如何进行文本与表格的相互转换。

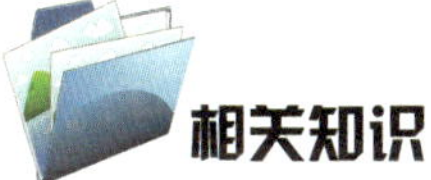

相关知识

将文本转换成表格时，需要使用逗号、制表符或其他分隔符标记出新的列开始的位置，Word 2010 会自动识别这些分隔符号，确定它们所在的列。

将表格转换成文本时，使用“转换为文本”按钮即可将表格转换成文本，非常简单快捷。

实践操作

1. 将表格转换成文本

将表格转换成文本的操作步骤如下：

（1）选择要转换成文本的表格或表格内的行。单击“布局”选项卡下“数据”组中的“转换为文本”按钮，打开“表格转换成文本”对话框，如图 4—37 所示。

（2）在“文字分隔符”下单击所需要的选项，如“制表符”选项，作为替代表边框的分隔符，转换结果如图 4—38 所示。

2. 将文本转换成表格

将文本转换成表格的操作步骤如下：

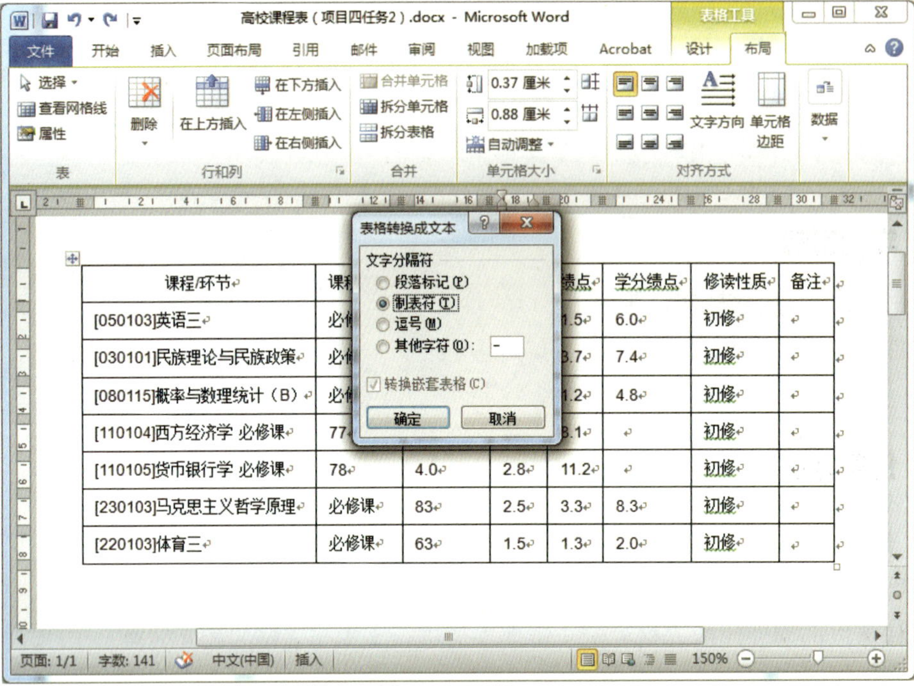

图 4—37 “表格转换成文本”对话框

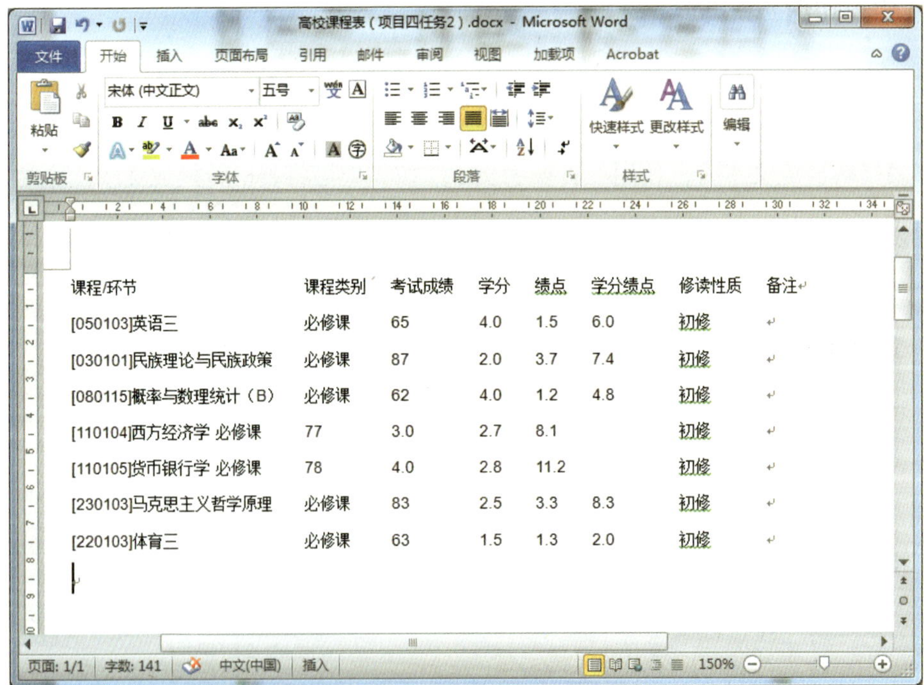

图 4—38 将表格转换成文本的效果

（1）选择要转换的文本，用逗号、制表符、空格或其他分隔符标记新的列开始的位置。如在所需要设置的文本内容后加上“,”，如图 4—39 所示。

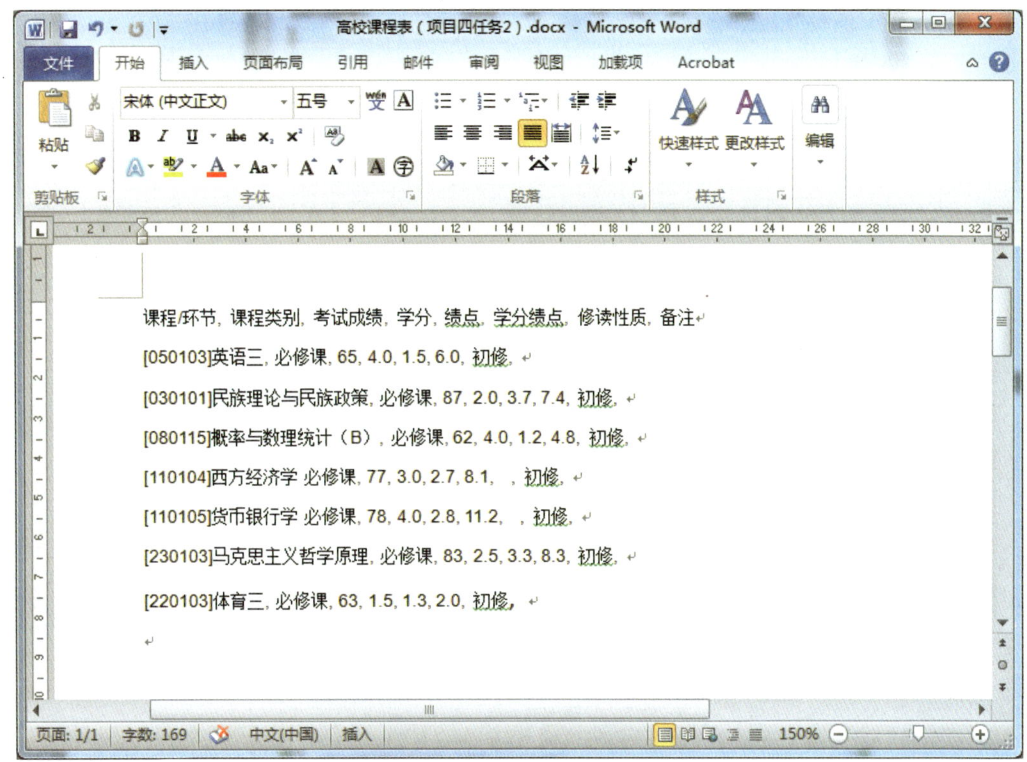

图 4—39　设置分隔符

（2）选定需要转换的文本后，单击“插入”选项卡下“表格”组中的“表格”按钮，在弹出的下拉菜单中选择“文本转换成表格”命令，如图 4—40 所示。

（3）单击“文本转换成表格”命令后，弹出如图 4—41 所示的对话框，在“表格尺寸”组下的“列数”文本框中输入所需要的列数，一般情况下，系统会根据文本所设置的分隔符计算出所需要的列数，如果选择的列数大于这个数值，会自动在表格后增加空列。在“文字分隔位置”组下，选择所需要的分隔符，大部分情况下系统会自动识别出来。完成设置后单击“确定”按钮即可。

关闭“将文字转换成表格”对话框后回到文本编辑界面，可以看到转换已经完成，效果如图 4—42 所示。

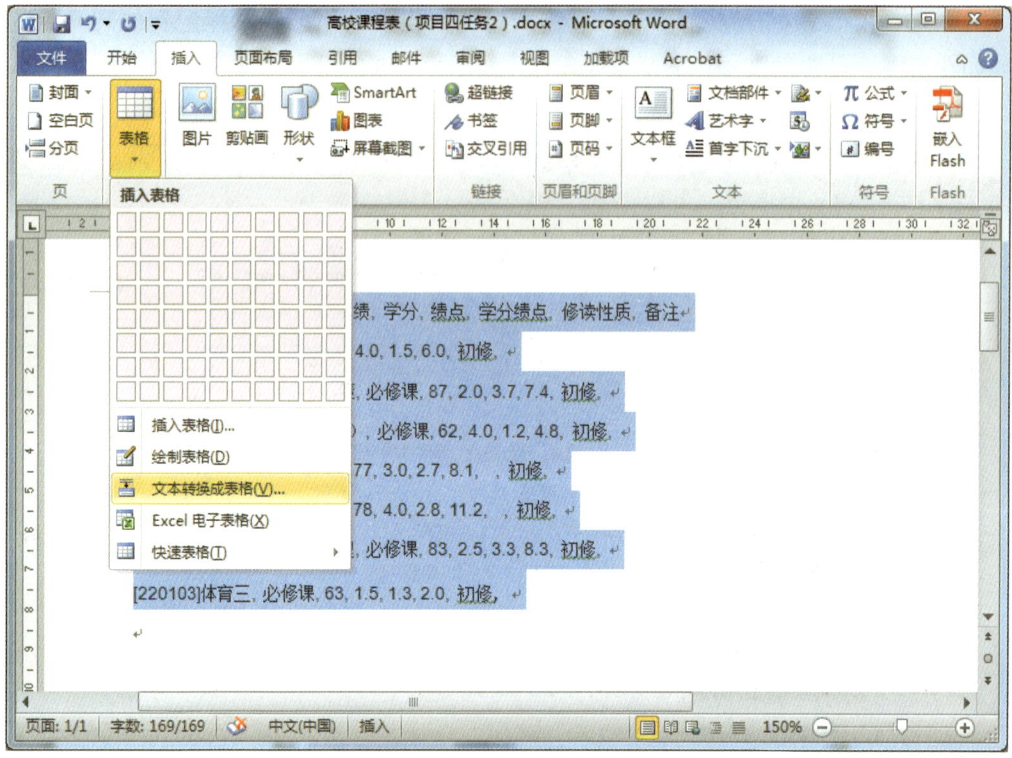

图 4—40　将文本转换成表格

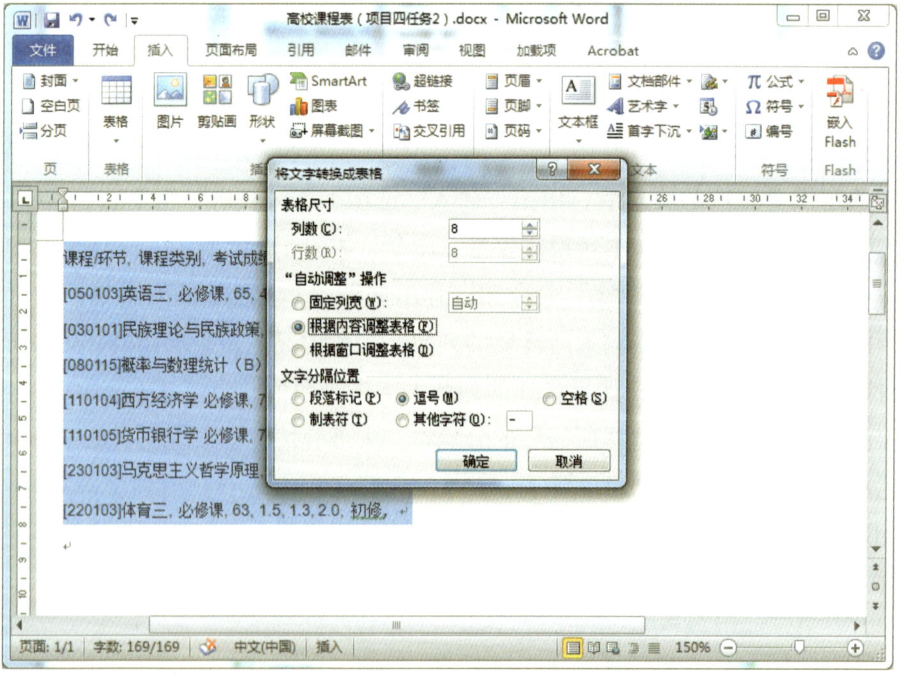

图 4—41　"将文字转换成表格"对话框

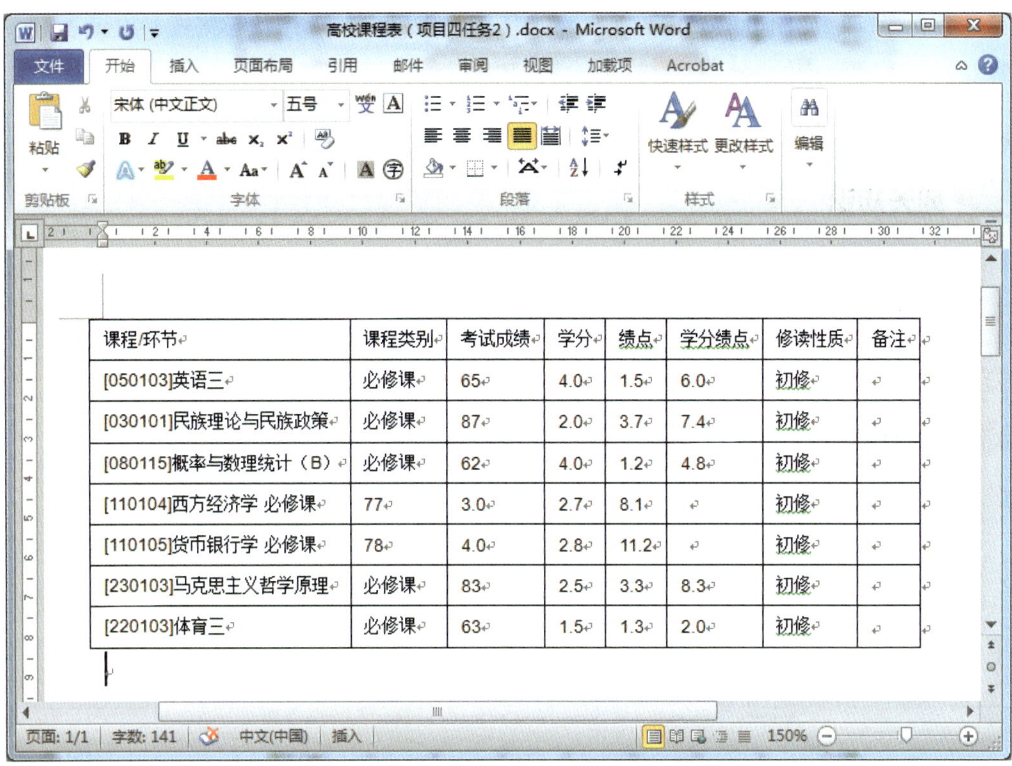

课程/环节	课程类别	考试成绩	学分	绩点	学分绩点	修读性质	备注
[050103]英语三	必修课	65	4.0	1.5	6.0	初修	
[030101]民族理论与民族政策	必修课	87	2.0	3.7	7.4	初修	
[080115]概率与数理统计（B）	必修课	62	4.0	1.2	4.8	初修	
[110104]西方经济学 必修课	77	3.0	2.7	8.1		初修	
[110105]货币银行学 必修课	78	4.0	2.8	11.2		初修	
[230103]马克思主义哲学原理	必修课	83	2.5	3.3	8.3	初修	
[220103]体育三	必修课	63	1.5	1.3	2.0	初修	

图 4—42　将文本转换成表格的效果

任务 4　设置表格格式

学习目标

1. 能使用表格自动套用格式功能。
2. 能设置表格中的文字格式。
3. 能手动设置表格格式。

任务描述

表格在创建完成后，还需要对其边框、颜色、字体、文本等进行排版，以美化表格。

本任务以前面使用过的表格为例，对表格依次进行自动套用预设格式、设置表格中文字的对齐方式及表格的调整等操作。

Word 2010 中内置了许多种表格格式，使用任何一种内置的表格格式都可以为表格应用专业的设计。用户也可以根据自己的需要对表格进行文字格式、单元格大小等设置。

1. 表格自动套用格式

自动套用表格格式的操作步骤如下：

（1）选中需要修饰的表格，单击“设计”选项卡，可以看到“表格样式”组中的几种简单的表格样式，如图 4—43 所示。

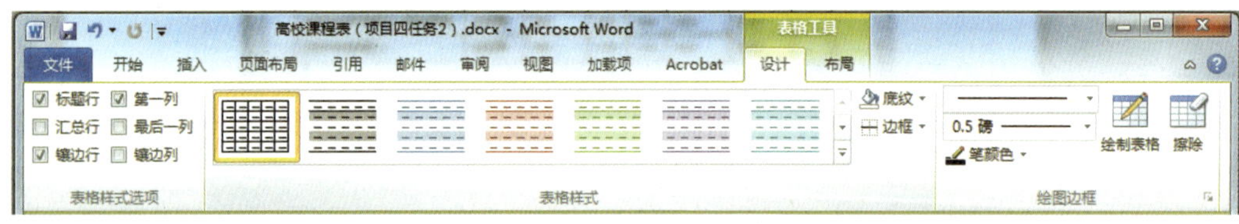

图 4—43　表格样式

单击上翻按钮和下翻按钮，可以翻动表格样式列表；单击展开按钮可以查看所有样式列表，如图 4—44 所示。将光标移动到样式表格上时，在文档中可以预览到表格自动应用该样式后的效果。

（2）在选中的样式上单击鼠标，文档中的表格会自动应用该样式。

（3）选择完样式后，可以单击“设计”选项卡下“表格样式”组中的相应按钮来对样式进行调整。

· 如果需要修改已有的样式来创建自己的表格样式，方便以后使用，可以单击图 4—44 中的“修改表格样式”命令。

· 要清除表格样式，可以单击图 4—44 中的“清除”命令。

· 要创建自己的表格样式，可以单击图 4—44 中的“新建表样式”命令。

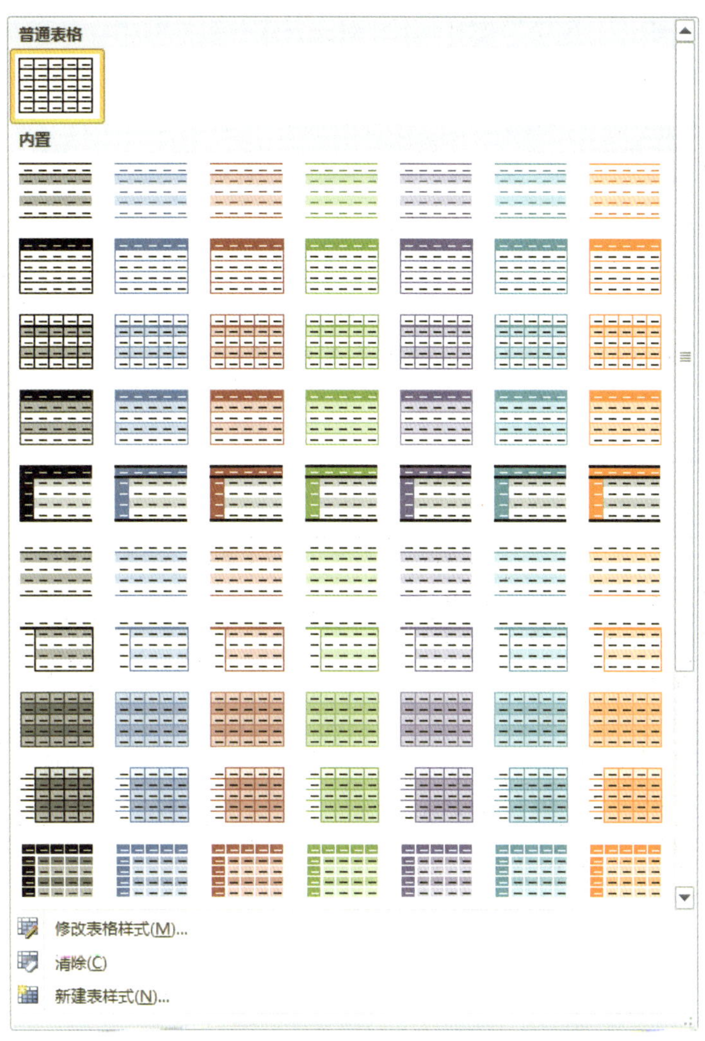

图 4—44　表格样式列表

2. 设置表格中的文字格式

表格中文字字体、字号等的设置与文本的设置相同，当字号增大时，表格会自动调整行高与列宽来适应文本的需要。本任务着重讨论文字对齐方式与文字方向的设置。

（1）更改文字对齐方式

Word 2010 中提供了 9 种不同的文字对齐方式，在“布局”选项卡下的“对齐方式”组中显示了这 9 种文字对齐方式。分别是“靠上两端对齐”“靠上居中对齐”“靠上右对齐”“中部两端对齐”“水平居中”“中部右对齐”“靠下两端对齐”“靠下居中对齐”“靠下右对齐”。读者可以依次尝试，观察选择每种对齐方式后的效果。

更改文字对齐方式的具体操作步骤如下：

1）选中需要设置文字对齐方式的单元格。

2）根据需要单击“布局”选项卡下“对齐方式”组中的相应对齐方式按钮，或单击鼠标右键，在弹出的快捷菜单中选择“单元格对齐方式”命令，再选择相应的对齐方式按钮。

如设置文字居中对齐，效果如图 4—45 所示。

在图 4—45 中可以看到，选中列的数据不再是靠右对齐方式，而更改为居中对齐方式。

课程/环节	课程类别	考试成绩	学分	绩点	学分绩点	修读性质	备注
[050103]英语三	必修课	65	4.0	1.5	6.0	初修	
[030101]民族理论与民族政策	必修课	87	2.0	3.7	7.4	初修	
[080115]概率与数理统计（B）	必修课	62	4.0	1.2	4.8	初修	
[110104]西方经济学 必修课	77	3.0	2.7	8.1		初修	
[110105]货币银行学 必修课	78	4.0	2.8	11.2		初修	
[230103]马克思主义哲学原理	必修课	83	2.5	3.3	8.3	初修	
[220103]体育三	必修课	63	1.5	1.3	2.0	初修	

图 4—45　文字居中对齐效果

也可以使用“开始”选项卡下“段落”组中的文字对齐方式进行设置。

（2）更改文字方向

Word 2010 在默认情况下，单元格的文字方向为水平方向。用户可以根据需要更改单元格中的文字方向，以使文字垂直或水平显示。

更改文字方向的操作步骤如下：

1）单击需要更改文字方向的单元格，如果需要同时修改多个单元格，可以选中所有需要修改的单元格。

2）单击“布局”选项卡下“对齐方式”组中的“文字方向”按钮，或单击鼠标右键，在弹出的快捷菜单中单击“文字方向”命令，弹出“文字方向 – 表格单元格”对话框，如图 4—46 所示。

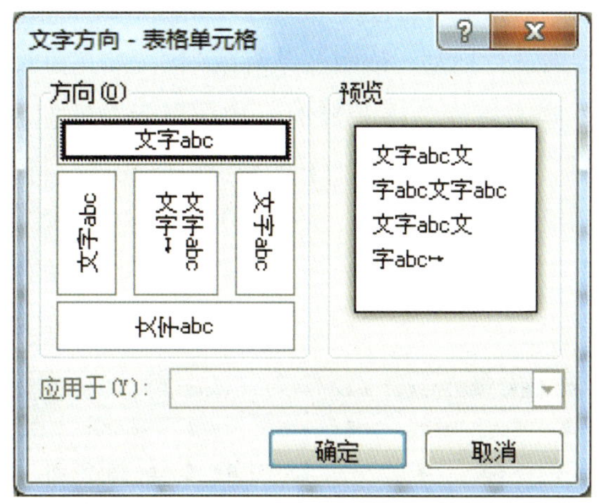

图 4—46　“文字方向 – 表格单元格”对话框

（3）选择相应的文字方向按钮后单击“确定”按钮即可。

3. 表格的调整

表格编辑完毕后，需要进行一些调整，使其更符合用户的要求。

Word 2010 中提供了表格自动调整的功能。

单击“布局”选项卡下“单元格大小”组中的“自动调整”按钮，弹出下拉菜单，其中提供了 3 种自动调整功能：“根据内容自动调整表格”“根据窗口自动调整表格”和“固定列宽”。单击鼠标右键，在弹出的快捷菜单中单击“自动调整”命令，也可实现相应调整。

“布局”选项卡下的“单元格大小”组中还提供了“分布行”按钮和“分布列”按钮，它们的作用如下：

· 根据内容调整表格：自动根据单元格内文本内容的多少相应调整单元格的大小。

· 根据窗口调整表格：自动根据单元格内容的多少及窗口的大小调整相应单元格的大小。

· 固定列宽：固定单元格的宽度，无论内容怎么变化，列宽都不会发生改变，如果没有设置固定行高，行高可根据内容进行相应变化。

· 平均分布各行：保持各行行高一致。无论内容怎么变化，此命令会使选中的各行行高平均分布。如果没有设置固定列宽，列宽可根据内容进行相应变化。

· 平均分布各列：保持各列列宽一致。无论内容怎么变化，此命令会使选中的各列列宽平均分布。如果没有设置固定行高，行高可根据内容进行相应变化。

刚创建出来的表格如果没有经过进一步的设置往往不能满足不同输入内容的要求，为了使新表格变得更加美观，也需要对行高和列宽进行设置。

可以直接对表格的行列进行拖动，以改变某行或列所占的空间，将光标移动到需要改变位置的行线或列线上，当光标变为 ⫲ 形状时，按住鼠标左键左右拖动可以改变该列列宽，当光标变为 ≑ 形状时，按住鼠标左键上下拖动可以改变该行行高。

与绘制表格相同，调整行高或列宽时，Word 2010 会显示虚线以提示用户改变后的位置。如图 4—47 所示，松开鼠标后，该列的列宽自动改变，表格的左端移动到虚线所在的位置。

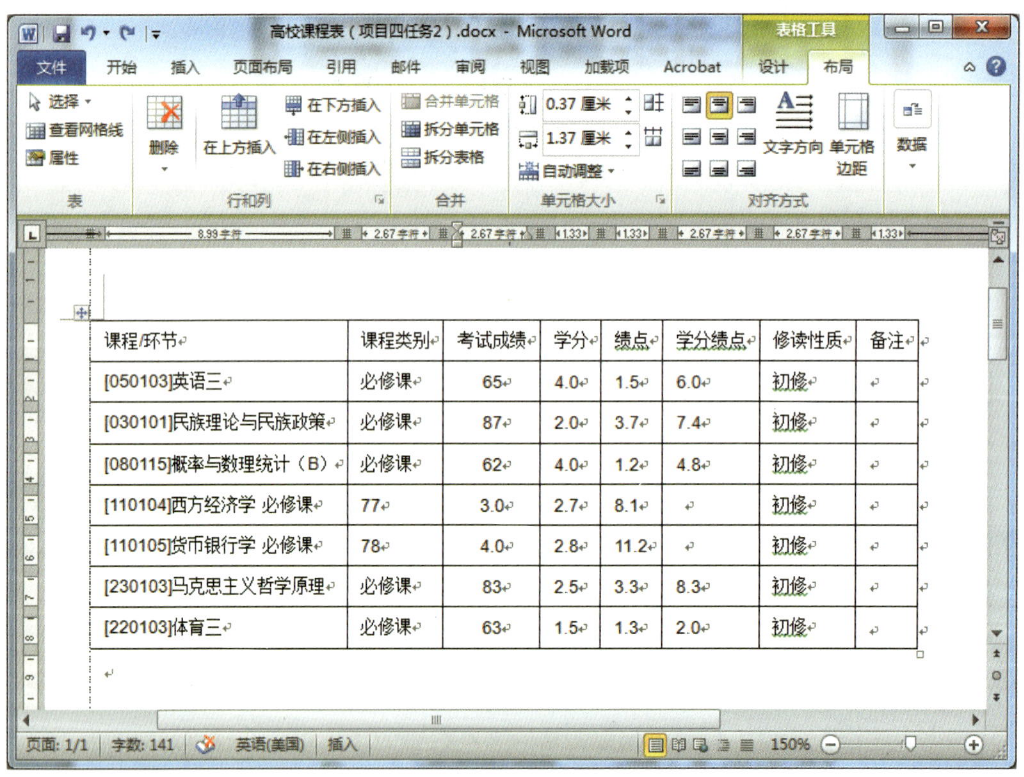

图 4—47　调整列宽

如果要对整个表格进行大小的改变，可以将光标移动到表格的右下角，当光标变为 ⤡ 形状时，按住鼠标左键沿对角线方向拖动即可。

上述方法可以很方便、直观地改变表格的行高和列宽，但需要精确设置表格的行高和列宽时，就需要使用“表格属性”对话框了。

选中表格后单击鼠标右键，在弹出的快捷菜单中选择“表格属性”命令，或单击“布局”选项卡下“单元格大小”组中的对话框启动器，弹出“表格属性”对话框。在该对话框中，可以对表格、行、列和单元格分别进行设置，如图4—48所示。

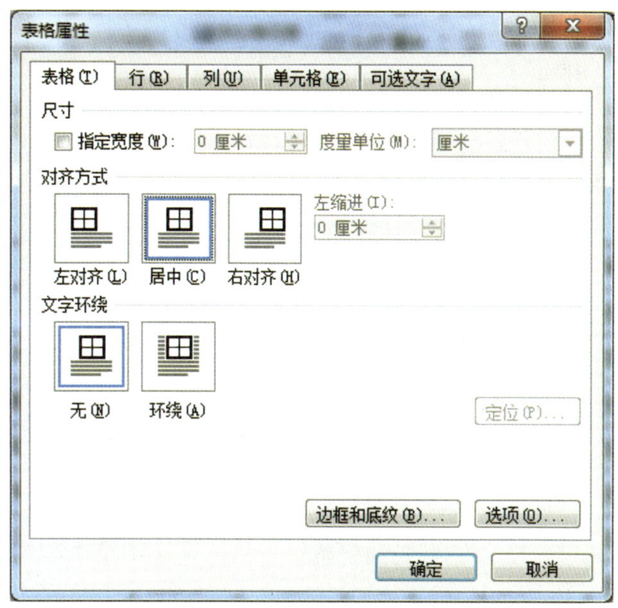

图4—48　“表格属性”对话框

在“表格”选项卡中，可以对整个表格的宽度进行设置，选中“指定宽度”复选框，在旁边的文本框中输入指定的宽度值；“度量单位”下拉菜单可以选择宽度的单位，有厘米或百分比。确定了表格的宽度值，无论表格中的内容变多或变少，只会根据内容调整表格的高度，而不影响宽度。

选择“行”选项卡，在“尺寸”组中可以根据需要对该行输入指定高度，单击“上一行”和“下一行”按钮可以对其他行进行设置。如果需要在表格中输入大量内容，而对表格行高进行自动调整时，打开“行高值是”下拉列表选择“最小值”，这样，当输入内容高于指定高度时，行的高度会自动增加。如果不允许表格行高发生变化，选择“固定值”后在“指定高度”文本框中输入指定行高，行高就不会因为内容的变化而发生变化，如图4—49所示。

“列”选项卡与“单元格”选项卡的设置与“行”选项卡的设置类似，不再赘述。

表格中每一个单元格中的文字与边框之间都有上下左右的距离。在默认情况下，字体的大小不同，距离也不相同。如果存储的字体过大，或者内容较多，都会影响效果。此时需要考虑设置单元格中的文字到边框的距离，使文字远离或者接近边框。

操作演示

具体操作步骤如下：

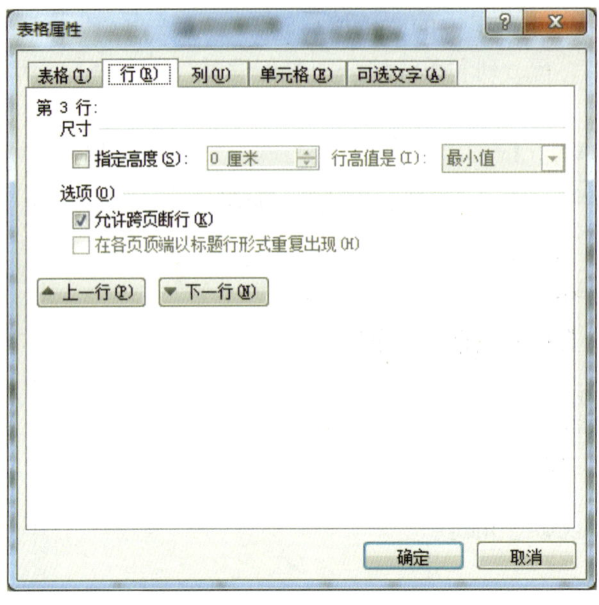

图 4—49 “行”选项卡

（1）选择要调整的单元格，如果要调整整个表格，则选中整个表格。

（2）在选中的单元格或表格上单击鼠标右键，选择“表格属性”命令，或单击“布局”选项卡下“表”组中的“属性”按钮，弹出“表格属性”对话框。如果要针对整个表格进行调整，选择“表格”选项卡，单击右下角的“选项”按钮，弹出“表格选项”对话框，如图 4—50 所示。

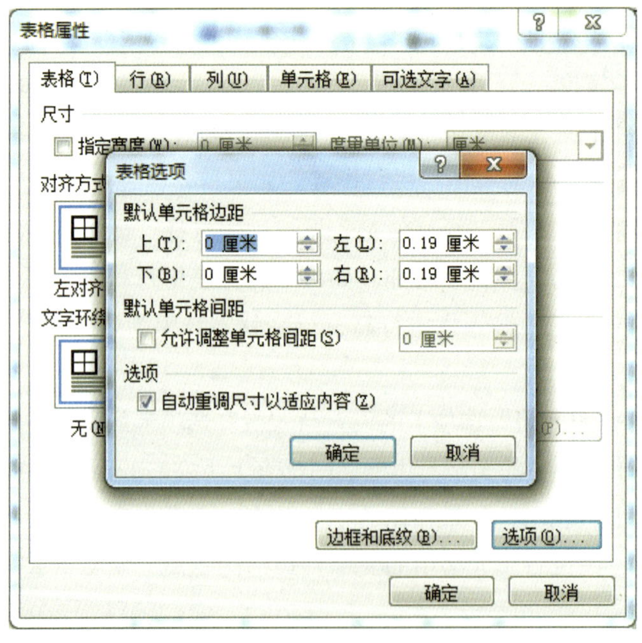

图 4—50 “表格选项”对话框

（3）在“表格选项”对话框的“默认单元格边距”组中，分别输入“上”“下”“左”“右”的值，并单击“确定”按钮。

（4）如果只需要调整所选中的单元格，则选择“单元格”选项卡，然后单击“选项”按钮，弹出如图4—51所示的“单元格选项”对话框。首先取消“与整张表格相同”复选框，然后在“单元格边距”区域输入“上”“下”“左”“右”的值后，单击“确定”按钮。

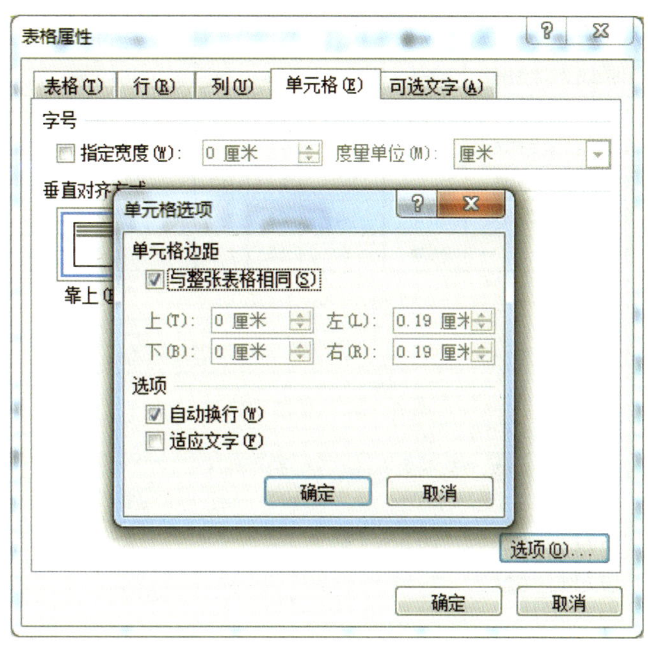

图4—51　“单元格选项”对话框

在默认情况下，新建的表格是沿着页面左对齐的，有时为了美观，可能需要移动表格的位置。移动表格的方法很简单，将光标置于表格内，在表格左上角的移动控制点出现时，将光标移动到控制点上，光标变成✥形状，按住鼠标左键直接进行拖动，拖到需要的位置放开鼠标左键即可。拖动过程中系统将显示虚线提示框提示用户当前移动的位置，如图4—52所示。

由于编辑的需要，有时需要设置在页面上对齐表格，此时可以使用“表格属性”对话框进行设置。在表格上单击鼠标右键，在弹出的快捷菜单上选择“表格属性”命令，在弹出的“表格属性”对话框中选择“表格”选项卡。在“对齐方式”下选择所需要的选项。图4—53所示为选择对齐方式为“左对齐”，文字环绕为“环绕”的效果。

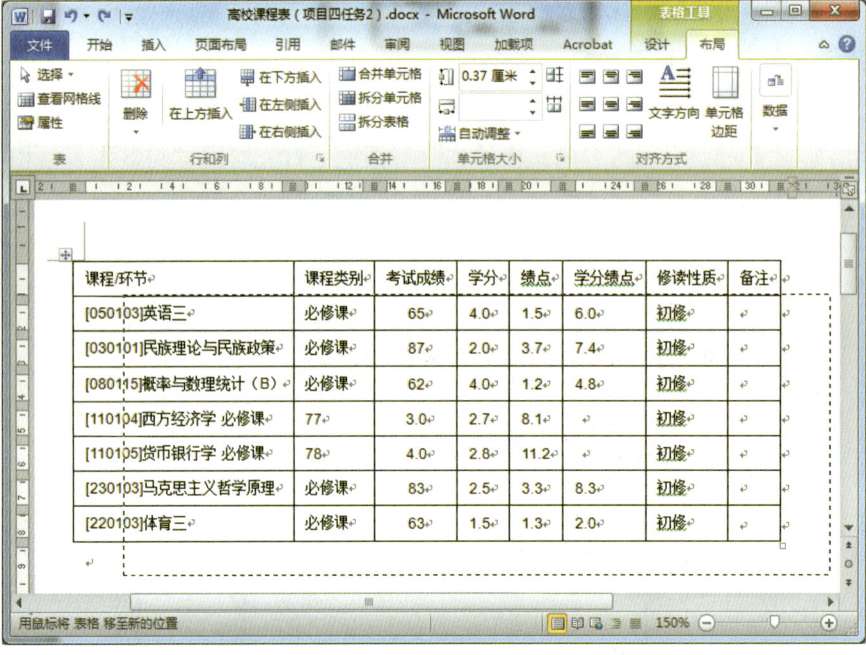

图 4—52　移动表格

图 4—53　设置表格的对齐和环绕方式

任务 5　为表格添加边框和底纹

学习目标

1. 能添加并设置表格边框。
2. 能添加并设置表格底纹。

任务描述

使用系统提供的表格工具可以使表格具有精美的外观，本任务仍以前面使用过的表格为例，为读者介绍如何为表格添加边框和底纹。

相关知识

在建立表格之后，需要经过一定的设置才能具有更好的显示效果。Word 2010 可以为整个表格或表格中的某个单元格添加边框，或用底纹来填充表格的背景。使用“表格工具”组中的“设计”选项卡可以为表格添加美观的边框和底纹。

实践操作

1. 设置表格的边框

Word 2010 提供了两种不同的方法来设置表格的边框，具体操作方法如下：

操作演示

方法一：

（1）选中需要修饰的表格或单元格，单击“设计”选项卡下“表格样式”组中的“边框”按钮，打开如图 4—54 所示的下拉菜单。

（2）若选中“上框线”按钮，可以发现表格的上框线消失了，如图 4—55 所示。

以此类推，选择“外侧框线”按钮，则只留下表格内的网格；选择“所有框线”按钮，不显示表格的框线而只显示排布好的数据及文本。

方法二：选中需要修饰的表格或单元格，单击“设计”选项卡下“绘图边框”组中的

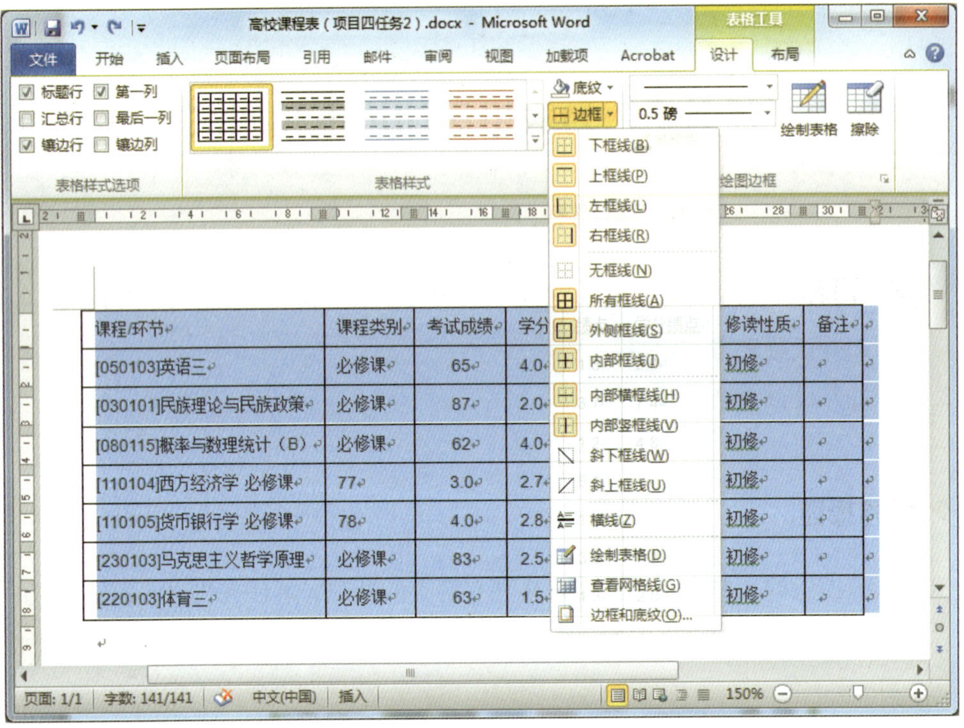

图 4—54　设置表格边框

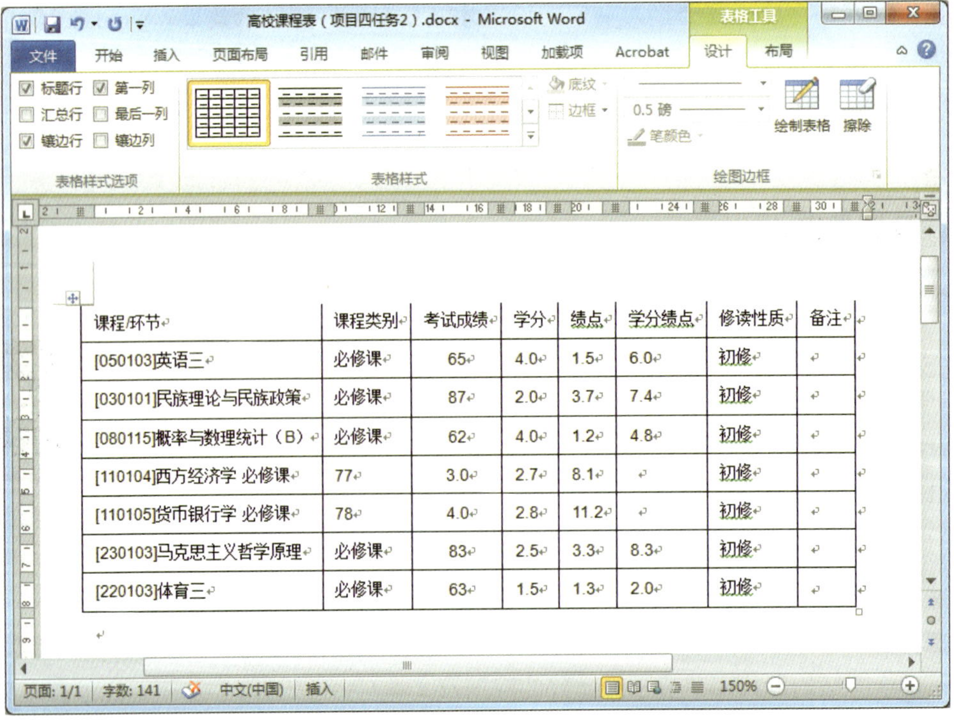

图 4—55　设置上框线

对话框启动器，或单击鼠标右键，在弹出的快捷菜单中选择“边框和底纹”命令，打开“边框和底纹”对话框，选择“边框”选项卡，如图4—56所示。

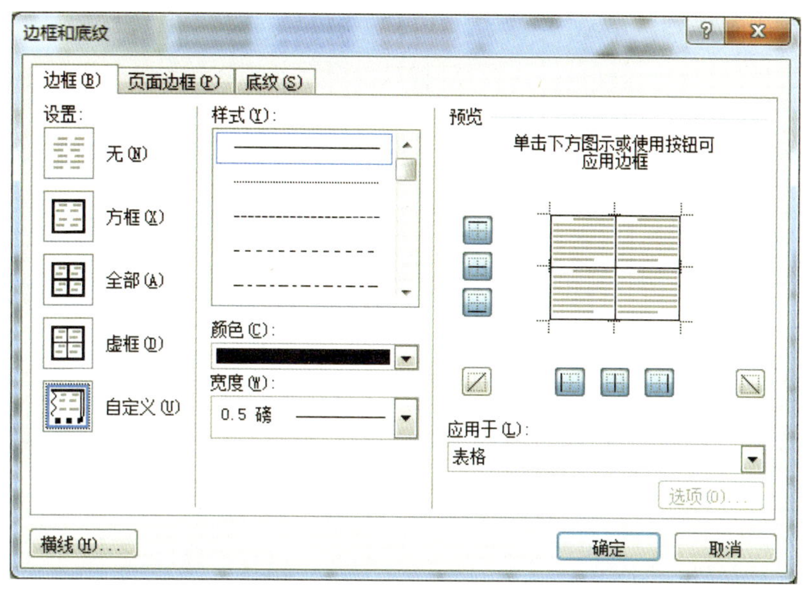

图4—56　“边框和底纹”对话框

在“设置”中选择“方框”选项，仅对最外面的边框应用选定框选基项，而不会为每个单元格都加上边框。选择“全部”选项则对每个线条都应用选定框选基项。选择“虚框”选项会自动为里面的单元格加上边框。如图4—57所示分别为设置“无”选项、“方框”选项、“全部”选项和“虚框”选项的效果图。

用户还可以根据需要，在“样式”选择栏中选择需要的线条样式；在“颜色”选择栏中选择不同的颜色；在“宽度”选择栏中选择线条的宽度。或者打开右下角的“应用于”下拉列表，选择是针对“文字”“段落”“单元格”还是“表格”进行设置。

2. 设置表格的底纹

与设置表格的边框相同，Word 2010提供了两种不同的设置方法供用户设置表格的底纹和颜色。

方法一：选中需要装饰的表格或表格某个部分，单击“设计”选项卡下“表格样式”组中的“底纹”按钮 底纹 打开调色板，如图4—58所示。可以在调色板中选择所需要的颜色，如果需要其他颜色，单击“其他颜色”按钮即可。

方法二：选中需要装饰的表格或表格某个部分，单击“设计”选项卡下“绘图边框”组中的对话框启动器，或单击鼠标右键，在弹出的快捷菜单中选择“边框和底纹”命令，打开“边框和底纹”对话框，选择“底纹”选项卡后，可以选择需要填充的颜色。用

课程/环节	课程类别	考试成绩	学分	绩点	学分绩点	修读性质	注
[050103]英语三	必修课	65	4.0	1.5	6.0	初修	
[030101]民族理论与民族政策	必修课	87	2.0	3.7	7.4	初修	
[080115]概率与数理统计（B）	必修课	62	4.0	1.2	4.8	初修	

无

课程/环节	课程类别	考试成绩	学分	绩点	学分绩点	修读性质	注
[050103]英语三	必修课	65	4.0	1.5	6.0	初修	
[030101]民族理论与民族政策	必修课	87	2.0	3.7	7.4	初修	
[080115]概率与数理统计（B）	必修课	62	4.0	1.2	4.8	初修	

方框

课程/环节	课程类别	考试成绩	学分	绩点	学分绩点	修读性质	注
[050103]英语三	必修课	65	4.0	1.5	6.0	初修	
[030101]民族理论与民族政策	必修课	87	2.0	3.7	7.4	初修	
[080115]概率与数理统计（B）	必修课	62	4.0	1.2	4.8	初修	

全部

课程/环节	课程类别	考试成绩	学分	绩点	学分绩点	修读性质	注
[050103]英语三	必修课	65	4.0	1.5	6.0	初修	
[030101]民族理论与民族政策	必修课	87	2.0	3.7	7.4	初修	
[080115]概率与数理统计（B）	必修课	62	4.0	1.2	4.8	初修	

虚框

图 4—57　设置不同选项的效果

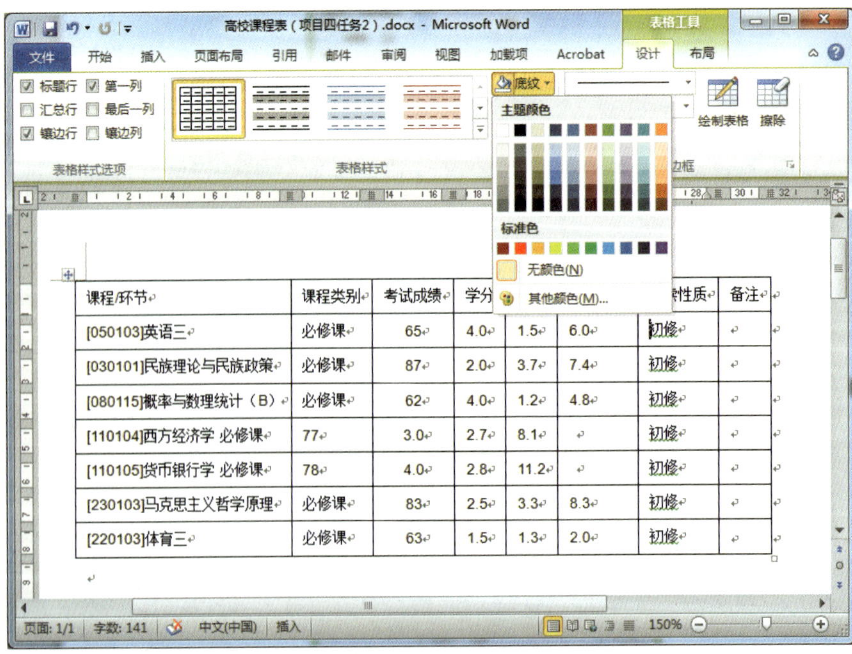

图 4—58　打开调色板

户还可以在“图案”区的“样式”下拉列表框中选择填充的样式，并在“应用于”下拉列表中选择合适的应用形式，如图 4—59 所示。

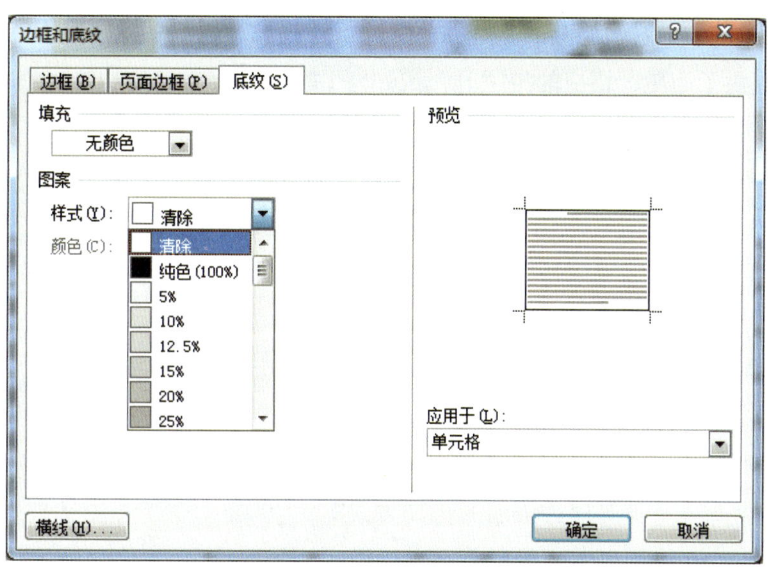

图 4—59　设置底纹

任务 6　使用排序和公式

学习目标

1. 能在表格中实现排序。
2. 能在表格中使用公式计算。

任务描述

为了方便查阅，很多情况下要求表格中存储的信息具有一定的排列规则，Word 2010 提供了将表格中的文本、数据排序的功能，并可帮助用户完成常规的数学计算。本任务以学生成绩表为例，学习如何使用 Word 2010 的排序及求和计算功能。

相关知识

如果手动对一个数据信息量较大的表格进行排序，工作量很大，也容易出错。Word 2010 为用户提供了简单、快捷的按“升”或“降”两种顺序排序的功能。

升序指由字母 A 到 Z，数字 0 到 9，或最早的日期到最晚的日期。

降序指由字母 Z 到 A，数字 9 到 0，或最晚的日期到最早的日期。

下面介绍一下 Word 2010 中的排序规则。

· 文字：首先为以标点或符号开头的项目（如！、#、% 等）排序，其次为以数字开头的项目排序，最后为以字母开头的项目排序。

· 数字：忽略数字以外其他所有字符，数字可以位于段落中任何位置。

· 日期：将连字符、斜线（/）、逗号和句号识别为有效的日期分隔符，同时将冒号（：）识别为有效的时间分隔符。如果 Word 2010 无法识别一个日期或时间，会将该项目排列在列表的开头或结尾（依照升序或降序的排列方式）。

· 特定的语言：根据语言的排顺规则进行排序，某些特定的语言有不同的排顺规则可供选择。

· 后续字符：以相同字符开头的两个或更多的项目将比较各项目中的后续字符，以决定排列次序。

· 域结果：将按指定的排序选项对域结果进行排序。如果两个项目中的某个域（如姓氏）完全相同，将比较下一个域（如名字）。

Word 2010 中的表格还提供了强大的计算功能，可以帮助用户完成常用的数学计算。建议用户使用 Excel 来执行复杂的计算，这里只简单介绍如何计算行或列中的数值总和。

实践操作

1. 使用排序

在表格中对文本进行排序时，可以选择对表格中单独的列或者整个表格进行排序。对表格中的某一列进行排序的具体操作步骤如下：

（1）选择需要排序的列。单击“布局”选项卡下“数据”组中的“排序”按钮，打开“排序”对话框，如图 4—60 所示。

（2）选择所需的排列选项，“主要关键字”默认为要排序的列。“类型”由 Word 2010 自动识别为“数字”类型，也可以根据需要打开下拉菜单选择相应的排序类型。接下来可

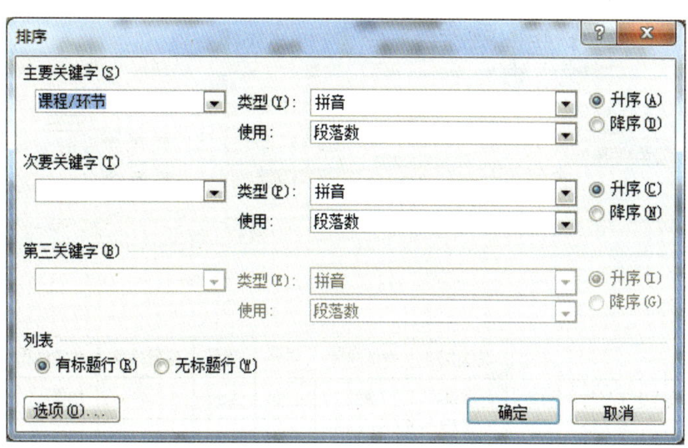

图 4—60　“排序”对话框

以在右边的单选框中选择“升序”或“降序”，这里根据需要选择为“降序”。

（3）选中的行部分包含标题行，所以在“列表”组中可以勾选“有标题行”单选框，这种方法常用于对除表格顶部几行以外的部分进行排序；如果选择部分不包括标题行，则勾选“无标题行”单选框。

（4）单击“选项”按钮，打开如图 4—61 所示的“排序选项”对话框。

（5）如果选中“仅对列排序”复选框，Word 2010 会根据此关键字的顺序仅调整选中列的顺序，如果不选中该复选框，则调整所有记录的顺序。

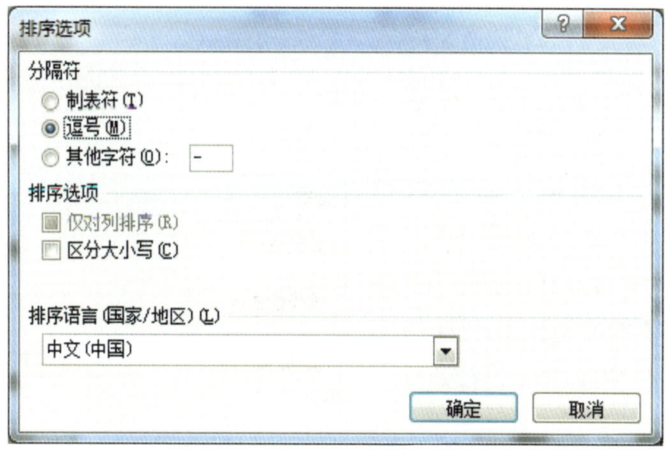

图 4—61　“排序选项”对话框

（6）单击“确定”按钮，再单击“排序”对话框中的“确定”按钮，关闭对话框，完成排序，排序结果如图 4—62 所示。所有数据都已按课程 / 环节降序进行排序。

2. 使用公式

计算行或列中数值总和的操作步骤如下：

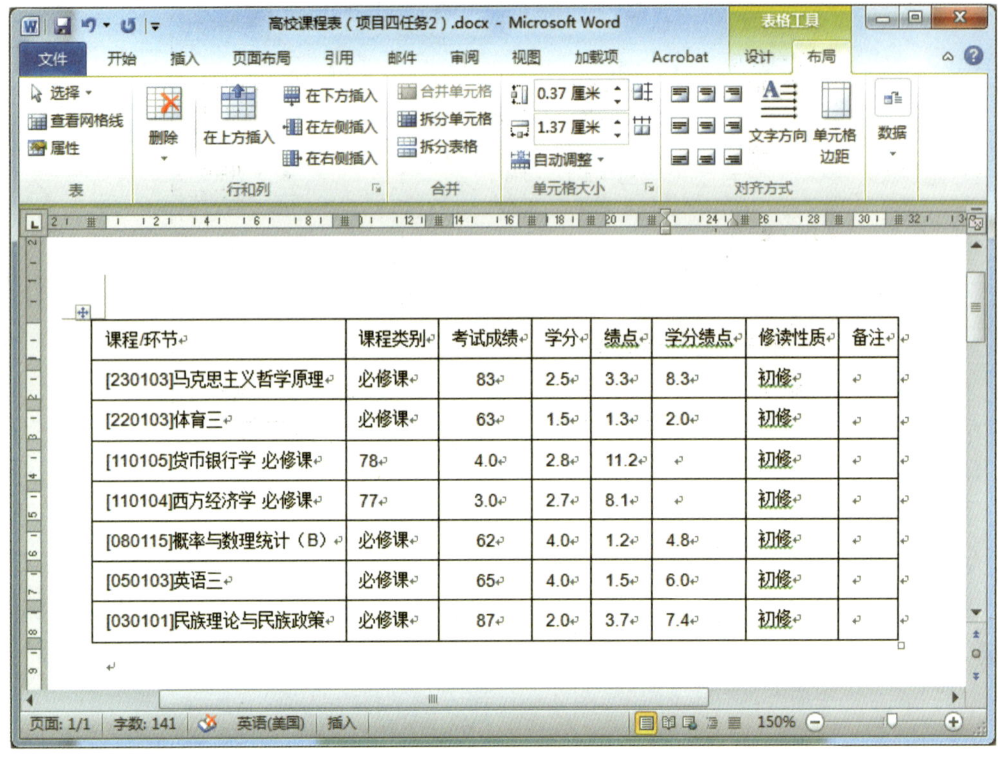

课程/环节	课程类别	考试成绩	学分	绩点	学分绩点	修读性质	备注
[230103]马克思主义哲学原理	必修课	83	2.5	3.3	8.3	初修	
[220103]体育三	必修课	63	1.5	1.3	2.0	初修	
[110105]货币银行学 必修课	78	4.0	2.8	11.2		初修	
[110104]西方经济学 必修课	77	3.0	2.7	8.1		初修	
[080115]概率与数理统计（B）	必修课	62	4.0	1.2	4.8	初修	
[050103]英语三	必修课	65	4.0	1.5	6.0	初修	
[030101]民族理论与民族政策	必修课	87	2.0	3.7	7.4	初修	

图 4—62 排序结果

（1）单击要放置求和结果的单元格。

（2）单击“布局”选项卡下“数据”组中的“公式”按钮，打开“公式”对话框，如图 4—63 所示。

若选定的单元格位于一列数值的底端，Word 2010 会建议采用公式“=SUM(ABOVE)”进行计算；若选定的单元格位于一行数值的右边，Word 2010 将建议采用公式“=SUN(LEFT)”进行计算。

（3）确认选定的公式正确，单击“确定”按钮即可完成相应的计算，结果如图 4—64 所示。

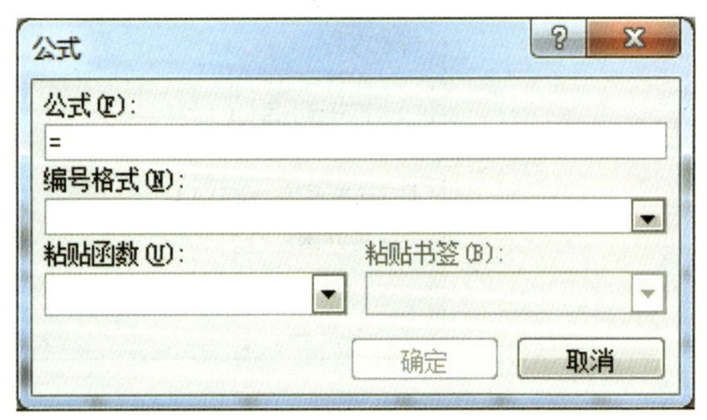

图 4—63 “公式”对话框

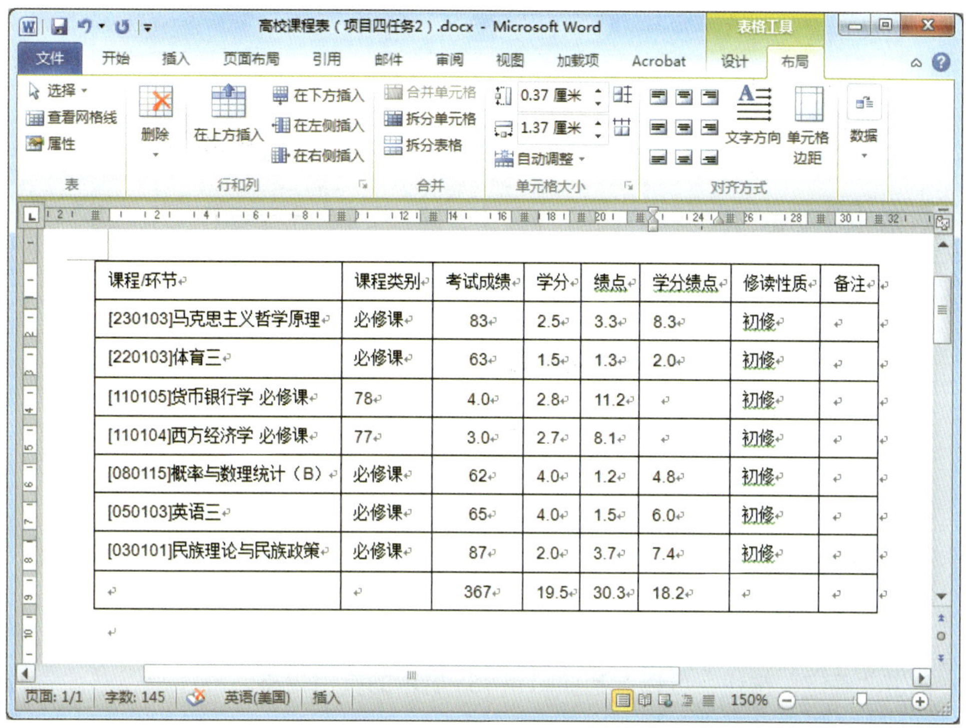

课程/环节	课程类别	考试成绩	学分	绩点	学分绩点	修读性质	备注
[230103]马克思主义哲学原理	必修课	83	2.5	3.3	8.3	初修	
[220103]体育三	必修课	63	1.5	1.3	2.0	初修	
[110105]货币银行学 必修课	78	4.0	2.8	11.2		初修	
[110104]西方经济学 必修课	77	3.0	2.7	8.1		初修	
[080115]概率与数理统计（B）	必修课	62	4.0	1.2	4.8	初修	
[050103]英语三	必修课	65	4.0	1.5	6.0	初修	
[030101]民族理论与民族政策	必修课	87	2.0	3.7	7.4	初修	
		367	19.5	30.3	18.2		

图 4—64　求和的结果

如果该行或列中含有空单元格，Word 2010 将不对这一整行或整列进行累加。要对整行或整列求和，必须在每个空单元格中输入零值。

综合训练

制作一个简单的学生期末成绩表。

具体操作步骤如下：

1. 单击“插入”选项卡下的“表格”按钮，在下拉菜单的单元格选择板上选中 8 行 5 列的表格。

2. 单击“设计”选项卡下“表格样式”组中的下拉菜单按钮，选择所需要的表格样式。

3. 选中“设计”选项卡下“表格样式”组中的“标题行”“第一列”“汇总行”“镶边行”。

4. 单击“设计”选项卡下“绘图边框”组中的对话框启动器，或单击鼠标右键，在弹出的快捷菜单中选择“边框和底纹”命令，打开“边框和底纹”对话框，选择“边框”选项卡后，在预览区下方的“应用于”下拉菜单中选择“单元格”，如图 4—65 所示。

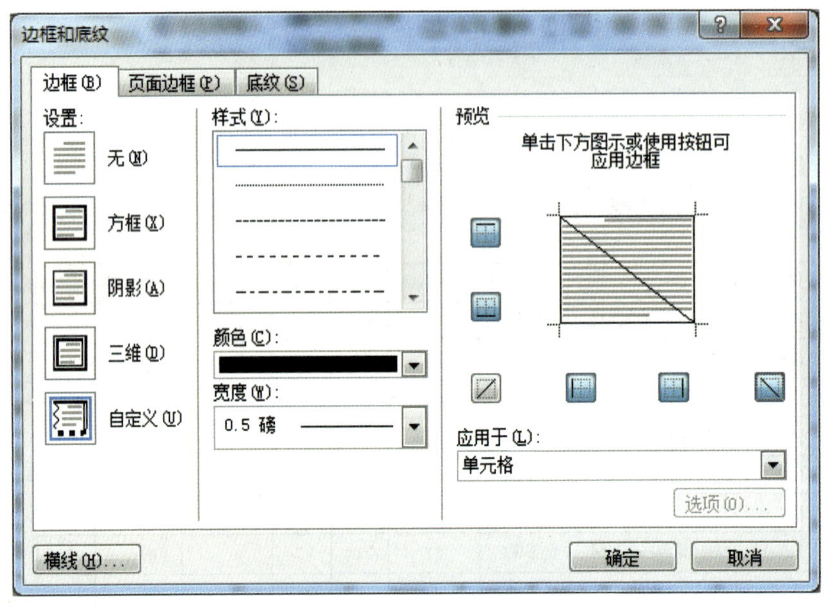

图 4—65　设置斜线表头

5. 单击“确定”按钮，可以看到如图 4—66 所示的空白表格。

6. 填入学生的成绩数据，使所有数据居中对齐。

7. 统计学生总成绩，单击“布局”选项卡下“数据”组中的“公式”按钮，打开“公式”对话框，在“公式”文本框中使用公式“=SUN(LEFT)”，单击“确定”按钮，结果如图 4—67 所示。

8. 按学生的总成绩进行降序排序。选中“总分”列，单击“布局”选项卡下“数据”组中的“排序”按钮，进行相关设置后单击“确定”按钮。

至此，一个简单的学生期末成绩表格制作完成，如图 4—68 所示。

图 4—66　空白表格

课程／姓名	语文	数学	英语	总分
赵六	95	82	89	266
李二	94	73	82	249
刘三	75	85	80	240
王一	63	89	77	229
孙五	68	78	74	220
张四	89	63	91	243

图 4—67　输入数据后求和

课程／姓名	语文	数学	英语	总分
赵六	95	82	89	266
李二	94	73	82	249
张四	89	63	91	243
刘三	75	85	80	240
王一	63	89	77	229
孙五	68	78	74	220

图 4—68　学生期末成绩表

操作演示

项目五　图形对象的编辑

图片操作
剪贴画操作
艺术字操作
SmartArt 图形操作
图表操作
绘制图形
文本框操作
综合提高，技巧练习
任务 1
插入图片
任务 2
设置图片或图形对象格式
任务 3
插入剪贴画
任务 4
插入艺术字
任务 5
插入 SmartArt 图形
任务 6
插入图表
任务 7
绘制与编辑图形
任务 8
使用文本框
综合训练

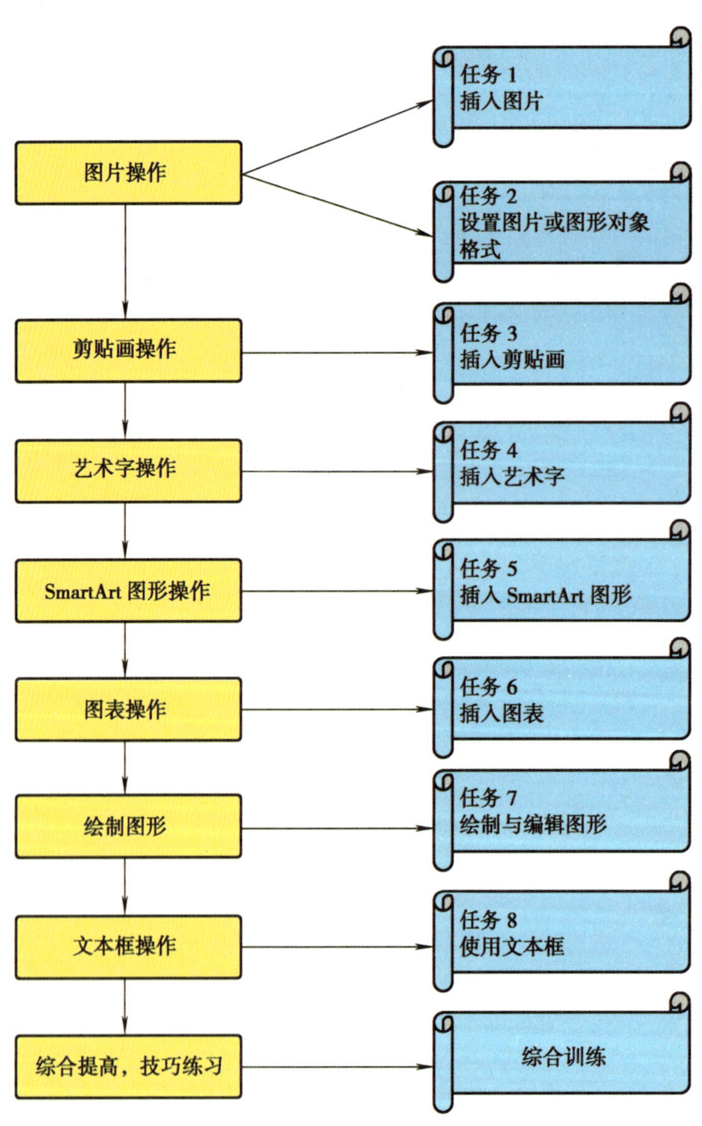

图形作为信息的一种载体，比文字容量更大，更易引起读者注意。Word 2010 中可以使用两种基本类型的图形来增强文档的效果：图形对象和图片。

下面解释一下本项目中经常提到的概念。

· 位图：由一系列小点组成的图片。直观地看，位图就是在一张布满方格的纸上，填充其中的一些方格以形成形状或线条。当存储为文件时，位图的扩展名通常为 .bmp。

· 艺术字：使用 Word 2010 提供的效果创建的文本对象，可以对其应用其他效果格式。

· 图形对象：可以绘制或插入的任何图形，并可对这些图形进行更改和完善。图形对象包括自选图形、图表、曲线、线条和艺术字等。

· 图片：可以取消组合并作为两个或多个对象操作的文件，或可以作为单个对象（如位图）的文件，包括扫描的图片、照片和剪贴画等。插入图片的文件格式常用的有 BMP、TIF、PSD、JPEG、GIF 等。

· 自选图形：一组由 Word 2010 设置的形状，包括矩形、圆等基本形状，以及各种线条和连接的箭头总汇、流程图符号、星与旗帜、标注等。

图 5—1 所示是利用位图、图形对象、文本框等元素制作的一张名片。可见，使用好这些元素，Word 2010 可以满足很多常用的办公需求。

图 5—1　名片效果

任务 1 插入图片

学习目标

1. 能插入来自文件的图片。
2. 能直接从剪贴板中插入图片。
3. 能以对象的方式插入图片。

任务描述

为了增强文档的可视性，向文档中添加图片是一项基本的操作。Word 2010 提供了 5 种插入图片的方式，可以很方便地在文本编辑中插入图片。

相关知识

插入图片的方法有：插入来自文件的图片、插入剪贴画、插入形状、插入 SmartArt 图形和插入图表。使用“插入”选项卡下“插图”组的 5 个功能按钮可以方便地插入以上 5 种类型的图片。

实践操作

1. 插入来自文件的图片

用户在文档中除了插入 Word 2010 附带的剪贴画外，还可以从 U 盘等辅助外设中选择要插入的图片文件。

操作演示

在文档中插入来自文件的图片的操作步骤如下：

（1）将光标放置在要插入图片的位置。

（2）单击“插入”选项卡下“插图”组中的“图片”按钮，打开“插入图片”对话框，如图 5—2 所示。

（3）双击需要插入的图片，就可以方便地将图片插入文档中相应位置了。

图 5—2 “插入图片”对话框

在默认情况下 Word 2010 在文档中直接嵌入图片。但是如果插入的图片过多，会使文档变得过大。此时用户可以通过使用链接图片的方法来减小文档大小。操作方法是：在“插入图片”对话框中，单击“插入”按钮旁边的下拉箭头按钮，然后单击“链接到文件”命令即可。

2. 直接从剪贴板中插入图片

Word 2010 还提供了从剪贴板中插入图片的功能，使图片的插入更加简单。打开“我的电脑”中存储图片的文件夹，找到需要插入的图片，在文件上单击鼠标右键从快捷菜单中选择“复制”选项，或直接使用 Ctrl+C 组合快捷键复制图片。回到文档中，将光标定位在需要插入图片的位置，单击鼠标右键，在弹出的快捷菜单中选择“粘贴”命令或直接使用 Ctrl+V 组合快捷键。这样就可以很方便地将计算机中的图片文件粘贴到文档中了。

如图 5—3 所示，通过剪贴板可以将计算机中以文件形式存储的图片插入文档中。

图 5—3　通过剪贴板插入图片

3. 以对象的方式插入图片

Word 2010 提供了以对象的方式插入图片的方法，这种方法简单、直观，并且方便用户进行编辑。具体操作步骤如下：

（1）单击“插入”选项卡下“文本”组中的“对象”按钮，弹出如图 5—4 所示的“对象”对话框，在“新建”选项卡中打开“对象类型”下拉列表框，选择“Bitmap Image”（位图图像）项，也可以单击“由文件创建”选项卡插入图片。

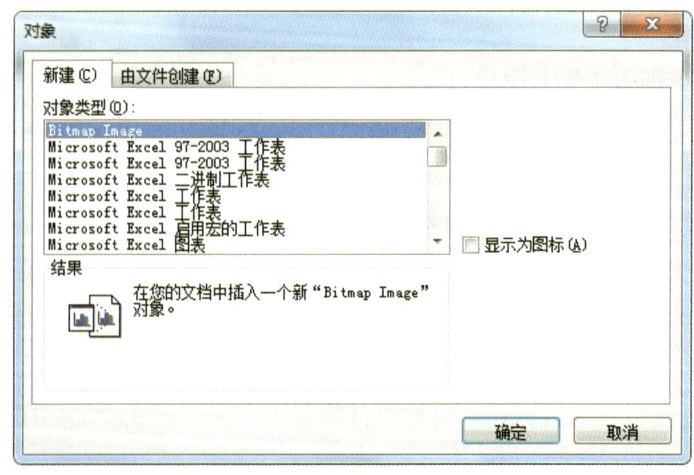

图 5—4　“对象”对话框

（2）此时屏幕变成如图 5—5 所示的绘图画布，在这里，用户可以绘制任意图案，制作自己需要的插入对象。这个插入方法类似于在 Word 2010 文档中插入 Excel 图表，用户可以在 Word 2010 中编辑 Excel 图表，同样地，用户也可以在 Word 2010 中使用“绘图”功能编辑图形。

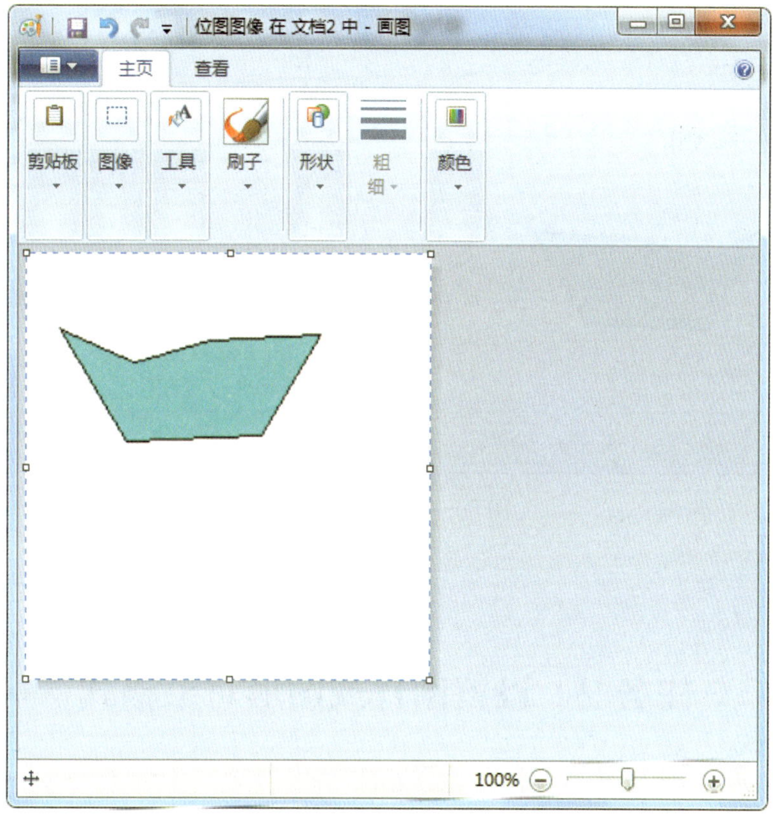

图 5—5　以对象的方式插入图片

（3）绘制完成后，单击页面右边空白处退出绘制，效果如图 5—6 所示。如果需要重新编辑该图形，只要双击该图形即可返回编辑页面。

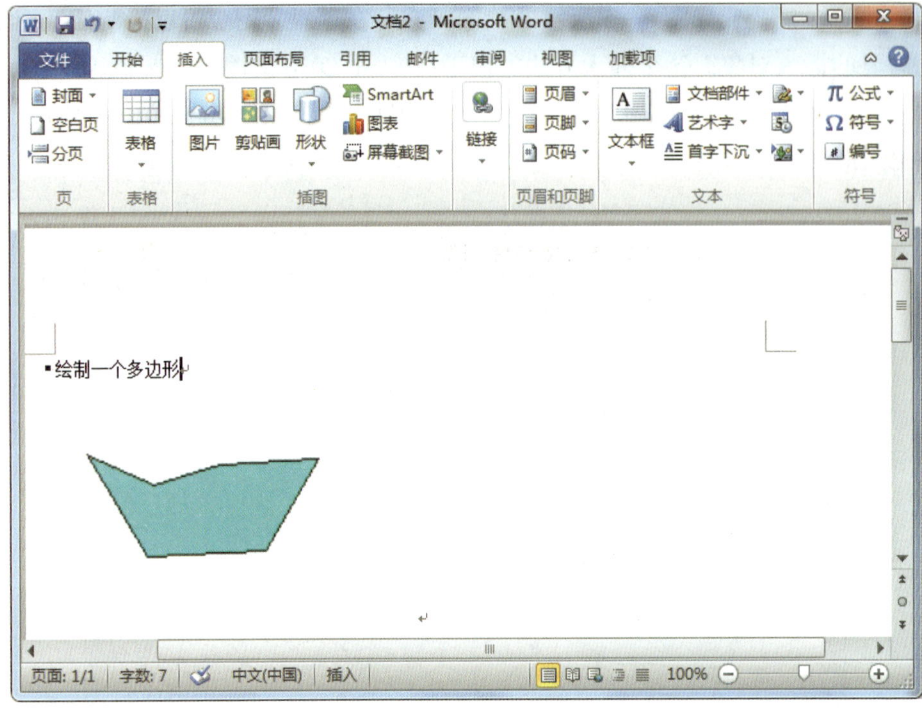

图 5—6　插入图片效果

任务 2　设置图片或图形对象格式

学习目标

1. 能设置图片或图形对象大小。
2. 能裁剪图片。
3. 能添加图片边框。
4. 能修改图片的样式、属性及环绕方式。

任务描述

将图片插入文档中后，往往存在这样或那样的问题，如图片大小不合适、位置或文字环绕方式不合适等。本任务以被插入文档的图片为例，说明如何设置图片大小、设置文字环绕方式与图片格式等。

相关知识

要修改图片的格式，首先要双击选中该图片，图片周围出现控点即表示选中了图片。此时，功能区出现如图 5—7 所示的“格式”选项卡，里面包含图片的处理工具。

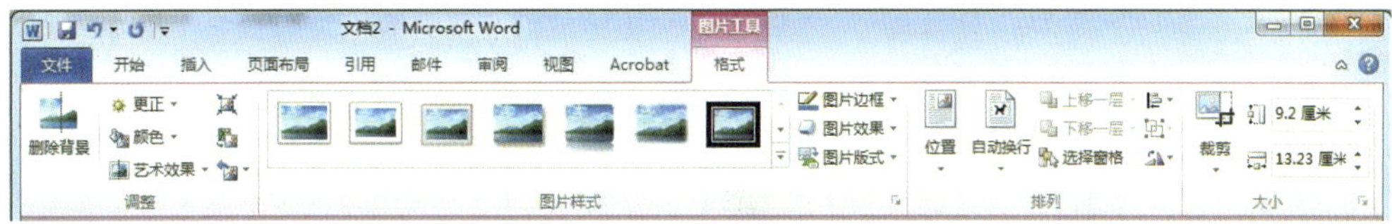

图 5—7 “格式”选项卡

实践操作

操作演示

1. 设置图片的大小

设置图片大小的方法如下：

（1）选中要设置的图片。

（2）将光标移动到四角的尺寸控点上，如右上角，可以看到鼠标变成↗形状，按住鼠标左键沿箭头指示方向拖动尺寸控点，向内拖动则按比例缩小图片，向外拖动则按比例放大图片。Word 2010 提供实时预览，提示用户当前缩放的尺寸，如图 5—8 所示。

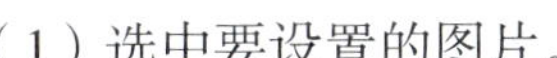

（3）松开鼠标左键，图片就缩放到用户需要的大小了。这样的缩放只是对图片进行压缩，并不会更改图片文件的字节数，如果需要再放大图片，不会因为缩放影响图片的显示质量。

也可以单击“格式”选项卡下“大小”组中的“高度”按钮和“宽度”按钮右侧的微调框进行数值的设定。这样的设定比较精确，而且是按比例进行缩放的。

单击“格式”选项卡下“大小”组中的对话框启动器，可以打开如图 5—9 所示的“布局”对话框。在这个对话框中同样能设置图片高度和宽度，还能设置缩放的比例。在“缩放”组中的“高度”和“宽度”微调框中输入所需要的百分比，可以按比例放大或缩小图片。取消勾选“锁定纵横比”复选框，图片只按用户选择的高度或宽度比例缩放。用户可以进行尝试观察设置的效果。如果需要恢复图片原始大小重新进行设置，只要单击“重置”按钮即可。

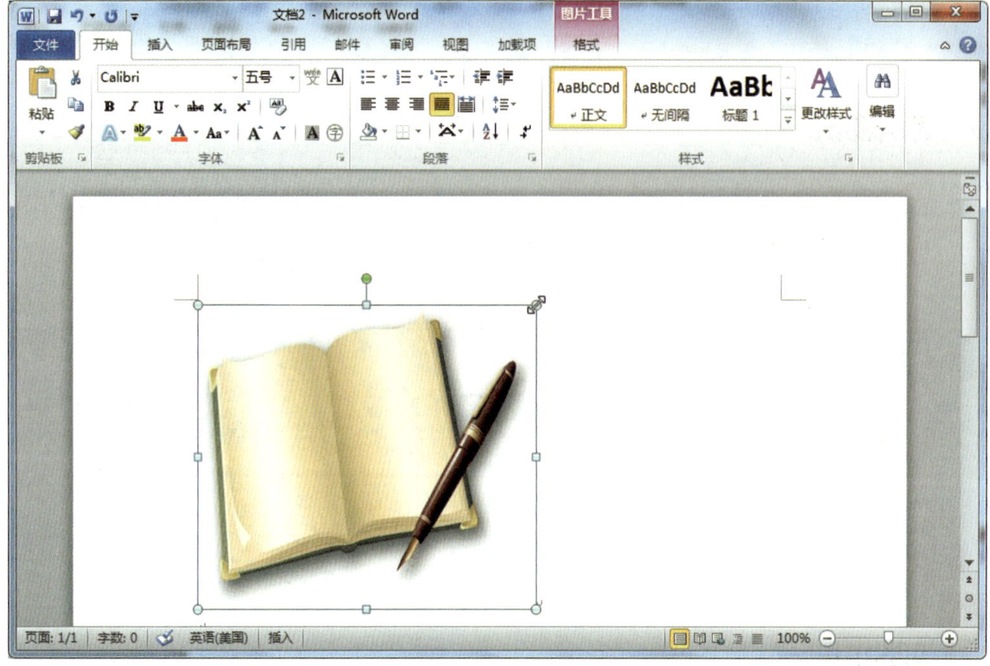

图 5—8　缩放图片

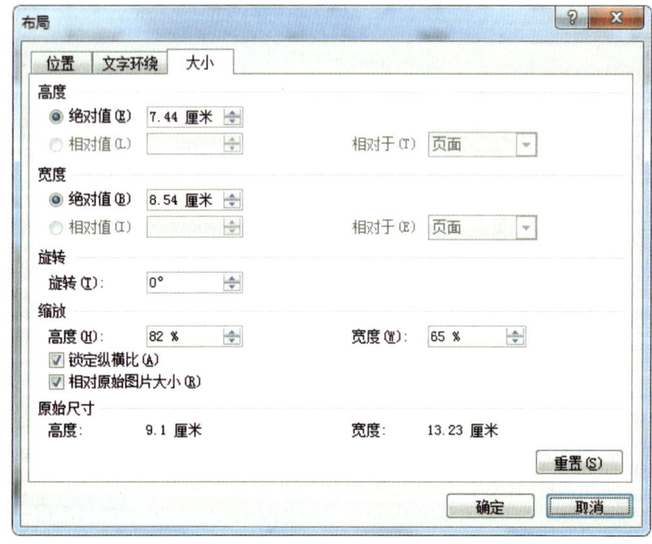

图 5—9　“布局”对话框

2. 裁剪图片

在很多情况下需要对图片进行选择，可能只需要某个图片的一小部分，这样就需要对插入的图片进行剪裁。具体的操作步骤如下：

（1）单击选取需要裁剪的图片。

（2）单击“格式”选项卡下“大小”组中的“裁剪”按钮，此时光标变为✥形状，同时图片周围的控点如图 5—10 所示。

（3）将鼠标移动到裁剪控点上，光标根据所选择的裁剪控点进行相应的变化，在图 5—10 中，选择右上角的控点，光标变成相应的形状后，按住鼠标左键向内拖动，系统提示当前选择的区域，放开鼠标左键，留下的就是方框部分，就可以完成裁剪了。

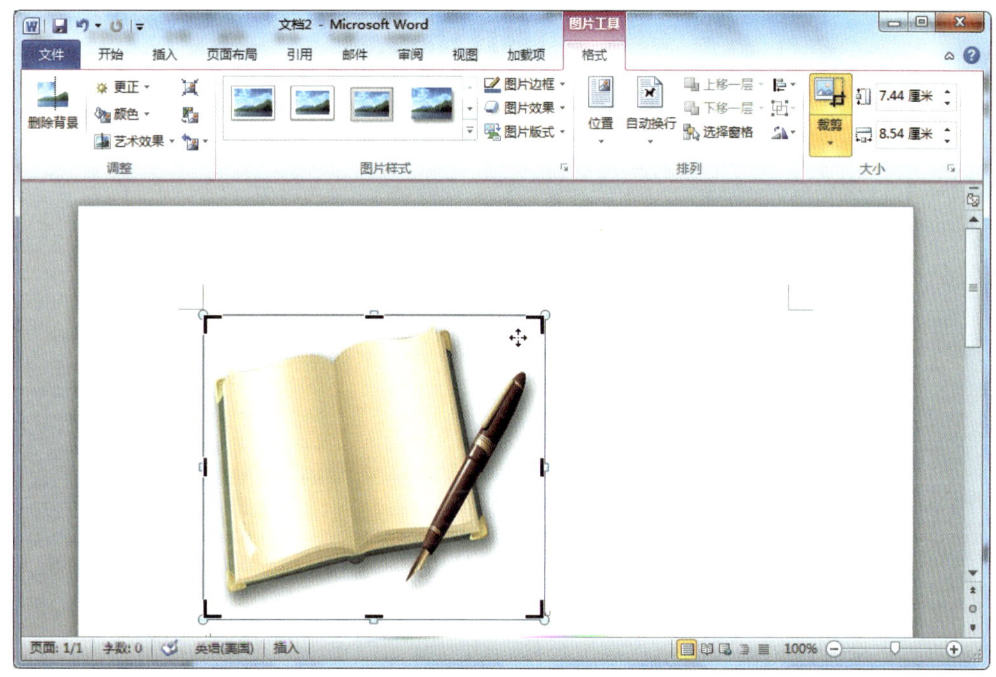

图 5—10　裁剪图片

如果要同时相等地裁剪两边，选中需要裁剪的某一边的控点后按住 Ctrl 键进行拖动；如果要同时相等地裁剪四边，选中某一角的控点后按住 Ctrl 键进行拖动。

3. 为图片添加边框

用户可以为图形对象和图片添加边框，用更改或设置线条格式的方法来更改或设置对象的边框格式。

为图片添加边框的操作步骤如下：

（1）选中需要添加边框的图形对象。

（2）单击“格式”选项卡下“图片样式”组中的“图片边框”按钮，在弹出的下拉菜单中可以设置轮廓颜色、边框线型，并可以更改线条粗细，如图 5—11 所示。

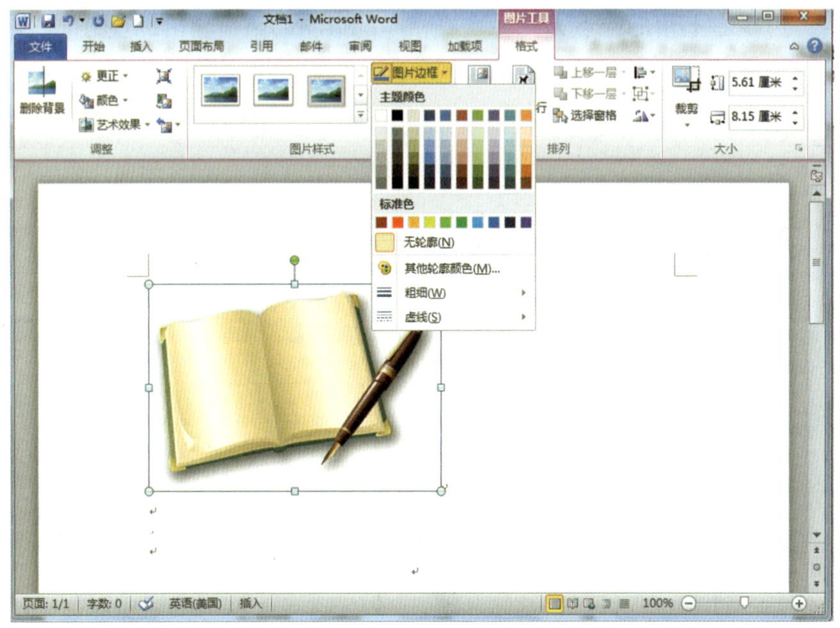

图 5—11　添加图片边框

（3）将光标移动到所希望选择的边框线条颜色上时，系统将在文本编辑界面中显示预览。如需要更改线条粗细或虚实，可以选择“粗细”或“虚实”选项进行设置。

也可以在图片上单击鼠标右键，在弹出的快捷菜单中选择“设置图片格式”命令，打开“设置图片格式”对话框。在左边的列表框中选择“线型”选项，如图 5—12 所示。在右边可以精确设置线型的宽度、复合类型、短划线类型、线端类型及联接类型等。用户可以逐一进行尝试，观察设置后的效果。

4. 修改图片的样式

Word 2010 提供了多种图片样式，通过该功能，用户可以非常容易地给图片加上各种效果，制作出精美的图片。

具体操作步骤如下：

（1）选中要修饰的图片。

（2）单击“格式”选项卡下“图片样式”组中的“图片效果”按钮。在弹出的下拉菜单中，可以进一步设置图片的效果。光标在这些效果上停留时，可以预览选择后的效果，如图 5—13 所示。

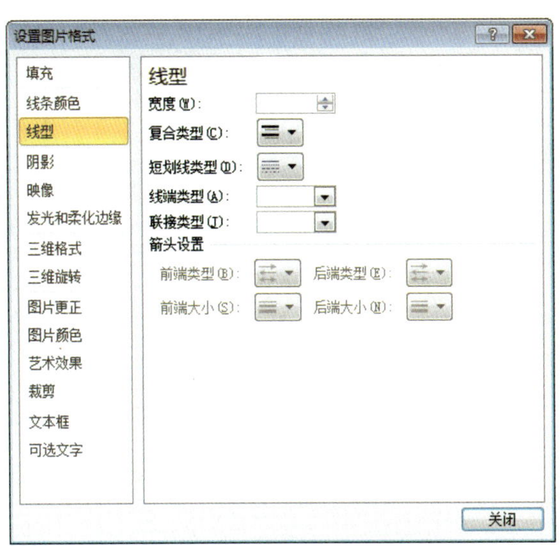

图 5—12　“设置图片格式”对话框

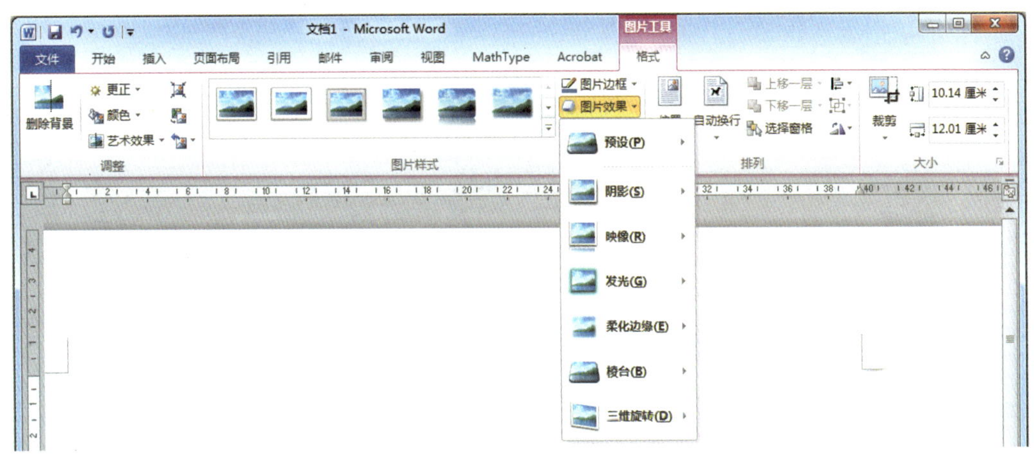

图 5—13　“图片效果”下拉菜单

5. 设置图片属性

“格式”选项卡下的“调整”组中提供了可以对图片的属性进行修改设置的工具，使用这些工具，可以对图片的亮度、对比度、色彩等进行简单设置。

各个按钮的功能如下：

· 颜色按钮：主要用来控制图像的色彩，单击该按钮会弹出下拉菜单，如图 5—14 所示。光标在下拉菜单的选项上停留时可以预览其效果。

· 更正按钮：用于提高或降低图片的亮度和对比度，单击该按钮可弹出下拉菜单进行选择。光标在选项上停留时可预览其效果，如图 5—15 所示。

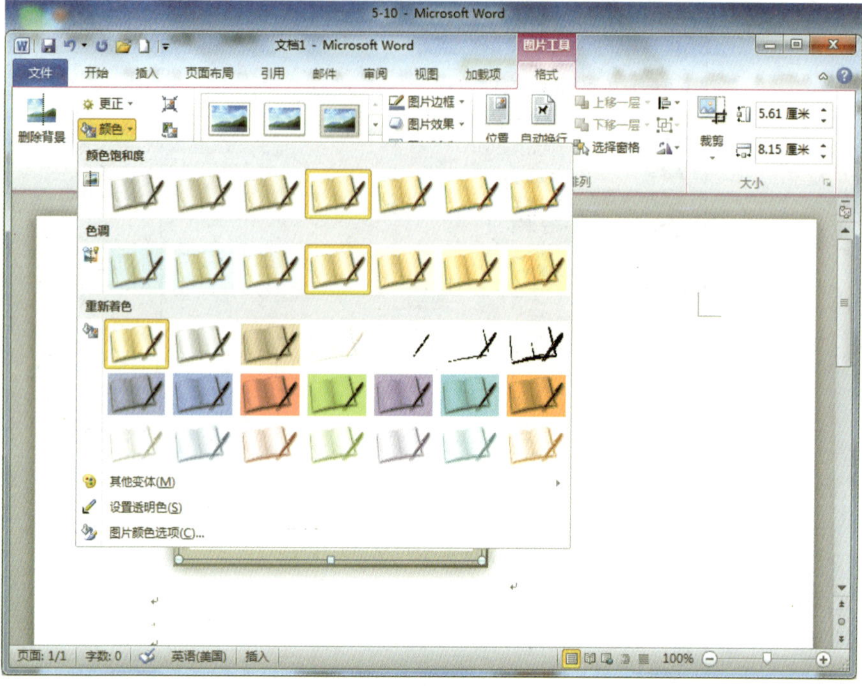

图 5—14　重新着色

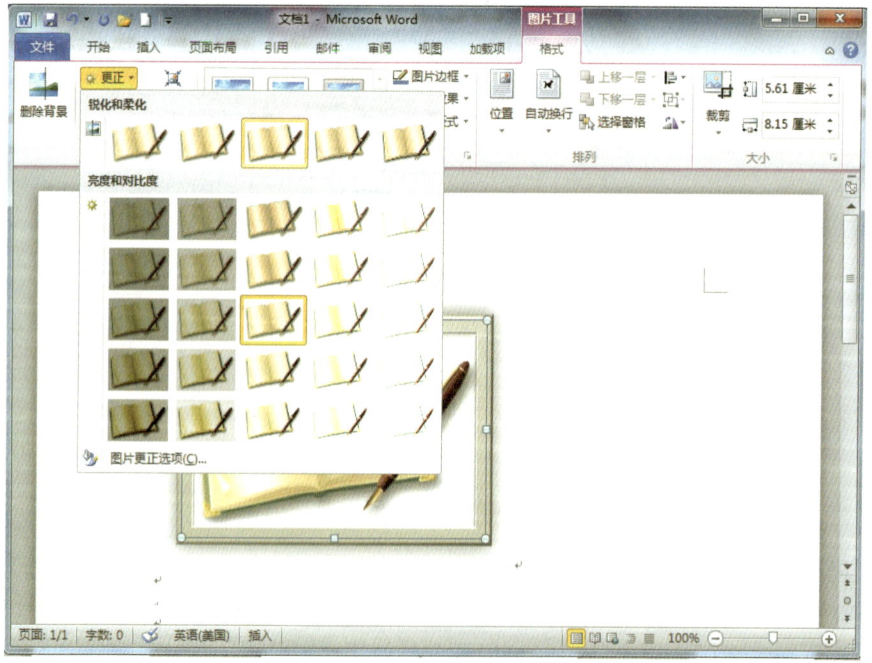

图 5—15　调整亮度和对比度

· 压缩图片按钮：用于压缩文档中的图片以减小其尺寸。单击该按钮可以打开“压缩图片”对话框，如图 5—16 所示。如果仅需要对选中的图片进行压缩，则勾选“仅应用于此图片”复选框即可。

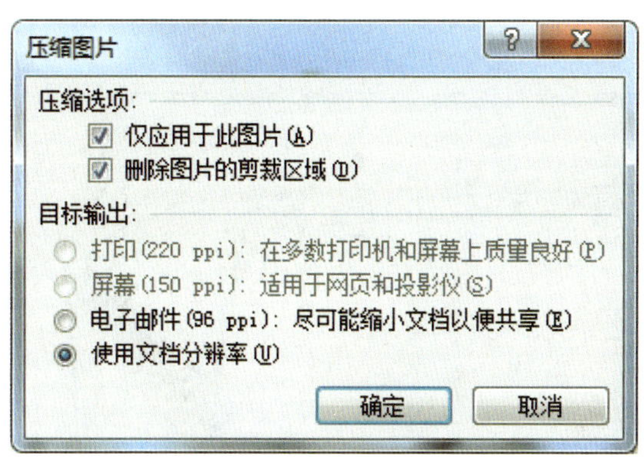

图 5—16 “压缩图片”对话框

· 重设图片按钮：可以将图片的尺寸、颜色属性等恢复到未经任何修改的原始状态。

如果需要对图片进行旋转，选中图片后，将光标移动到绿色的旋转控点上，光标变为↻形状，左右拖动，图片就会随着光标的移动，以旋转控点为中心进行旋转，系统显示旋转后的预览，到合适的位置放开鼠标，图片停留在当前位置，如图 5—17 所示。

也可以单击“格式”选项卡下“排列”组中的“旋转”按钮，在打开的下拉菜单中根据需要选择旋转的角度。选择“其他旋转选项”命令可以打开“布局”对话框，在“旋转”区中可以输入要旋转的任意角度值。

在使用鼠标旋转图片时按住 Shift 键，可以控制图片的旋转角度为 15° 的整数倍，如 30°、60°、90° 等。

6. 设置图片版式

图片默认以“嵌入”方式插入文档中，不能随意移动位置，而且不能在周围环绕文字。为了更好地排版，需要更改图片的位置及其与文字之间的关系。

Word 2010 提供了不同的环绕类型，允许用户为不在绘图画布上的浮动图片或图形对象更改设置，不能更改已在绘图画布上的对象的设置。具体操作步骤如下：

（1）双击选定图片或图形对象。

（2）单击“格式”选项卡下“排列”组中的“自动换行”按钮，在弹出的下拉菜单中列有 7 种环绕方式：四周型、紧密型、穿越型、上下型、衬于文字下方、浮于文字上方和

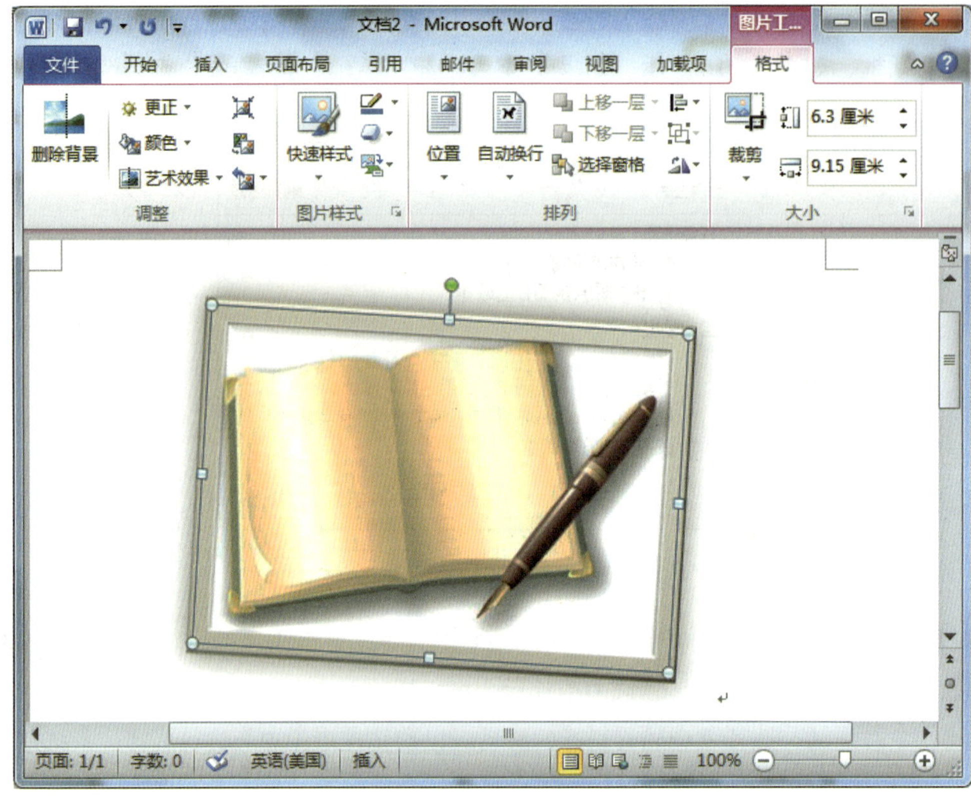

图 5—17　旋转图片

嵌入型。用户可以根据需要选择相应的环绕方式，如选择“四周型环绕”选项，效果如图 5—18 所示。

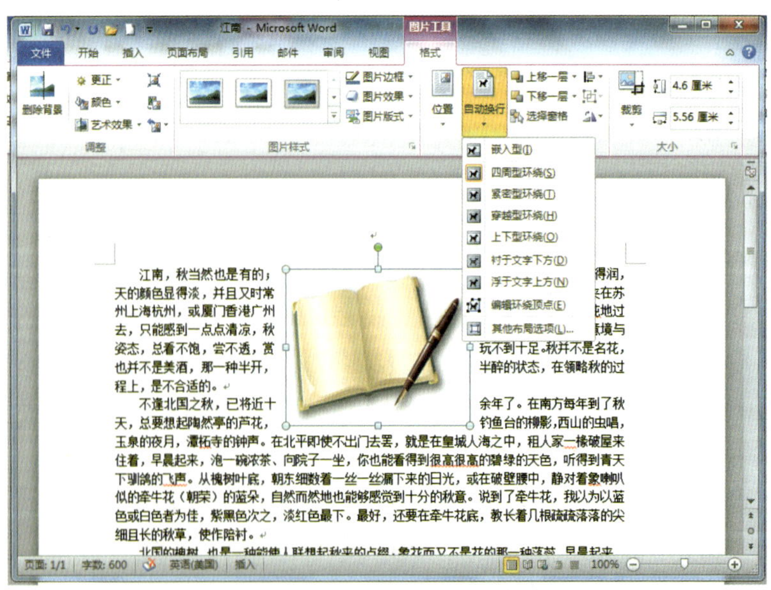

图 5—18　“四周型环绕”效果

如果需要其他文字环绕选项或者对图像距离正文的距离进行更精确的设置，可以单击“其他布局选项”按钮，弹出如图 5—19 所示的“布局”对话框，在“文字环绕”选项卡中，可以在“环绕方式”区选择合适的环绕方式，在“自动换行”区选择文字的位置，在“距正文”区的“上”“下”“左”“右”文本框中输入相应的数值后，单击“确定”按钮关闭对话框。

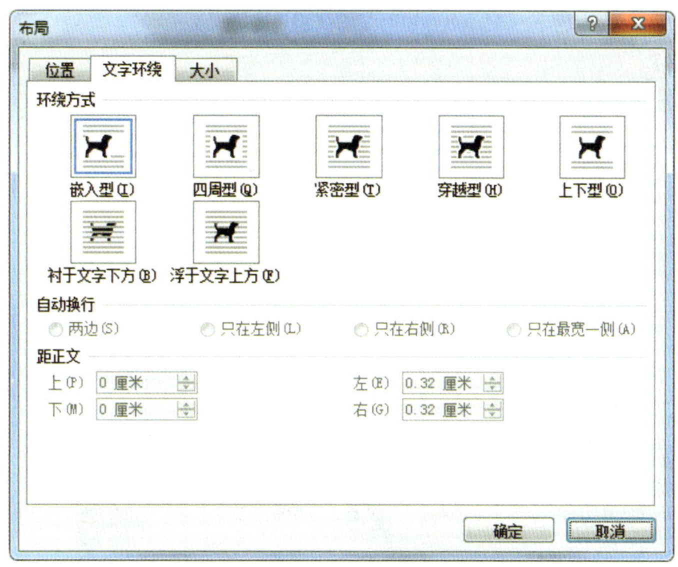

图 5—19　“布局”对话框

如果“位置”选项卡中的“水平”“垂直”和“文字环绕”区中的各选项为灰色不可用，可以选择设置图片为非嵌入型的环绕方式，这时所有的功能都会变为可用了。

任务 3　插入剪贴画

能在 Word 2010 文档中插入剪贴画。

任务描述

Word 2010 中提供了许多剪贴画，如图 5—20 所示，在“剪辑管理器”的帮助下，用户可以很轻松地管理剪贴画和其他媒体资源，甚至可以到网络上搜索相关的图片并直接插入文档中。本任务学习如何在文档中插入 Word 2010 提供的剪贴画。

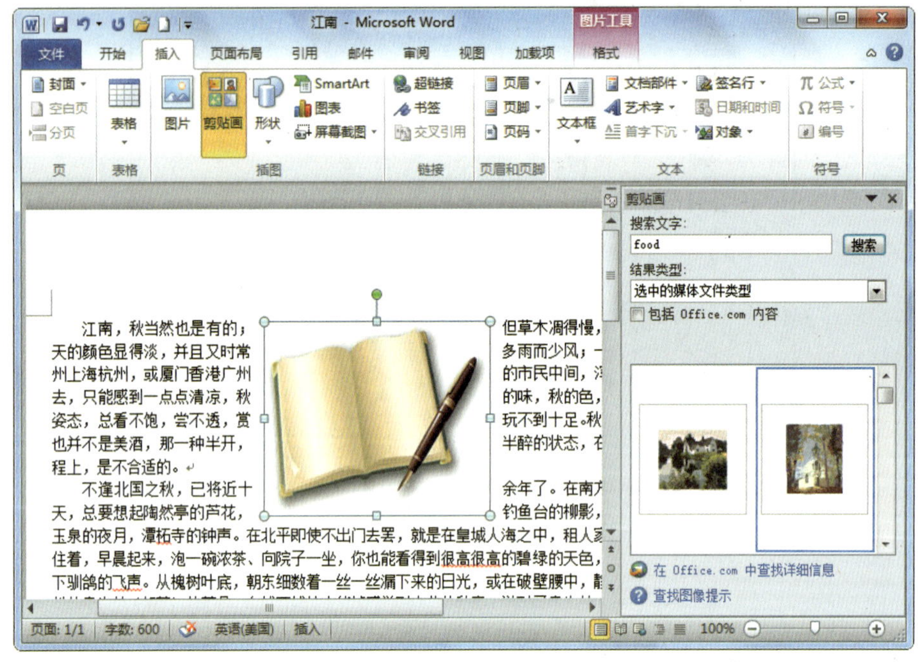

图 5—20　剪贴画

相关知识

剪贴画是 Word 2010 为了方便用户使用提供的一系列图形，用户可以通过打开剪辑管理器选取这些图形，插入文档中进行使用。

实践操作

插入剪贴画的方法非常简单，具体操作步骤如下：

1. 将光标定位在要插入剪贴画的位置。

2. 单击“插入”功能区下“插图”组中的“剪贴画”按钮，文档右边出现“剪贴画”窗格，如图 5—21 所示。

3. 在“搜索文字”文本框中输入关键字，然后单击“搜索”按钮，图库中的相关图片都会显示在下面的列表框中，双击选中的图片即可将其插入文档。

4. 如果没有找到匹配的图片，单击“在 Office.com 中查找详细信息”选项，可以连接到 Office 的网站上，进行在线搜索或免费下载剪贴画图库。

图 5—21　插入剪贴画

任务 4　插入艺术字

学习目标

1. 能插入艺术字。

2. 能设置艺术字的形状和样式。

任务描述

艺术字是指使用现成效果创建的文本对象，在制作文档时为了让文档更美观会经常使用到艺术字。本任务主要学习如何在文档中插入艺术字并进行效果编辑。图 5—22 所示就是经过编辑的艺术字。

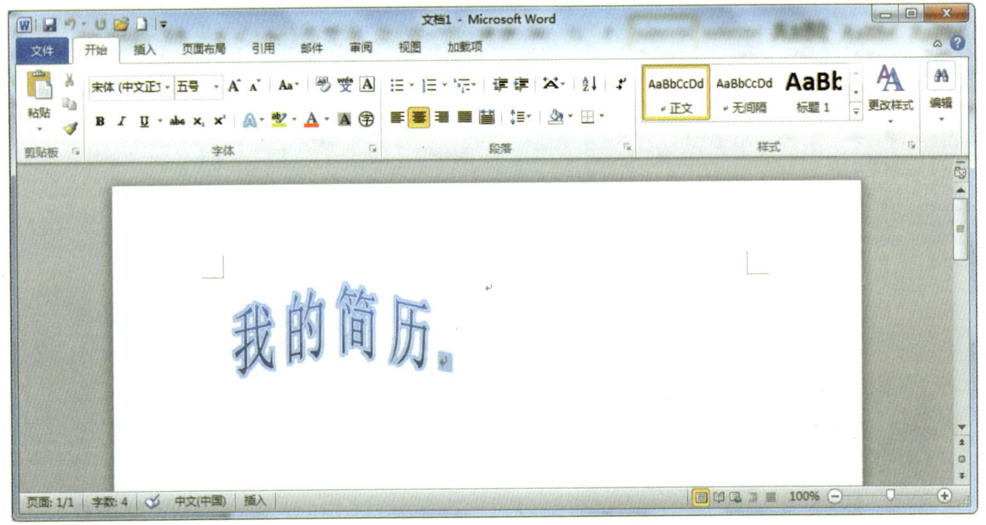

图 5—22　艺术字的效果

相关知识

单击“插入”选项卡下“文本”组中的艺术字按钮可以插入装饰文字。用户可以创建带阴影的、扭曲的、旋转的或拉伸的文字，也可以按预定义的形状创建文字。

实践操作

1. 插入艺术字

插入艺术字的操作步骤如下：

（1）打开 Word 2010 文档窗口，将光标移动到准备插入艺术字的位置。

（2）单击菜单栏“插入”选项卡下“文本”组中的“艺术字”按钮，弹出如图 5—23 所示的下拉菜单，可在打开的艺术字预设样式面板中选择合适的艺术字样式。

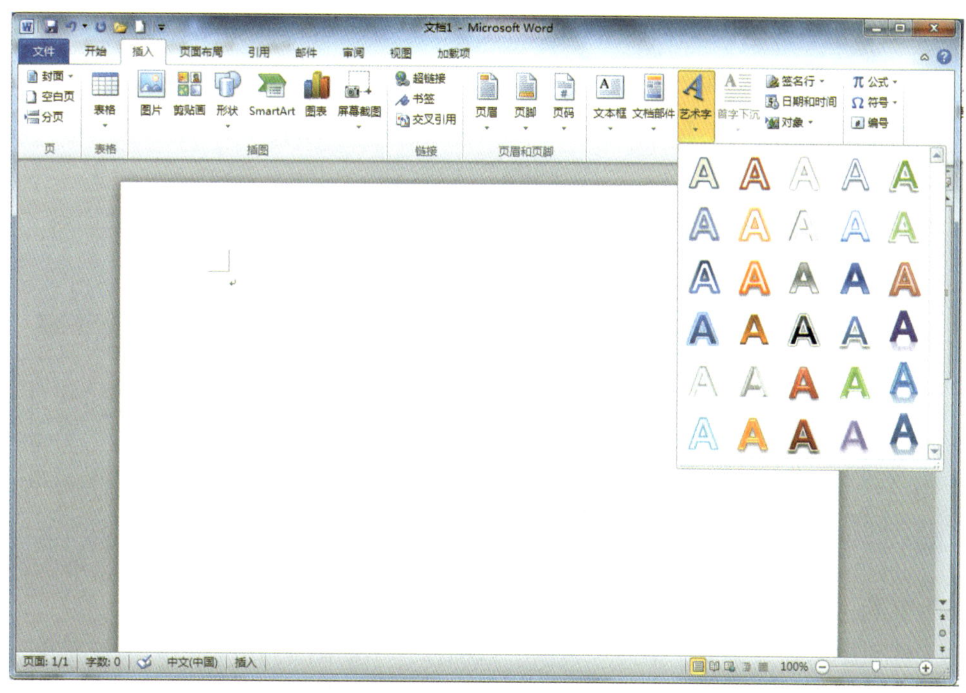

图 5—23　选择艺术字样式

（3）单击所需要的艺术字样式，打开艺术字文字编辑框，输入“我的简历”四个字。

（4）在文本编辑界面可以看到输入的文字已经以艺术字的方式显示出来了。如需要更改艺术字，选择需要更改的艺术字对象，在“开始”选项卡下“字体”组中对输入的艺术字进行设置，如图 5—24 所示。

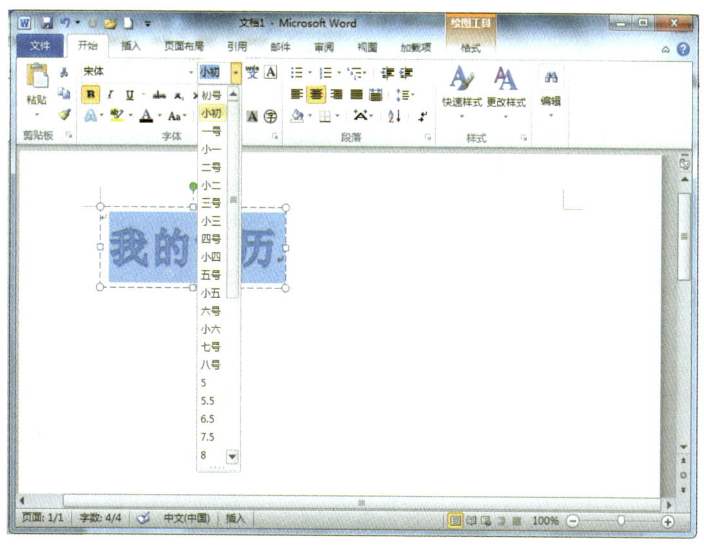

图 5—24　编辑艺术字文本及格式

2. 设置艺术字的形状和样式

（1）设置艺术字的形状

Word 2010 中提供了大量预定义的艺术字形状供用户使用，设置艺术字形状的具体操作步骤如下：

1）打开 Word 2010 文档窗口，双击艺术字使其处于编辑状态。此时会出现“格式”选项卡，如图 5—25 所示。

图 5—25 “格式”选项卡

2）单击“艺术字样式”组中的“文本效果”按钮 。

3）打开文本效果菜单，指向“转换”选项，弹出如图 5—26 所示的下拉菜单，其中显示了预定义的形状可供选择。光标指向任一项预设效果后，Word 2010 文档艺术字编辑界面将实时显示应用该预设后的实际效果。选择其中一项即可应用选中的效果。

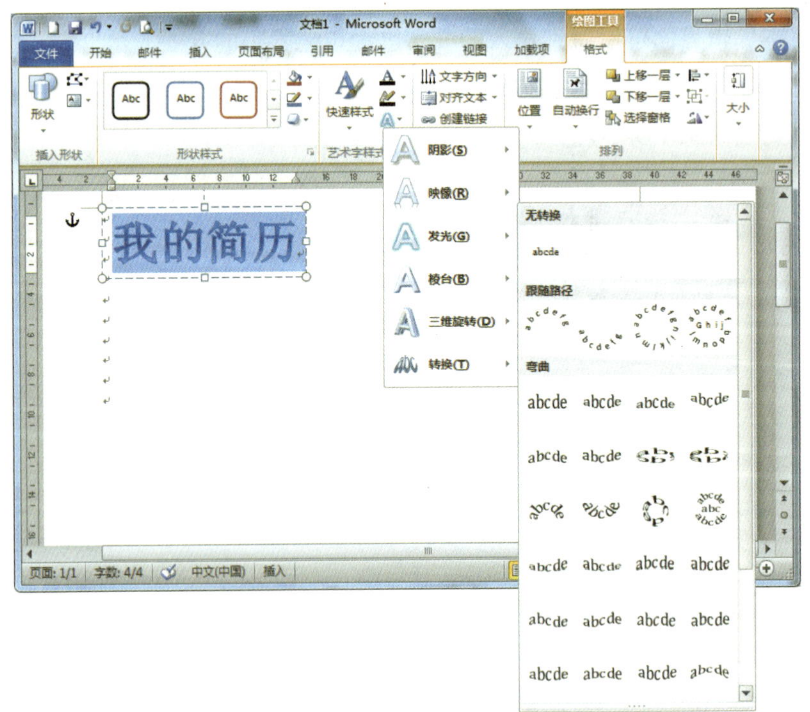

图 5—26 艺术字的效果

艺术字可以像图片一样进行旋转与缩放，拖动艺术字上方的绿色旋转控点，可以对艺术字进行旋转；拖动周围的控点，可以修改艺术字的大小，如图 5—27 所示。

图 5—27　艺术字的控点

如果艺术字周围没有出现如图 5—27 所示的控点，则需要更改艺术字的环绕方式，具体修改方式与修改图片的环绕方式相同：单击“格式”选项卡下“排列”组中的“自动换行”按钮即可选择各种环绕方式。

插入艺术字后，还可以为艺术字选择各种风格，并根据需要对艺术字进行各种设置或重新调整。

（2）设计艺术字的样式

设计艺术字样式的操作步骤如下：

1）选中要设计的艺术字。

2）单击“格式”选项卡下“艺术字样式”组中的“文本效果”按钮，从弹出的下拉菜单中选择合适的样式即可。

也可以为艺术字设置阴影和三维效果。具体操作步骤如下：

1）选中艺术字后，单击“格式”选项卡下“文本效果”中的“阴影”按钮，弹出如图 5—28 所示的下拉菜单，光标在各选项上停留，可以在文本编辑界面中观察到艺术字的预览效果。选择需要的阴影样式并单击即可完成艺术字的阴影设置。

2）单击“格式”选项卡下“文本效果”中的“三维旋转”按钮，打开如图 5—29 所示的下拉菜单，从中选择需要的三维样式。光标在各选项上停留时可以在文本编辑界面中预览效果。单击选中所需要的选项可以完成对艺术字三维效果的设置。

还可以使用“设置文本效果格式”对话框来对艺术字进行设置与调整，单击“艺术字样式”组右下角的按钮，打开“设置文本效果格式”对话框，如图 5—30 所示。

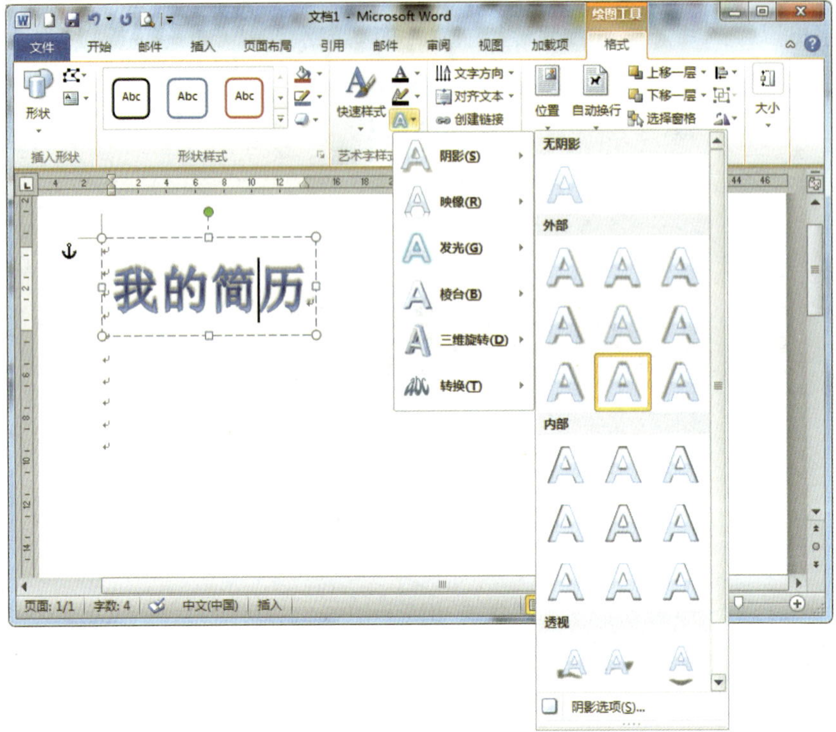

图 5—28　设置阴影效果

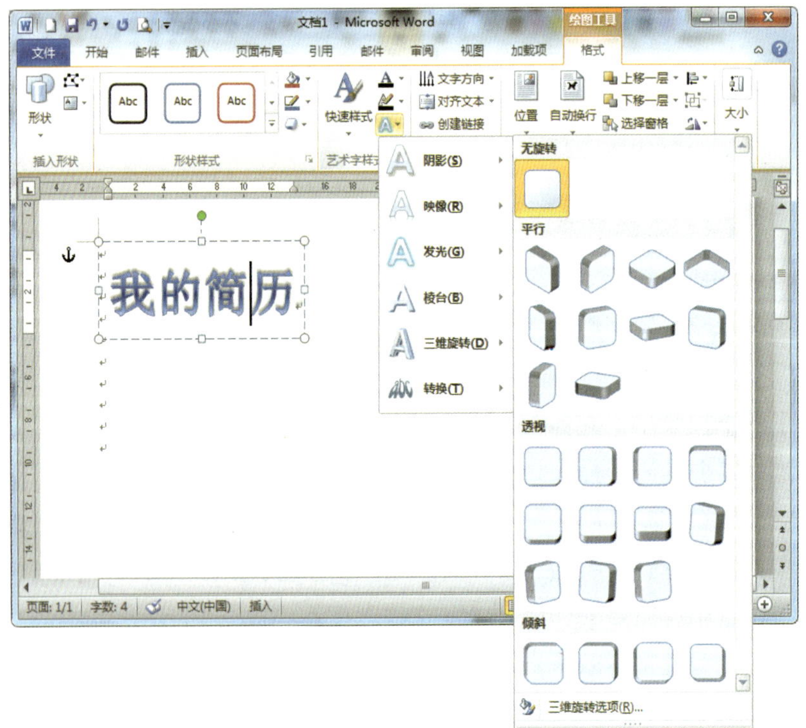

图 5—29　设置三维旋转效果

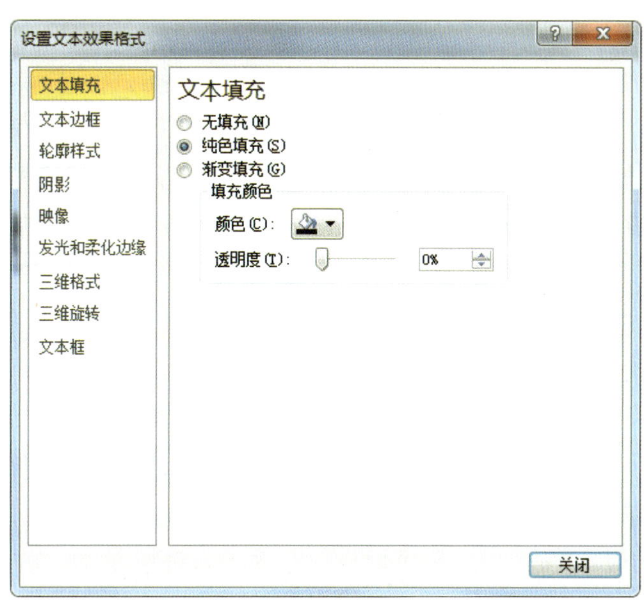

图 5—30 “设置文本效果格式”对话框

在“三维格式”选项卡中，可以对棱台、深度、轮廓线和表面效果进行详细设置，以实现用户需求。完成设置后单击“关闭”按钮即可，如图 5—31 所示。

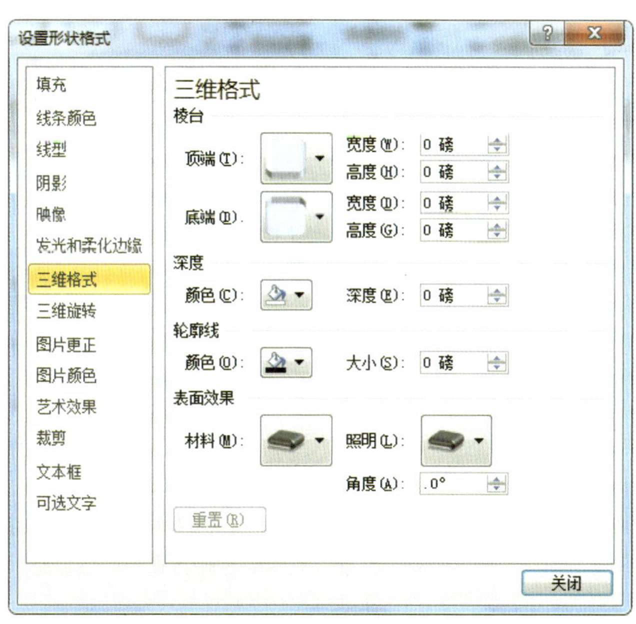

图 5—31 设置三维格式

在对艺术字进行编辑时，有时还需要设置艺术字的环绕方式，具体操作步骤如下：

方法一：

1）打开 Word 2010 文档页面，选中想要设置文字环绕方式的艺术字。

2）单击“格式”选项卡下“排列”组中的“位置”按钮。

3）在列表中选择符合实际需要的文字环绕方式即可，如“顶端居左，四周型文字环绕”“顶端居中，四周型文字环绕”等。

方法二：

1）打开 Word 2010 文档页面，选中想要设置文字环绕方式的艺术字。

2）单击“格式”选项卡下“排列”组中的“自动换行”按钮。

3）在菜单中可以选择“嵌入型”“四周型环绕”“紧密型环绕”“穿越型环绕”“上下型环绕”“衬于文字下方”“浮于文字上方”“编辑环绕顶点”和“其他布局选项”来设置艺术字的环绕方式。

与普通文本类似，Word 2010 也可以设置艺术字的对齐方式：“左对齐”“居中”“右对齐”。

在选中艺术字后，单击“格式”选项卡下“排列”组中的“对齐”按钮，打开如图 5—32 所示的艺术字对齐方式的下拉菜单。在该下拉菜单中选择需要的选项即可。

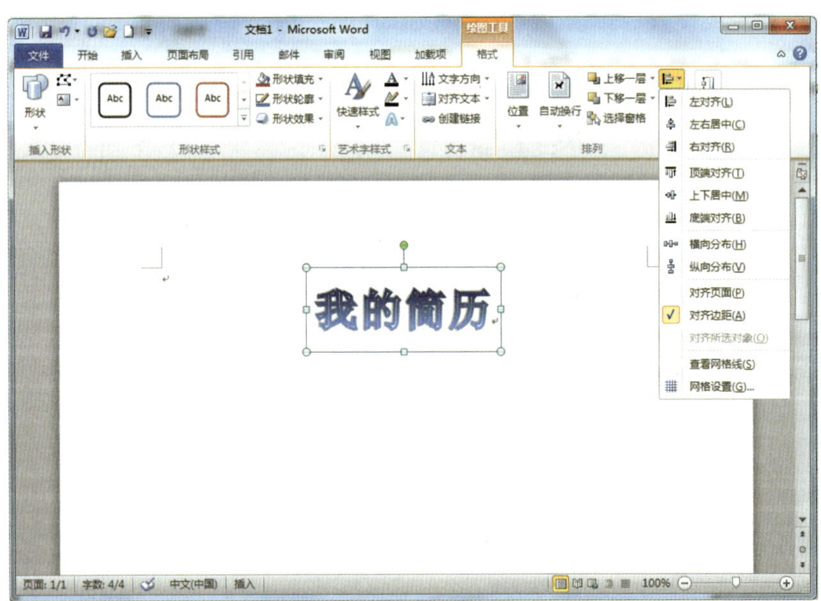

图 5—32　设置艺术字的对齐方式

下拉菜单中的选项含义如下：

· 左对齐：将所选艺术字的文字向左对齐。

· 左右居中：将所选艺术字的文字居中放置。

· 右对齐：将所选艺术字的文字向右对齐。

出于排版的需要，用户可能会对艺术字进行竖排。具体操作步骤如下：

1）选中需要进行处理的艺术字。

2）单击“格式”选项卡下“文本”组中的“文字方向”按钮，选择其下的“垂直”命令即可。

这里的艺术字竖排效果和艺术字的旋转效果是有区别的。如果需要进行艺术字的旋转，可以通过“布局”对话框中“旋转”区下的“旋转”项进行设置。

任务 5　插入 SmartArt 图形

1. 能插入 SmartArt 图形。
2. 能对插入的 SmartArt 图形进行修改。

SmartArt 图形可以用来说明各种概念性的问题，并使文档更加生动。Word 2010 支持的 SmartArt 图形包括列表、流程图、层次结构图等。本任务学习如何插入和编辑图 5—33 所示的 SmartArt 图形。

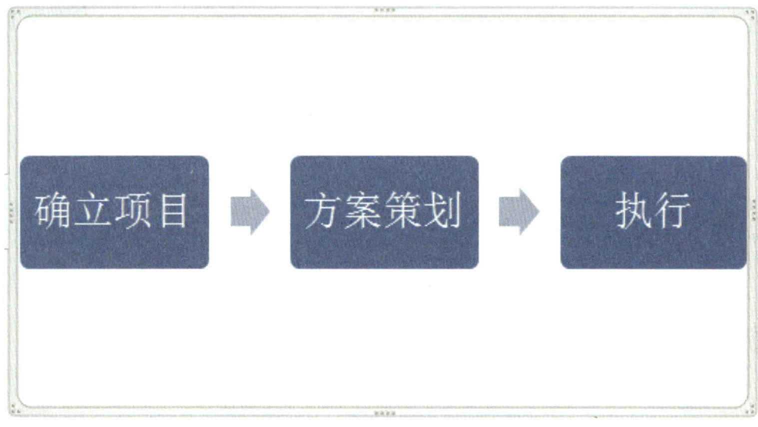

图 5—33　SmartArt 图形

相关知识

单击“插入”选项卡下“插图”组中的“SmartArt”按钮，弹出“选择 SmartArt 图形”对话框。在该对话框中有多种多样的 SmartArt 图形供用户选择，包括“列表”“流程”“循环”“层次结构”“关系”“矩阵”“棱锥图”等，如图 5—34 所示。

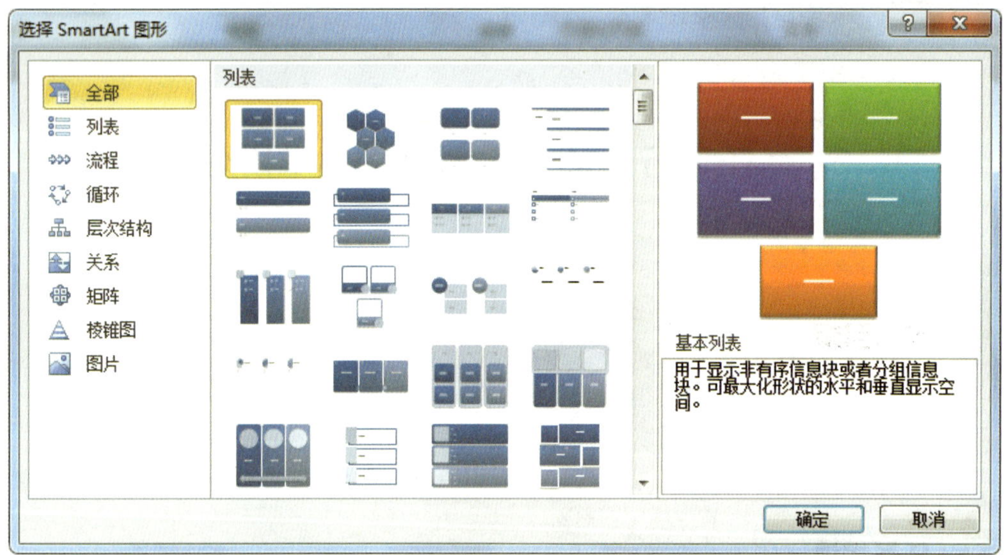

图 5—34 “选择 SmarArt 图形”对话框

当用户选择其中一种图形并单击“确定”后，Word 2010 将打开“设计”和“格式”选项卡，如图 5—35 所示。

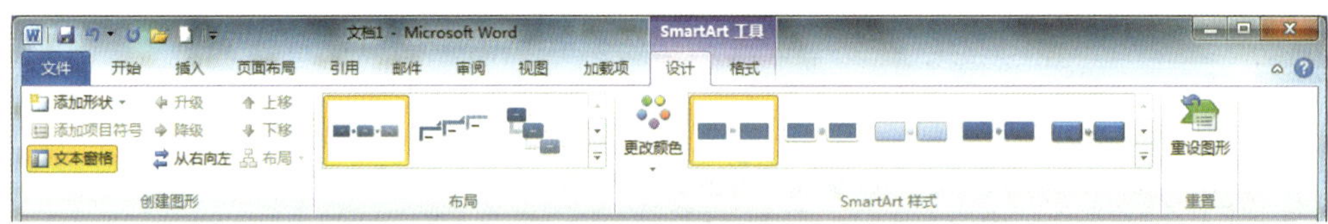

图 5—35 “设计”和“格式”选项卡

实践操作

用户可以使用预设的样式为整个图形设置格式，或者使用与设置形状格式相类似的方式，如添加颜色和文字，更改线条粗细和样式，添加填充、纹理和背景等，来设置某些部分的格式。如制作一个完整的流程图，具体操作步骤如下：

操作演示

1. 单击“插入”选项卡下“插图”组中的“SmartArt”按钮，弹出如图 5—34 所示的“选择 SmartArt 图形”对话框，选择“流程”选项，并在右边的列表框中选择所需要的图形后单击“确定”按钮，如图 5—36 所示。

图 5—36　“选择 SmarArt 图形”对话框

2. 单击文本输入框中的“文字”，依次输入文字“确立项目”“方案策划“执行”，如图 5—37 所示。随着文本的输入，Word 2010 会自动更改文本的字号以适应 SmartArt 图形的大小。

3. 如需要增加流程项，在最后一项上单击鼠标右键，在弹出的快捷菜单中选择“添加形状”选项，在子菜单中选择“在后面添加形状”选项，SmartArt 图形会自动缩小，并加入一个空白项，用户可以依照前面的步骤写入文本。如需插入流程项，则选择“在前面添加形状”选项，如图 5—38 所示。

4. 用户还可以根据自己的需要，将流程项的形状设置为自己需要的形状。在需要更改的项上单击鼠标右键，在弹出的快捷菜单中选择“更改形状”选项，并在子菜单中选择自己所需要的形状即可。如将“执行”流程项更改为椭圆形只要选择下拉菜单中的椭圆形即可，如图 5—39 所示。

5. 要向某个项中添加文字，单击该项，可以看到光标在文本中出现，此时是编辑状态，用户可以进行文字的编辑，但无法为连接项“➡”添加文字。

6. 用户还可以根据自己的需要，在图 5—39 所示的快捷菜单中快速选择，修改流程项

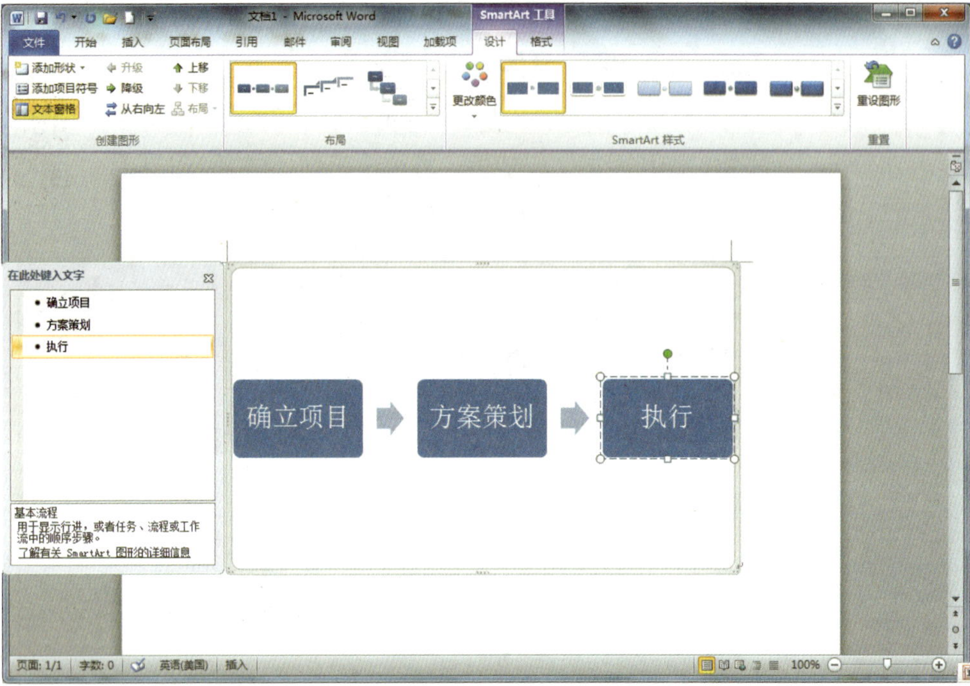

图 5—37　添加文字

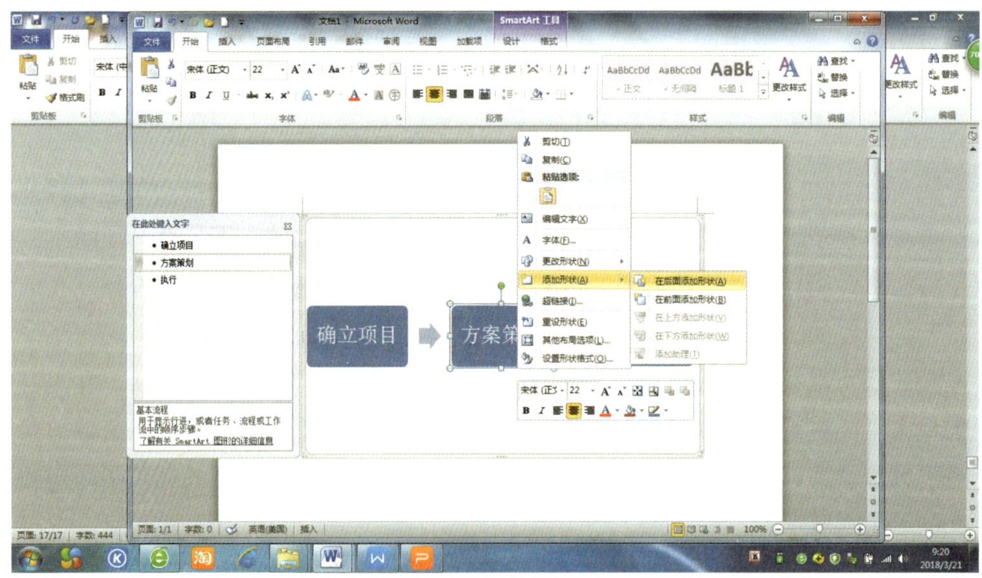

图 5—38　增加流程项

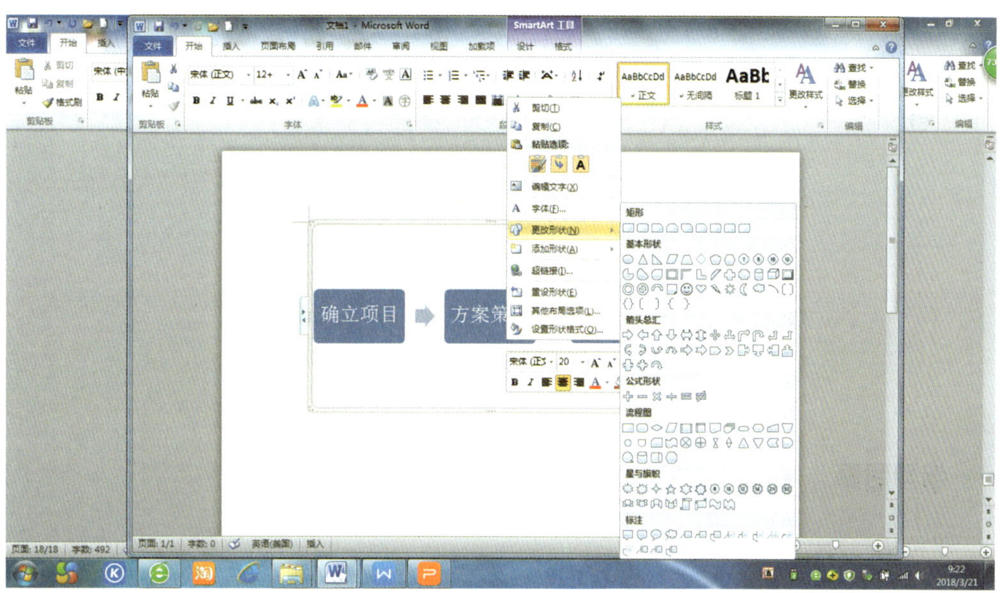

图 5—39　修改流程项形状

中文本的字体或更改填充颜色等。单击“格式”选项卡下“形状样式”组中的对话框启动器，打开“设置形状格式”对话框，也能对 SmartArt 图形进行相应的修改，如图 5—40 所示。

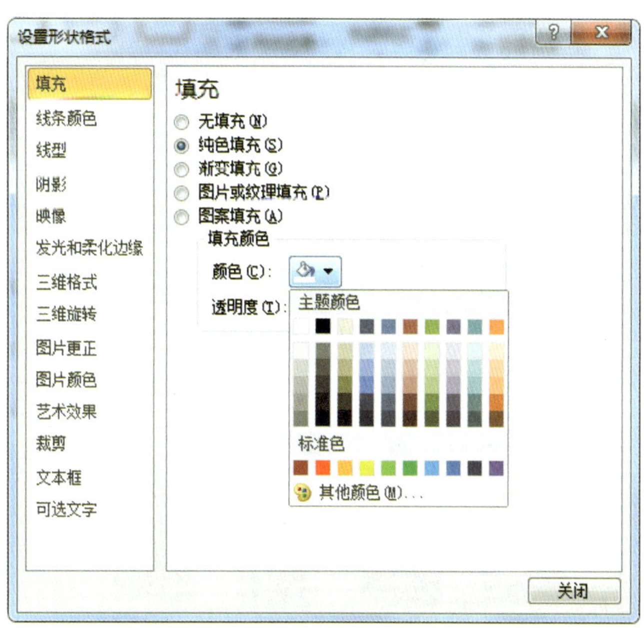

图 5—40　“设置形状格式”对话框

“设置形状格式”对话框中包括“填充”“线条颜色”“线型”“阴影”“三维格式”“三维旋转”“图片更正”“文本框”等选项，用户根据需要进行设置即可。

7. 编辑完成后，单击 SmartArt 图形以外的空白处即可完成修改。

任务 6　插入图表

学习目标

能插入并修改图表。

任务描述

图表可以以图形的方式直观地反映数据，比单纯的数据表格更方便用户分析与对比。本任务学习如何插入图 5—41 所示的图表。

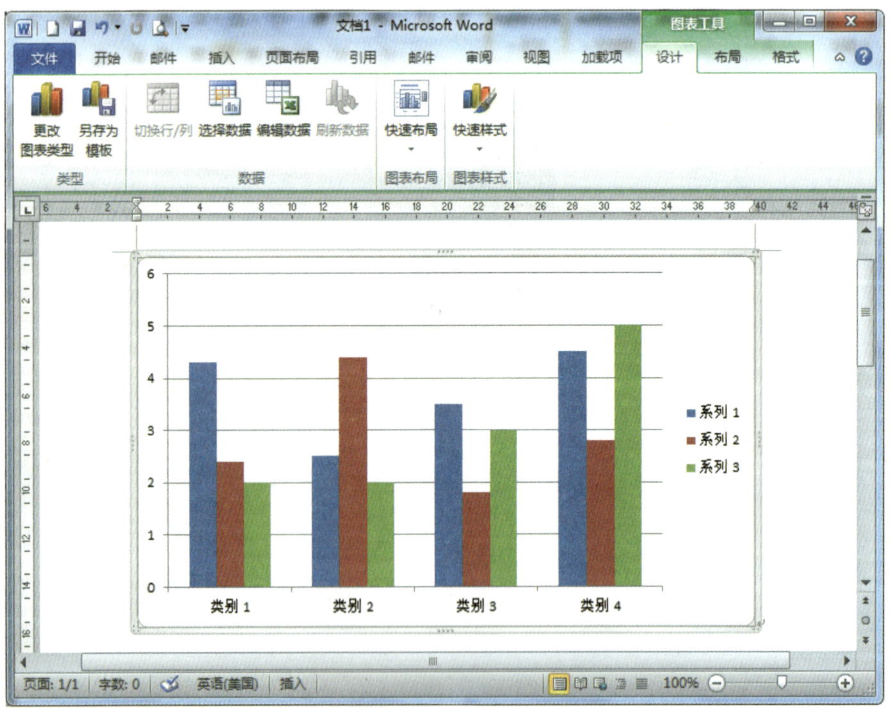

图 5—41　柱形图表

相关知识

Word 2010 提供的图表类型有很多种，如折线图、柱形图、饼图等，这些图表直观地反映数据的对比，美化了文档。使用“插入”选项卡下“插图”组中的“图表”按钮，可以轻松地插入各种图表。

实践操作

插入图表的具体操作步骤如下：

1. 将光标定位在需要插入图表的位置。

2. 单击“插入”选项卡下“插图”组中的“图表”按钮，打开如图 5—42 所示的“插入图表”对话框。

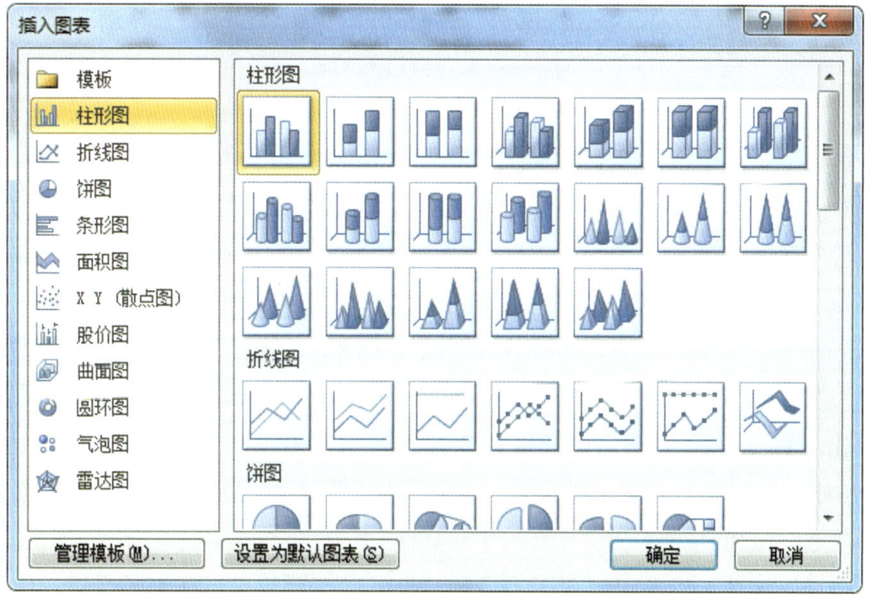

图 5—42 “插入图表”对话框

3. 在“插入图表”对话框中有多种图表模板可供选择，单击左边的“模板”选项，在右边的列表框中会显示相应的模板。单击选中的模板后再单击“确定”按钮，程序会自动打开 Excel 表格，显示图表的数据源。例如，选择“柱形图”后，图表编辑界面如图 5—43 所示。

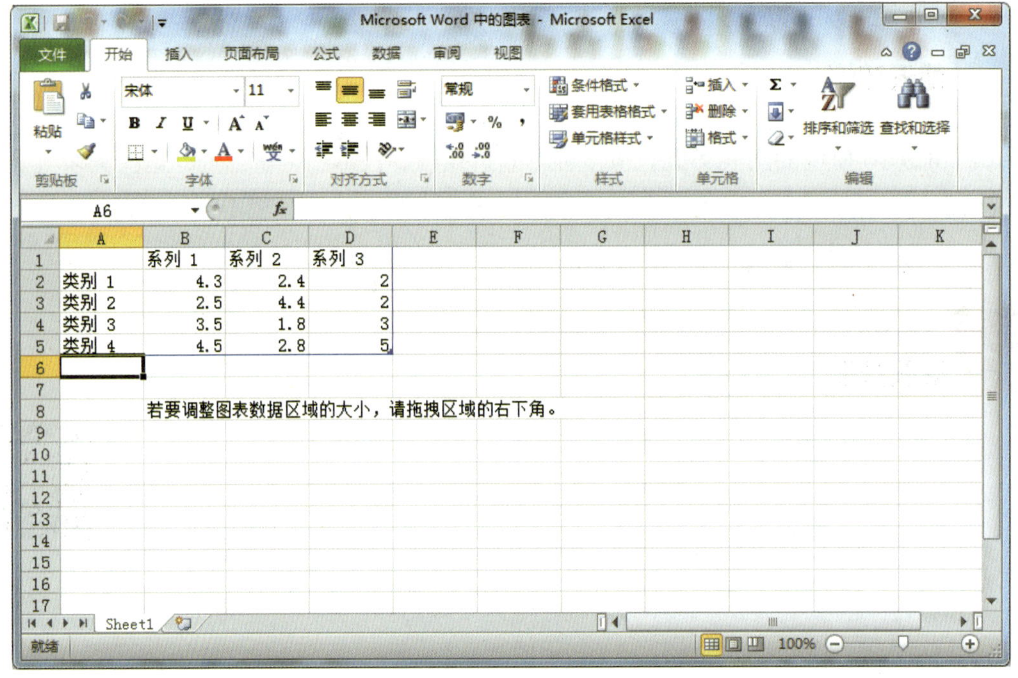

图 5—43　图表编辑界面

4. 在 Excel 表格中输入数据，图表会自动根据数据源中的数据内容生成柱形图，如图 5—44 所示。

在文档中插入图表后，功能区中自动增加“图表工具”选项卡，其中包含 3 个选项卡，分别为“设计”“布局”和“格式”选项卡，如图 5—45 所示。

5. 如果需要更改图表类型，如将柱状图改为折线图，可以单击“类型”组中的“更改图表类型”按钮，将会弹出“更改图表类型”对话框，用户可以重新选择图表的类型。

6. 单击“数据”组中的“选择数据”按钮，可以查看相关联的数据；单击“切换行 / 列”按钮，可以将行和列的数据进行交换。如果需要修改图表中对应的数据，可以单击“编辑数据”按钮。

在“布局”选项卡中还可以对图表标题、坐标轴标题等进行详细的设置，使用方法非常简单，用户可以逐一尝试，在此不再赘述。

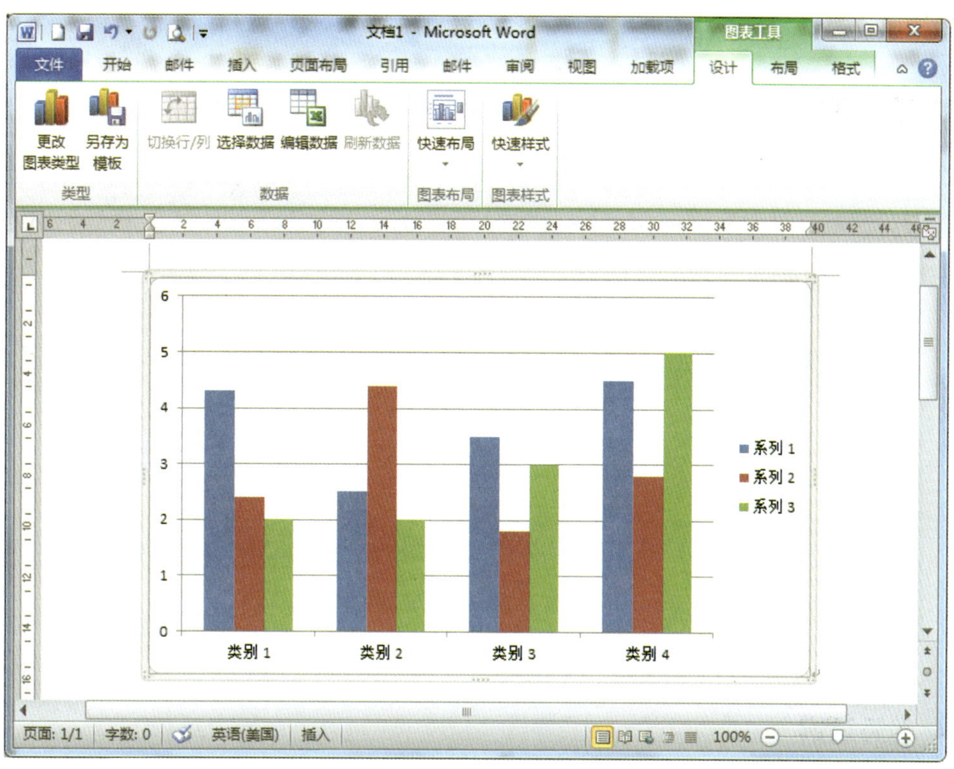

图 5—44　柱形图

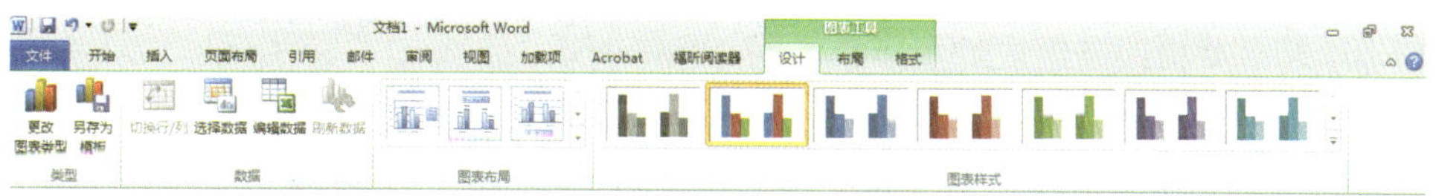

图 5—45　“图表工具”选项卡

任务 7　绘制与编辑图形

学习目标

能绘制并编辑图形。

任务描述

在 Word 中经常会用到一些图形来更好地说明问题，或进行重点标注，如传单上的爆炸形图案，这就需要用到 Word 2010 提供的绘制图形功能。图 5—46 所示就是利用绘制图形功能制作的一个简单流程图。

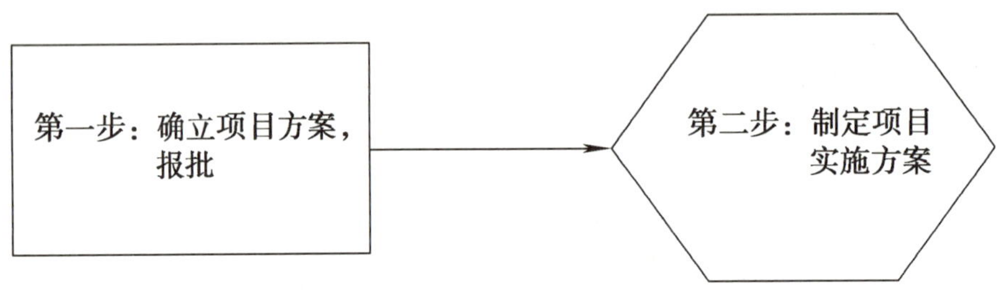

图 5—46　利用绘制图形功能制作的简单流程图

相关知识

单击“插入”选项卡下“插图”组中的“形状”按钮，可以打开“插入形状”菜单，用户可以利用“插入形状”菜单方便地绘制一些由线条组成的图形，如图 5—47 所示。

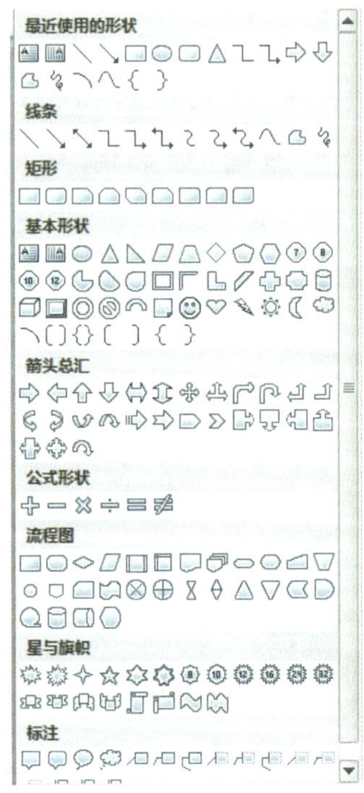

图 5—47　“插入形状”菜单

在 Word 2010 中绘图时，在默认情况下，图形四周会显示一个绘图画布，用来帮助用户安排和重新定义图形对象的大小。打开绘图画布的方法是在图 5—47 所示的菜单上选择“新建绘图画布”命令，将绘图画布插入文档中，如图 5—48 所示。这时，在功能区中还会自动增加“绘图工具”的“格式”选项卡。

如果需要改变画布的大小，可以将光标移动到画布边框的控点上，按住鼠标左键向内外拖动即可。

打开绘图画布就可以在画布上绘制自选图形了。在“形状”下拉菜单中可以看到，有 8 种类型的图形：线条、矩形、基本形状、箭头总汇、公式形状、流程图、星与旗帜、标注。利用这些图形，用户可以很方便地制作所需要的图案。

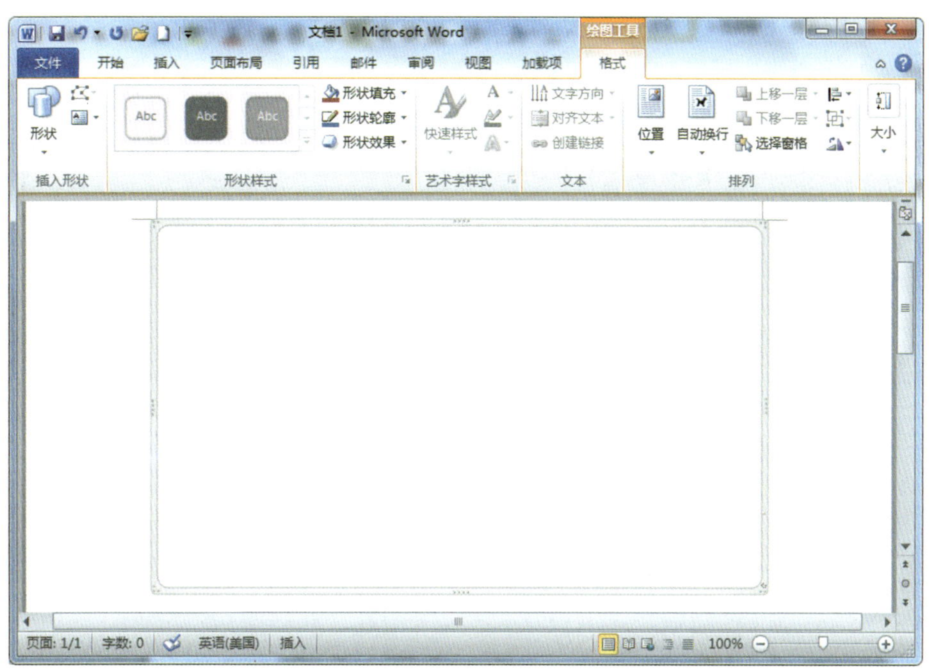

图 5—48　绘图画布

实践操作

以绘制一个流程图为例，具体操作步骤如下：

1. 在“形状”下拉菜单中选择“矩形”里的□形状，光标变为“＋”形，按住鼠标左键在绘图画布中拖动，随着光标的移动，一个矩形出现在绘图画布上，放开鼠标左键，这个矩形就绘制完成了，如图 5—49 所示。单击这个矩形，在它周围出现 8 个控点，可以对其进行旋转、缩放等操作。

操作演示

2. 在“形状”下拉菜单中选择“线条”组，单击可以选择其中的线条样式，如直线、箭头、双箭头等，在文档中需要插入线条的位置单击鼠标左键进行绘制，再单击任意位置，可绘制出两点之间的线条，如图 5—50 所示。

3. 将光标移动到线条一端的控点上时，按住鼠标左键进行拖动，可以延长或缩短线条的长短。如果需要调整线条或形状的位置，选中形状后将光标移动到形状上，光标变成✥形状时按住鼠标左键将形状移动到希望的位置即可。要微调线条或形状的位置，可以在选中形状后，使用键盘上的“↑”“↓”“→”“←”键来移动形状。

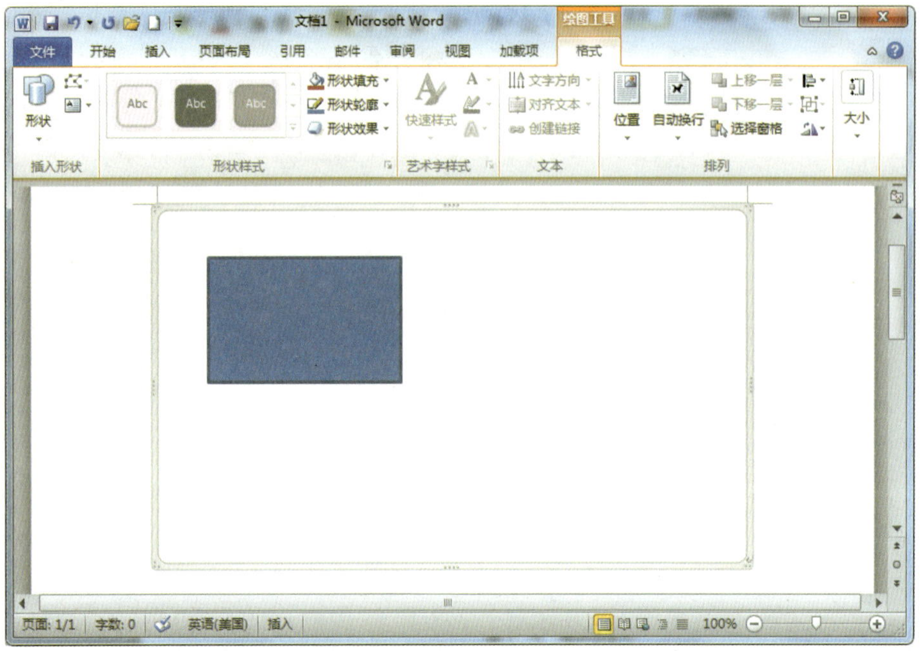

图 5—49　绘制图形

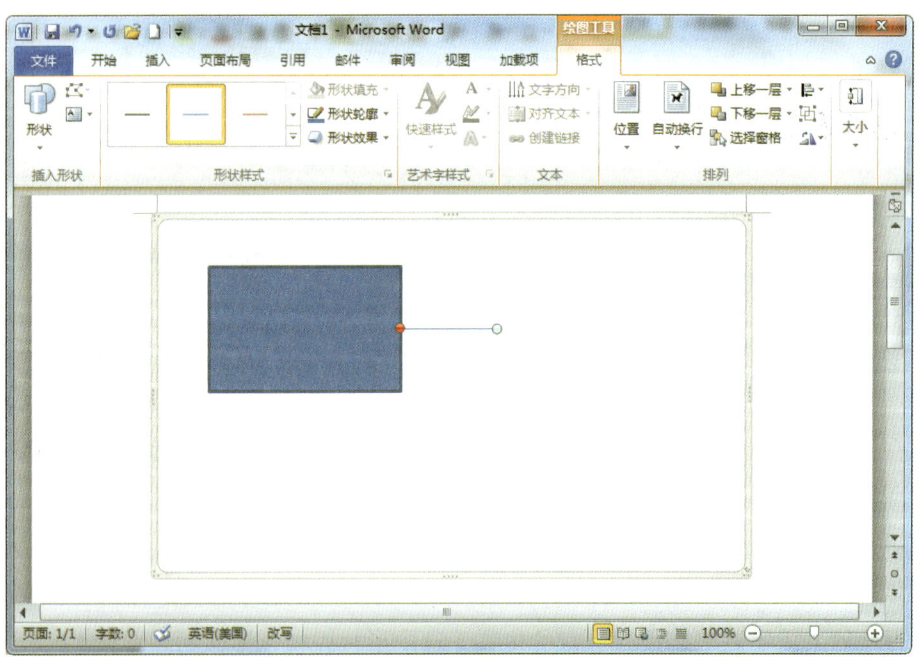

图 5—50　绘制线条

4. 用步骤 1 的方法绘制一个六边形，与线条另一端相连接。在形状上单击鼠标右键，选择“添加文字”选项，在形状里分别输入文字，如图 5—51 所示。

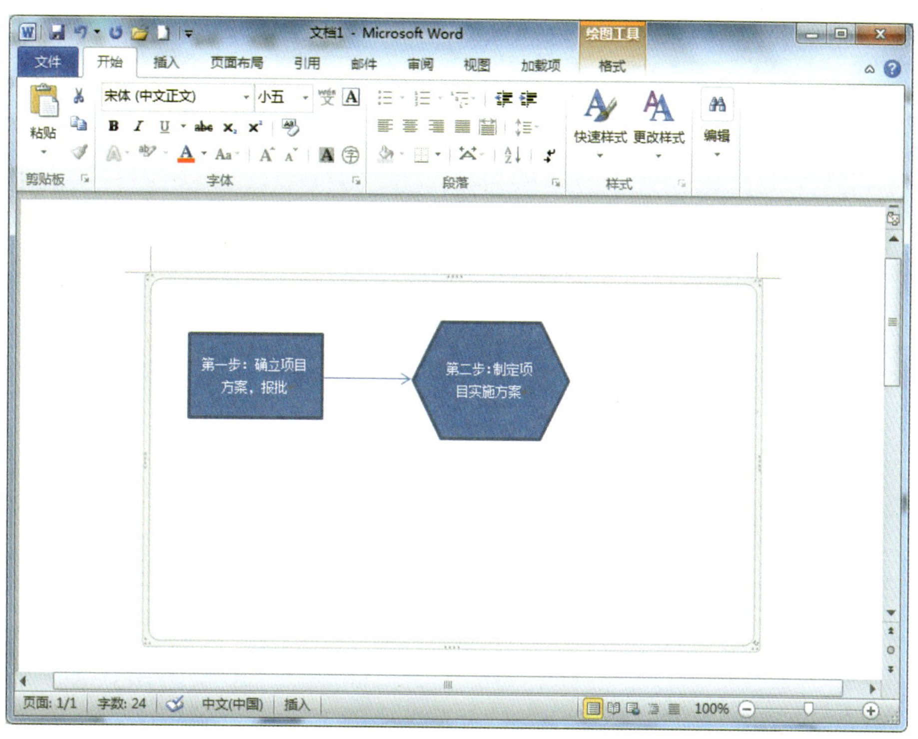

图 5—51　添加文字

5. 如果添加的文字太多，会被覆盖一部分，此时可以按住形状四周的控点拖动鼠标左键放大形状，使形状与文字达到适当比例。

说明：不能在线条上添加文字，使用文本框可以在这些绘图对象附近或上方放置文字。

6. 单击形状的边框（或线条）可以选中形状，此时可以对它进行填充、更改线条颜色或线型等操作，单击“Delete”键可以删除形状。

7. 选中形状后可以将几个形状组合在一起，以便能够像使用一个对象一样来使用它们，如图 5—52 所示。Word 2010 提供了组合对象的功能，使用该功能，用户可以将组合中的所有对象作为一个单元来进行翻转、旋转、调整大小等操作，还可以同时更改组合中所有对象的属性。按住 Ctrl 或 Shift 键选取需要的形状，或者按住鼠标左键拖动光标可以框选所有形状。

8. 单击“格式”选项卡下“排列”组中的“组合”按钮，在弹出的下拉菜单中选择“组合”命令，或者单击鼠标右键，在弹出的快捷菜单中选择“组合”子菜单中的“组合”命令，如图 5—53 所示。

9. 同样地，选择“组合”下拉菜单中的“取消组合”命令，或单击鼠标右键，在“组合”子菜单中选择“取消组合”命令都可以取消组合。如果需要在组合中选择任意一个对

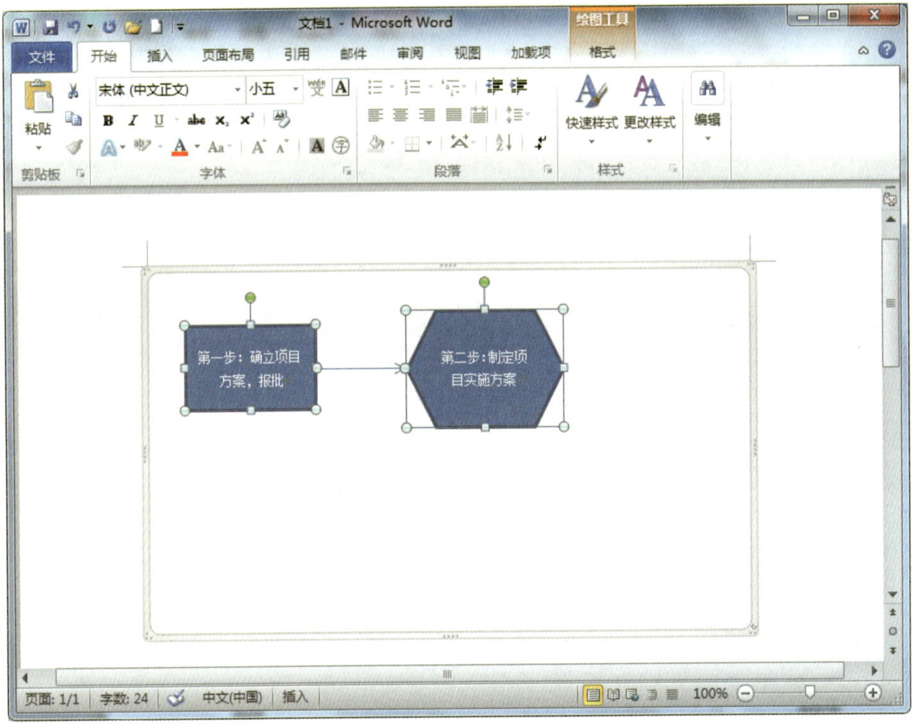

图 5—52 选中形状

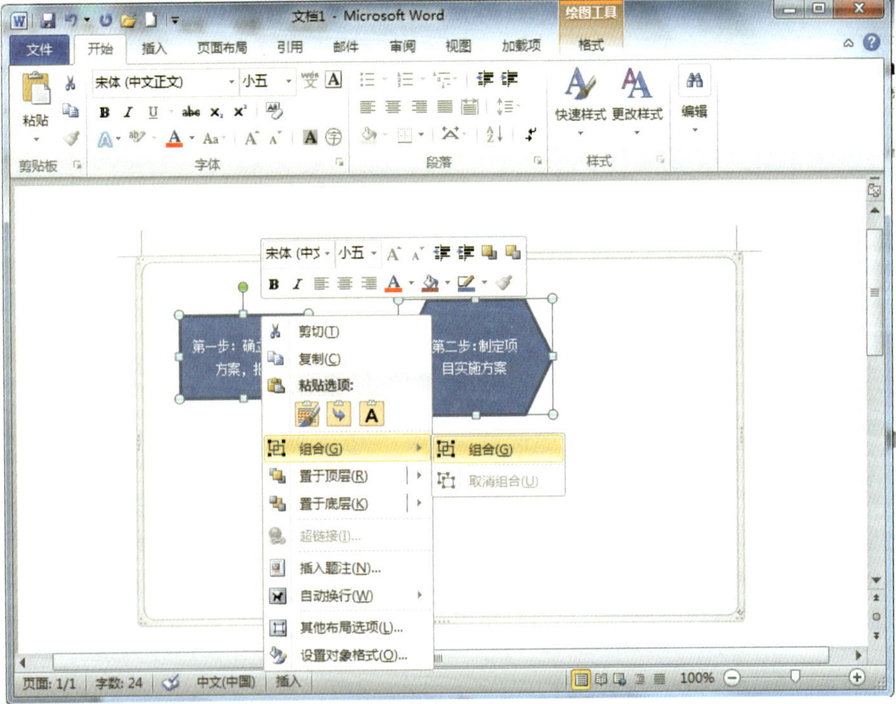

图 5—53 组合形状

象，单击该对象即可。

10. Word 2010 还允许用户对插入文档中的图形对象进行翻转和任意角度的旋转。可以直接使用鼠标对图形对象进行拉动以实现翻转或旋转，也可以通过设置图形对象格式来进行精确旋转。

任务 8　使用文本框

学习目标

1. 能插入文本框。
2. 能设置文本框格式。
3. 能设置文本框链接。

任务描述

文本框是一种可移动、可调大小的文字或图形容器，使用文本框可以在一页上放置多个文字块。图 5—54 所示是三个形成链接的文本框。本任务将学习如何插入文本框并对其进行设置。

相关知识

文本框可以放置在文档中的任意位置，也可以插入图像，可以在文本框中像处理一个新页面一样来处理文本框中的文字：如设置文字的方向、格式化文字、设置段落格式等。

文本框有两种形式，一种是横排文本框，另一种是竖排文本框，它们没有本质上的区别，只是文本方向不一样而已。

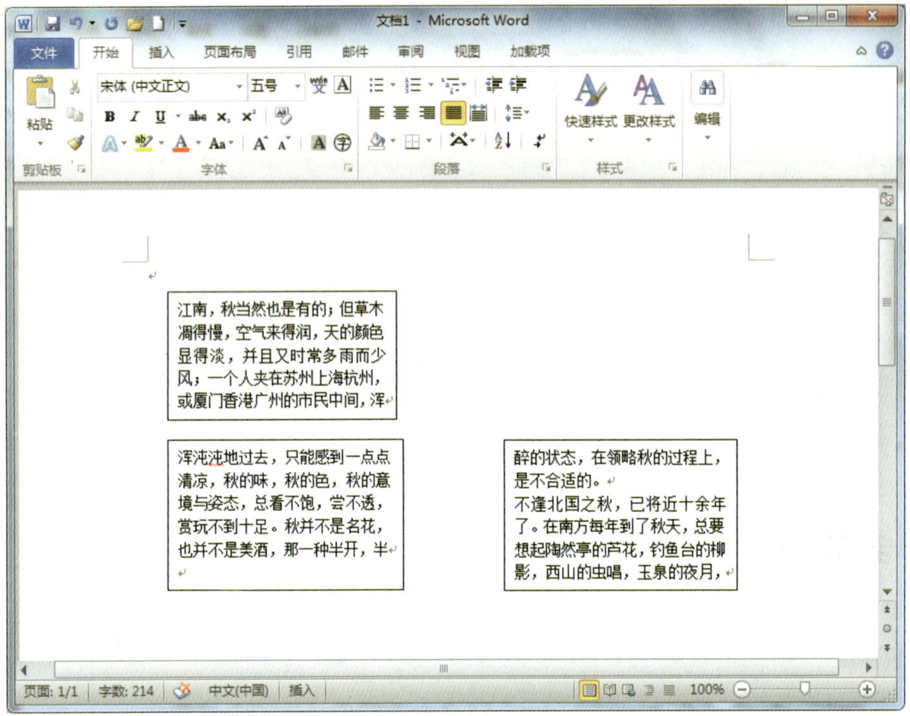

图 5—54　插入文本框

实践操作

1. 插入文本框

在文档中插入文本框的具体操作步骤如下：

（1）单击“插入”选项卡下“文本”组中的“文本框”按钮，弹出如图 5—55 所示的下拉菜单。

（2）下拉菜单中提供了很多种系统内置的文本框，光标在各选项上停留可以查看简单说明。单击所需要的选项，就可以看到文本编辑界面上出现了对应的文本框。

（3）选择“绘制文本框”选项可以根据需要绘制横向文本框，选择“绘制竖排文本框”选项可以绘制竖排文本框。单击“简单文本框”命令即可绘制出一个最简单的文本框，如图 5—56 所示。

（4）在文本框中可以输入文字或插入图片，并可进行排版设置。单击“格式”选项卡下“文本”组的“文字方向”按钮，在弹出的下拉菜单中选择“水平”或“垂直”，可以使文字方向在横、纵之间切换。

移动文本框的方法与移动其他图形图片一样，将光标放置在文本框边缘，看到光标变

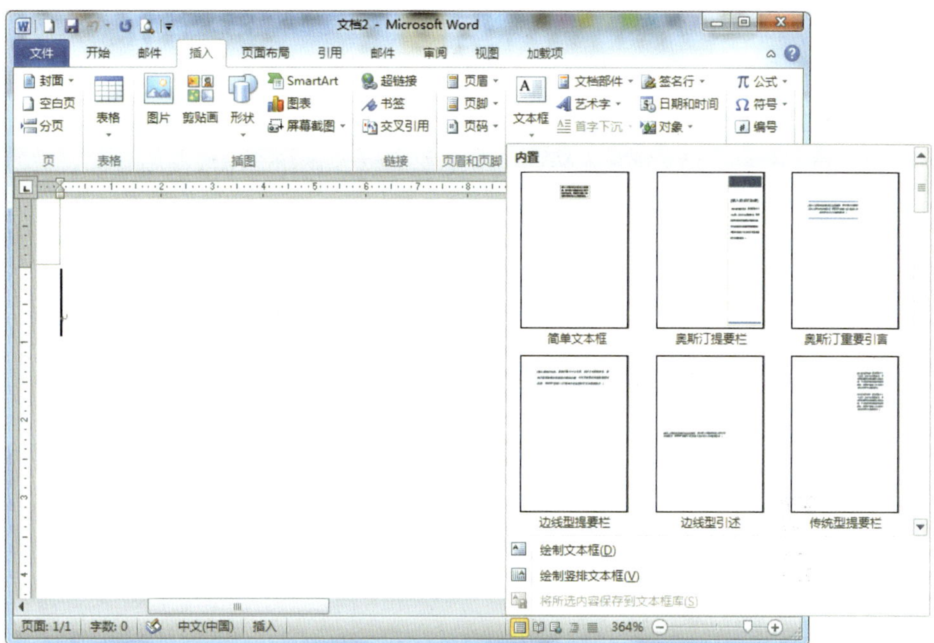

图 5—55　绘制文本框

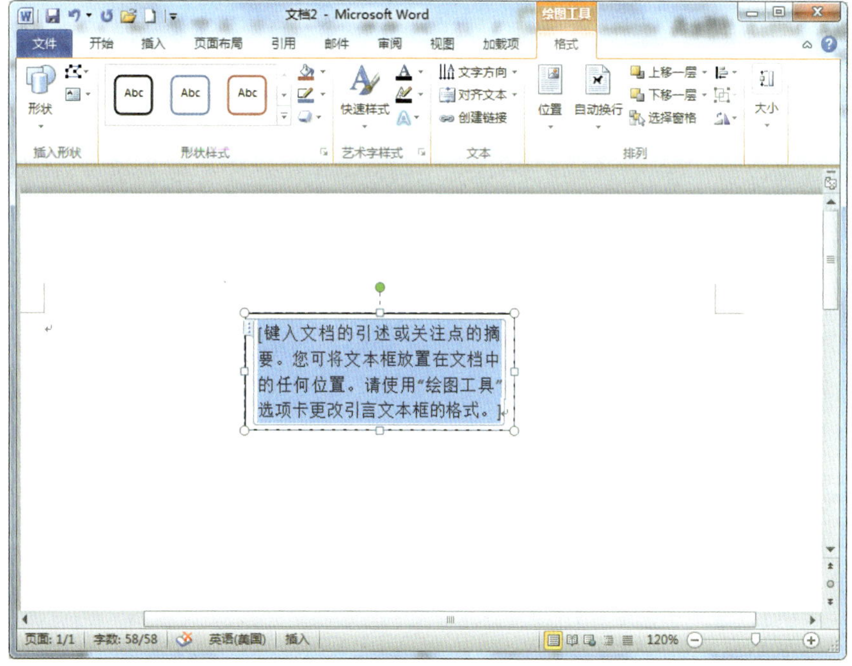

图 5—56　绘制好的文本框

为✥形状，按住鼠标左键，将文本框拖动到需要的位置后放开鼠标左键即可。也可以利用键盘上的“↑”“↓”“→”“←”键对文本框的位置进行微调。

2. 设置文本框的格式

用户可以根据需要，设置文本框的样式、文字环绕方式和大小等。

在“格式”选项卡中可以看到“形状样式”组，其中列出了 Word 2010 预置的一些文本框线条和填充色，单击▼按钮可以打开文本框样式下拉菜单，如图 5—57 所示。光标在这些选项上停留时，可以在文本编辑界面预览选项效果。

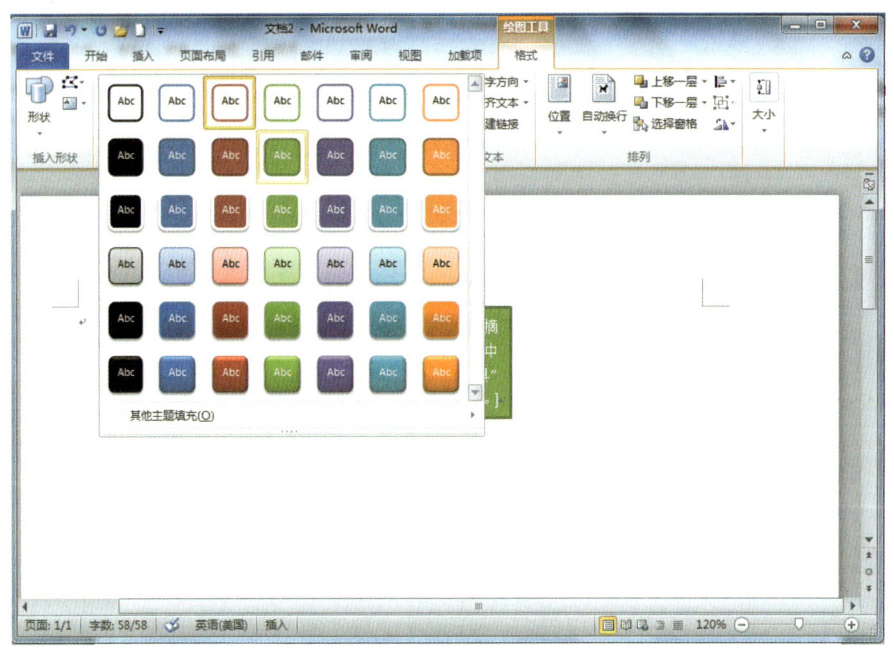

图 5—57　文本框样式下拉菜单

菜单中显示了预置的一些边框和填充色，如果用户需要进行个性化设置，可以使用“形状填充”“形状轮廓”“形状效果”3 个按钮。

· 单击“形状填充”按钮，不但可以选择更多的填充颜色，还可以选择“渐变”“纹理”“图片”等填充方法，使文本框的填充图案更多样化。

· 单击“形状轮廓”按钮，可以为文本框选择不同粗细、不同样式的边框。

· 单击“形状效果”按钮，可以设置文本框的形状效果，如阴影、映像、发光、棱台等。

如果还需要进一步设置，可以在选中需要设置线条和颜色的文本框后，单击“格式”选项卡下“形状样式”组的对话框启动器◲，打开如图 5—58 所示的“设置形状格式”对话框，选中“线条颜色”选项进行设置。

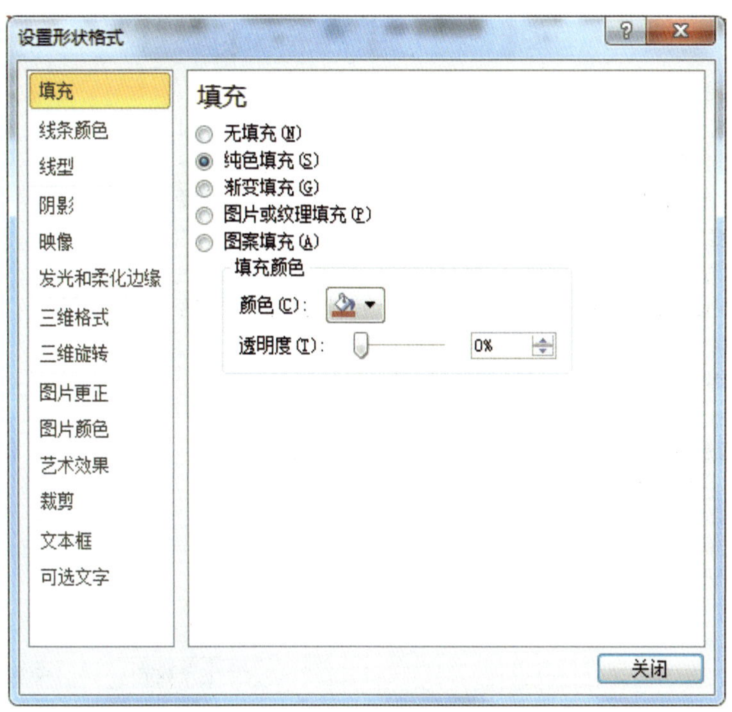

图 5—58　“设置形状格式”对话框

在选中了需要设置大小的文本框后，可以看到文本框周围出现了 8 个控点，拖动四角的控点可以按比例扩大或缩小文本框，拖动四边的控点可以向某个方向扩大或缩小文本框。但这种方法不能精确设置文本框的大小。

如果需要精确设置文本框大小，可以在“格式”选项卡下“大小”组中进行“高度”与“宽度”的设置，也可以单击“大小”组的对话框启动器，打开“布局”对话框，选中“大小”选项卡，在“高度”“宽度”组下选择“绝对值”选项，然后设置需要的文本框高度、宽度的精确数值。

改变“相对值”选项，或在“缩放”组下的“高度”与“宽度”框中可以设置缩放的比例。如果需要在进行缩放时保证高度与宽度的比例，可以选中“锁定纵横比”复选框，如图 5—59 所示。

文本框中的内容如果超过文本框的容量，文本框将按原有宽度自动向下增加高度。

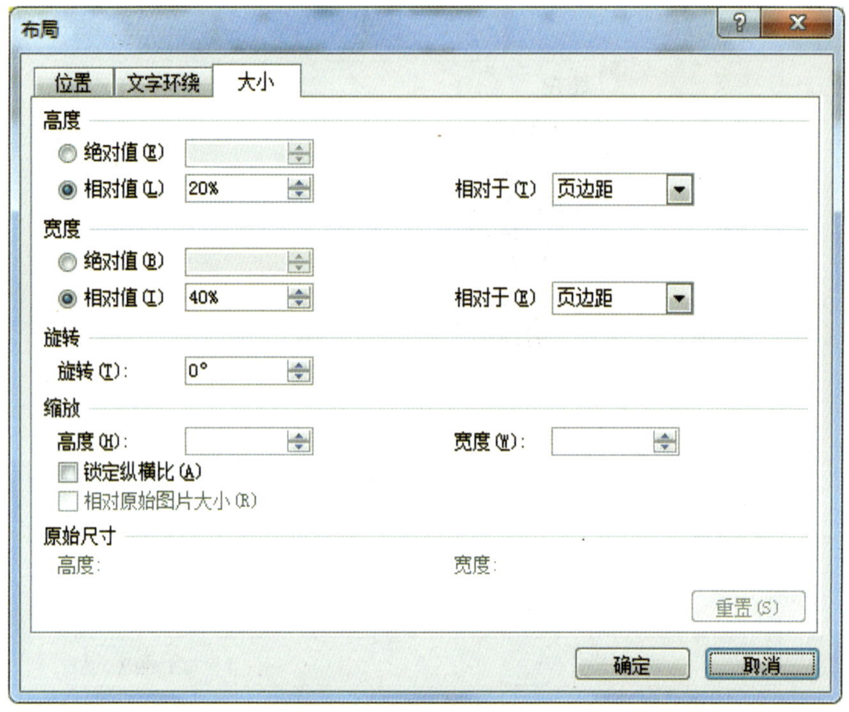

图 5—59　设置文本框大小

3. 创建文本框的链接

一个长的文本不但可以被分别放置到多个文本框中，而且可以使文本在各个文本框中随更改而“流动”，这就是文本框的链接，它使文档中的多个文本框中的文字可以被传递。创建文本框链接的具体操作步骤如下：

（1）创建文本框后选中第一个文本框，单击“格式”选项卡下“文本”组中的“创建链接”按钮，光标变为形状，可以理解为一个杯子里盛满水，需要倒入另一个容器。

（2）将光标移动到需要链接的文本框上，光标变为倾斜形状，此时可以理解为容器里的水要被倒入另一个容器里，单击鼠标左键即可。

（3）如果还需要链接其他文本框，对步骤 2 中的操作对象文本框重复操作步骤 1、步骤 2 即可。

（4）在第一个文本框中粘贴文字，如果该文本框已满，文字将自动排入已经链接的文本框中，如图 5—60 所示。

创建的链接文本框与其他文本框一样，可以进行格式的设置、位置的移动等。

如果单击“创建链接”按钮后，不想再链接下一个文本框，可以按Esc键取消链接操作。另外，可以使用圆形、旗帜、流程图形状及其他的自选图形作为放置文字部分的容器。

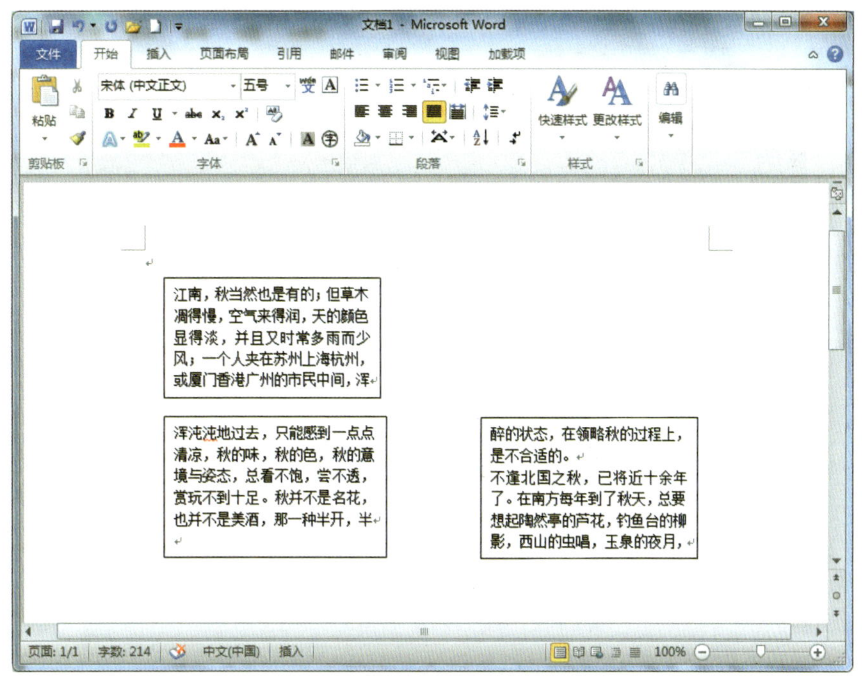

图 5—60　文本框的链接效果

如果需要复制文本框，选中文本框后单击“开始”选项卡下“剪贴板”组中的“复制”或“剪切”按钮，到需要的位置后粘贴，即可完成对整个文本框的复制。此时文本框中的内容也会被一并复制过去。

对文本框创建链接后，如果需要断开文本框的链接，只要单击需要断开链接的文本框后，再单击“格式”选项卡下“文本”组中的“断开链接”按钮即可。

断开文本框的链接后，文字会在位于断点前的最后一个文本框后截止，不再排至下一个文本框。所有后续链接文本框将变为空白。

综合训练

制作如图 5—61 所示的邀请函。

具体操作步骤如下：

1. 新建空白文档，插入要作为封面背景的图片，调整大小使之满版排布后将其设置为

"衬于文字下方"。

2. 插入标志图片，调整大小后将其置于文档下方。

3. 新建文本框，调整大小后靠右上部放置，设置"形状轮廓"为"无轮廓"，设置填充色为红色并输入文字，调整字形、字号，设置文字颜色为白色。

4. 参考步骤 3，建立新的文本框，输入文字并进行设置。

图 5—61　邀请函

项目六　文档的排版与打印

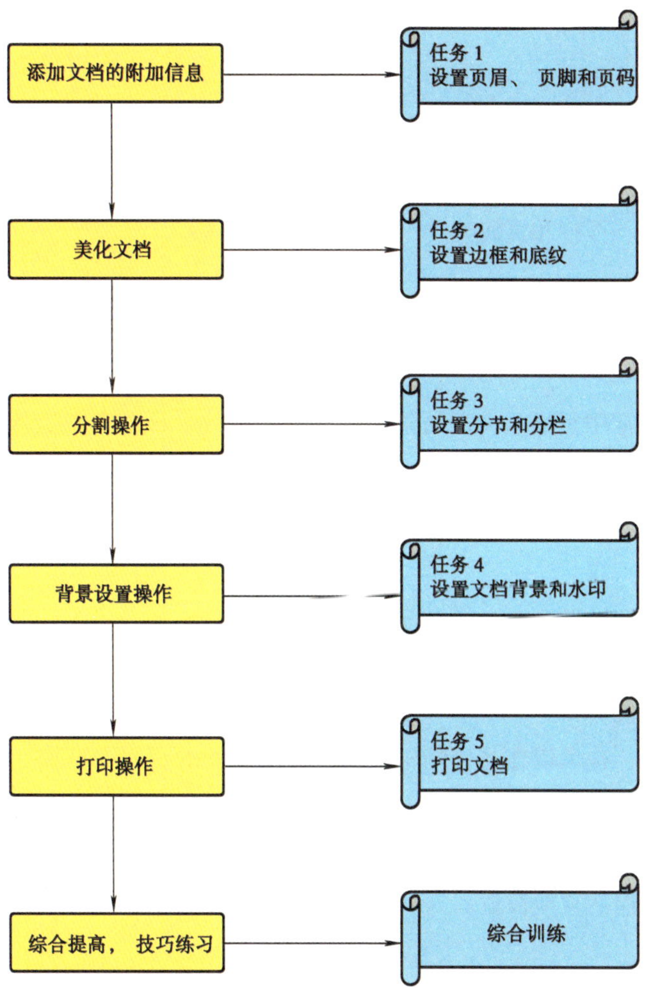

在实际工作中，用户可以根据需要对文档进行个性化设置，可以为不同的节设置不同的页眉、页脚或版式。文档页面的设置会影响整个文档的全局样式，可以用 Word 2010 编排出清晰、美观的界面。

任务 1　设置页眉、页脚和页码

学习目标

1. 能设置页眉和页脚。
2. 能设置页码。
3. 能删除页眉、页脚和页码。

任务描述

页眉和页脚通常用于显示文档的附加信息，如页数、日期、作者名称、单位名称、徽标或章节名称等文字或图形。本任务将学习如何给文档添加页眉、页脚和页码。

图 6—1 所示为加上页眉、页脚和页码的文档。

相关知识

页眉位于页面的顶部，而页脚位于页面的底部。Word 2010 可以给文档的每一页建立相同的页眉和页脚，也可以在文档的不同部分使用不同的页眉和页脚。例如，可以交替更换页眉和页脚，即在奇数页和偶数页上设置不同的页眉和页脚。

页码就是为文档每页编的号码，以便于读者阅读和查找。页码一般放在页眉或页脚中，也可以放到文档的其他位置。

实践操作

操作演示

1. 添加页眉和页脚

添加页眉和页脚的操作步骤如下：

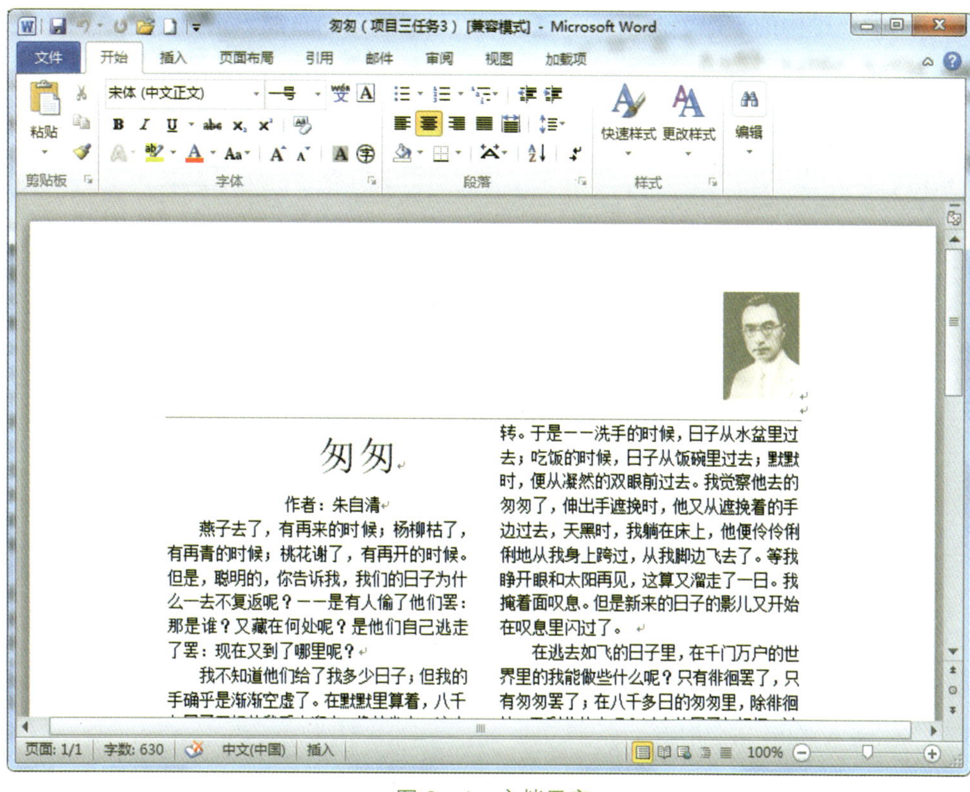

图 6—1　文档示意

（1）单击“插入”选项卡下“页眉和页脚”组中的“页眉”按钮，在下拉菜单中列举了 Word 2010 内置的页眉样式，用户可以根据自己的需要选择其中一种，如图 6—2 所示。

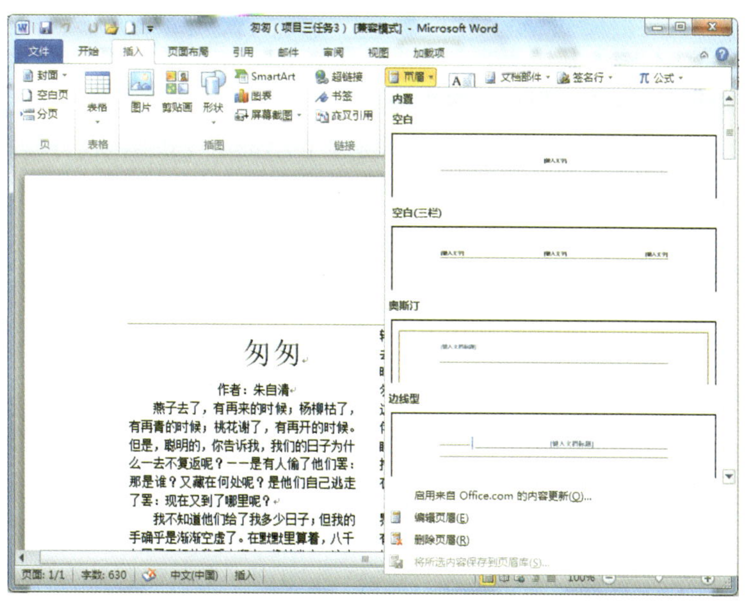

图 6—2　页眉选项下拉菜单

（2）下拉菜单中的第一个选项“空白”页眉是最简单的页眉，选择该选项后，文档中出现页眉编辑区，并提示用户键入文字的位置，如图 6—3 所示。

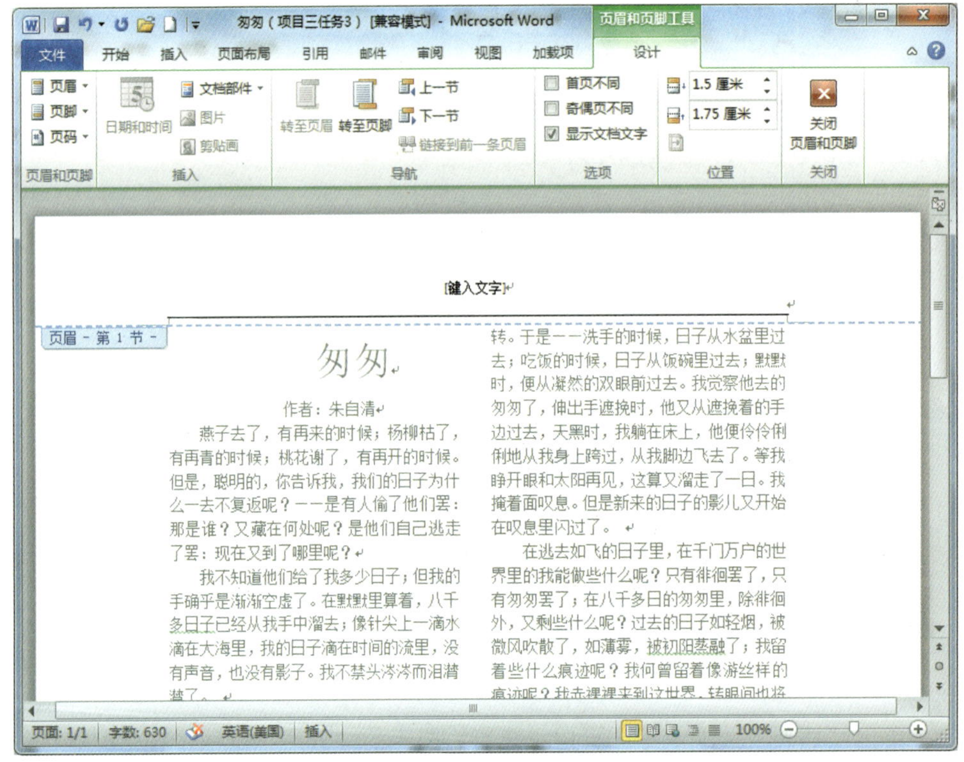

图 6—3　插入页眉

（3）与此同时，功能区中出现页眉和页脚的“设计”选项卡，使用这个选项卡，用户可以方便地编辑页眉和页脚。可以在页眉和页脚中插入日期和时间、文档部件，甚至可以插入图片和剪贴画。例如，单击“设计”选项卡下“插入”组中的“日期和时间”按钮，在弹出的“日期和时间”对话框中选择格式，单击“确定”按钮即可，如图 6—4 所示。

（4）使用同样的方法，也可以插入图形和图片。单击“设计”选项卡下“插入”组中的“图片”命令，插入图片后调整大小即可。图 6—5 所示是插入图片后的页眉。

（5）在编辑页眉的时候，可以看到“设计”选项卡下“导航”组中有一个“转自页脚”按钮，单击这个按钮可以直接转到页脚的编辑。页脚的编辑与页眉的编辑类似。

（6）单击“上一节”按钮或“下一节”按钮，将显示当前节的上一节或下一节的页眉或页脚。

页眉和页脚的编辑也可以像文本的编辑一样设定格式，如靠右对齐、居中对齐等。页眉编辑完毕后，单击“设计”选项卡下“关闭”组中的“关闭页眉和页脚”按钮，即可完

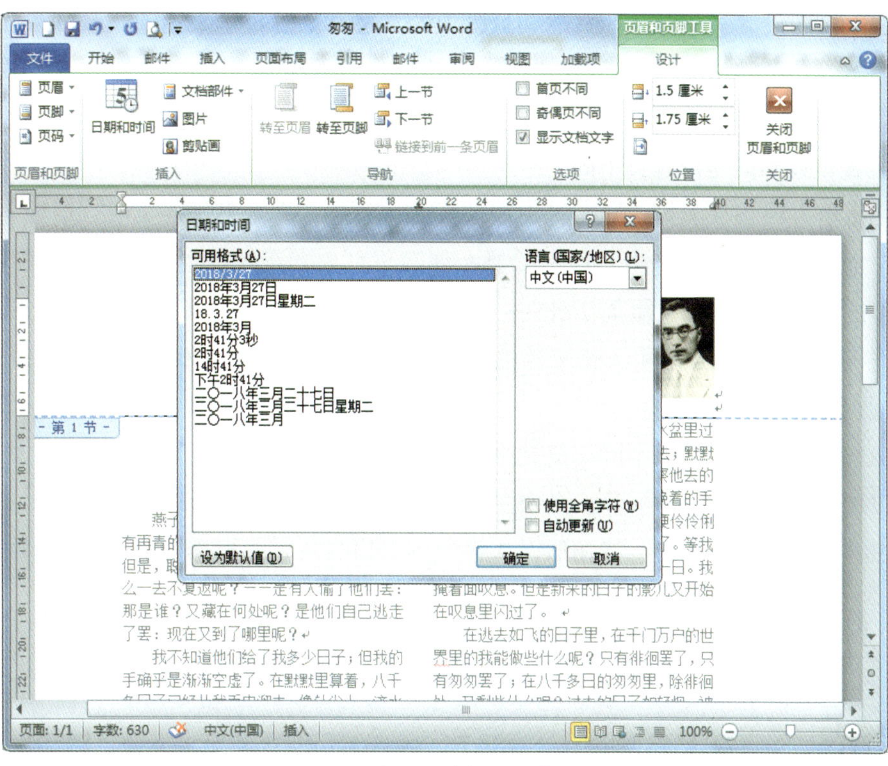

图 6—4　在页眉中插入日期和时间

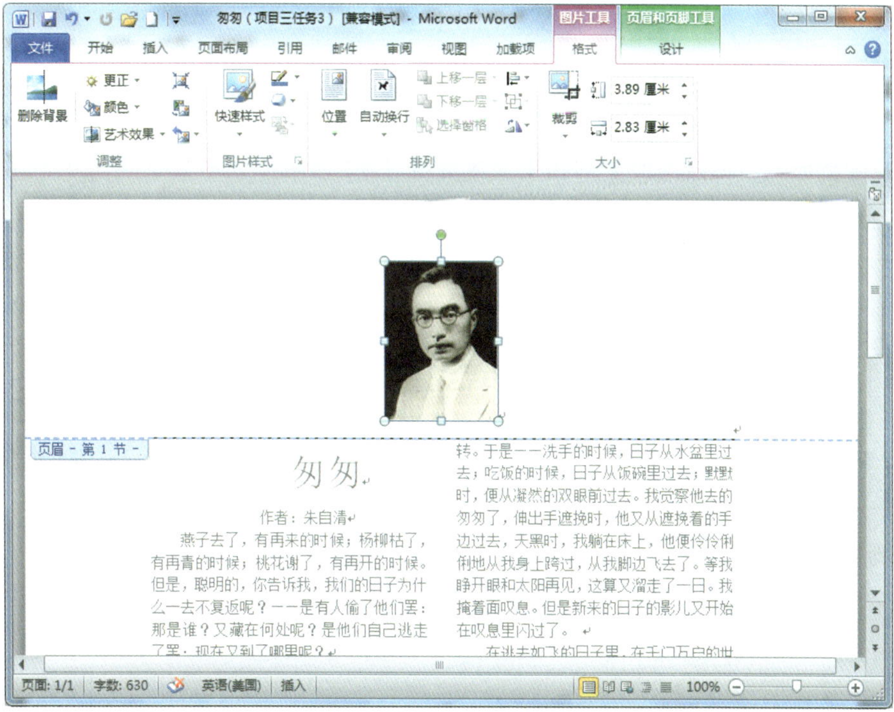

图 6—5　在页眉中插入图片

成页眉和页脚的设置。此时，在页眉和页脚上的文字和图片都呈半透明状。如果需要再次编辑，只需要再次单击“页眉”或“页脚”按钮，打开下拉菜单，选择“编辑页眉”或“编辑页脚”选项即可。

2. 设置首页不同与奇偶页不同

使用以上方法，只能创建同一种类型的页眉或页脚，即全书每一页的页眉或页脚都完全相同。而在书籍等出版物中，通常需要在偶数页页眉和奇数页页眉上设置不同的文字，并在每章的首页设置不同的页眉。此时，可以选中“设计”选项卡下“选项”组中的“首页不同”复选框，这样就可以在文档的第一页建立与其他页不相同的页眉和页脚，如图 6—6 所示。

类似的，选中“奇偶页不同”复选框，页面左侧出现“奇数页页眉”提示，用户输入所需要设置的页眉后转至下一节，页面左侧出现“偶数页页眉”提示。

单击“关闭页眉和页脚”按钮后，文档中的页眉与页脚将根据奇偶页的不同而发生相应变化。

在文本编辑状态下，双击页眉或页脚（或在页眉和页脚编辑状态下双击文本），就可以快速地在页眉和页脚与文档文本之间进行切换。

3. 编辑页眉和页脚

对页眉和页脚的修改除了对页眉和页脚内容的修改外，还包括对页眉和页脚水平位置与垂直位置的修改，以及修改文本和页眉或页脚之间的距离。

调整页眉或页脚水平位置的操作方法如下：

（1）双击页眉区域，切换到页眉、页脚编辑模式。

（2）将光标移动到需要调整的页眉或页脚上，使用“开始”选项卡下“字体”“段落”“样式”组中的按钮来进行文字样式的设置。

需要调整页眉和页脚距纸张边缘的距离，也就是垂直距离的时候，需要使用“设计”选项卡，在“设计”选项卡下“位置”组中的“页眉距顶端距离”和“页脚距底端距离”微调框中输入需要的数值即可，如图 6—7 所示。

4. 删除页眉和页脚

删除页眉和页脚的方法很简单，具体操作步骤如下：

（1）单击“插入”选项卡下“页眉和页脚”组中的“页眉”或“页脚”按钮，打开下拉菜单。

（2）从下拉菜单中选择“删除页眉”或“删除页脚”命令即可。

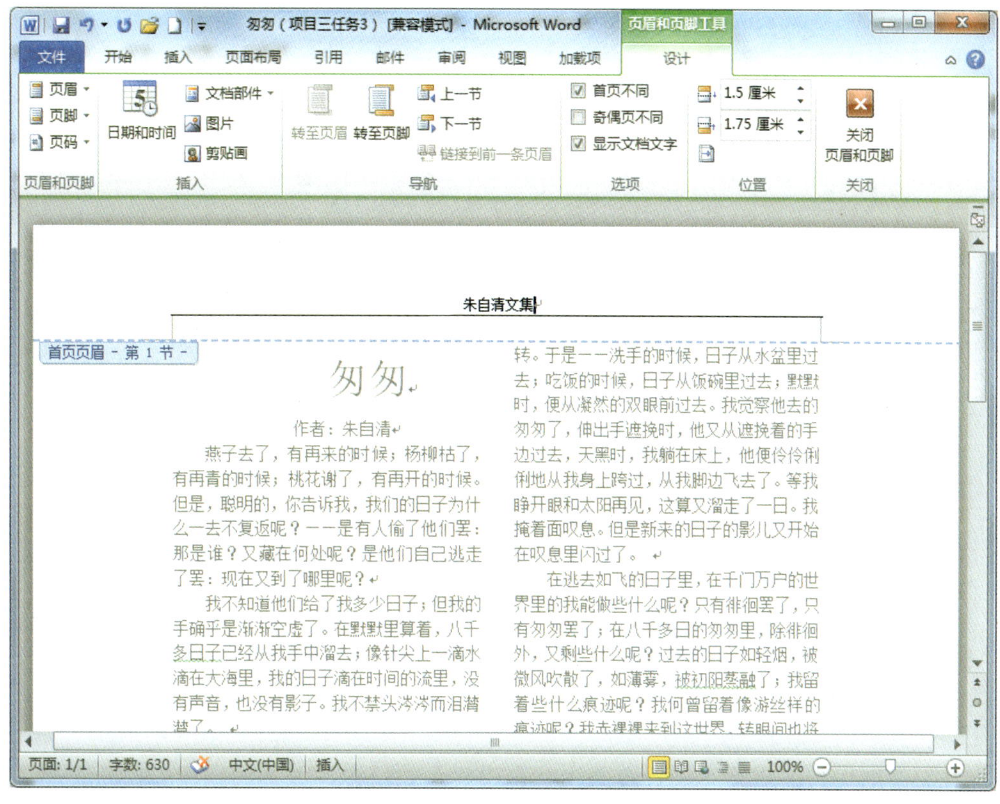

图 6—6　建立首页页眉

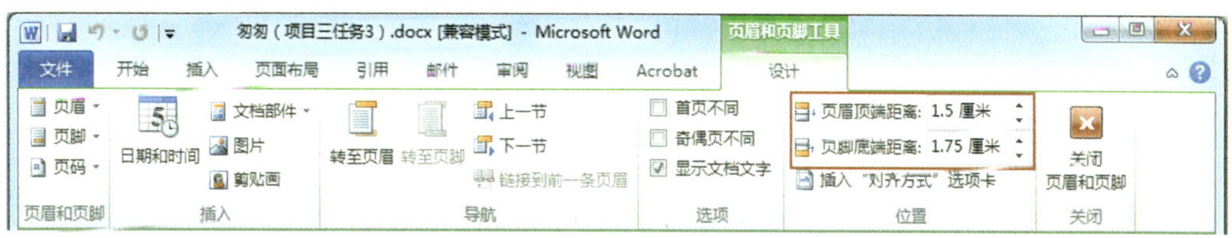

图 6—7　修改垂直距离

在删除一个页眉或页脚时，Word 2010 会自动删除整个文档中同样的页眉或页脚。要删除文档中各个部分的页眉或页脚，可以将文档分成节，再对页眉或页脚进行删除操作。

5. 设置页码

插入页码的具体操作步骤如下：

（1）单击“插入”选项卡下“页眉和页脚”组中的“页码”按钮，弹出如图 6—8 所示的下拉菜单。

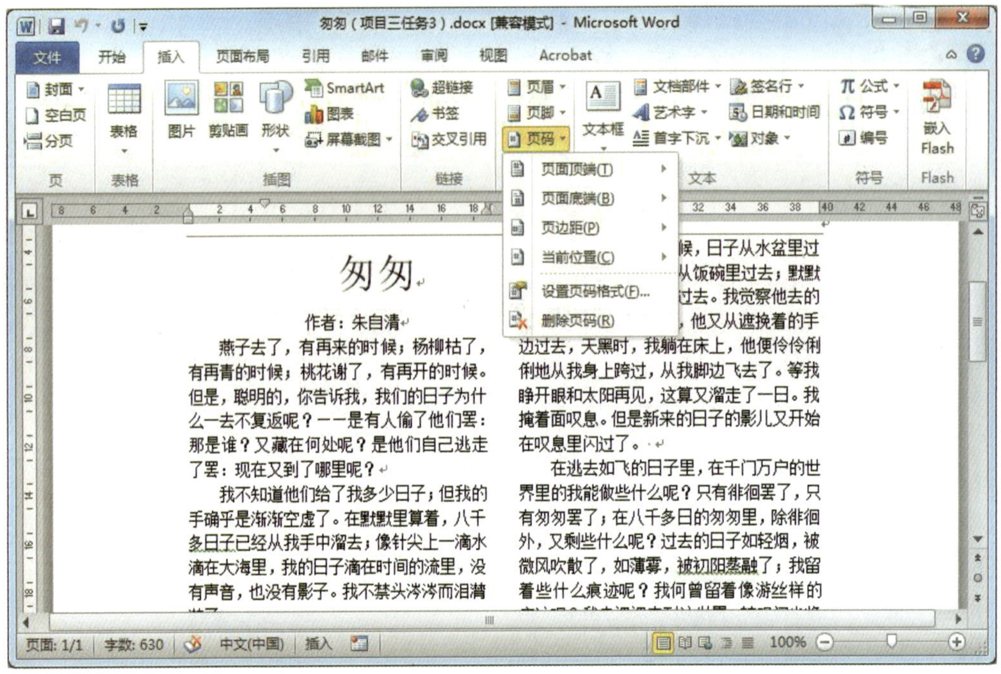

图 6—8　插入页码

（2）根据用户的需要，选择页码在文档中显示的位置，如页面顶端、页面底端、页边距甚至当前位置。每一个位置都有多项预置效果可供选择，单击相应的选项即可。

（3）单击“关闭页眉和页脚”按钮，页码自动生成，随着文档页数的增加，页码也会自动增加，如图 6—9 所示。

与编辑页眉和页脚一样，双击页码部分可以修改页码的格式。具体操作方法如下：

（1）双击页眉或页脚，切换到页眉、页脚编辑模式，此时在功能区出现相应的“设计”选项卡。

（2）单击“设计”选项卡下“页眉和页脚”组中的“页码”按钮，在弹出的下拉菜单中单击“设置页码格式”命令，弹出“页码格式”对话框，如图 6—10 所示。

（3）在“页码格式”对话框中的“编号格式”下拉列表框中选择所需要的页码格式选项，在“页码编号”选项组中选择页码的编排方式。

（4）如果需要重新对页码进行编号，可以选择“起始页码”选项，输入第一个页码，如果文档中有封面，而且希望文档正文的第一页从“1”开始，可以在“起始页码”框中输入“0”。

Word 2010 在用户使用“删除页码”命令或是手动删除文档中单个页面的页码时自动删除页码。单击“设计”选项卡下“页眉和页脚”组中的“页码”按钮，在弹出的下拉菜单中单击“删除页码”命令即可。

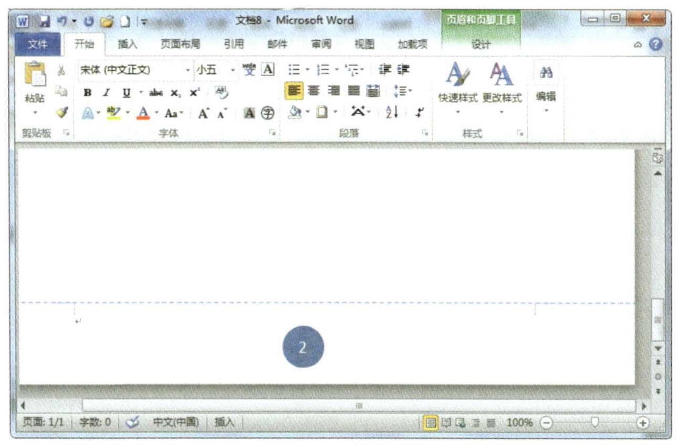

图 6—9　页码自动增加

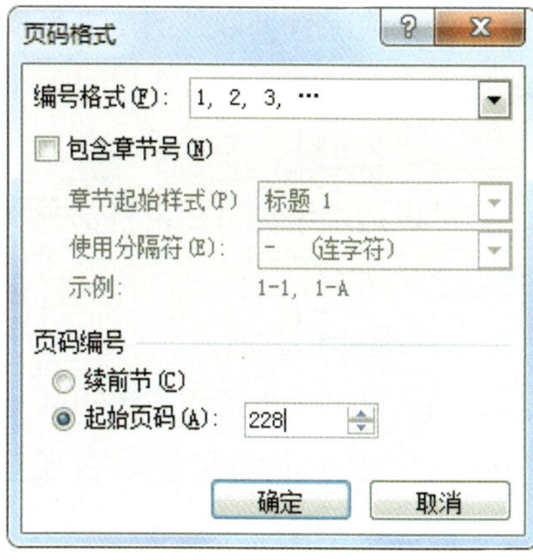

图 6—10　“页码格式”对话框

任务 2　设置边框和底纹

学习目标

1. 能为文字、表格和图形添加边框。
2. 能为页面添加边框。
3. 能添加底纹。

任务描述

边框和底纹用于美化文档，同时也可以起到突出和醒目的作用，增加读者对文档不同部分的兴趣和注意程度。本任务以文档《故都的秋》为例，为该文档添加边框和底纹。

相关知识

用户可以为页面、文本、表格和表格的单元格、图形对象、图片等对象设置边框和底纹。

· 页面边框

用户不仅可以为文档中每页的任意一边或所有边添加边框，而且可以只为某节中的页

面、首页或除首页以外的所有页面添加边框。在 Word 2010 中，有多种线条样式和颜色及各种图形的页面边框。

· 文字边框

可以通过添加边框来将部分文本与文档中的其他部分区分开，也可以通过应用底纹来突出显示文本。

· 表格边框和底纹

用户可以为表格或表格中的某个单元格添加边框，或用底纹来填充表格的背景。也可以使用“表格”菜单中的“自动套用格式”命令来设置多种边框、字体和底纹，以使表格具有精美的外观。

1. 设置文字、表格和图形边框

给文字添加边框就是把使用者认为重要的文本用边框框起来以起到提醒的作用。以文档《故都的秋》为例，为文字添加边框。

操作演示

具体操作步骤如下：

（1）选中需要添加边框的文本、表格或图形。

（2）单击“页面布局”选项卡下“页面背景”组中的“页面边框”按钮，打开“边框和底纹”对话框，选中“边框”选项卡，如图 6—11 所示。

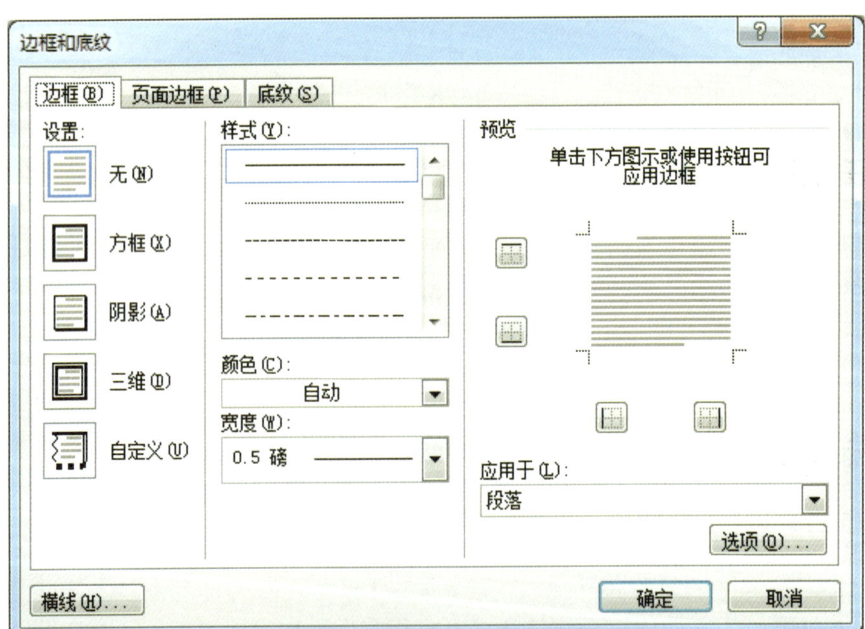

图 6—11 “边框和底纹”对话框

（3）从“设置”组的“无”“方框”“阴影”“三维”和“自定义”5 种类型中，选择所需要的边框类型。

（4）从“样式”列表框中选择边框框线的样式。

（5）从“颜色”下拉列表框中选择边框框线的背景色（这种背景色可以打印出来）。

（6）从“宽度”下拉列表框中选择边框框线的线宽。

（7）在“预览”区设置要添加边框的位置，边框由 4 根边线组成，自定义边框可以由 1～4 条边线组成。

（8）单击“确定”按钮完成设置。

添加完边框的文字效果如图 6—12 所示。

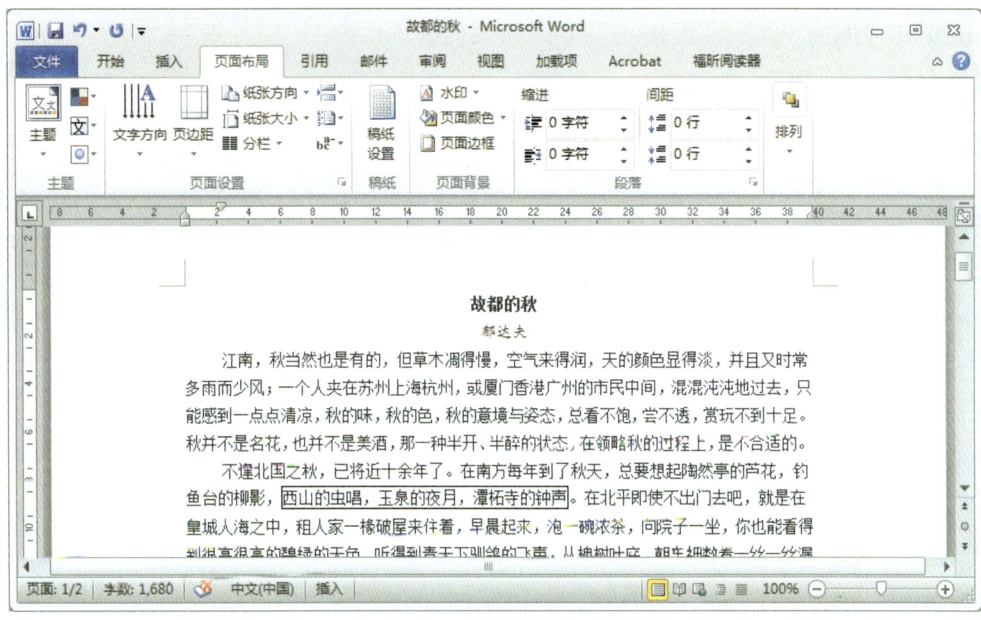

图 6—12　添加边框后的效果

2. 设置页面边框

Word 2010 不仅可以为文字或段落添加边框，还可以为页面添加边框。为页面添加边框的具体操作步骤如下：

（1）使用上述方法，打开“边框和底纹”对话框，选择“页面边框”选项卡。该选项卡中的各项命令与“边框”选项卡中的命令基本相同，不再重复介绍。

（2）单击“选项”按钮，打开“边框和底纹选项”对话框，如图 6—13 所示。在对话框中可以设置页面边框距正文上、下、左、右的距离，设置完成后单击“确定”按钮。

3. 添加底纹

想在一段文本或表格中打印背景色，可以为文本添加底纹。为文字或表格添加底纹的具体操作步骤如下：

（1）选择需要添加底纹的文字或表格。

（2）单击“页面布局”选项卡下“页面背景”组中的“页面边框”按钮，在打开的“边框和底纹”对话框中选择“底纹”选项卡，如图 6—14 所示。

（3）在“填充”下拉列表框中，可以为底纹选择填充色。

（4）在“预览”区的“应用于”下拉列表框中，可以选择底纹格式应用的范围，有“文字”和“段落”两个选项可供选择。

（5）在“图案”选项组中，可以选择底纹的样式和颜色。在“样式”下拉列表框中选择所需要的图案样式。如果不需要图案，可以选择“样式”下拉列表框中的“清除”选项。

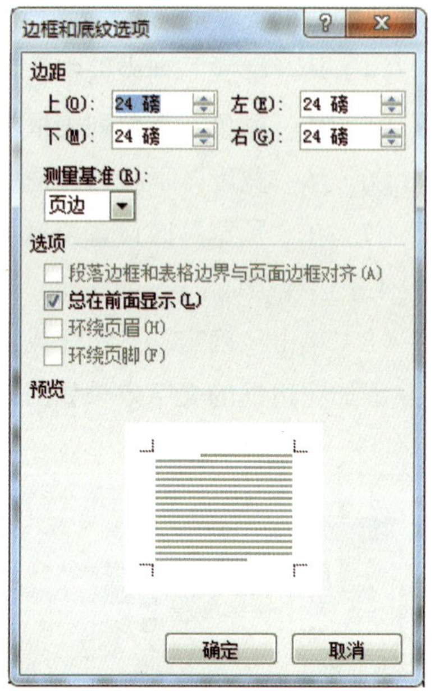

图 6—13 “边框和底纹选项”对话框

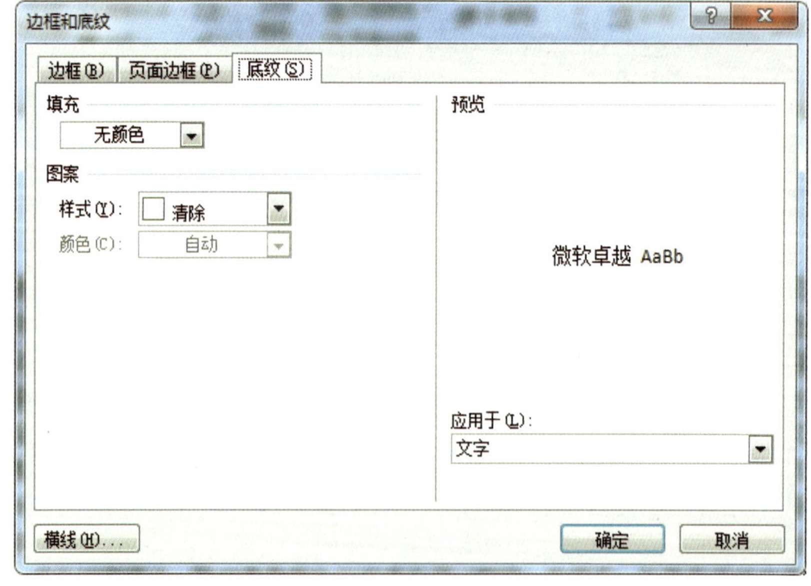

图 6—14 “边框和底纹”对话框

（6）如果需要在文档中插入装饰性线条，还可以单击“横线”按钮，打开“横线”对话框，选中需要的线条后单击“确定”按钮即可。这种装饰性的线条通常用在 Web 页面中，同样也可以插入到文档中。

（7）设置完毕后单击“确定”按钮，保存设置并退回，新设置的边框和底纹将应用于所选择的项目。底纹的设置效果如图 6—15 所示。

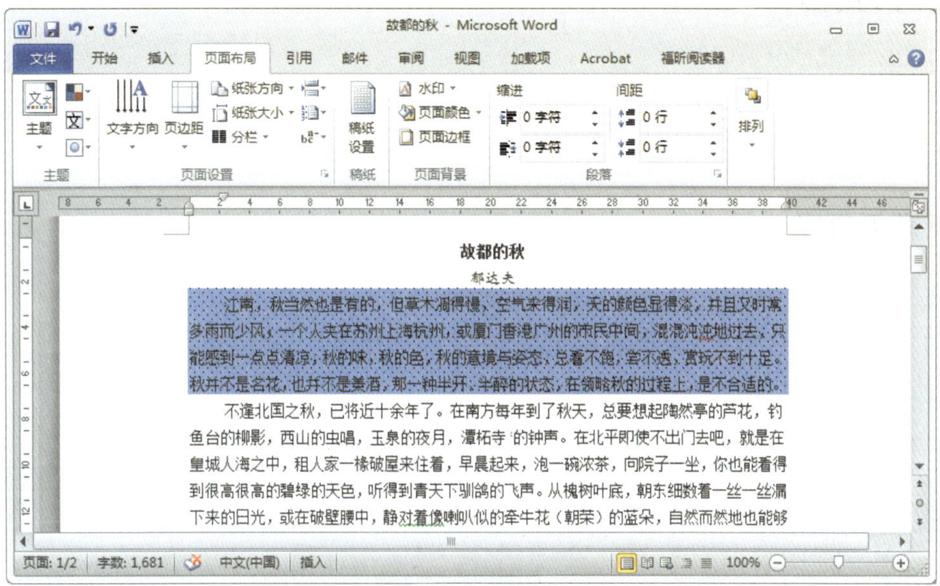

图 6—15　底纹的设置效果

要删除文字或表格的底纹，首先需要选中这些文字或表格，使用前述方法打开“边框和底纹”对话框的“底纹”选项卡，在“填充”下拉列表框中选择“无填充颜色”即可。

任务 3　设置分节和分栏

1. 能设置文档分节。
2. 能创建版面分栏。

在用户编辑一个文档时，Word 2010 会将整篇文档作为一节对待。但有时需要将一篇较长的文档分割成多节，以便单独设置每节的格式和版式。本任务的学习内容是设置分节与分栏，图 6—16 所示为将版面分为三栏的效果。

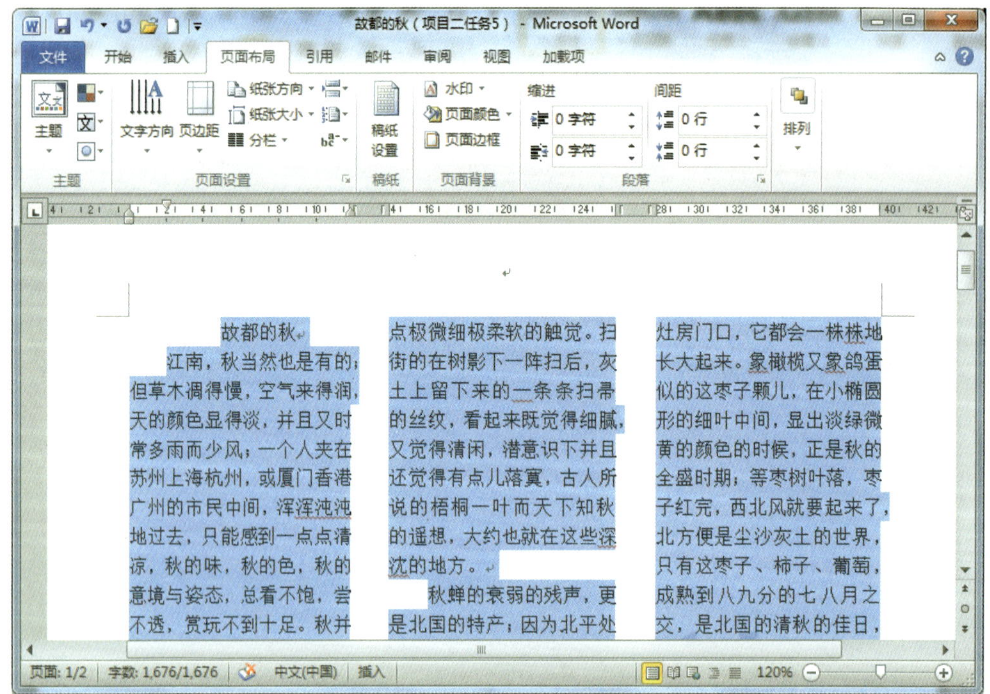

图 6—16　版面分栏效果

相关知识

在日常文档处理中，常常需要使用分节与分栏，翻开各种报纸杂志，分栏版面随处可见，在 Word 2010 中可以很容易地设置分栏，还可以在不同的节中设置不同的栏数和格式。

实践操作

1. 设置文档分节

在 Word 2010 中可以使用分节符来进行分节，分节符是在节的结尾插入的标记。插入分节符的操作步骤如下：

操作演示

（1）将光标移动到需要插入分节符的位置。

（2）单击“页面布局”选项卡下“页面设置”组中的“分隔符”按钮，打开如图 6—17 所示的下拉菜单。

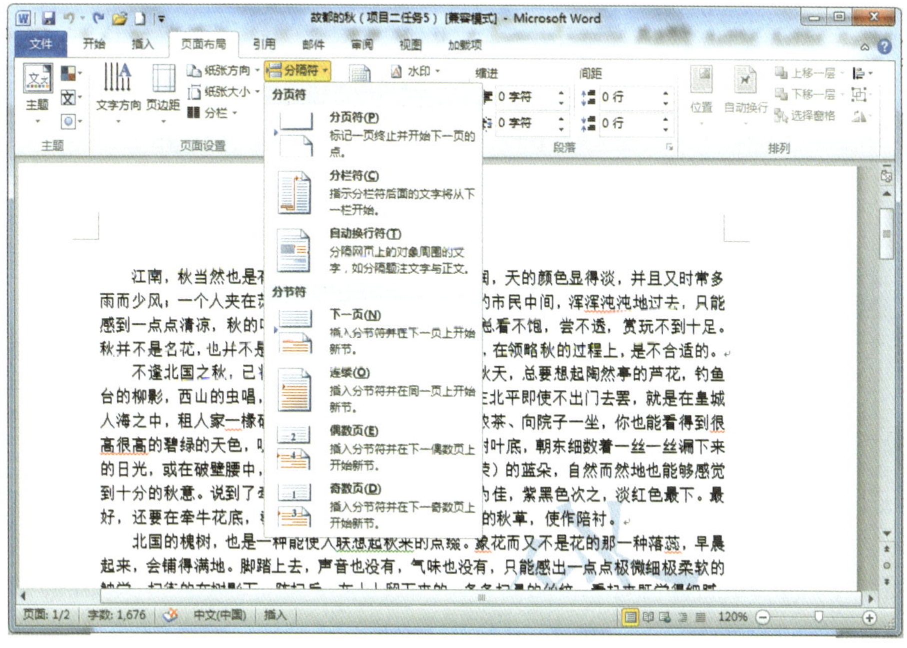

图 6—17 “分隔符”下拉菜单

（3）在“分节符”选项组中有 4 种类型的分节符。

· 下一页：在当前插入点处插入一个分节符，强制分页，新节从下一页开始。

· 连续：在当前插入点处插入一个分节符，不强制分页，新节从本页下一行开始。
· 偶数页：在当前插入点处插入一个分节符，强制分页，新节从下一个偶数页开始。
· 奇数页：在当前插入点处插入一个分节符，强制分页，新节从下一个奇数页开始。

图 6—18 所示的文档就是在“分隔符”下拉菜单中选择了“连续”分节符后的效果。

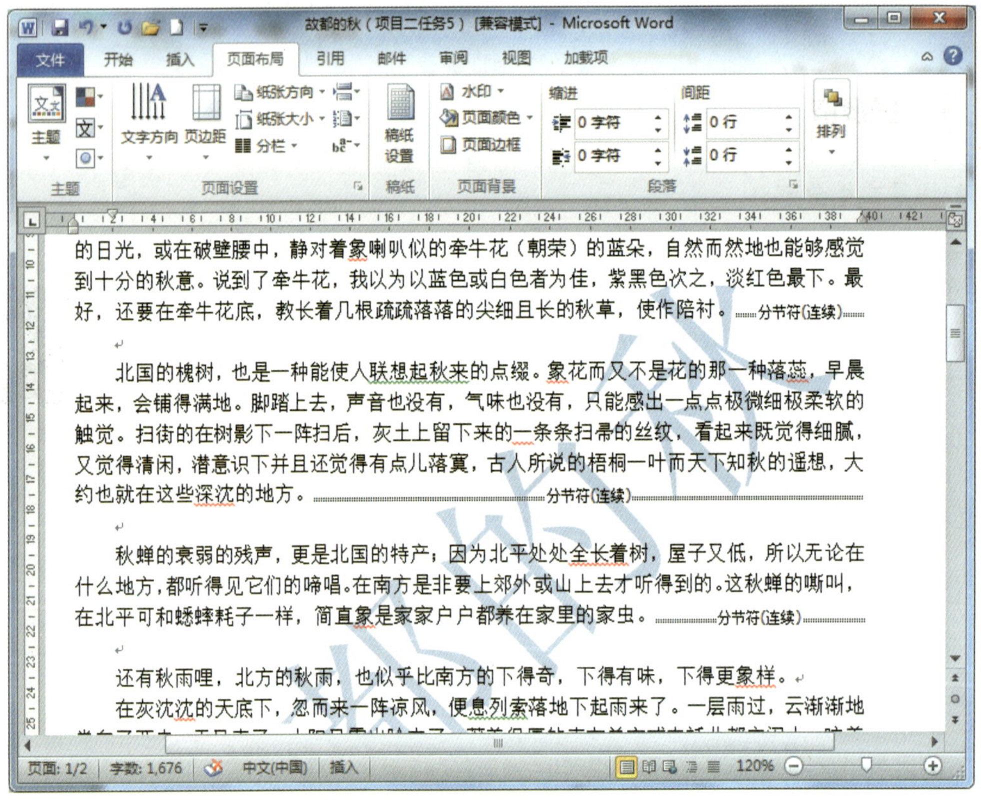

图 6—18　选择连续分节符后的效果

如果用户在文档中看不到分节符，可以单击“开始”选项卡下“段落”组中的“显示 / 隐藏编辑标记”按钮 即可。

如果要删除已设置的分节符，首先选中要删除的分节符，然后按 Delete 键即可。需要注意的是，在删除分节符的同时也将删除分节符前面文本的分节格式，该文本将变为下一节的一部分，并采用下一节的格式。

2. 创建版面的分栏

创建版面分栏的具体操作步骤如下：

（1）单击“页面布局”选项卡下“页面设置”组中的“分栏”按钮，弹出“分栏”下拉菜单，如图 6—19 所示。

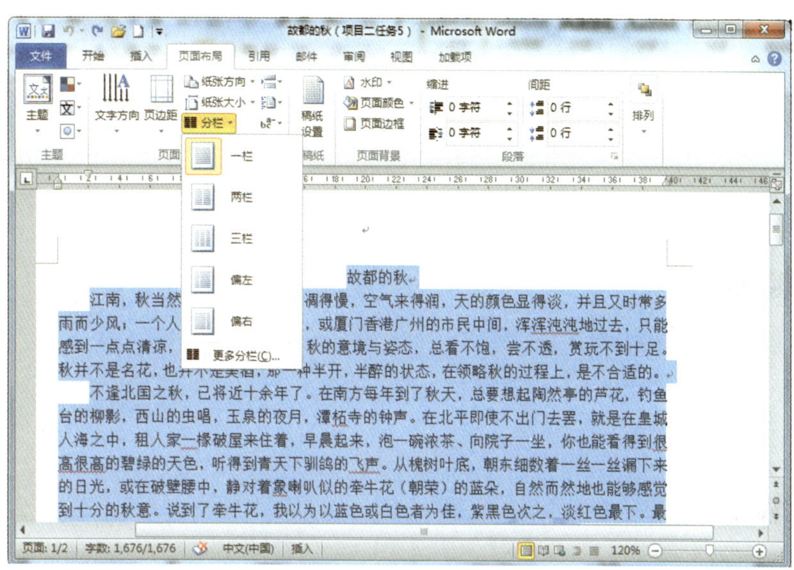

图 6—19　“分栏”下拉菜单

（2）在菜单中选择“一栏”“两栏”“三栏”“偏左”和“偏右”等分栏格式。

（3）如果对预置的分栏格式不满意，可以选择菜单中的“更多分栏”选项，在弹出的“分栏”对话框中设置需要分割的栏数，栏数一般在 1 ～ 11 之间。

图 6—20 所示为设置分栏后的效果。

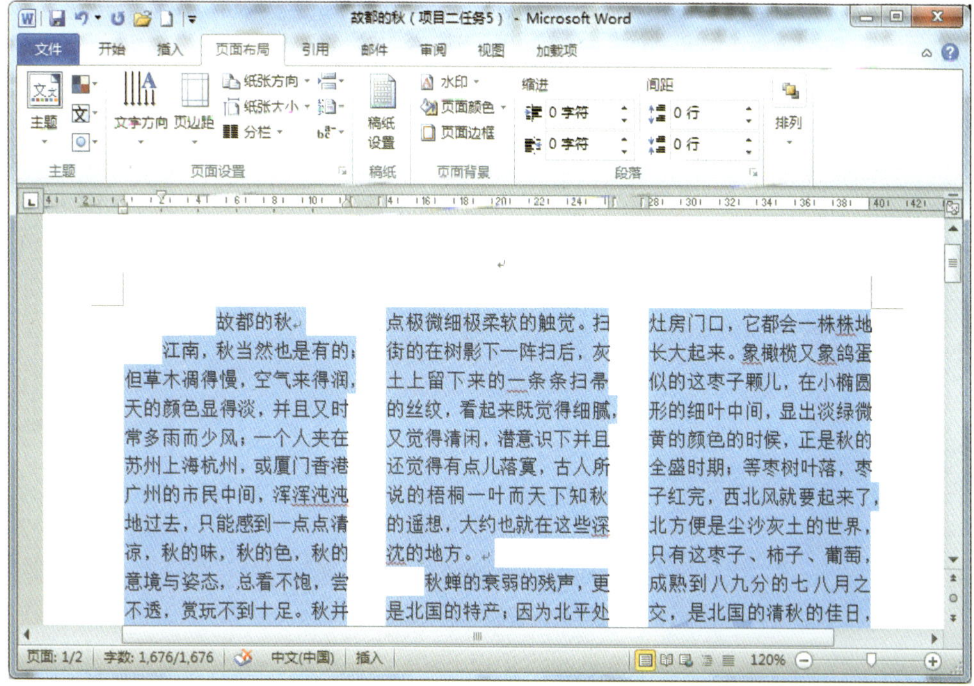

图 6—20　设置分栏后的效果

任务 4　设置文档背景和水印

学习目标

1. 能设置和删除文档背景。
2. 能设置和删除文档水印。

任务描述

为文档添加丰富多彩的背景，可以使文档更加生动和美观。Word 2010 提供了强大的背景功能，本任务将学习为文档设置背景和水印的方法。图 6—21 所示为设置水印后的效果。

图 6—21　设置水印后的效果

相关知识

Word 2010 可以使用一张图片作为文件背景，也可以为文本加上织物状的底纹，背景的颜色可以任意调整，还可以制作出带有水印的背景效果。但是在预设情况下，背景在打印文档时不会被打印出来，如果需要打印背景色和图像，单击“文件”菜单中的“选项”按钮，在弹出的“Word 选项”对话框中选择“显示”选项卡，在“打印选项”中勾选“打印背景色和图像”复选框即可。

实践操作

操作演示

1. 设置或删除文档背景

Word 2010 提供了 40 余种预置的颜色，用户可以选择这些颜色作为文档背景，也可以选择其他颜色作为背景。

为文档设置背景颜色的操作步骤如下：

（1）单击“页面布局”选项卡下“页面背景”组中的“页面颜色”按钮，打开如图 6—22 所示的调色板，光标在各色块上停留时，可以在文档中预览应用此颜色的效果。单击要作为背景的色块，Word 2010 将以该颜色作为纯色背景应用到文档的所有页面上。

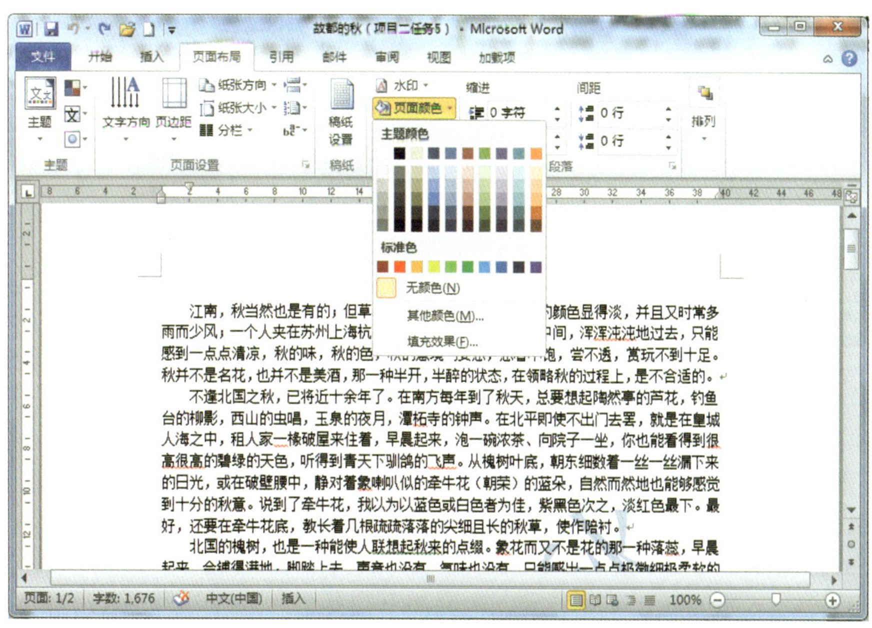

图 6—22　设置页面颜色

（2）如果现有颜色不能满足用户的需求，还可以单击“其他颜色”选项，在打开的“颜色”对话框中选择“标准”选项卡，在“颜色”区中单击选中的颜色，即可将该颜色设置为背景色。

如果需要删除文档的背景色，单击“页面背景”组中的“页面颜色”按钮，在下拉菜单中选择“无颜色”选项即可。

2. 设置填充效果

以上方法只能使用一种颜色作为背景。如果用户感觉只有一种背景色太单调，可以选择 Word 2010 提供的多种文档背景效果，如渐变背景效果、纹理背景效果及图片背景效果等。通过选择不同的选项卡，可以得到更为丰富多彩的背景图案。

单击“页面布局”选项卡下“页面背景”组中的“页面颜色”按钮，在弹出的下拉菜单中选择“填充效果”命令，打开“填充效果”对话框，如图 6—23 所示。系统在默认状态下打开的是“渐变”选项卡。

用户可以选择“单色”或“双色”单选框来创建不同类型的渐变效果，然后在“底纹样式”区中选择渐变的样式。

“纹理”选项卡如图 6—24 所示，用户可以在“纹理”区中选择一种作为文档页面的背景纹理。

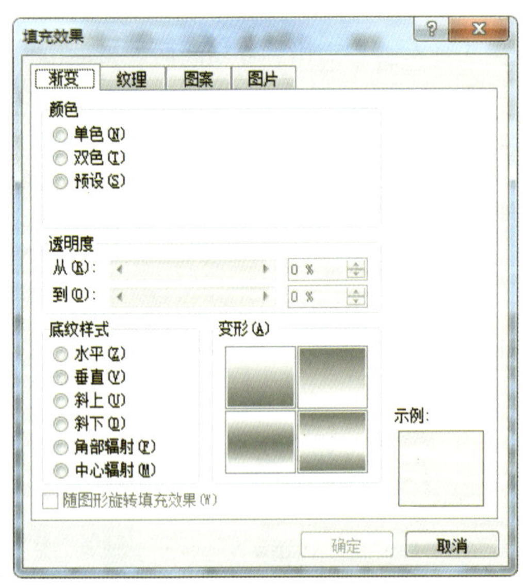

图 6—23 “渐变”选项卡

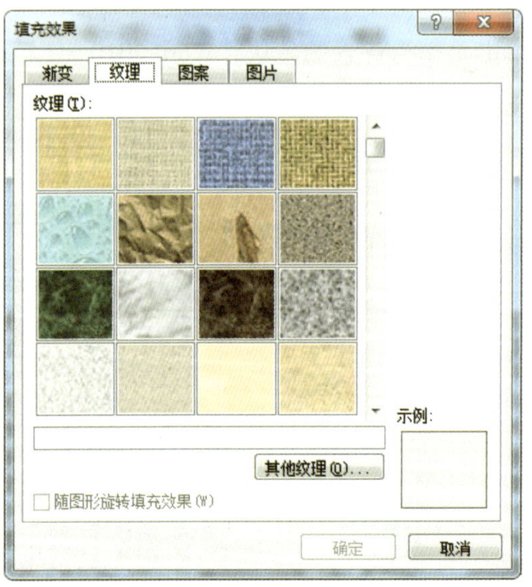

图 6—24 “纹理”选项卡

类似的，选择“图案”选项卡，用户可以在该选项卡中选择需要的基准图案，并在“前景”和“背景”下拉列表框中选择图案的前景和背景，也可以为文档指定某种背景图案。

在“填充效果”对话框中选择“图片”选项卡，如图6—25所示，单击“选择图片”按钮，在打开的“选择图片”对话框中选择一张图片作为文件的背景。

图6—25　“图片”选项卡

3. 设置水印

水印是一种特殊的背景，是指印在页面上的透明花纹，它可以是一幅图、一张图表或一种艺术字体。当使用者在页面上创建水印后，它在页面上是以灰色显示的，成为正文的背景，从而起到美化文档的作用。

在Word 2010中设置水印非常容易，用户可以使用Word 2010预置的水印，也可以轻松地设置个性化水印；可以在一个新文档中添加水印，也可以在已保存的文档中添加水印，系统默认设置是“无水印”状态。

下面以设置文字水印为例，介绍水印的设置方法。

（1）单击“页面布局”选项卡下“页面背景”组中的“水印”按钮，打开下拉菜单，可以看到系统预置的一些水印，单击需要的选项即可。如果要设置用户自定义水印，可以选择“自定义水印”命令，弹出“水印”对话框，如图6—26所示。

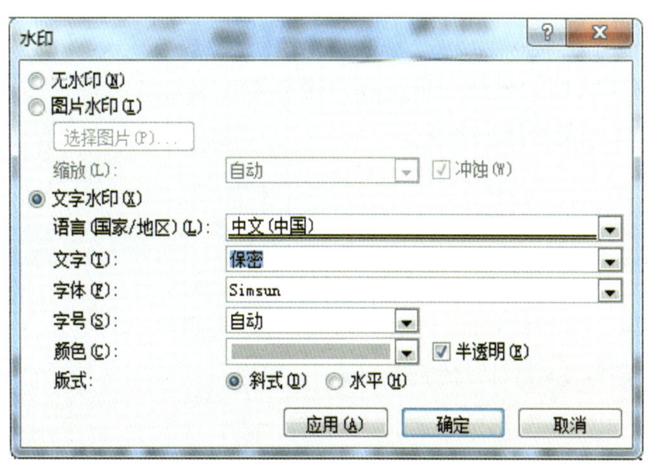

图6—26　“水印”对话框

（2）选中“文字水印”单选框，在“文字”下拉列表中选择需要的水印方案，或直接

输入自己所需要的水印文字。再利用“字体”“字号”“颜色”下拉列表框为水印文字设置字体、字号和颜色。

（3）在“版式”选项中选择水印文字方向后，单击“确定”按钮，完成水印的设置。

如果用户希望以图片作为文档的水印，可在“水印”对话框中选择“图片水印”，单击“选择图片”按钮，在弹出的“插入图片”对话框中选择需要的图片作为水印背景。

在文档中添加水印后，可以很方便地删除水印。单击“水印”按钮，在下拉菜单中单击“删除水印”命令即可。

任务 5　打印文档

学习目标

1. 能在打印文档前预览文档。
2. 能打印文档。

任务描述

打印文档是制作文档的最后一项工作，想打印出满意的文档，需要设置多种打印参数。本任务学习设置打印参数的方法。

相关知识

Word 2010 提供了强大的打印功能，可以轻松地按照用户的要求打印文档，不但可以做到在打印文档前预览文档，选择打印区域，还可以一次打印多份文档，或对版面进行缩放等。

1. 打印预览

在进行打印前，用户可以预览文档的打印效果。Word 2010 提供了打印预览的功能，利用该功能，用户观察到的文档效果实际上就是打印的真实效果，即常说的“所见即所得”功能。另外，用户还可以在预览窗口中对文档进行编辑，以获得满意的效果。

打开要预览的文档后，单击菜单栏中的“文件”按钮，在弹出的菜单中选择“打印”命令，在 Word 界面的右侧区域显示的就是打印预览的效果。

如图 6—27 所示，用户可以从中预览文件的打印效果。

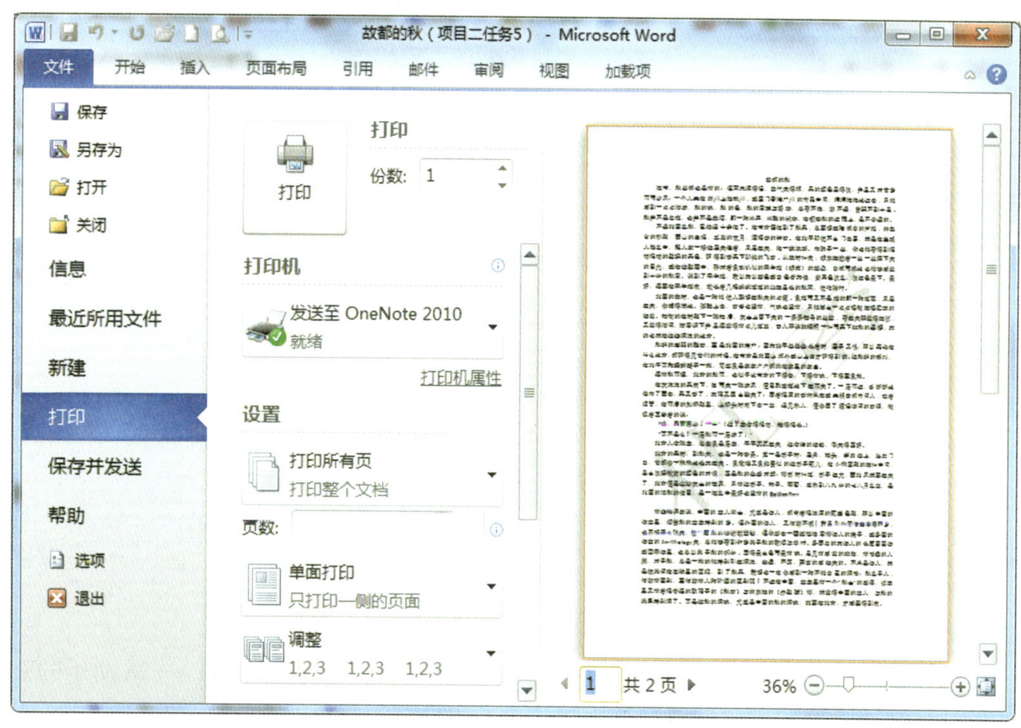

图 6—27　打印预览窗口

与编辑窗口相同，弹出的打印窗口包含一些常用的打印预览设置选项，用户可以使用这些命令快速设置打印预览格式，如图 6—28 所示。

· 在对话框中可以更改打印选项。

· 调整该界面右下角处的滑块或者单击 +、- 按钮，可以调整页面显示比例。

· 单击界面右下角处的按钮可以显示整个文档页面。

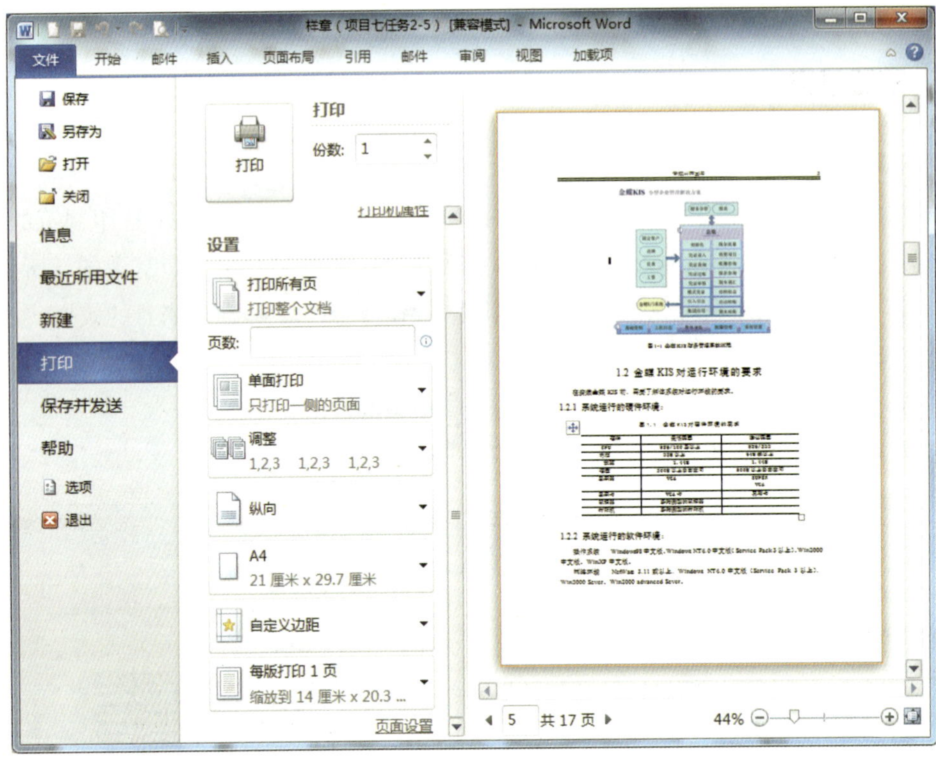

图 6—28 打印预览效果

· 调整界面中间下方的区域可以设置当前预览的页码。

· 单击界面左侧区域中的页面设置选项可以打开“页面设置”对话框进行页面设置。

· 单击左上方的“打印”按钮即可打印文档。

2. 打印文档的一般操作

针对不同的文档，可以使用不同的方法来进行打印处理。

如果已经打开了一篇文档，可以使用下列方法启动打印选项。

（1）单击“文件”菜单，选择“打印”→“打印”命令，弹出如图 6—28 所示的对话框，在该对话框中进行相应的参数设置后，单击“打印”按钮即可打印。

（2）使用 Ctrl+P 组合快捷键，同样可以打开如图 6—28 所示的对话框，进行打印设置后单击“打印”按钮即可打印。

另外，可以在没有打开文档的情况下，右击该文档，在弹出的快捷菜单中选择“打印”选项，可以按照系统默认设置直接打印文档。

综合训练

实现如图 6—29 所示的文档排版，并进行打印输出。

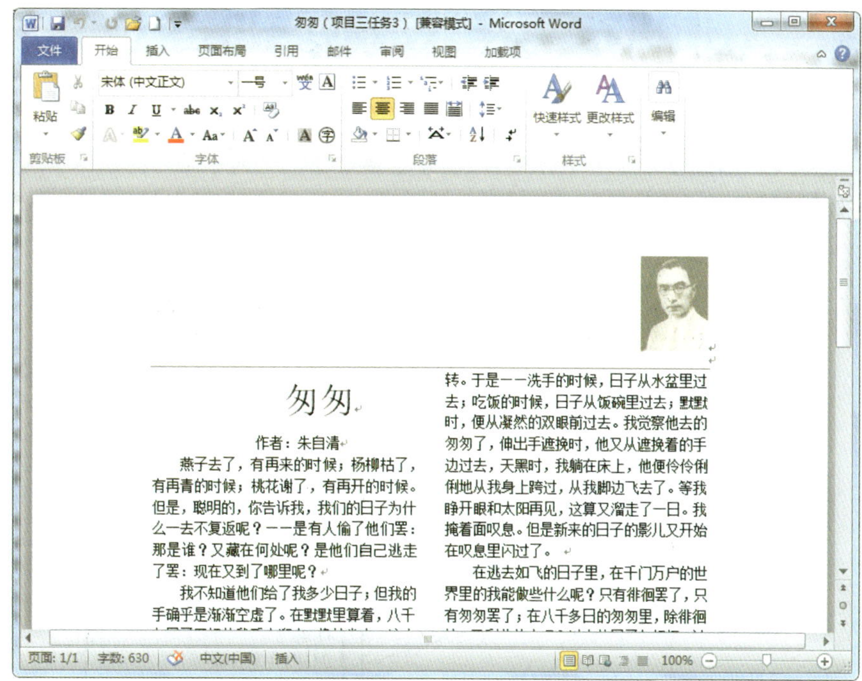

图 6—29　排版后的效果

图 6—29 中对文档进行排版的操作步骤如下：

1. 选中需要分栏的文档，单击“页面布局”选项卡下“页面设置”组中的“分栏”按钮，在下拉菜单中选择“两栏”选项。

2. 单击“插入”选项卡下“页眉和页脚”组中的“页眉”按钮界面，在弹出的下拉菜单中选择“编辑页眉”命令，切换到页眉编辑模式。

3. 在页眉处插入图片，然后单击“转至页脚”按钮，进入页脚编辑界面，在页脚处插入页码。

4. 单击“页面布局”选项卡下“页面背景”组中的“水印”按钮，在下拉菜单中单击“自定义水印”命令，打开“水印”对话框，在“文字”下拉列表框中输入“朱自清散文集”后，单击“应用”按钮。

5. 打印文档。

操作演示

项目七　大纲、目录和索引

大纲
任务 1
使用大纲视图与主控文档
目录
任务 2
创建目录
任务 3
创建图表目录
索引
任务 4
交叉引用
任务 5
创建索引
综合提高， 技巧练习
综合训练

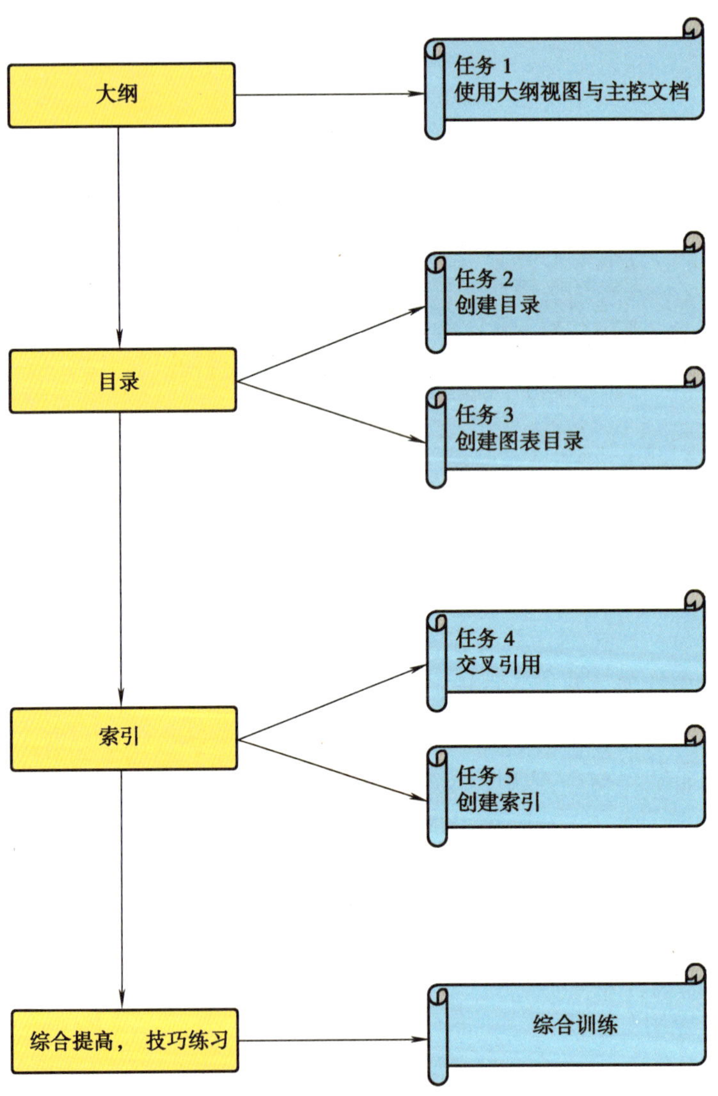

在编辑一个包含多个章节的长文档时，如何很好地组织和维护长文档非常重要。对于一个有上万字的文档，如果使用普通的编辑方法，在其中查看特定的内容或对某一部分内容做修改是非常费力的。因此，有一个良好的文档组织结构是必不可少的。

任务 1　使用大纲视图与主控文档

学习目标

1. 能使用大纲视图。
2. 能描述主控文档与子文档的含义与功能。
3. 能创建主控文档。
4. 能将普通文档转换为主控文档。

任务描述

大纲视图是一种以缩进文档标题的形式来代表标题在文档结构中级别的页面浏览方式。在大纲视图中，Word 2010 简化了文本格式的设置，以方便用户组织文档结构，从而更好地编辑长文档。

Word 2010 中，大纲就是文档中标题的分层结构。大纲在书籍中特别是电子书籍中经常出现，在网络论坛的页面上更是经常用到。用户可以通过文档大纲方便、快捷地浏览整个文档框架，快速找到自己感兴趣的内容。

相关知识

Word 2010 中提供了“大纲视图”，用户可以方便地在“大纲视图”下浏览文档的大纲。单击“视图”选项卡下“文档视图”组中的“大纲视图”按钮，或者单击文档窗口中状态栏右下角的“大纲视图”按钮，也可以使用 Ctrl+Alt+O 组合快捷键进入大纲视图。

在大纲视图下，用户可以编辑、查看、修改文档的大纲，从大纲中找出自己感兴趣的部分仔细阅读，在“视图”选项卡下的“显示”组中，选中“导航窗格”复选框，之后将

根据文档的标题在文档的左侧生成文档的导航窗格，如图 7—1 所示，通过文档的结构性视图，可以直观显示文档的大纲。用户可以单击大纲中自己感兴趣的标题，即可浏览该标题下的内容。

主控文档中包含一系列与子文档相关的链接，可以将长文档分成若干个比较小的、易于管理的子文档，从而便于组织和维护。

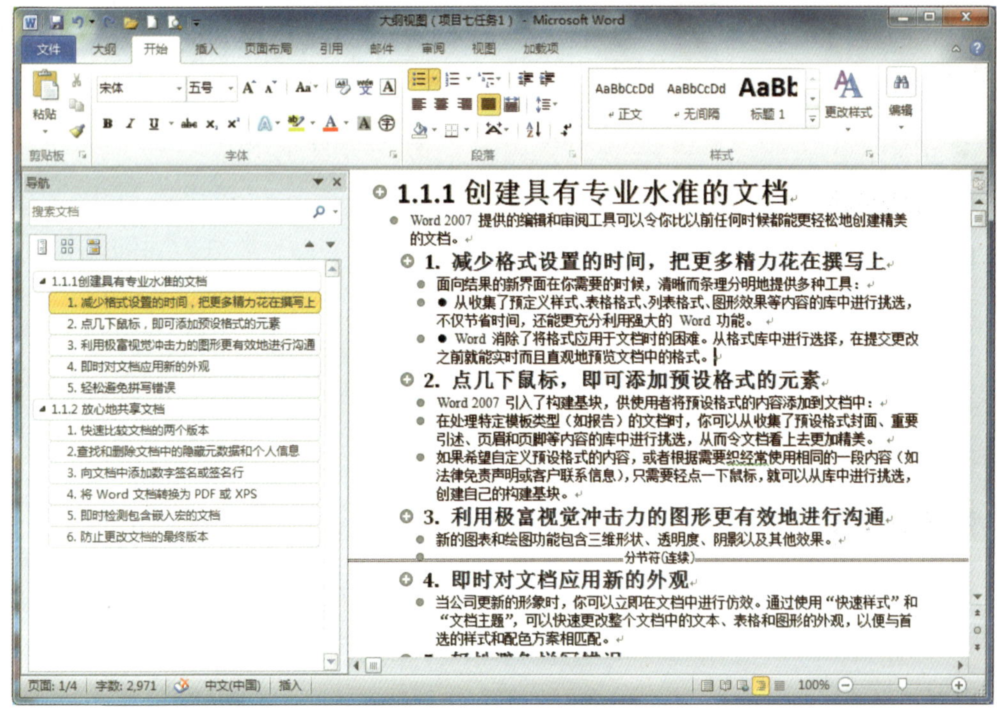

图 7—1　文档导航窗格

实践操作

1. 创建主控文档

以创建一篇题为“教师绩效考核管理办法”的主文档为例，在其中创建相应的子文档，练习创建主控文档与子文档的操作方法。

具体操作步骤如下：

（1）创建一篇新的 Word 文档，单击“视图”选项卡下“文档视图”组中的“大纲视图”按钮，将文档以大纲视图显示，如图 7—2 所示。

操作演示

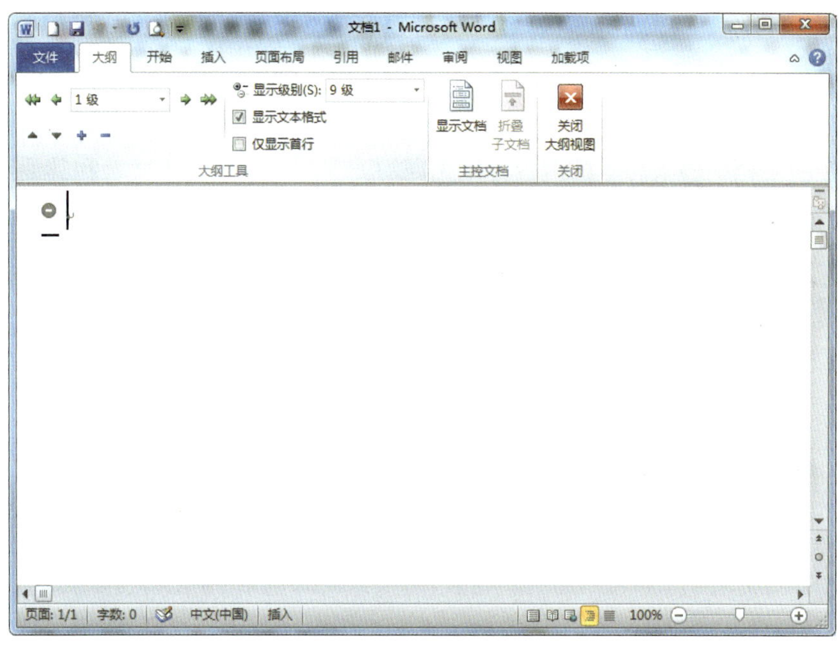

图 7—2　大纲视图

（2）在文档的第一行输入标题文字，并在“大纲工具”组中单击1 级按钮打开下拉列表框，在其中选择“1 级”选项，如图 7—3 所示。

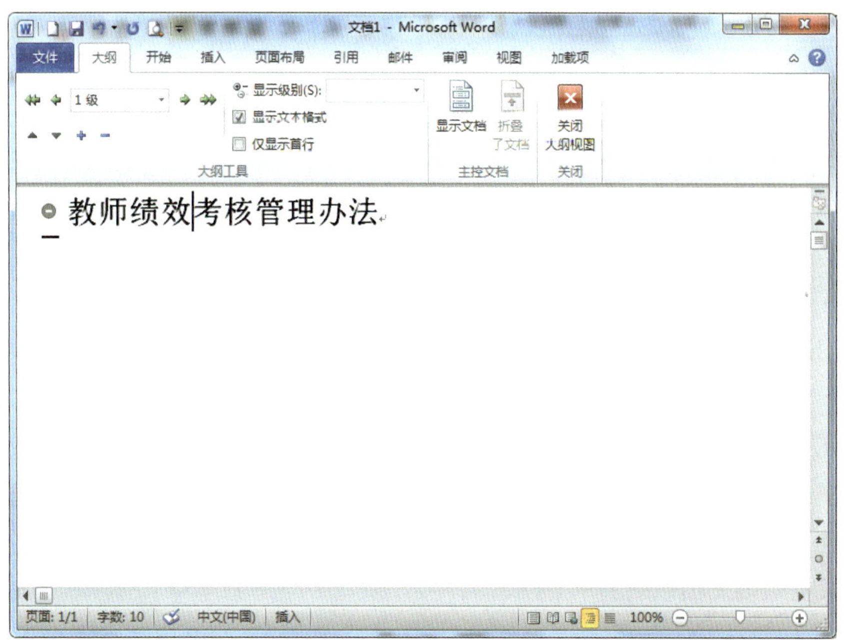

图 7—3　设置 1 级标题

（3）在第二行中输入相应的内容，将其设置为 2 级标题。选择要设置为子文档的标题，单击“主控文档”组中的“创建”按钮创建子文档。此时 Word 2010 用一个虚线框来标识这个子文档，以区别主文档中的内容和其他子文档，如图 7—4 所示。

（4）在子文档中输入相应的内容，用相同的方法创建相应的子文档和其他 2 级标题，完成后文档内容就成为主控文档。单击“保存”按钮即可保存主控文档，如图 7—5 所示。

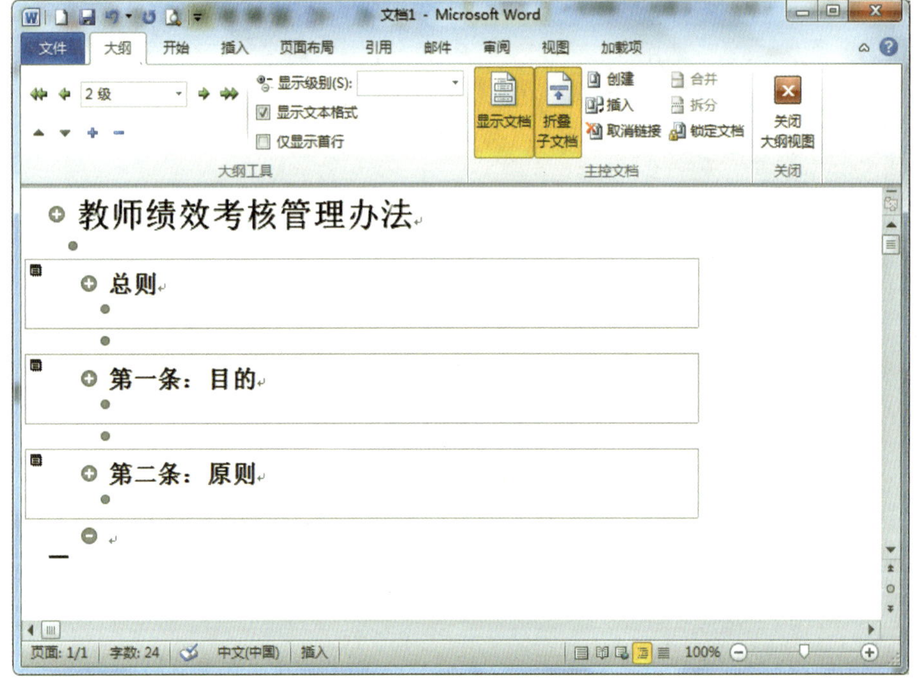

图 7—4　创建子文档

2. 将文档转换为主控文档

文档通常是以页面视图或普通视图显示，但大纲视图便于管理，查阅方便，可以将文档转换为主控文档形式，然后将其保存下来。

具体操作步骤如下：

（1）打开“备份文档”文档，将其转换为大纲视图。将第一行“创建具有专业水准的文档”设置为 1 级标题，如图 7—6 所示。

（2）选择要作为子文档的大纲内容，选择第四行，设置文本“1. 减少格式设置的时间，把更多精力花在撰写上”为 2 级标题，单击“主控文档”组中的“创建”按钮，创建子文档。

完成转换后的文档如图 7—7 所示。

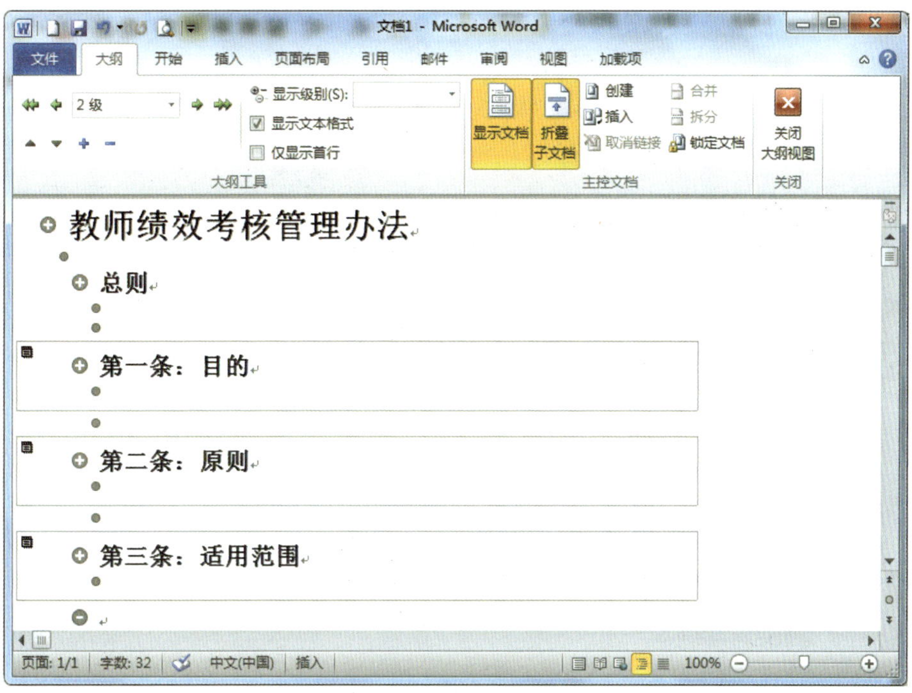

图 7—5　主控文档

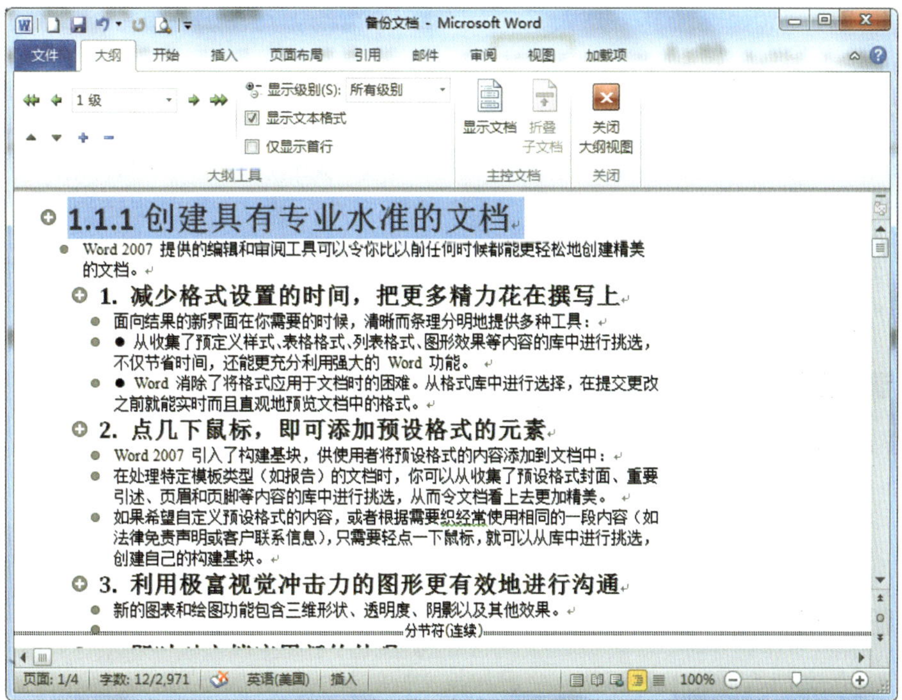

图 7—6　设置 1 级标题

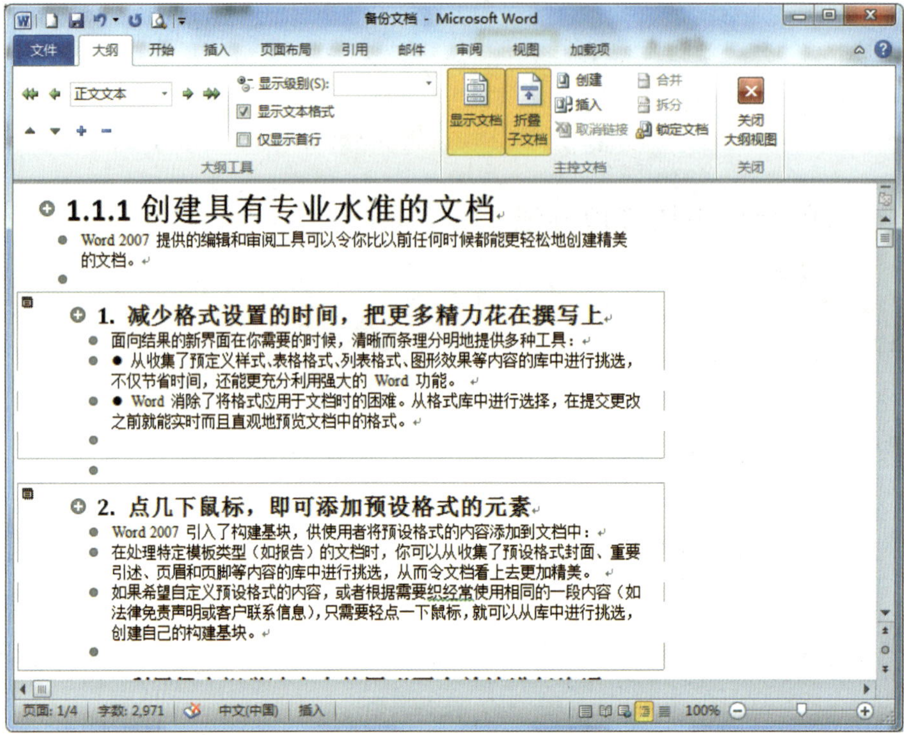

图 7—7　完成转换后的文档

任务 2　创 建 目 录

学习目标

1. 能创建并修改目录。

2. 能设置目录自动更新。

任务描述

目录是长文档不可缺少的部分，一般在长文档的开始部分都要列出文档的目录。有了目录，读者就能很容易地知道文档中有什么内容、如何快捷查找内容等。Word 2010 可以搜索与所选样式匹配的标题，根据标题样式设置目录项文本的格式和缩进，然后将目录插入文档中。

本任务以创建如图 7—8 所示的目录为例，讲解目录的创建方法。

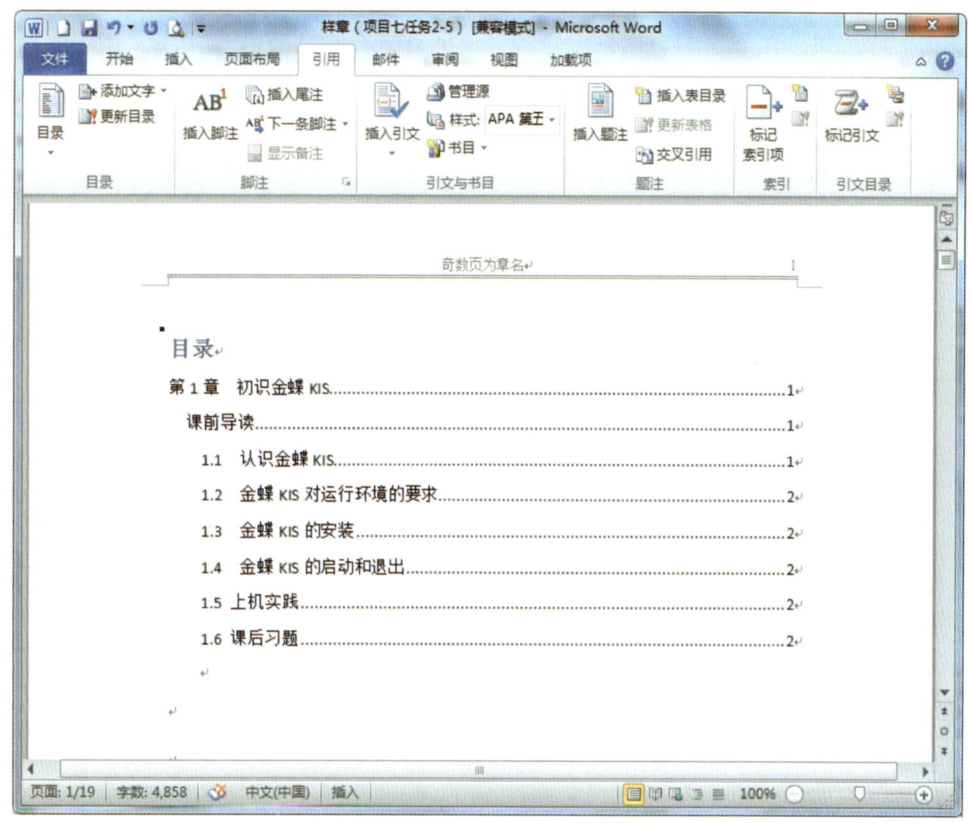

图 7—8 目录

相关知识

使用“引用”选项卡下的“目录”组可以创建新的目录。Word 2010 提供了一个样式库，其中有多种目录样式可供选择。目录中包含标题和页码，在创建目录之前，首先要标记目录项，再从样式库中选择所需的目录样式，然后 Word 2010 自动根据标记的标题创建目录。

创建目录最简单的方法是使用内置的标题样式，也可以创建基于已应用的自定义样式的目录，或将目录级别指定给各个文本项。创建目录的方法主要有以下两种：

· 选择要插入目录的位置，打开“引用”选项卡，在“目录”组中单击“目录”按

钮，在弹出的下拉菜单中选择所需的目录样式即可。

· 选择要插入目录的位置，在“引用”选项卡下“目录”组中单击“目录”按钮，在弹出的下拉列表中选择“插入目录”命令，在打开的“目录”对话框的“目录”选项卡中单击“选项”按钮，在弹出的对话框中选择“有效样式”栏，查找应用于文档中的标题的样式，在“目录级别”栏中键入 1～9 中的一个数字，指定标题样式代表的级别，完成后单击“确定”按钮，如图 7—9 所示。

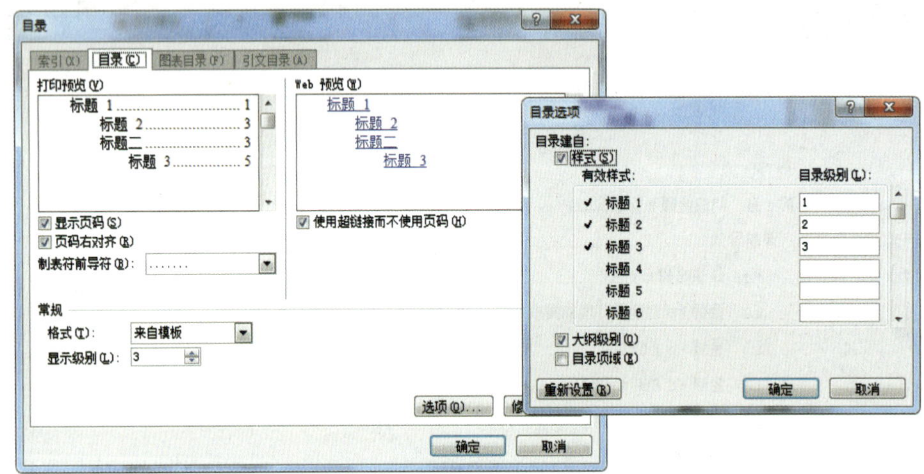

图 7—9　创建目录

实践操作

1. 使用标题样式创建目录

标题样式就是应用于标题的格式设置。创建目录最简单的方法是使用内置的标题样式。用户还可以创建基于已应用的自定义样式的目录。

具体操作步骤如下：

（1）选择要应用标题样式的标题。在“开始”选项卡下的“样式”组中单击所需的样式。例如，选择要将其定义为 1 级标题的文本，单击“快速样式”库中名为“标题 1”的样式，如图 7—10 所示。

操作演示

（2）如果希望目录包括没有被设置为标题格式的文本，可以使用以下步骤标记各个文本项。

1）选择要在目录中包括的文本。

2）在“引用”选项卡下的“目录”组中单击“添加文字”按钮。

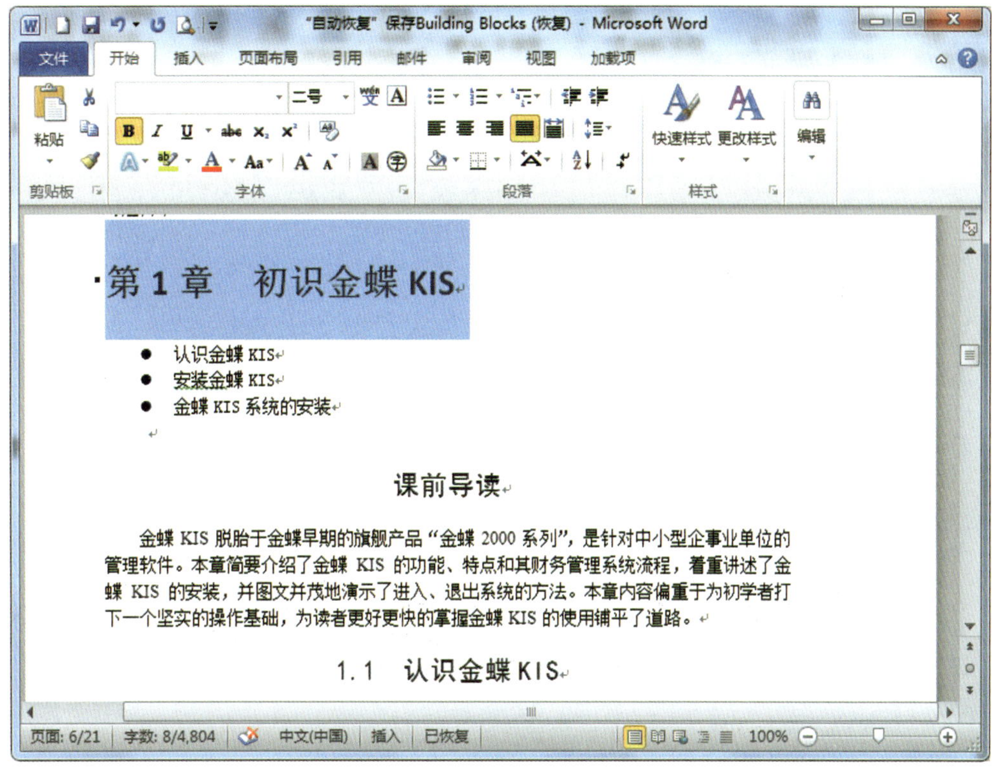

图 7—10　设置快速样式

3）单击要标记的级别。例如，为目录中显示的主级别选择“1 级”。

4）重复步骤 1 ～ 3，直到希望显示的所有文本都出现在目录中，结果如图 7—11 所示。

（3）所有的标题级别设置完成后，将光标定位到要插入目录的位置，通常是在文档的开始处。

（4）单击“引用”选项卡下“目录”组中的“目录”按钮，选择所需要的目录样式，如图 7—12 所示。

（5）如果在下拉菜单中没有所需的目录样式，单击下拉菜单中的“插入目录”命令，并在弹出的“目录”对话框中显示“目录”选项卡，如图 7—13 所示。

（6）在“格式”下拉列表框中选择目录的风格，选择的结果可以通过“打印预览”框查看，左边窗口展示了目录在打印文档中的外观，右边窗口展示了目录在 Web 文档中的外观。如果选择“来自模板”，则表示使用内置的目录样式来格式化目录。如果要改变目录的样式，可以单击“修改”按钮，按照更改样式的方法修改相应的目录样式。

（7）返回“目录”对话框，在“打印预览”框下，如果选中“显示页码”复选框，将在标题后显示页码；如果选中“页码右对齐”复选框，页码将靠右排列，而不是紧跟在标

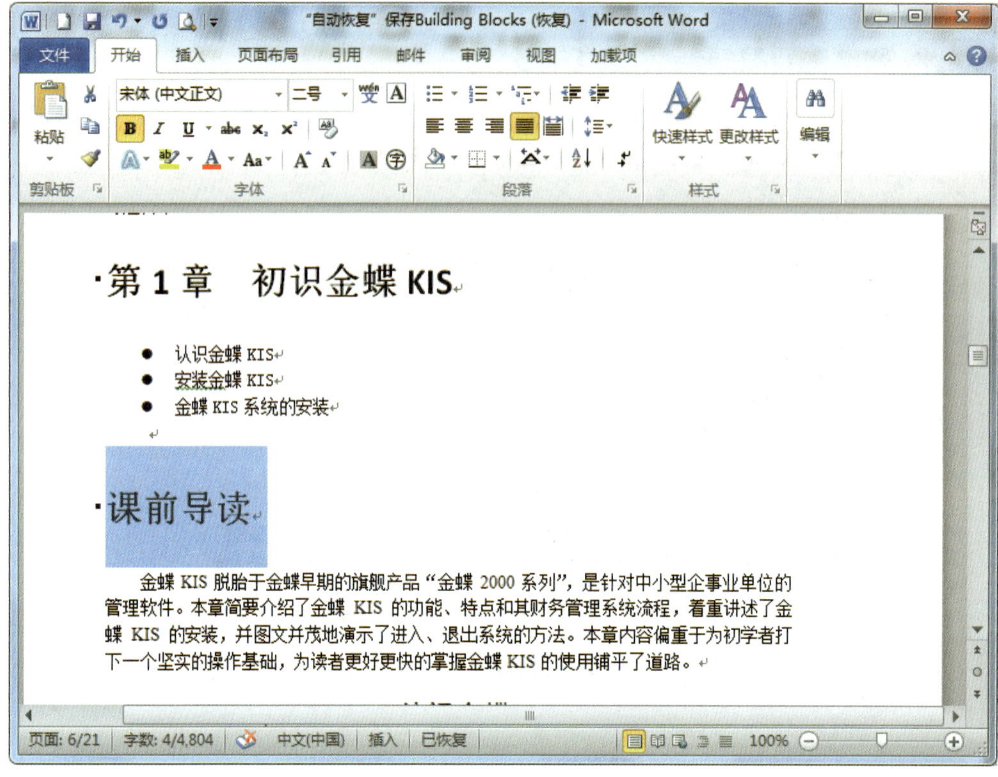

图 7—11　标记文字级别

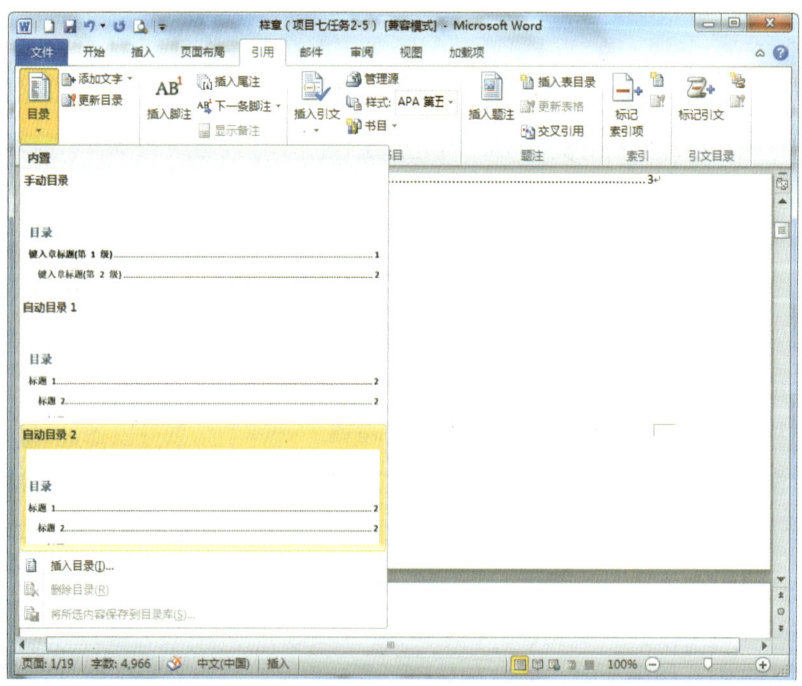

图 7—12　选择目录样式

题项的后面。

创建好的目录如图 7—14 所示。

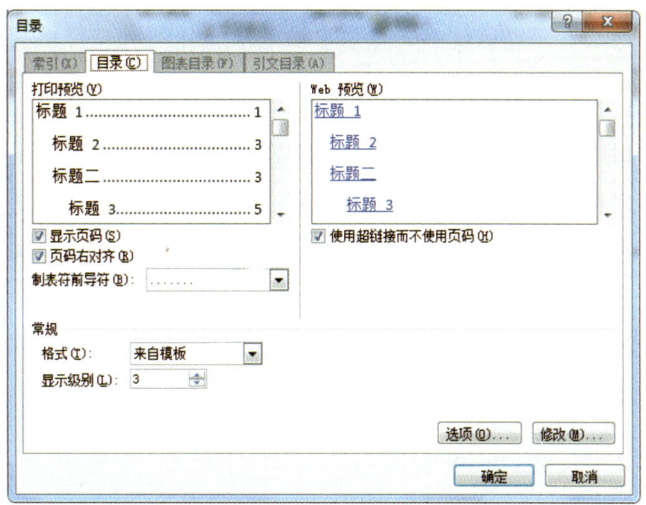

图 7—13 “目录”选项卡

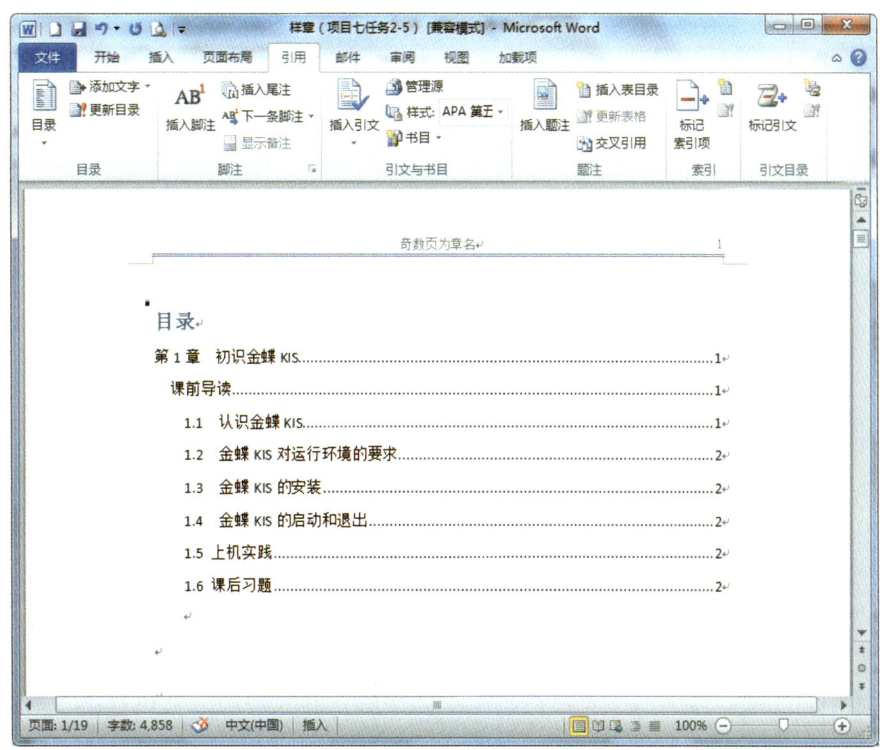

图 7—14 创建好的目录

如果正在创建要打印的文档，在创建目录时，应使每个目录项列出标题和标题所在页面的页码，使读者可以翻到需要的页。对于读者要在Word 2010 中联机阅读的文档，可以将目录中各项的格式设置为超链接，以便读者可以通过单击目录中的某项而转到对应的标题处。

按住 Ctrl 键，单击目录项，Word 2010 会跳到文档中相应的标题和页面。如果要选中并编辑目录，则单击目录右边空白处的任意位置，此时，目录中所有文字下出现底纹。底纹表明目录文字实际上是部分目录域代码，然后选中文字，用常用的编辑方法进行修正。

2. 更新目录

Word 2010 所创建的目录是以文档的内容为依据的，如果文档中的内容发生了变化，如页码或标题发生了变化，就需要更新目录，使目录与文档的内容保持一致。不要直接修改目录，因为这样容易引起目录与文档内容的不一致。

具体操作方法如下：

（1）在目录上单击鼠标右键，在弹出的快捷菜单中单击“更新域”选项，如图 7—15 所示。

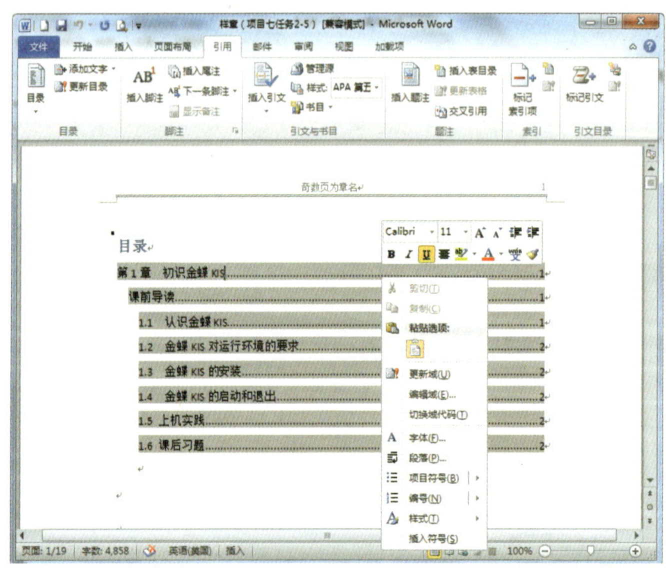

图 7—15　更新域

（2）按下 F9 键，可以迅速更新目录最近的修改，此时弹出“更新目录”对话框，如图 7—16 所示。用户可以根据自己的需要选择只更新页码或者更新整个目录。

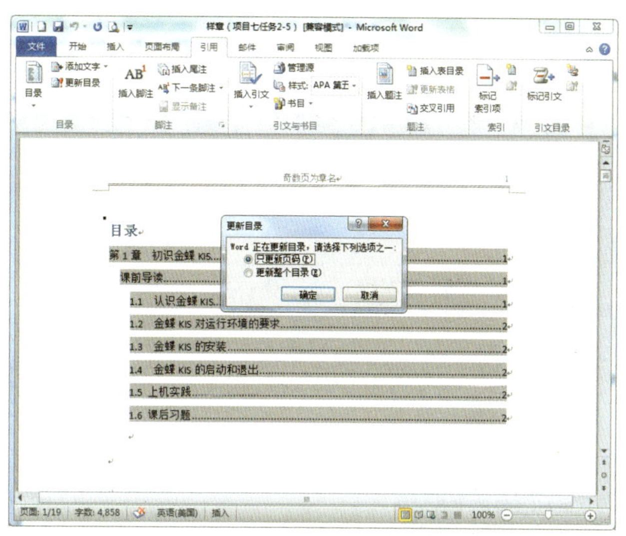

图 7—16　“更新目录”对话框

如果在编辑目录时，发现标题中有拼写或编辑错误，可以在目录中直接改正目录项，然后在文档中做相关更正，这样就不需要重新编辑目录了。

任务 3　创建图表目录

学习目标

1. 能创建图表目录。
2. 能根据图表目录查找每个图表。

任务描述

图表目录也是一种常用的目录，可以在其中列出图片、图表、图形、幻灯片或其他插图的说明，以及它们出现的页码。在建立图表目录时，用户可以根据图表的题注标签或自定义样式的图表标签，并参考页码，按照排序级别排列，最后在文档中显示图表目录。图 7—17 所示为一个图表目录。

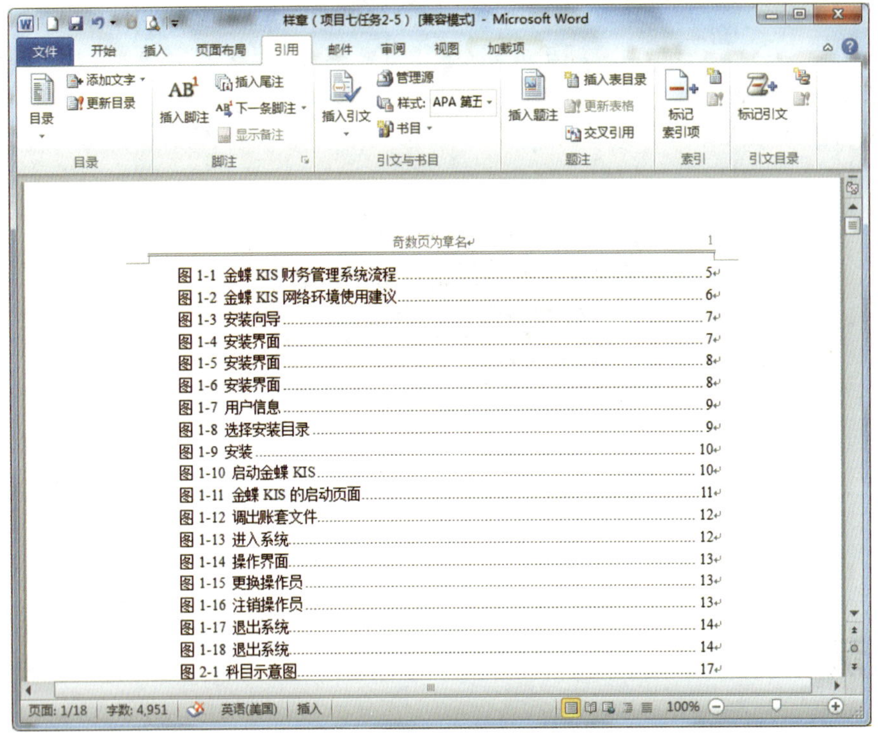

图 7—17　图表目录

相关知识

图表目录就是针对文档中出现的图形、表格等对象列出的目录，在 Word 2010 中，可以利用题注、样式、目录域等来编制图表目录，需要将文档中的所有图表应用样式，或将文档中的所有图表位置标记目录域，就可以创建图表目录了。

有时，文档中的标签是用户输入的，并不是利用 Word 2010 的题注标签功能添加的，这时，需要使用自定义样式创建图表目录。

打开“引用”选项卡，单击“题注”组中的“插入表目录”命令，在弹出的对话框中单击“选项”按钮，在“样式”下拉列表框中选择相应的图表应用样式，就可以方便地建立图表目录了。

实践操作

建立图表目录的具体操作步骤如下：

1. 将光标定位到要插入图表目录的位置。打开“引用”选项卡，单击“题注”组中的

“插入表目录”命令，在弹出的对话框中单击“选项”按钮，弹出如图 7—18 所示的“图表目录选项”对话框。

2. 选中“样式”复选框，并在右边的下拉列表框中选择图表标签将要使用的样式名，选择自定义的“图表”样式，单击“确定”按钮。

3. 在“图表目录”对话框中单击“确定”按钮后返回文档，可以看到图 7—17 所示的图表目录已经建立好了。

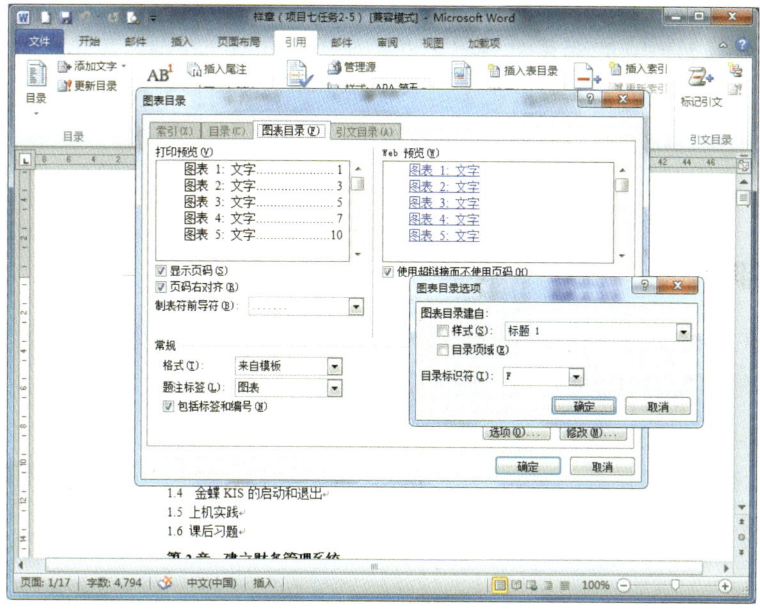

图 7—18　“图表目录选项”对话框

图表目录创建完成后，可以方便地根据图表目录找到每个图表。

任务 4　交 叉 引 用

1. 能建立交叉引用。

2. 能修改交叉引用。

任务描述

交叉引用就是在文档的一个位置引用文档另一个位置的内容，如果两篇文档都是同一篇主控文档的子文档，用户也可以在一篇文档中引用另一篇文档的内容。

交叉引用常用于需要互相引用的地方，如“有关 ××× 的使用方法，请参阅第 × 章第 × 节”。在长文档处理中，如果用人工来处理交叉引用的内容，既花费大量时间，又容易出错，使用 Word 2010 的交叉引用功能将使查找更方便、快捷。Word 2010 会自动确定引用的页码、编号等内容，如果以超链接形式插入交叉引用，则读者在阅读文档时，可以通过单击交叉引用直接查看所引用的项目。

相关知识

交叉引用可以使读者尽快地找到想找的内容，也能使整个文档更加有条理。当文档某处需要引用其他部分的内容时，可以插入交叉引用，也可为标题、脚注、书签、题注、编号段落等创建交叉引用。

单击“引用”选项卡下“题注”组中的“交叉引用”按钮，可以打开如图 7—19 所示的“交叉引用”对话框。

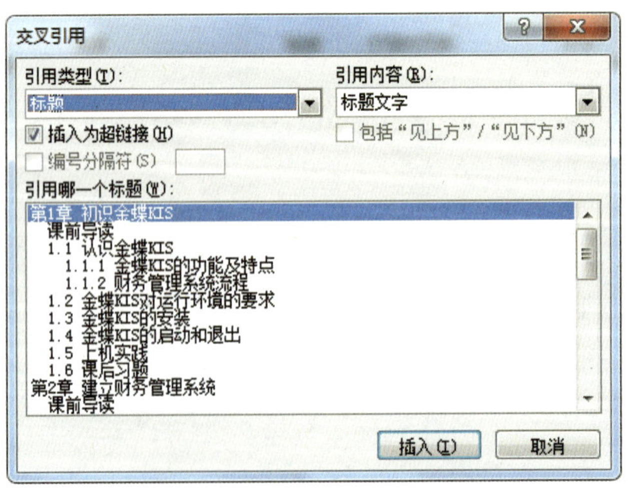

图 7—19 “交叉引用”对话框

实践操作

要在文档中引用其他信息，甚至包含该信息所在的页码等，可以利用创建交叉引用的办法来实现，具体操作步骤如下：

1. 将光标定位在文档中需要插入交叉引用的位置，或输入交叉引用开头的文字，如“进入、退出系统的方法”。单击“引用”选项卡下“题注”组中的“交叉引用”命令，打开“交叉引用”对话框，如图 7—20 所示。

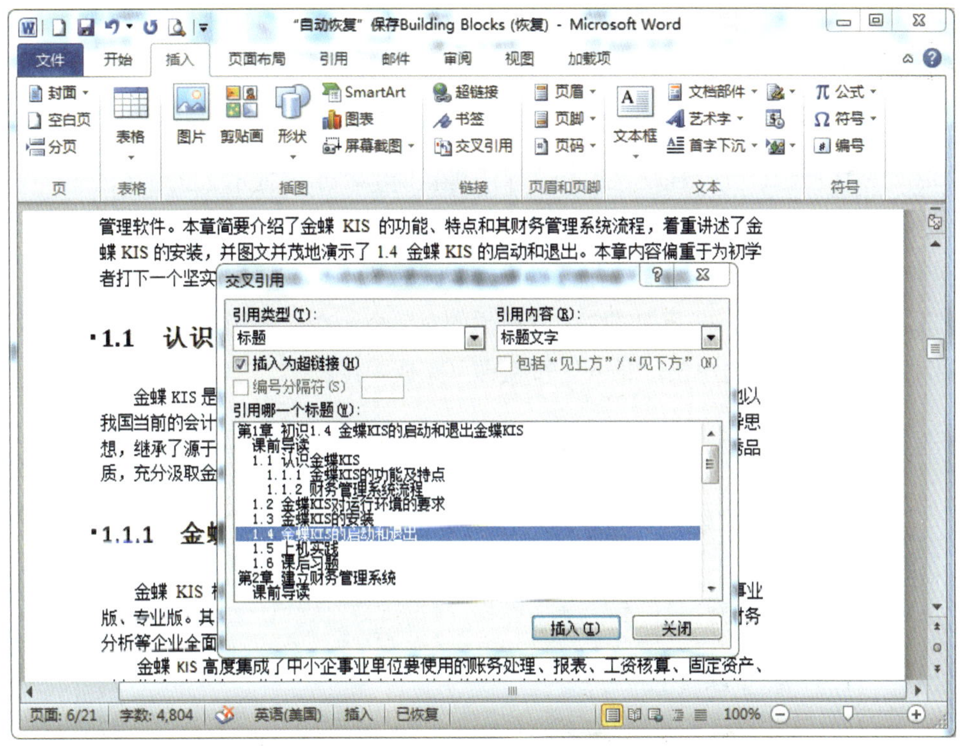

图 7—20 “交叉引用”对话框

2. 在“引用类型”下拉列表框中选择需要的项目类型，如果文档中存在该项目类型的项目，会出现在下面的列表框中供用户选择。图 7—21 所示即为选择“标题”选项后，下方出现了所有的标题以供选择。

3. 在“引用内容”下拉列表框中选择要插入的信息，如“标题文字”“页码”“标题编号”等。

4. 在“引用哪一个标题”框中单击选择引用的具体内容，如选择标题“1.4 金蝶 KIS

的启动和退出”。

5. 要使读者可以直接中转到引用的项目，选中“插入为超链接”复选框；否则，将直接插入选中项目的内容。

6. 单击“插入”按钮，即可插入一个交叉引用。用户如果还要插入其他交叉引用，可以不关闭该对话框，直接在文档中选择新的插入点，然后选择相应的引用类型和项目，单击“插入”按钮即可。

7. 如果“包括‘见上方’/‘见下方’”复选框可用，可选中此复选框来包含引用项目的相对位置信息。

“包括‘见上方’/‘见下方’”复选框并不是在每个引用类型下都可用，只有在选择的引用类型为“编号项”“脚注”及“尾注”时才可用。

如图 7—21 所示，光标在交叉引用文字上停留时，将出现提示，按住 Ctrl 键并单击可访问链接。此时，一个交叉引用就完成了。

在创建交叉引用后，有时需要修改其内容，只需要选定文档中的交叉引用内容，然后单击“交叉引用”按钮，打开如图 7—20 所示的对话框，在“引用内容”下拉列表框中选择要更新引用的项目，再单击“插入”按钮即可完成操作。

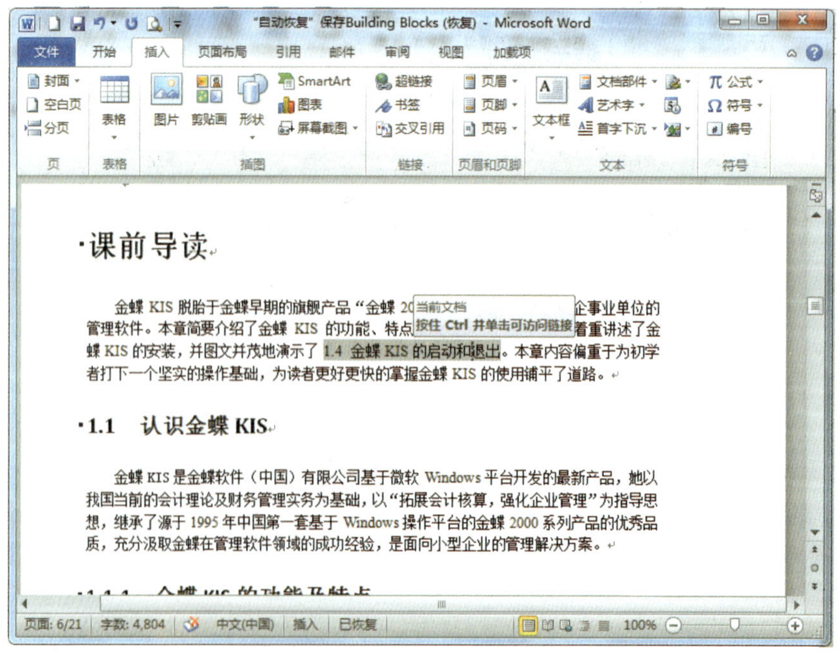

图 7—21 交叉引用效果

任务5　创建索引

学习目标

1. 能描述索引的定义。
2. 能创建索引。

任务描述

索引是一种常见的文档注释，标记索引项本质上是插入了一个隐藏的代码，以便作者查询。创建索引与创建目录的方法基本相似，单击“引用”选项卡下“索引”组中的“插入索引”命令，打开“索引”对话框，如图7—22所示，单击“标记索引项”按钮，在弹出的对话框中输入主索引项，必要时也可以输入次索引项，即可将索引项插入文档中。

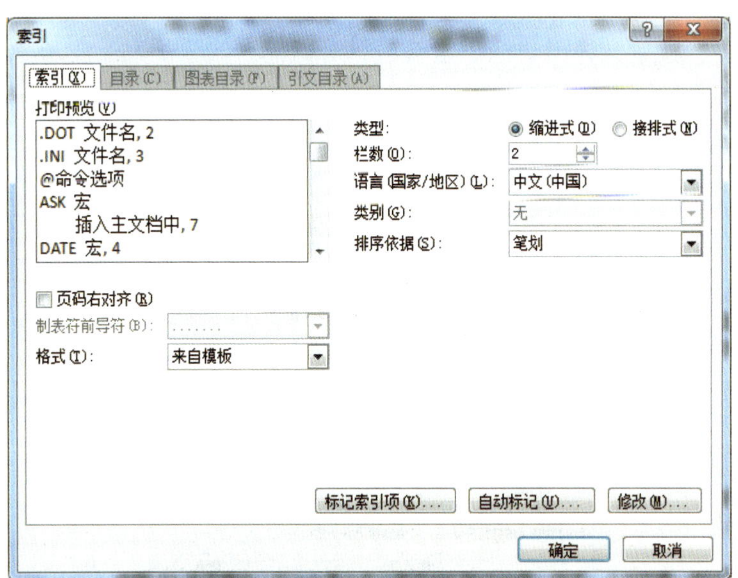

图7—22　“索引”对话框

相关知识

所谓索引，就是包含文档中出现的单词和短语的列表。索引用于列出一篇文章中讨论的术语和主题，以及它们出现的页码。建立索引是为了方便用户对文档中某些信息进行查找。在 Word 2010 中，创建一个索引分为两步，首先在所选文档中标记出用户想要索引的所有条目，称为“标记索引项”。标记索引项由文档中的关键词、短语或名字组成，可以通过提供文档中主索引项的名称和交叉引用来标记索引项。其次，根据文档标记的条目来创建索引。

标记索引项后，Word 会在文档中添加特殊的域，用户可以为单个的词、词组或符号创建索引项，也可以为包含连续多页的主题创建索引项，还可以引用另外的项。

实践操作

标记索引项的具体操作步骤如下：

1. 若要使用原有文本作为索引项，则选择该文本；若要输入自己的文本作为索引项，在要插入索引项的位置单击鼠标左键。

2. 单击“引用”选项卡下“索引”组中的“插入索引”命令，在弹出的对话框中单击“标记索引项”按钮，弹出“标记索引项”对话框，如图 7—23 所示。此时，在文档中选择的文本会出现在“主索引项”输入框中，用户也可以在该文本框中输入或编辑文本。

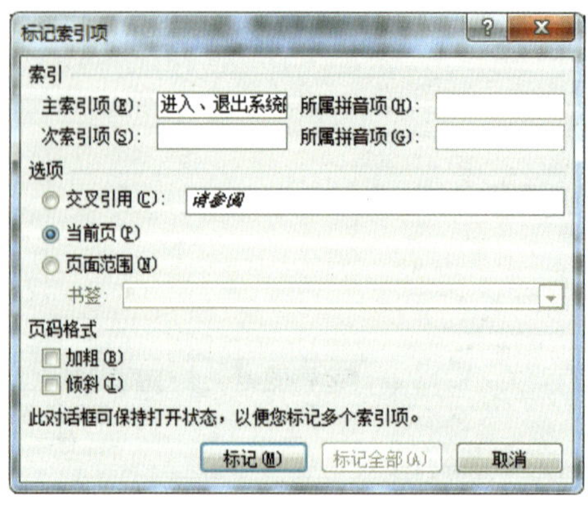

图 7—23 “标记索引项”对话框

在“选项”区中，如果要在索引项后面显示该索引所在的页码，则可以选中“当前页”单选框，在默认情况下，页码的显示格式为常规。如果要选择出现在索引区中的页码的格式，可以选中“页码格式”区下的“加粗”或“倾斜”复选框。

3. 设置完成后，单击“标记”按钮，Word 就会标记选中的索引项，如图 7—24 所示。

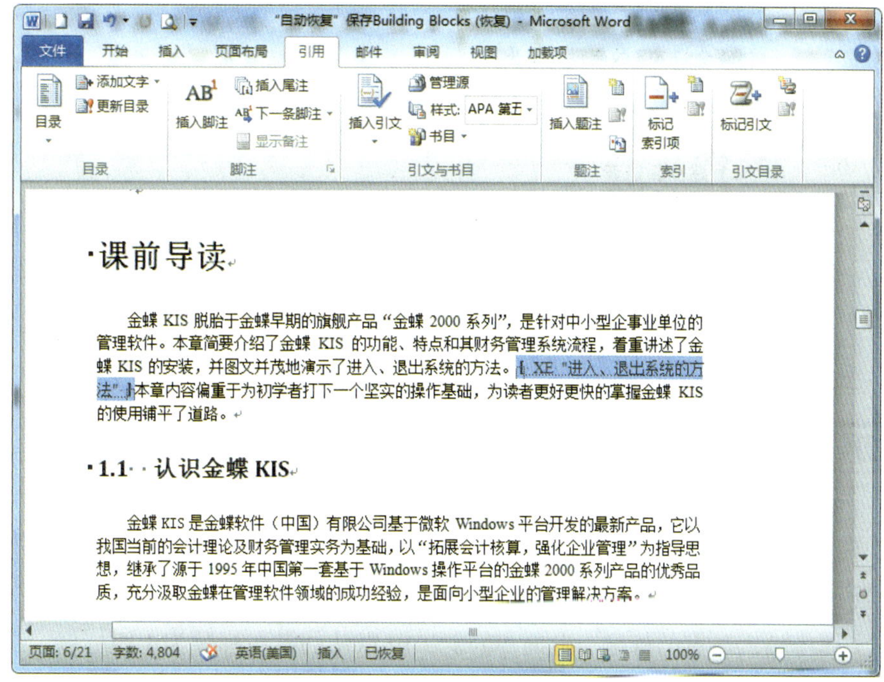

图 7—24　标记索引项

在标记好所有索引项之后，接下来要做的事情就是选择一种设计好的索引格式并生成最终的索引。Word 会搜集索引项，将它们按字母顺序排序，引用其页码，找到并删除同一页中的重复索引，然后在文档中显示索引。

综合训练

制作一本书的大纲，如图 7—25 所示。

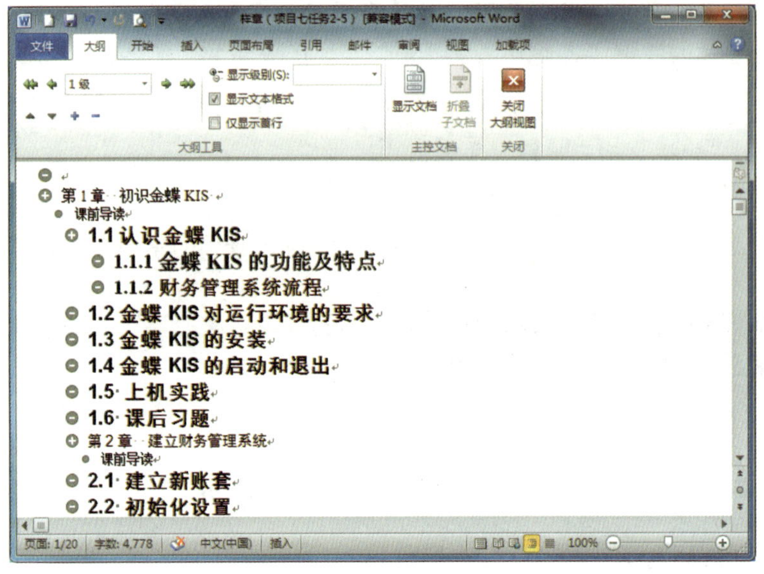

图 7—25 一本书的大纲

这是一本书的大纲，其中共有 3 级目录。作者可以根据此大纲加入内容，十分方便。这也是编写一篇长文档的通常做法。

具体操作步骤如下：

1. 新建一个文档，单击右下角的“大纲视图”按钮进入大纲视图。

2. 在文档中输入所有的标题，此时 Word 2010 默认的各级标题为 1 级标题，选中需要设置为 1 级标题的标题项，在“开始”选项卡下“样式”组的快速样式中单击“标题 1”按钮，设置 1 级标题。

3. 选中需要设置为 2 级标题的标题项，单击“大纲”选项卡下“大纲工具”组中的“降级”按钮，将标题等级由 1 级降为 2 级，如图 7—26 所示。

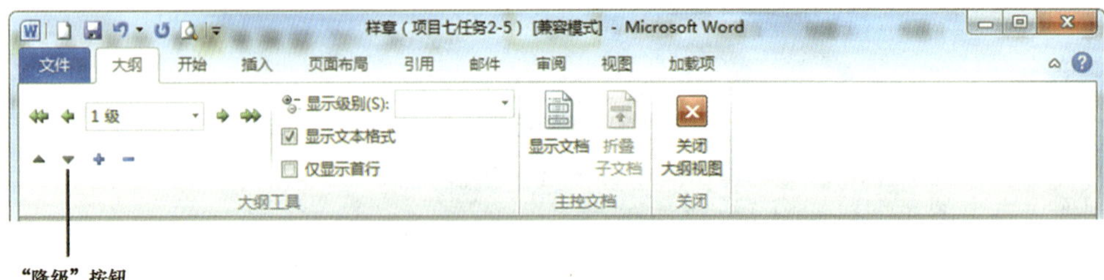

图 7—26 “大纲”选项卡

4. 依次选中 3 级标题，单击两次“大纲”选项卡下“大纲工具”组中的“降级”按钮，将标题等级从 1 级降为 3 级。

5. 将光标置于第一行之前，单击“开始”选项卡下“段落”组中的“多级列表”按钮，在下拉菜单的“列表库”中选择如图 7—27 所示的列表样式。

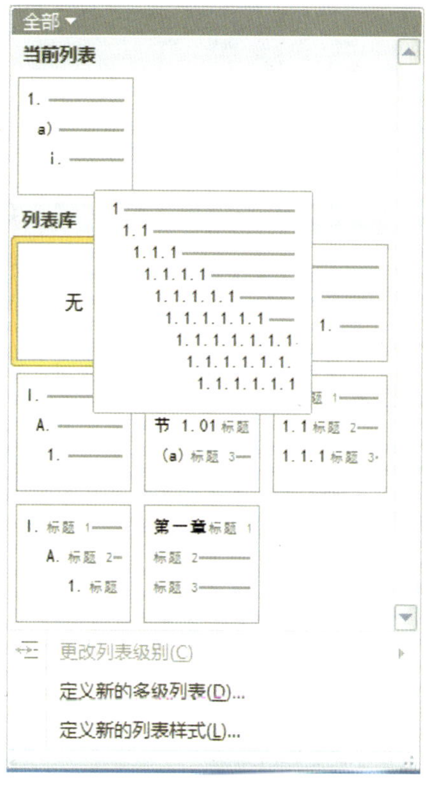

图 7—27　选择列表样式

操作演示

项目八　样式和模板

任务 1
应用内置样式
样式
一套预先设置好的文本格式
任务 2
新建、修改、删除样式
模板
一种用来产生其他相同类型文档的标准格式文件
任务 3
使用模板
综合提高，技巧练习
综合训练

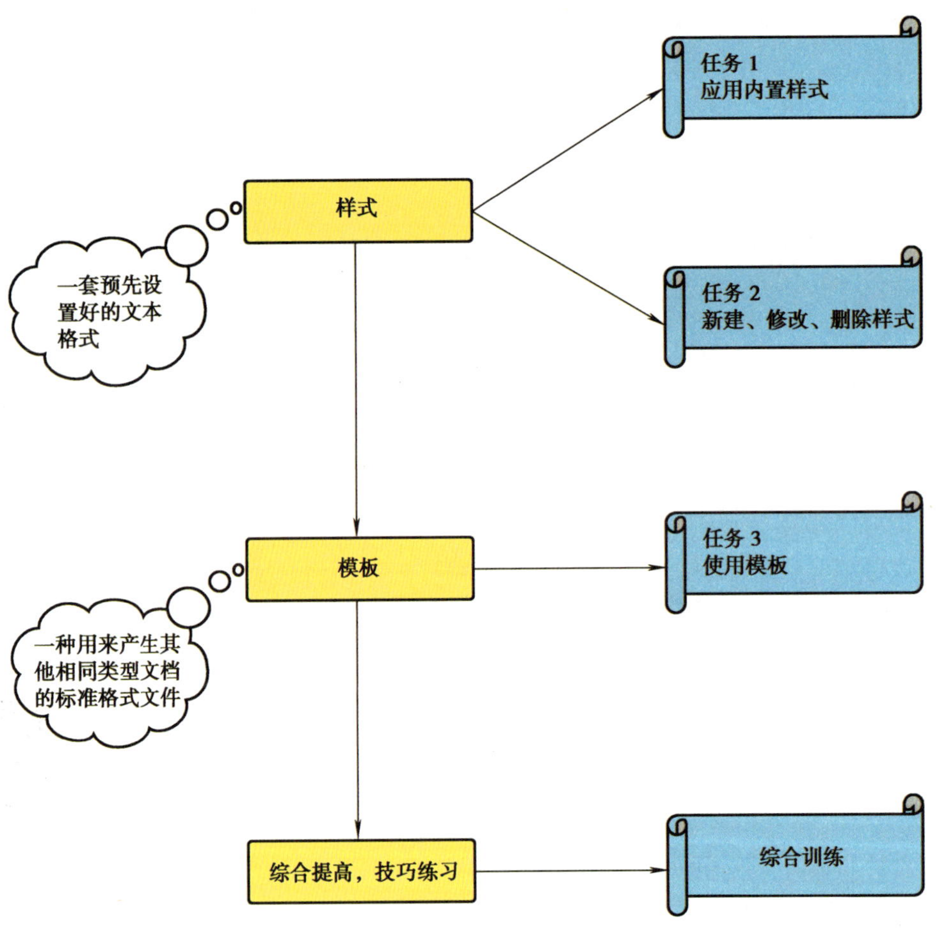

为了帮助用户提高文档的编辑效率，Word 2010 提供了一些高级格式设置功能来优化文档的格式编排，样式和模板就是其中之一。它们的优点是可以保证文档的外观一致，非常容易掌握。

任务 1　应用内置样式

学习目标

1. 能描述 Word 2010 内置样式的类型和用途。
2. 能使用内置样式设置文档。
3. 能更改已有样式。

任务描述

样式是一套预先设置好的文本格式，文本格式包括字号、字体、缩进等，并且样式都有名称。样式可以在整段文本中应用，也可以在部分文本中应用。

在 Word 2010 中快速设置段落格式的方法有两种：一种是用格式刷，另一种就是套用样式。样式又分为内置样式和自定义样式两种，内置样式是 Word 2010 所提供的样式，自定义样式是用户自已设计的样式。

本任务以设置《普通高等学校档案管理办法》文档为例，讲解如何进行样式设置。

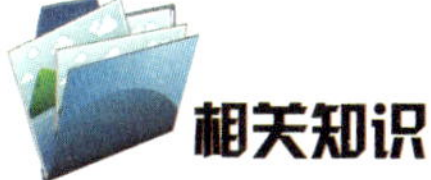

相关知识

应用样式最简单的方法就是应用“开始”选项卡下“样式”组中预设的样式，单击菜单展开按钮打开“选择样式”下拉列表框，如图 8—1 所示，单击所需要的样式即可。

或单击“开始”选项卡下“样式”组的对话框启动器按钮，打开“样式”窗格，选中“显示预览”复选框，就可以预览每种样式，如图 8—2 所示。“样式”窗格中显示了所有可用的样式列表。

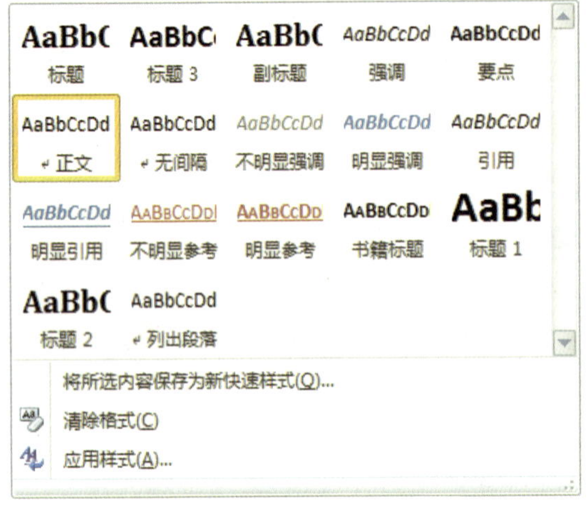

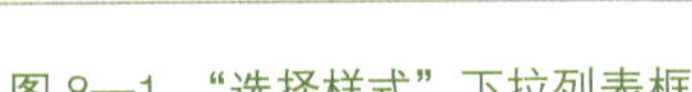
图 8—1 “选择样式”下拉列表框

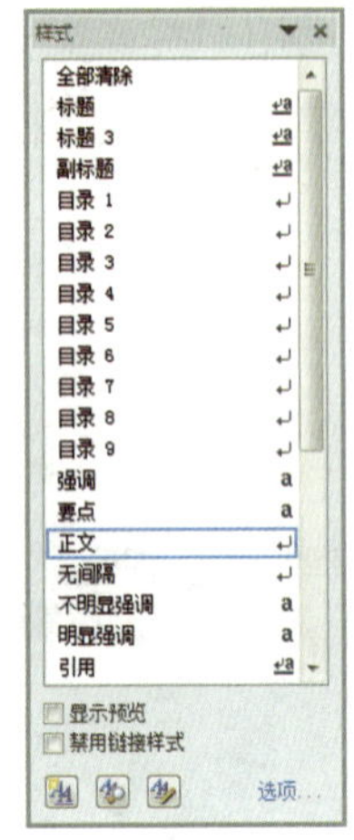

图 8—2 “样式”窗格

应用内置样式的具体操作步骤如下：

1. 单击“开始”选项卡下“样式”组中的对话框启动器按钮，打开“样式”窗格。

2. 在文档中选定要更改的字符、段落、列表或表格，被选定部分当前的样式在“样式”窗格中处于选中状态，如图 8—3 所示。

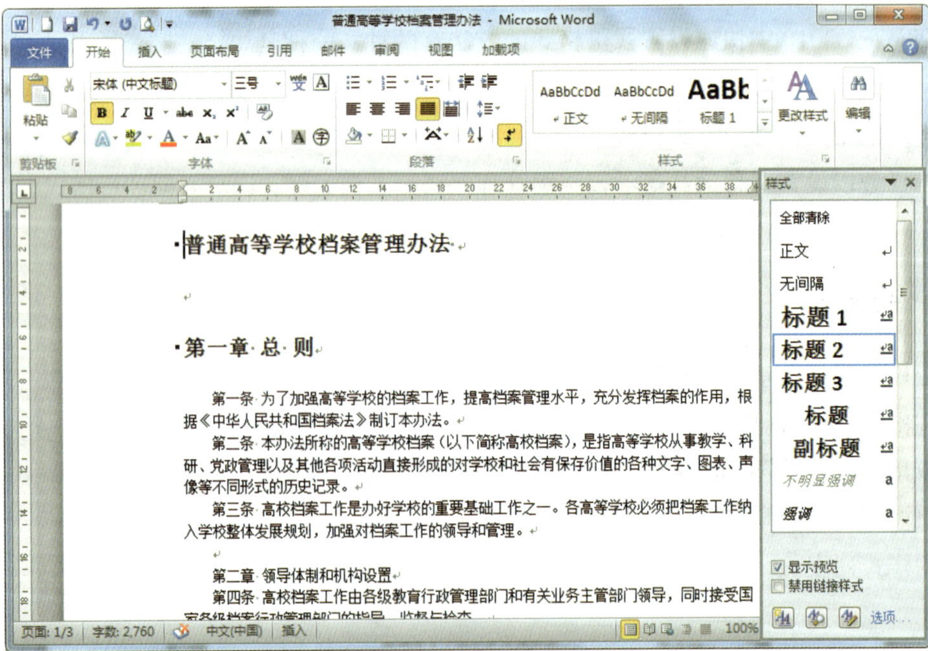

图 8—3 设置应用样式

3. 单击“样式”窗格中所需的样式即可应用所选样式，如图 8—4 所示。

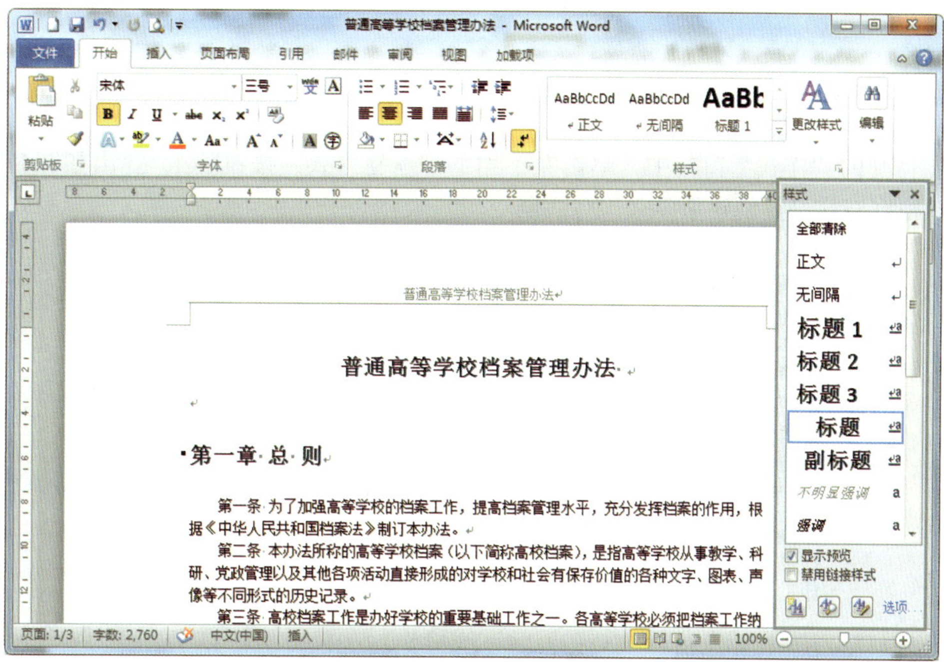

图 8—4　应用样式

任务 2　新建、修改、删除样式

学习目标

1. 能使用示例新建并修改样式。
2. 能通过对话框修改样式。
3. 能删除样式。

任务描述

Word 2010 内置的样式往往不能满足用户不断变化的需求，对此，Word 2010 允许用户对样式进行新建、修改、删除等操作，使用户可以使用更加个性化的样式。

本任务仍以上一任务中设置过的文档为例，进行样式的修改。

相关知识

在打开的“样式”窗格中，单击左下角的“新建样式”按钮，弹出如图 8—5 所示的“根据格式设置创建新样式”对话框。

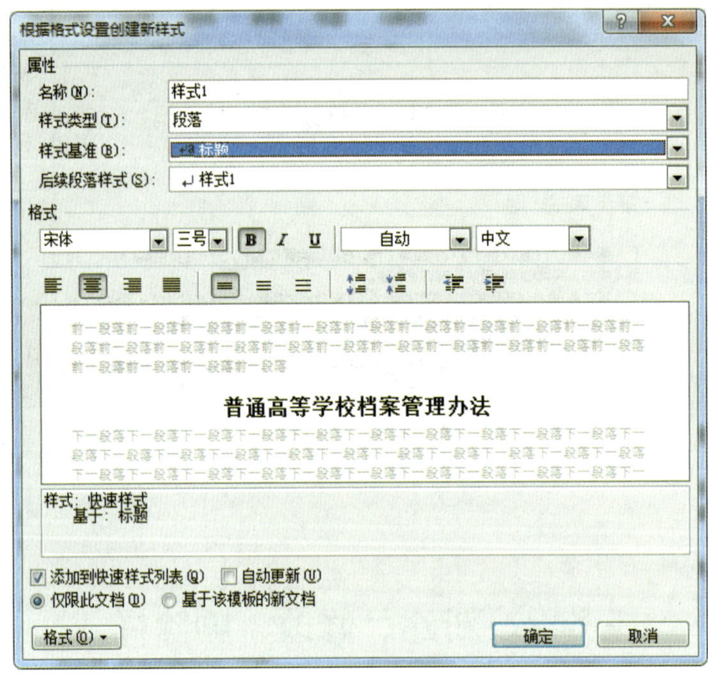

图 8—5 “根据格式设置创建新样式”对话框

在此对话框中，用户可以根据自己的需要设置样式，同时，在“格式”区可以从示例文字的变化中预览设置样式的效果。

用户还可以在此对话框中对样式进行修改，也可以删除样式。

实践操作

1. 新建样式

在实际操作中，使用较多的是根据示例创建新样式，该方法比根据格式设置创建新样式更简单方便。具体操作步骤如下：

操作演示

（1）选中示例段落，对文本、表格、列表等需要设置的项目进行相应的设置，如字体、缩进、对齐方式、行间距等。

（2）选中需要设置的部分文本，如“普通高等学校档案管理办法”，单击鼠标右键，在弹出的快捷菜单中选择“样式”选项，如图 8—6 所示。

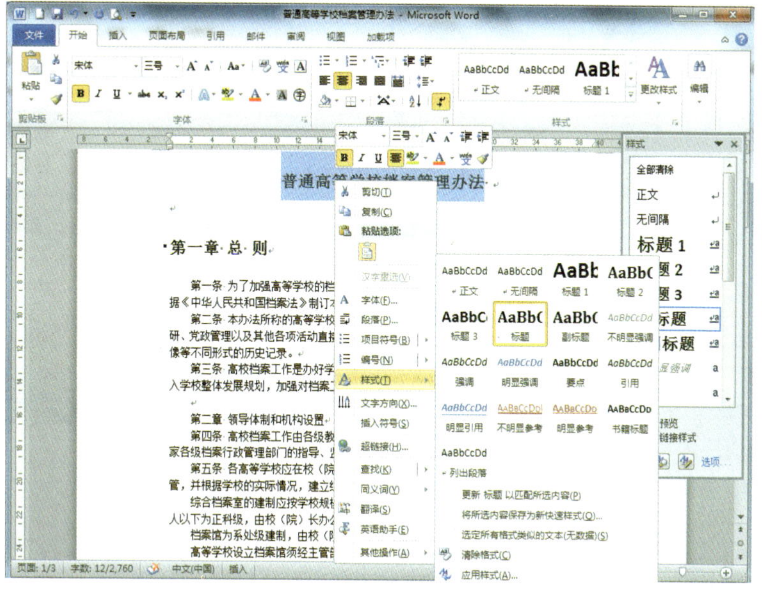

图 8—6　设置新样式

（3）单击“将所选内容保存为新快速样式”命令，在弹出的“根据格式设置创建新样式”对话框中单击“确定”按钮即可。

2. 修改样式

在创建样式后，可能有些格式不再满足原来的需求，需要进行一定的修改。可以利用如图 8—7 所示的“修改样式”对话框修改样式，也可以利用示例进行修改。

利用“修改样式”对话框进行修改的具体操作步骤如下：

（1）单击“开始”选项卡下“样式”组中的对话框启动器按钮，打开“样式”窗格。

（2）选中需要修改的样式，单击鼠标右键，在弹出的快捷菜单中单击“修改”命令，打开如图 8—7 所示的“修改样式”对话框。

（3）在“修改样式”对话框中进行一定的设置。“修改样式”对话框与“根据格式设置创建新样式”对话框基本相同，用户按自己的需求进行设置即可。

（4）修改完毕后单击“确定”按钮，即可完成修改。

用户也可以直接使用示例来修改样式：打开“样式”窗格后，选择要修改样式的段落、文本或在列表上直接进行修改，修改完成后，在“样式”窗格中原来的样式名称上单击鼠标右键，在弹出的快捷菜单中选择“更新 标题 以匹配所选内容”命令即可，如图 8—8 所示。

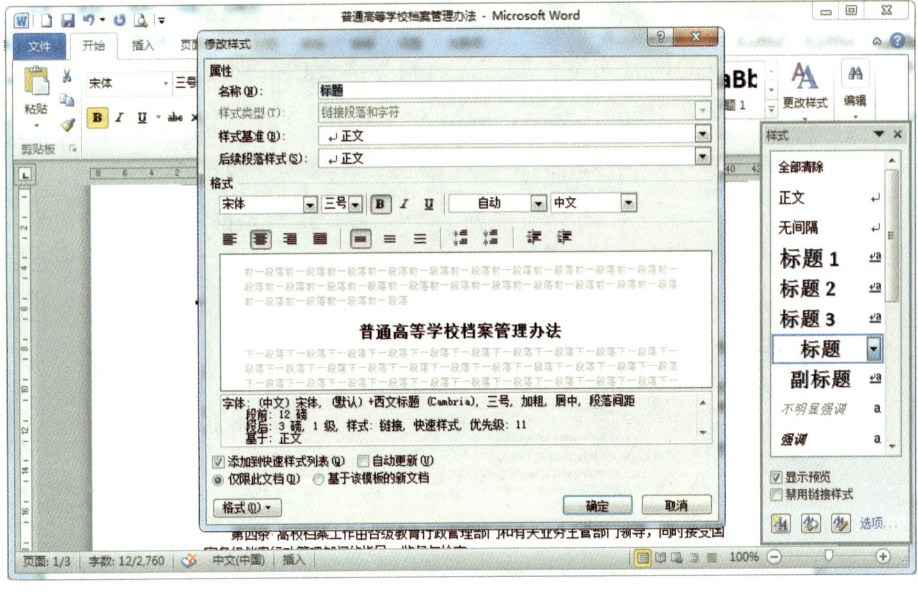

图 8—7 “修改样式”对话框

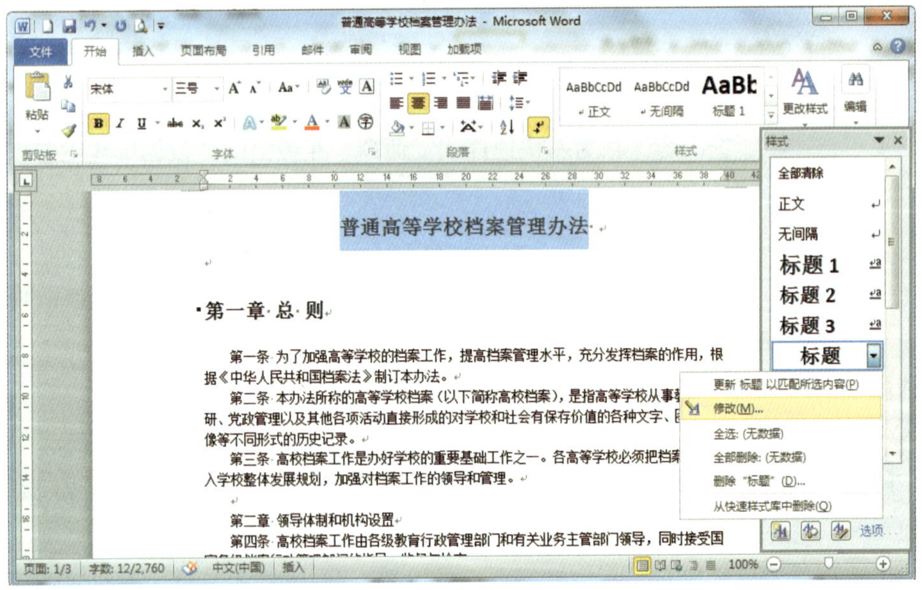

图 8—8 修改样式

3. 删除样式

如果要删除某一样式，只需用右键单击需要删除的样式，在出现的快捷菜单中选择“删除 ×× 样式”命令即可。选择命令后将弹出如图 8—9 所示的对话框，确认删除则单击“是”按钮，就可以删除指定的样式了。

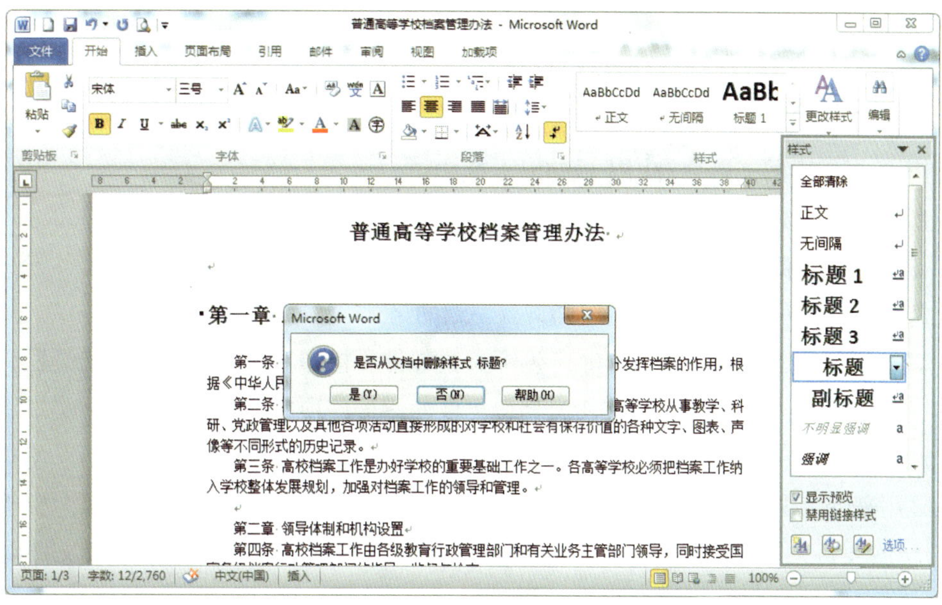

图 8—9 删除样式

任务 3 使用模板

1. 能描述模板的定义与作用。
2. 能创建模板。
3. 能应用模板。

当需要重复产生例行性文档时，或需要经常创建同性质的文档时，可以将同类型的文档以“模板”来处理。简单地说，“模板”是一种用来产生其他相同类型文档的标准格式文件。当某种格式的文档被重复使用时，最有效率的方法就是使用模板。

模板包括特定的字体格式、段落样式、页面设置、快捷键指定方案等格式，在 Word 2010 中，任何文档都是以模板为基础的。模板决定文档的基本结构和文档设置，当用户要编辑多篇格式相同的文档时，可以使用模板来统一文档风格，同时可以提高工作效率。

相关知识

利用模板产生的文档会沿用模板的以下特性：

· 版面设置：如边界、纸张方向、栏目数等。

· 定型文本：例如每一份报告的标题、正文中相同的段落文本。

· 样式：使用样式可以使多份文档具有一致的格式。

· 其他：如果创建模板时，同时产生了文档部件、构建基块或自定义了工具栏，并保存在该模板中，则依此模板创建的新文档也可以使用这些项目。

新建空白文档时，Word 会以 NORMAL（即标准模板）来作为默认的模板，NORMAL 是 Word 用来保存共用项目的位置。所谓的“共用项目”是指无论文档使用哪个模板，都可以使用的项目，如工具按钮、功能区命令、文档部件等。Word 2010 的模板文件以 .dotx 为扩展名。

Word 2010 本身提供的模板文件种类很多，包括信件、传真、简历、日历、报告等，同时按所属范围归在不同的类别中，可以一一打开浏览。单击“文件”菜单，选择“新建”命令，在弹出的对话框中选择相应的可用模版选项即可创建模板，如图 8—10 所示。

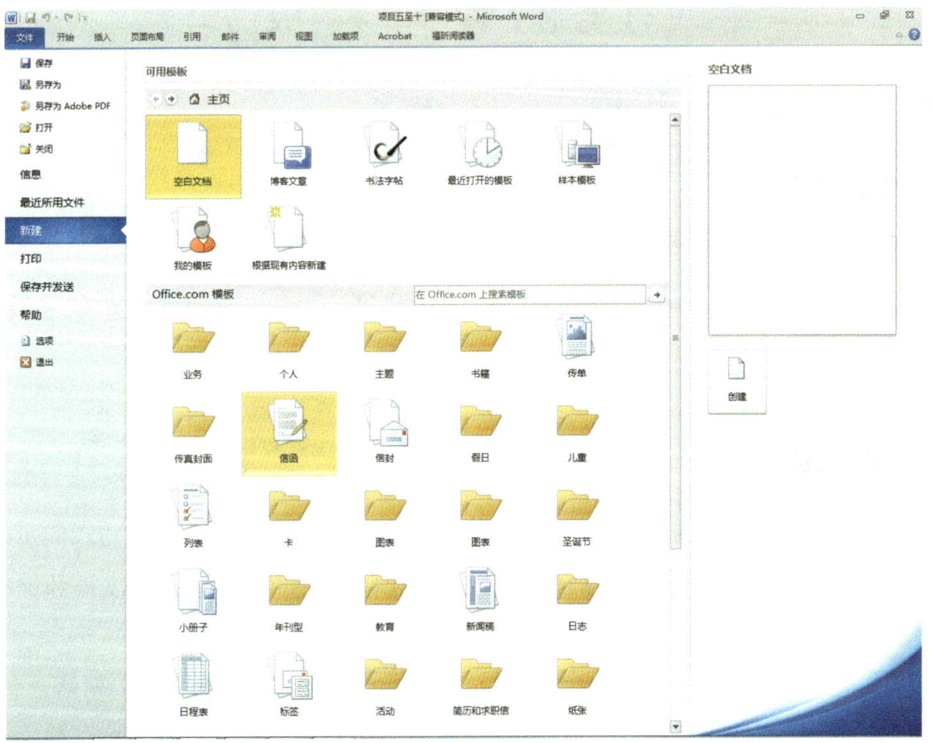

图 8—10　新建模板

1. 创建模板

虽然 Word 2010 内置的模板种类很多，但是用户的要求各不相同，为此，Word 2010 提供了创建模板的功能，用户可以创建适合自己使用的模板。制作模板和创建文档的方式相同，只是存档时的扩展名为 .dotx。有下列三种方法可以制作新模板，可视情况采用合适的方法。

· 将现有文档另存为模板。

· 在“新建”对话框中选择一种相近的模板，再选择“创建新的模板”选项。

· 打开已有的模板并修改，另存为新的模板。

这里着重介绍第一种创建方式，具体操作步骤如下：

（1）打开新文档，创建好模板所需要的内容、格式等设置。如将 1 级标题设置为“宋体、小二号”，正文缩进 2 字符等。

（2）单击“文件”菜单，选择“另存为”选项，在弹出的“另存为”对话框中将保存类型选为“Word 模板”，如图 8—11 所示。

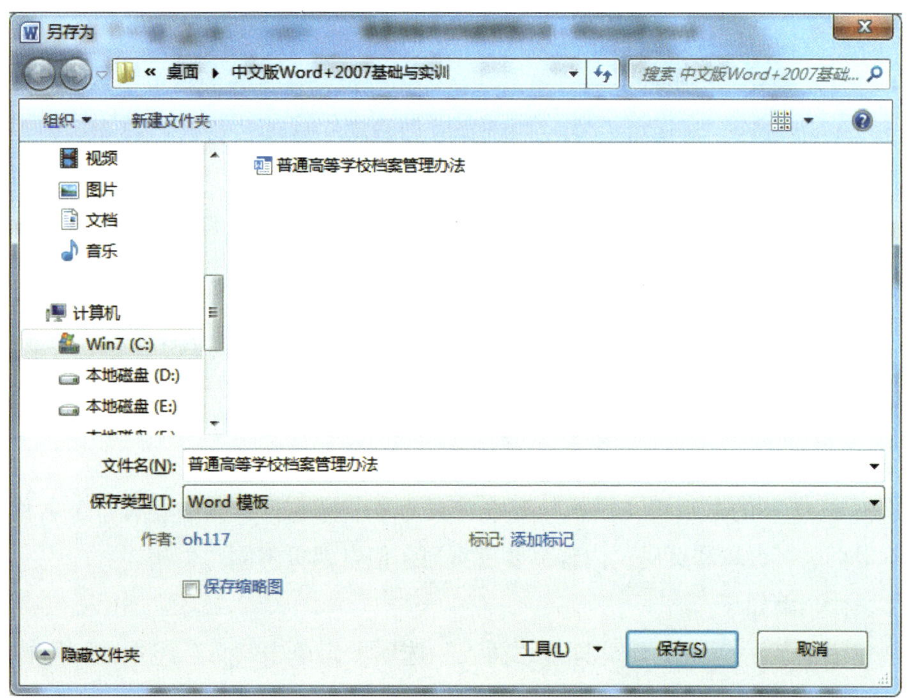

图 8—11　另存为模板

（3）单击“保存”按钮即可保存该模板。

此时已经新建了一个模板，如果需要使用该模板来编辑文档，可以单击“文件”按钮，选择“新建”命令，在弹出的对话框中单击“我的模板”命令，将弹出如图 8—12 所示的对话框，其中，“普通高等学校档案管理办法”是由用户建立的模板。单击此模板就可以使用了。

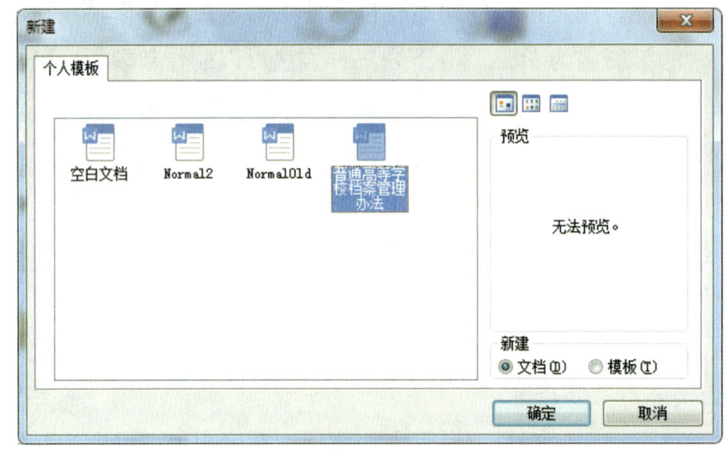

图 8—12　选择模板

2. 为现有文档选用模板

用户可以为已经创建好的文档选用模板，具体操作步骤如下：

（1）打开需要采用模板的文档。单击“文件”菜单，在打开的菜单中单击“选项”命令，打开“Word 选项”对话框。在左侧选择“加载项”选项，打开“管理”列表框，选择“模板”选项，如图 8—13 所示。

（2）单击“转到”按钮，显示如图 8—14 所示的“模板和加载项”对话框。在“文档模板”组中可以按“选用”按钮打开需要加载的模板。单击“确定”按钮后，所选用的模板就被加载到现有文档上了。

综合训练

创建一个 16 开的书籍正文模板，要求首页为章节标题页，其中要有章节名称和摘要信息，不带页眉、页脚和页码；内容页要有页眉，但奇偶页不同。

具体操作步骤如下：

1. 创建一个新的空白文档。打开“插入”选项卡，单击“页”组中的“空白页”按钮，创建一个空白页。

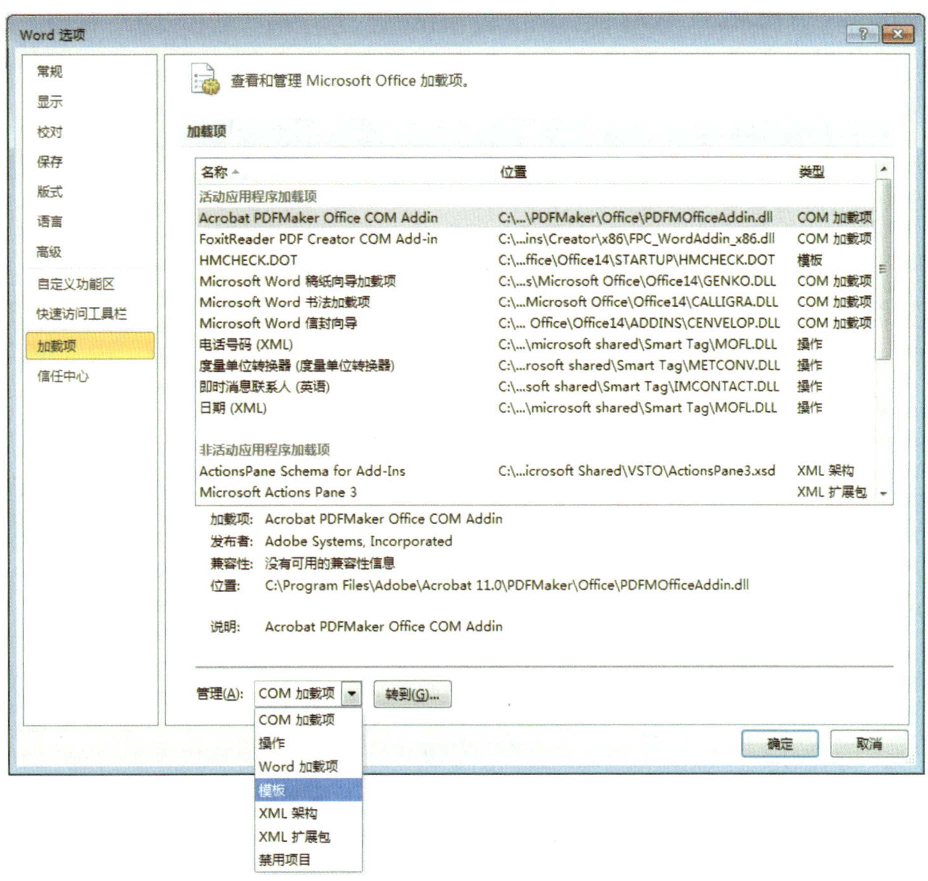

图 8—13　“Word 选项”对话框

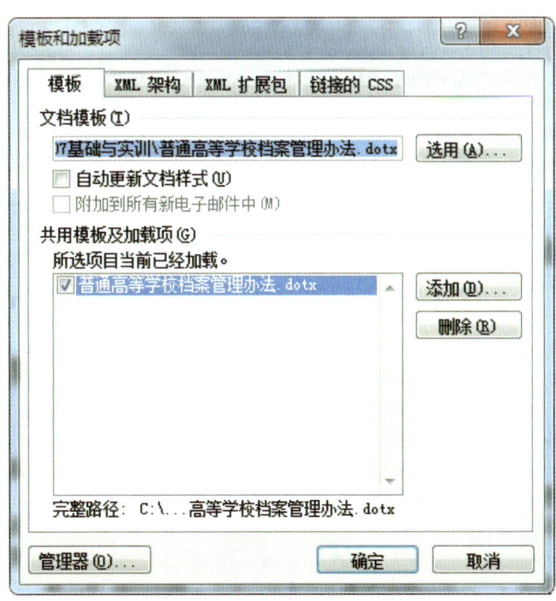

图 8—14　“模板和加载项”对话框

2. 切换至“页面布局”选项卡，单击“页面设置”组中的“纸张大小”按钮，在弹出的下拉菜单中选择“16K 184 × 260 毫米”选项。

3. 单击第一个页面，再单击“页眉和页脚”组中的“页眉”按钮，在弹出的下拉菜单中选择“编辑页眉”命令，进入页眉、页脚编辑模式。在页眉处输入“普通高等学校档案管理办法”，字体设置为“宋体”“小五”。

4. 选择“选项”组中的“奇偶页不同”复选框，选择页码样式。

5. 单击“文件”菜单，选择“另存为”选项，在弹出的“另存为”对话框中选择保存类型为“Word 模板”选项。

最终效果如图 8—15 所示。

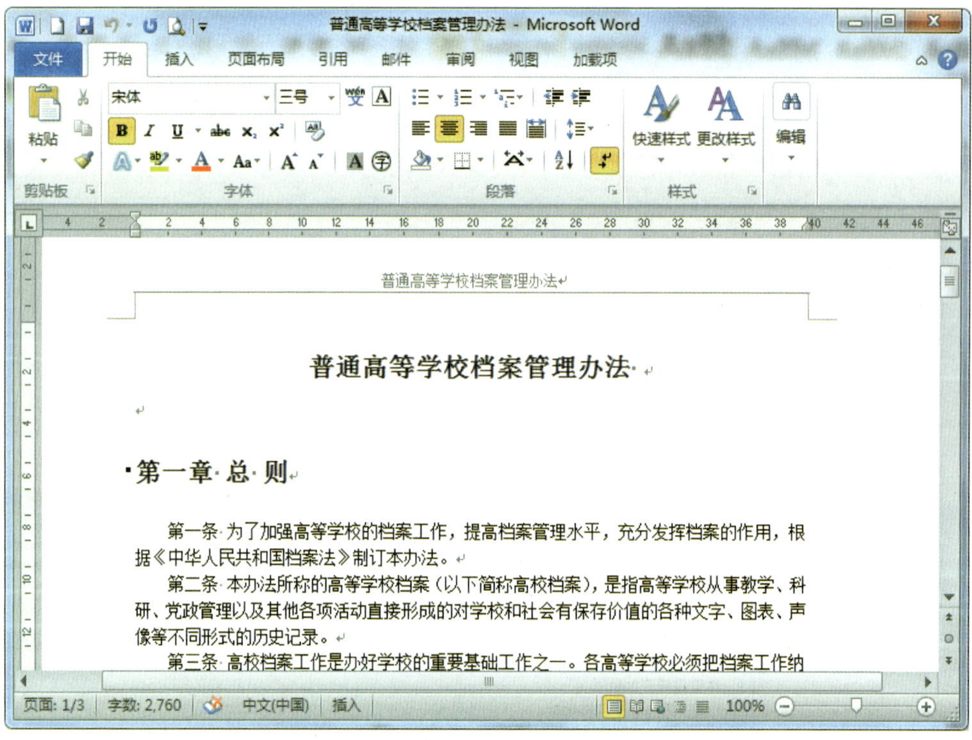

图 8—15　模板应用效果

项目九　Word 2010 的其他常用功能

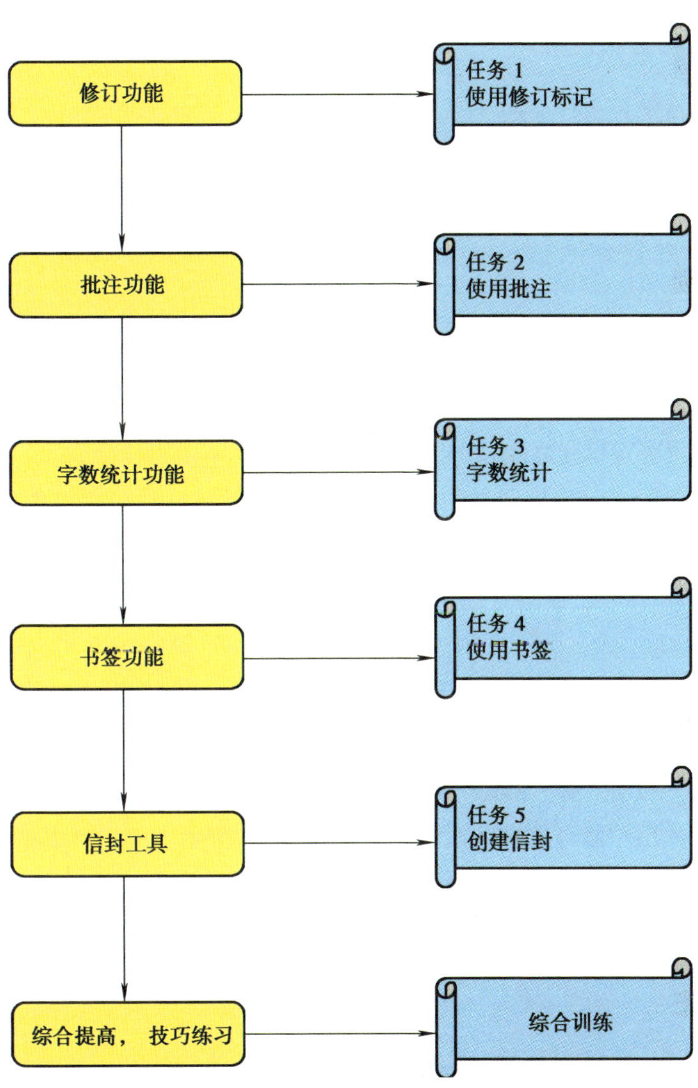

前面已经介绍了 Word 2010 提供的强大的文字、图形、表格编辑排版功能，本项目将介绍 Word 2010 中其他一些常用功能。

任务 1　使用修订标记

学习目标

1. 能使用修订工具修订文档。
2. 能接受或拒绝修订。

任务描述

编辑完文档之后，经常需要请他人审阅。为了避免审阅者对文档做出永久性修改，凡是审阅者对文档做过改动的地方都可以设置一个标记。这样，用户就可以知道哪些地方进行了修改，然后再决定哪些修改是可以接受的，哪些是不可以接受的。

使用修订功能时，每位审阅者的第一次插入、删除或格式更改操作都会被标记出来，当作者查看修订时，可以选择接受或拒绝修订。

图 9—1 所示就是一个被修订过的文档。

相关知识

单击“审阅”选项卡下“修订”组中的“修订”按钮，在弹出的下拉菜单中选择“修订选项”命令，弹出“修订选项”对话框，如图 9—2 所示。用户可以根据需要设置修订标记以及批注框的格式等，然后单击“确定”按钮即可。

实践操作

操作演示

在编辑过程中进行修订的操作方法如下：

1. 打开需要修订的文档。
2. 单击“审阅”选项卡下“修订”组的“修订”按钮，选择“修订”命令。此时“修

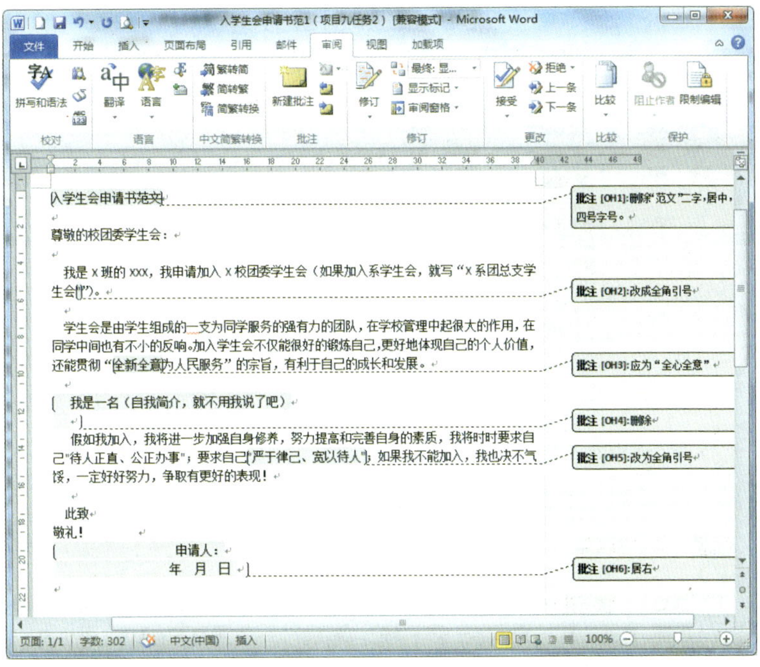

图 9—1 被修订过的文档

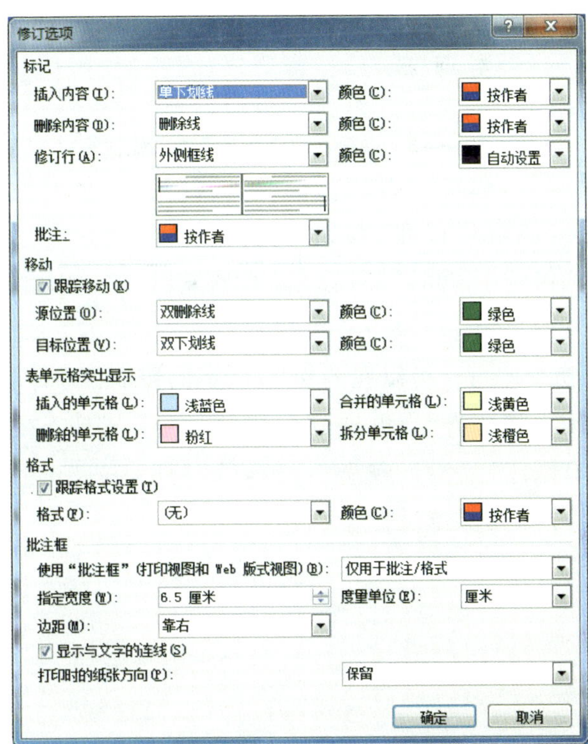

图 9—2 “修订选项”对话框

订”命令按钮呈黄色高亮显示，说明文档已经处于修订状态下，如图 9—3 所示。

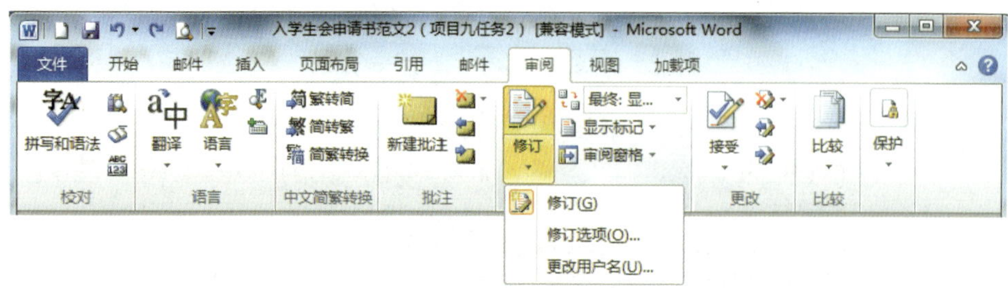

图 9—3　选择“修订”命令

3. 通过插入、删除、移动文字或图形进行所需要的更改，还可以更改格式。图 9—4 所示是删除文字后显示的修订标记。

我是一名~~（自我简介，就不用我说了吧）~~

假如我加入，我将进一步加强自身修养，努力提高和完善自身的素质，我将时时要求自己"待人正直、公正办事"；要求自己"严于律己、宽以待人"；如果我不能加入，我也决不气馁，一定好好努力，争取有更好的表现！

此致

敬礼！

申请人：

年　月　日

图 9—4　删除文字后显示的修订标记

4. 修订完成后，再次单击“修订”按钮即可结束修订。

5. 如果要接受当前修订，在修订文字上单击鼠标右键，在弹出的快捷菜单中选择“接受修订”选项，如图 9—5 所示。

6. 反之，如果不接受修订，可以在图 9—5 所示的快捷菜单中选择“拒绝修订”选项。也可以单击“审阅”选项卡下“更改”组中的“接受”按钮，在弹出的下拉菜单中选择“接受对文档的所有修订”命令，或选择“拒绝”按钮下拉菜单中的“拒绝对文档的所有修订”命令，一次性接受或拒绝所有对文档的修订。

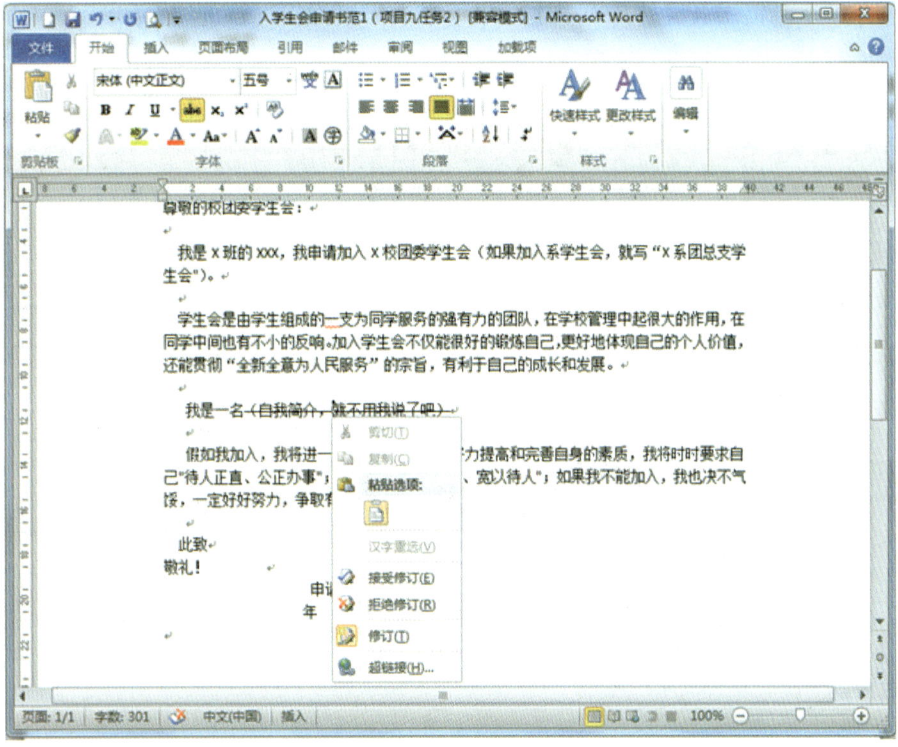

图 9—5　接受修订

任务 2　使用批注

学习目标

能添加及删除批注。

任务描述

与修订不同的是，使用批注形式将不直接在文档上进行修改，而是在文档相应处添加注释，不会影响文章的格式。

本任务以一个错误百出的《入学生会申请书》文档为例进行批注，如图 9—6 所示。

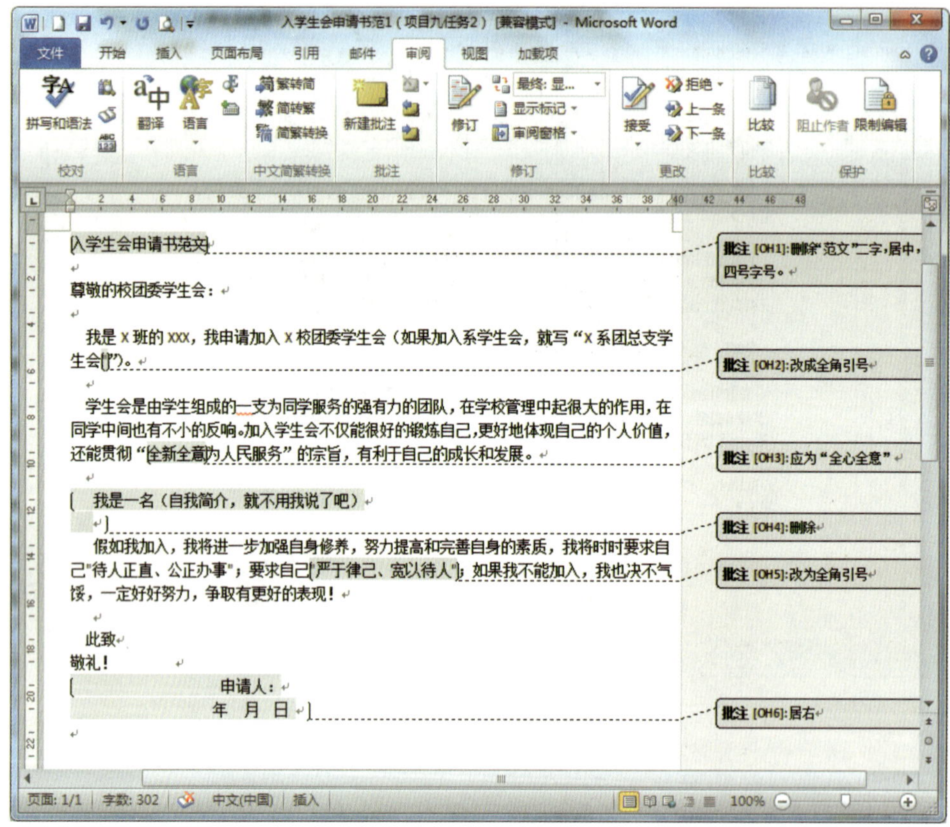

图 9—6　对文档进行批注

相关知识

批注是文章的作者或审阅者在文档中添加的注释，Word 2010 的批注功能非常强大，对于多个用户协作编辑和审阅的文档，批注功能可以带来很多便利。

实践操作

插入批注的操作步骤如下：

1. 选中文档中需要修订的文本，单击“审阅”选项卡下“批注”组中的“新建批注”按钮，在插入的批注框中输入批注文字，如图 9—7 所示。

2. 逐一对文档进行批注后，如果要删除批注，可以用鼠标右键单击需要删除的批注，在弹出的快捷菜单中单击“删除批注”命令，如图 9—8 所示。

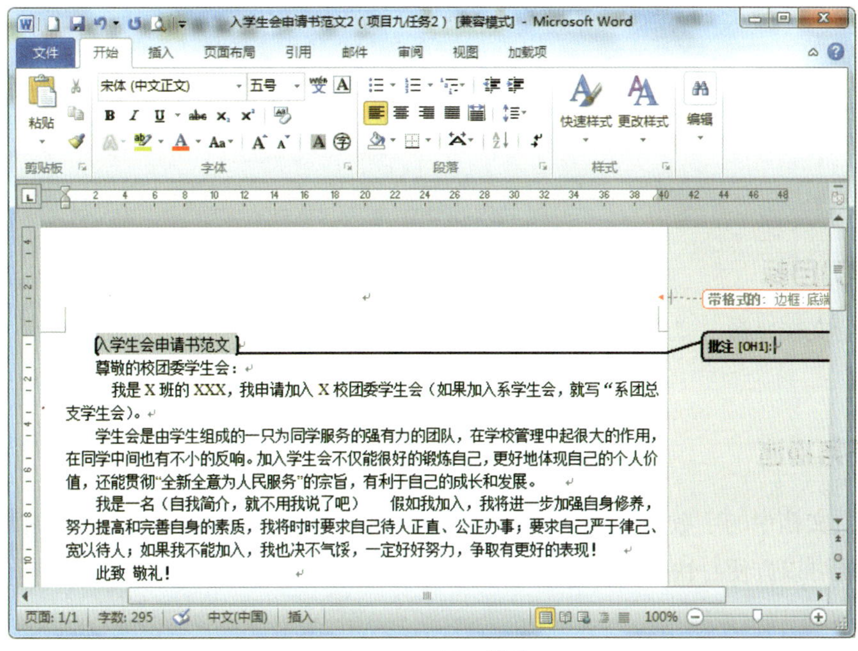

图 9—7　插入批注

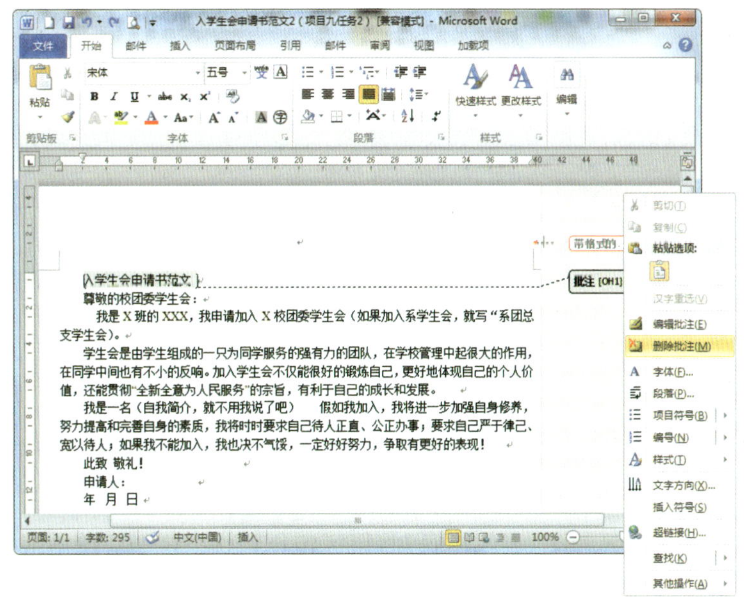

图 9—8　删除批注

3. 如果要删除所有批注，在“批注”组中单击“删除”按钮下方的下拉箭头，在弹出的下拉菜单中单击“删除文档中的所有批注”命令即可。

任务 3　字数统计

学习目标

能查看文档字数。

任务描述

对纸质文档中的字数进行统计是一件十分烦琐的事，而在 Word 2010 软件中，利用字数统计功能可以方便、快捷地实现这一操作。

相关知识

Word 2010 可以统计文档中的页数、段落数、行数，以及包含或不包含空格的字符数。

用户可以在 Word 2010 状态栏上看到字数统计结果，如图 9—9 所示。

图 9—9　状态栏上的字数统计结果

实践操作

单击图 9—9 中的“字数：2971”可以打开“字数统计”对话框，如图 9—10 所示，在该对话框中显示了各种统计信息。

如果状态栏上没有显示字数统计，可以将鼠标定位到状态栏上，单击鼠标右键，弹出如图 9—11 所示的快捷菜单，选中“字数统计”复选框即可。

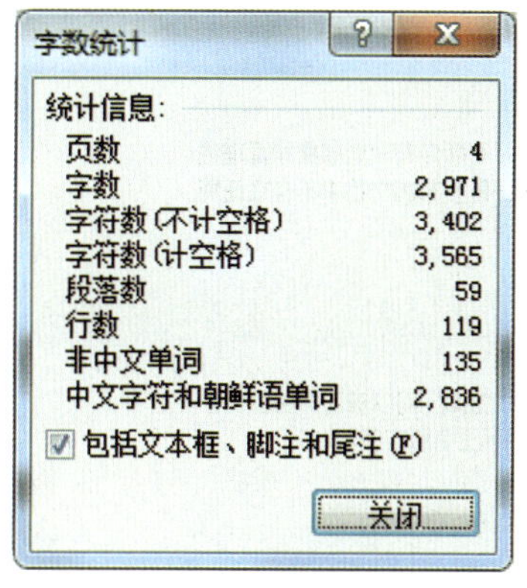

图 9—10　“字数统计”对话框

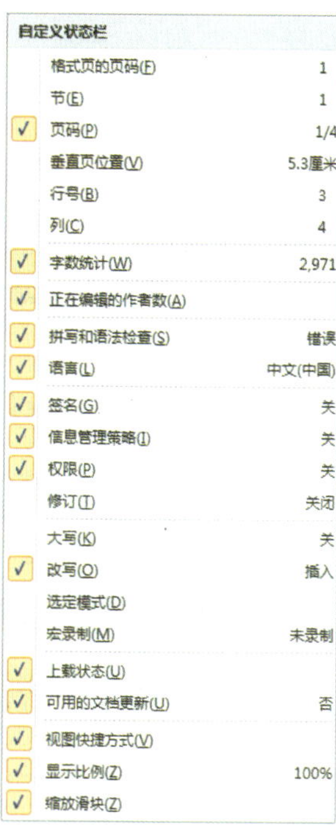

图 9—11　快捷菜单

任务 4　使 用 书 签

学习目标

能创建书签。

任务描述

Word 2010 中书签的用法与平时看书报、杂志时在书页中放上一张书签以标记阅读进度、重要提示等功能相同。可以为文档中某个特定位置或某段范围命名，该名称被称为“书签”。

图 9—12 所示为一个书签。

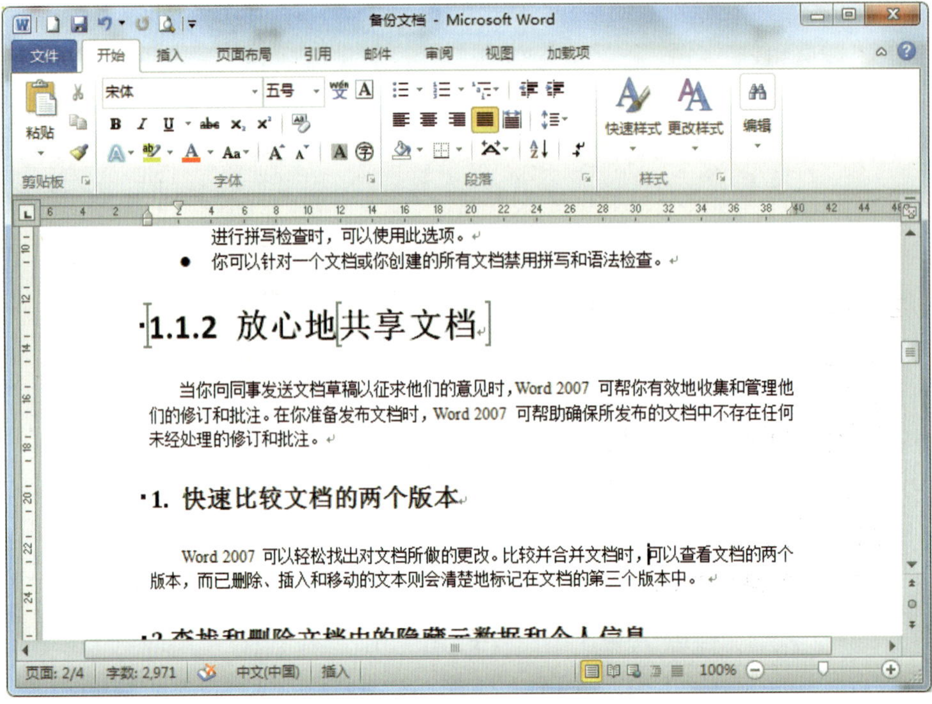

图 9—12 书签

相关知识

在 Word 2010 中使用书签的目的一般有以下几种：

· 快速找到标注的位置。

· 可利用标注的数据作运算，并将结果插入文档中。

· 用链接的方式将标注的文本内容插入另一篇文档中，并自动更新。

· 创建文本交叉引用。

· 自动更新链接的文本。

一般文档中可以加入多个书签，书签并不会被显示或打印出来，只用于标注位置。

实践操作

添加书签的具体操作步骤如下：

1. 在文档中选择要标示的文本、项目或位置。

2. 单击“插入”选项卡下“链接”组中的“书签”命令。

3. 在弹出的“书签”对话框中的“书签名”文本框中输入书签名称，然后单击“添加”按钮即可，如图 9—13 所示。

提示　书签名称的长度为 1 ～ 40 个字符，其中不可以有空格，且不能以数字或符号作为开头。

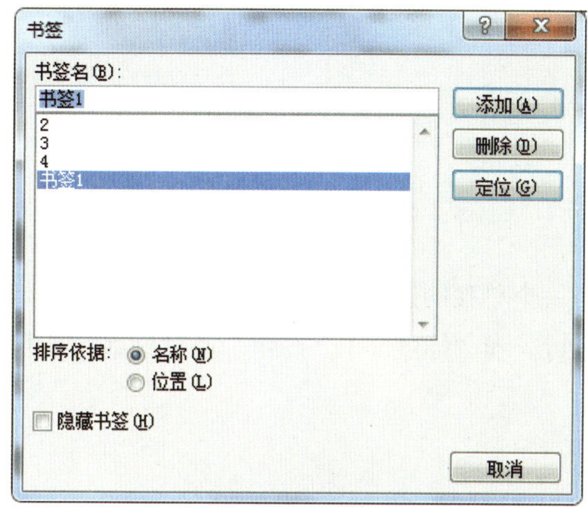

图 9—13　插入书签

4. 一般情况下，Word 2010 默认不显示书签，如果要显示书签，可以单击“文件”菜单，在打开的菜单中单击“选项”按钮，弹出“Word 选项”对话框，选择“高级”命令，勾选“显示文档内容”组中的“显示书签”复选框，如图 9—14 所示。

此时在文档中可以看到方括号标出的书签，如图 9—12 所示。

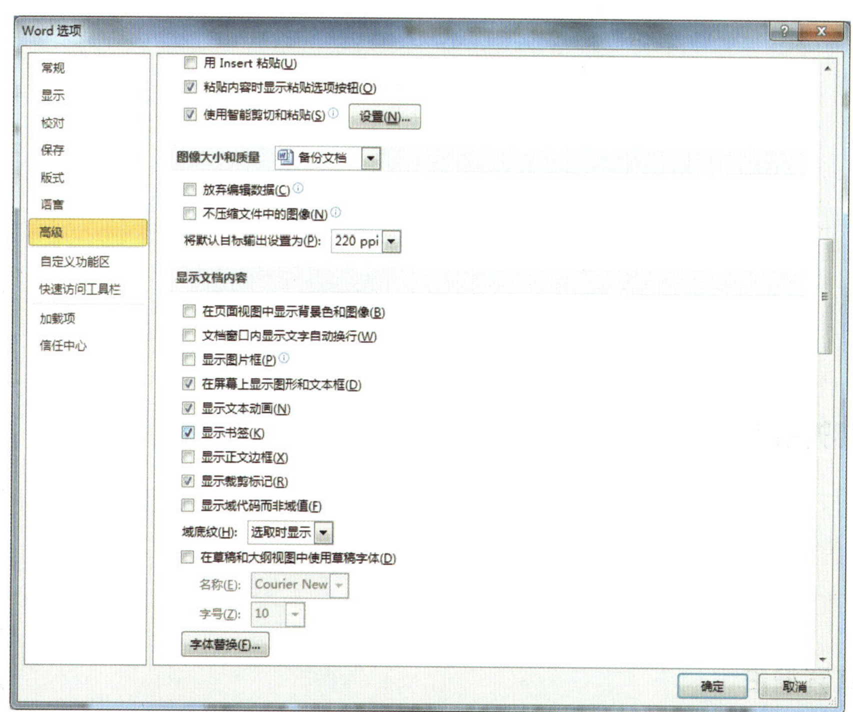

图 9—14　设置显示书签

任务5 创建信封

学习目标

能利用信封工具创建信封。

任务描述

在 Word 2010 功能区中，将“邮件”作为一个单独的选项卡列了出来，在这个选项卡中的“创建”选项组中包含“中文信封”“信封”和“标签”3 个按钮。通过这些按钮可以创建传统的信封样式，如图 9—15 所示。

1 0 0 0 8 8

贴邮票处

北京市朝阳区×路×××大厦X室

××××××公司

李×经理

北京市海淀区××路××号××××公司 刘××

邮政编码 100084

图 9—15 信封样式

相关知识

在实际工作中经常会使用到中文信封，通过系统提供的“中文信封”功能可以创建标准的中文信封，并实现批量处理。

实践操作

操作演示

创建信封的具体操作步骤如下：

1. 创建一个空白文档，然后单击“邮件”选项卡下的“中文信封”按钮，打开如图 9—16 所示的信封制作向导。

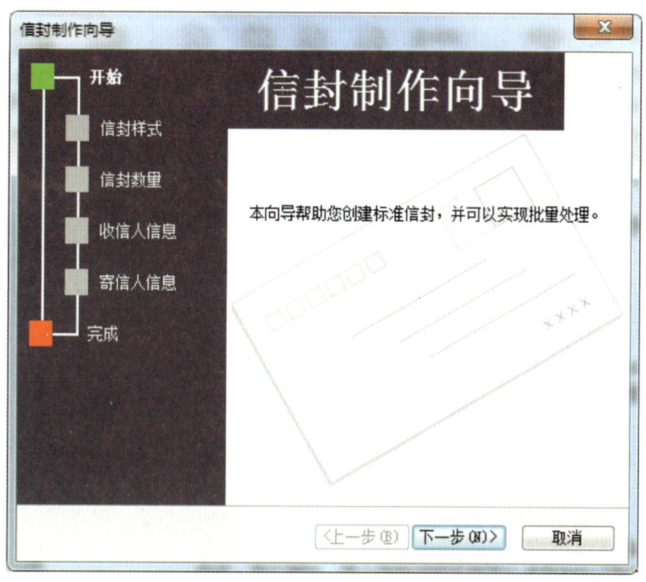

图 9—16　信封制作向导

2. 单击“下一步”按钮，打开“信封样式”下拉菜单，选择所需要的信封大小，如图 9—17 所示。

3. 选择好信封样式后单击“下一步”按钮，选择是否制作批量信封，如图 9—18 所示。

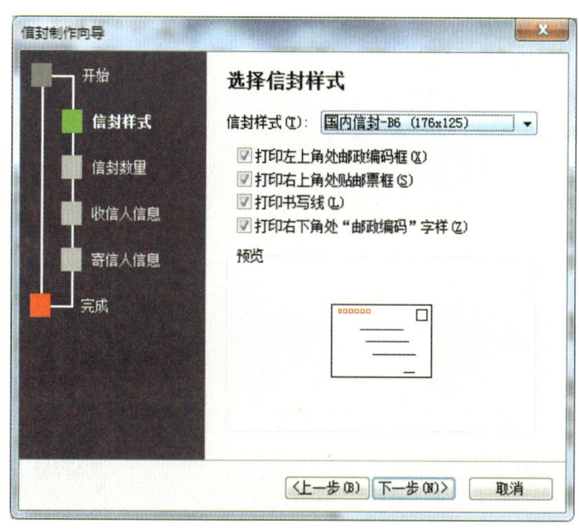

图 9—17　选择信封样式

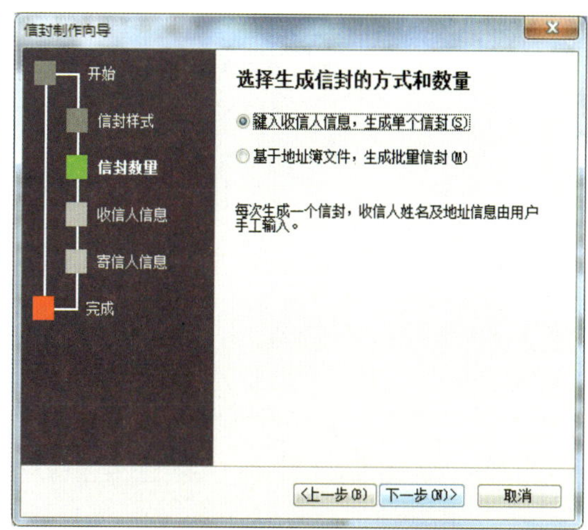

图 9—18　选择生成信封的方式和数量

4. 单击“下一步”按钮，根据提示填写收件人和寄件人的姓名、称呼、地址、邮编等选项，最后生成如图 9—15 所示的信封样式。

综合训练

根据任务 5 的实践操作提示，制作批量信封，具体操作步骤略。

项目十　综合训练

文本、图片编辑的
综合运用
任务 1
制作一份简历
图片、艺术字、形状与
文本编辑的综合运用
任务 2
为公司设计胸卡
文本、图片编辑的
综合运用
任务 3
设计请柬

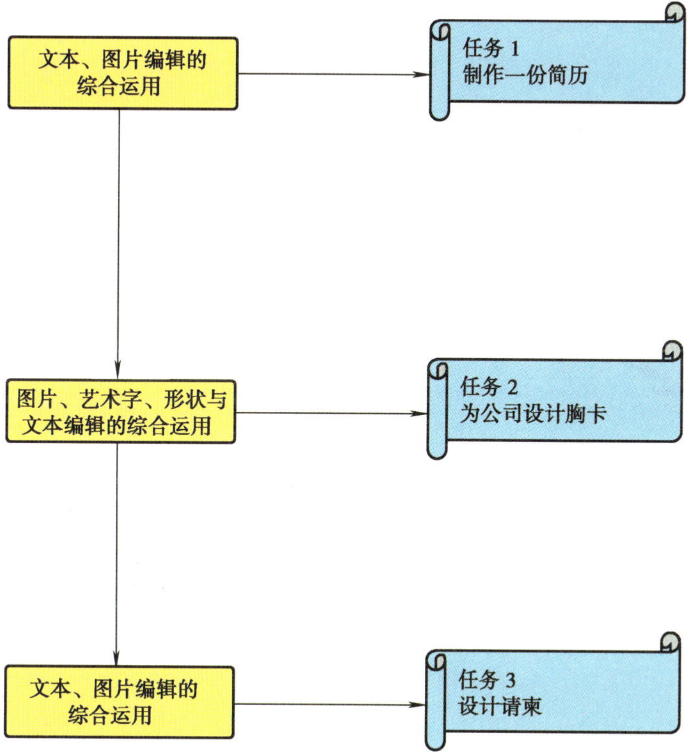

任务 1　制作一份简历

图 10—1 所示为一份个人简历的封面，它由图片与文字组成。其中“× × 技师学院”字样与雄鹰图片为插入的图片。

制作简历封面的具体操作步骤如下：

1. 选择“插入”选项卡，单击“图片”按钮，插入校名图片，设置图片居中。在图片下方输入文字“2017 届毕业生”，如图 10—2 所示。

××技师学院

2017 届毕业生

良禽择木而栖，士为伯乐而荣，

愿您的慧眼，开拓我人生的旅程！

姓名：

专业：

联系电话：

E-mail：

图 10—1　个人简历封面

图 10—2　插入图片与文字

2. 继续插入雄鹰图片，设置图片居中。接着输入其他文字，如图 10—3 所示。

3. 设置“2017 届毕业生”文本为“宋体、小四号、加粗”。设置“良禽择木而栖，士为伯乐而荣，愿您的慧眼，开拓我人生的旅程！”文本为“斜体、四号、加粗、两端对齐”，并使用标尺调整其位置，如图 10—4 所示。

4. 将“姓名”等文字设置为小四号字体，至此，一个简单的个人简历封面就设置完成了。

操作演示

图 10—3　插入图片与文字

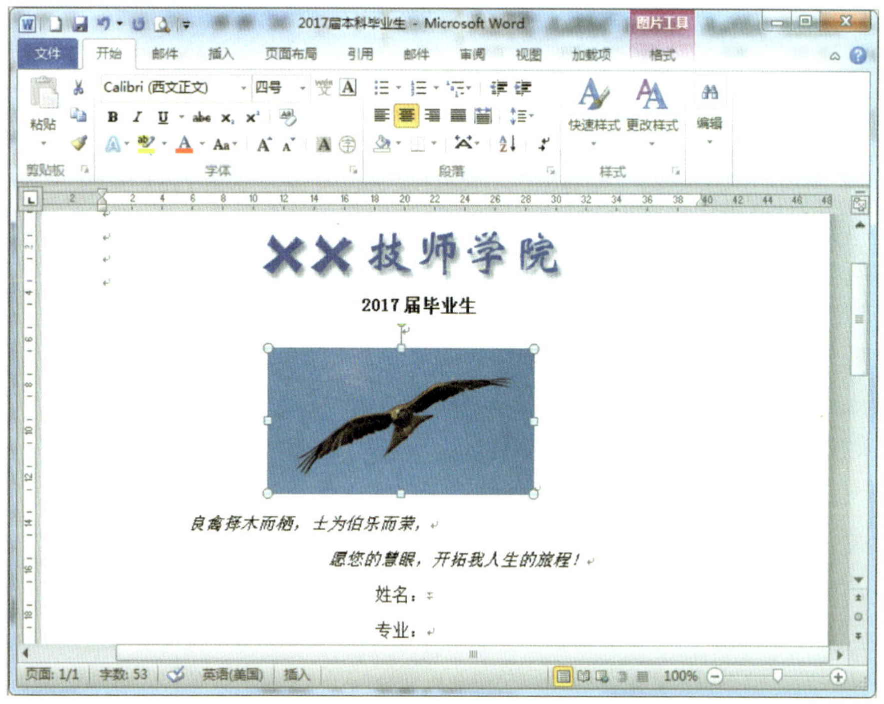

图 10—4　设置文本样式

任务 2　为公司设计胸卡

图 10—5 所示为一个简单的胸卡，它由图片、艺术字、形状和文字组成。

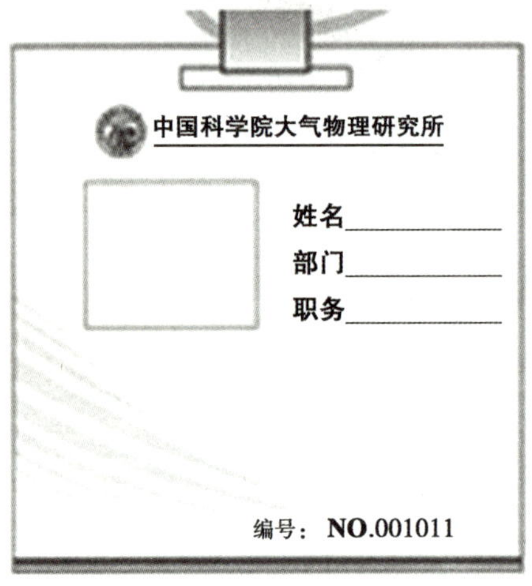

图 10—5　胸卡

制作胸卡的具体操作步骤如下：

1. 插入一个长方形，将形状调整到实际尺寸，插入徽标图片。

2. 插入一个文本框，置于图片右边，输入“中国科学院大气物理研究所”字样。设置“中国科学院大气物理研究所”文本为黑体、四号字体。

3. 插入一个文本框，设置为垂直居中、靠右。

4. 输入其他文字及下划线。

任务3　设计请柬

请柬又称为请帖、柬帖，是为了邀请客人参加某项活动而发出的礼仪性书信。图10—6所示为一个请柬的图样。

图10—6　请柬

制作请柬的具体操作步骤如下：

1. 插入公司徽标，设置文字环绕方式为置于文字上方，靠右对齐，垂直对齐方式为靠顶端对齐。
2. 插入一个长方形，设置填充色为红色。
3. 插入“请柬”文本，设置字体，设置文字颜色为白色。
4. 在长方形下方输入英文，设置字体，设置文字颜色为金色。
5. 插入背景图片，设置文字环绕方式为置于文字下方。